国家科技支撑计划项目
国家自然科学基金项目
中国地质调查局地质调查二级项目 　联合资助
中国地质调查局基本科研业务费项目

# 西南天山优势矿产
# 成矿规律与预测评价研究

陈正乐　韩凤彬　王　威等　著

科学出版社
北　京

# 内 容 简 介

本书系统介绍了西南天山的成矿地质背景和成矿条件,分析了西南天山晚古生代和中新生代变形特征以及中新生代山体隆升–剥露–解体过程;开展了岩浆岩的岩石地球化学和年代学研究,进一步揭示了西南天山晚古生代构造–岩浆作用历史;通过典型金锑、铅锌和铁矿床解剖,确定了西南天山优势矿产的主控因素,建立了典型矿床的构造–成矿–控矿模型,提出了我国西南天山深部找矿潜力巨大,隆升与剥蚀的差异是造成所谓"大矿不过国界"的主因等新认识;总结了区域优势矿产成矿规律,划分了成矿亚带,圈定了找矿靶区,并通过物化探勘查验证,取得了找矿新进展。

全书内容丰富,资料翔实,可供从事区域地质矿产勘查、区域成矿学和构造地质相关工作的科研、教学及生产人员,特别是从事新疆及中亚邻区地质矿产研究的人员参考。

审图号:新 S (2021) 003 号

图书在版编目(CIP)数据

西南天山优势矿产成矿规律与预测评价研究 / 陈正乐等著 . —北京:科学出版社,2021.12

ISBN 978-7-03-070518-1

Ⅰ.①西… Ⅱ.①陈… Ⅲ.①天山–矿产资源–成矿规律–研究 ②天山–矿产资源–资源预测–研究 Ⅳ.①P612

中国版本图书馆 CIP 数据核字(2021)第 230704 号

责任编辑:王 运 陈姣姣 / 责任校对:张小霞
责任印制:肖 兴 / 封面设计:北京图阅盛世

科 学 出 版 社 出版
北京东黄城根北街 16 号
邮政编码:100717
http://www.sciencep.com

北京九天鸿程印刷有限责任公司 印刷
科学出版社发行 各地新华书店经销

*

2021 年 12 月第 一 版 开本:787×1092 1/16
2021 年 12 月第一次印刷 印张:24 1/2
字数:580 000
定价:339.00 元
(如有印装质量问题,我社负责调换)

# 本书作者名单

陈正乐　韩凤彬　王　威　柳献军

张　青　张文高　周振菊　孙　岳

王晓虎　马　骥　孟宝东　刘增仁

叶　雷　霍海龙　杨　斌　张　涛

王　成　杜晓飞　邢春辉　张雅芳

# 前　言

　　"新疆南部三地州优势矿产预测评价关键技术研究"项目（编号：2015BAB05B00）是由新疆维吾尔自治区人民政府建议的"十二五"国家科技支撑计划项目，也是科技部与新疆维吾尔自治区人民政府会商的主要议题之一。加强新疆南部深切割山区、盆地边缘荒漠覆盖区隐伏矿床高效勘查技术研究与集成示范，探明一批大型-超大型矿产基地，加快新疆南部地质矿产开发，促进区域经济社会发展，是落实党中央治疆方略，扎实推进新疆社会稳定和长治久安的重要举措。

　　本书属于该项目第四课题"西南天山优势矿产成矿规律与预测评价研究"（编号：2015BAB05B04）的研究成果之一。课题的研究目标是：以西南天山构造带为研究对象，以金锑和铅锌等优势金属矿产为主攻矿种，深入开展成矿地质背景、成矿规律研究，查明关键控矿因素，揭示大型矿集区分布规律和典型矿床形成机制，圈定金、铅锌和铁等找矿靶区，进行优势矿产资源预测和靶区评价，提交资源量。主要研究内容是：在区域成矿地质背景综合分析的基础上，通过对西南天山古生代造山型金锑矿和岩浆岩型铁矿的解剖，深入研究不同构造演化阶段与成矿事件的关系和物质来源、成矿时限、控矿地质要素和找矿勘查标志，结合境外南天山成矿带典型矿床的对比，揭示金锑铅锌铁矿床成矿规律，建立矿床成矿模式和找矿模型，开展成矿预测，圈定并优选评价找矿靶区。

　　本书是在课题结题报告的基础上进一步凝练完成的，包括两个专题的研究内容：①西南天山金锑矿成矿系统与靶区优选评价（编号：2015BAB05B04-1）；②柯坪陆缘隆起带成矿系统与靶区优选（编号：2015BAB05B04-3）。本书是中国地质科学院地质力学研究所、新疆自然资源与生态环境研究中心、东华理工大学、新疆地质矿产勘查开发局第二地质大队等单位集体协作的成果。

　　全书的体例编排、内容核定由陈正乐完成。第1章由陈正乐、韩凤彬、孙岳编写，第2章由陈正乐、韩凤彬、张青、霍海龙、张文高、孙岳编写，第3章由陈正乐、周振菊、张文高、韩凤彬、孙岳、杨斌、张青、张涛编写，第4章由陈正乐、张青、韩凤彬、张文高、周振菊、孙岳、杨斌、张涛、王威、柳献军编写，第5章由陈正乐、王威、柳献军、韩凤彬、张青、张文高、周振菊、孙岳、王晓虎、马骥、霍海龙、杨斌、张涛、王成、杜晓飞、邢春辉、张雅芳编写，第6章由陈正乐、韩凤彬、王威编写。王晓虎、刘增仁、叶雷、孟宝东等参与了区域部分典型地质剖面和矿床的野外工作。全书由陈正乐、韩凤彬负责统稿。

　　编写过程中，韩凤彬、周振菊、张文高、霍海龙、李季霖、杨斌、张涛、马骥、丁志磊、范启晗、张雅芳等负责了部分资料的整理以及数据处理、文字汇编、图件清绘等工作。遥感解译、蚀变信息提取和部分MapGIS制图工作由孙岳完成。靶区物探工作和优选评价由王威、柳献军、王成、杜晓飞、邢春辉、张雅芳等完成。

　　"西南天山优势矿产成矿规律与预测评价研究"（编号：2015BAB05B04）课题在实施

过程中得到了国家 305 项目办公室的大力支持，得到了国家 305 项目办公室马映军主任、段生荣主任、王宝林主任、杨晓伟巡视员、马华东主任、朱炳玉副主任、李月臣副主任、潘成泽副主任、颜启明处长等的大力支持，得到了新疆大学陈川教授和"新疆南部三地州优势矿产预测评价关键技术研究"项目其他课题组相关人员的支持，同时得到了中国地质科学院地质力学研究所徐勇所长、邢树文所长以及新疆地质矿产勘查局总工程师冯京教授级高级工程师、新疆地质矿产勘查局第二地质大队冯昌荣教授级高级工程师和年武强高级工程师的支持，得到了国家 305 项目办公室物化探处郭宏处长、矿产处邱林处长和中国地质科学院地质力学研究所科技处郭涛处长、人事处余佳处长、所长办公室杨健主任等的支持。课题考核和财务方面得到了国家 305 项目办公室何文冰、楼婷、王妍等的帮助。

感谢中铁资源有限公司毛德宝研究员、冯宏业工程师和赵忠林工程师在阿沙哇义矿区考察时提供的帮助，感谢卡拉脚古崖金锑矿的刘纪伟总经理在矿区考察时的帮助。

境外考察得到吉尔吉斯斯坦地球物理大队 Nurgazy Takenov、Zailabidin Halilov 和乌兹别克斯坦地质矿产委员会地质与地球物理研究所 Nurtaev Bakhtier、Abdurazak Mirzaev、Shukurov Shukhrat 和 Isokov Uzokovich 的帮助。同时也得到了中国地质大学（北京）余兴起教授、刘秀博士和中国地质科学院地质力学研究所王宗秀研究员、韩淑琴研究员、肖伟峰高级工程师的帮助。

有色金属地质矿产调查中心新疆地质调查所多年来在野外考察和生活方面给予了各种帮助。有色金属地质矿产调查中心新疆地质调查所的余子昌、帅磊、张磊、丁晓磊、刘志强、杨艳绪、王进宝等一起参与了哈拉峻、瓦吉里塔格、柯坪、乌恰等地的野外考察。课题野外考察用车得到新疆博尔塔拉蒙古自治州零玖零玖工程机械管理服务中心的郭建新以及钱政志、王骞、杨军、柳欣坪等人的帮助。

本书同时得到了国家科技支撑计划项目专题"塔里木盆地西缘砂砾岩型铜铅锌矿找矿靶区优选评价研究"（专题编号：2011BAB06B005-03）、国家自然科学基金项目（新疆联合重点基金：天山造山带中新生代再造过程与砂岩型铀矿成矿作用，项目编号：U1403292；青年基金：新疆萨热克铜矿床沉积-构造热叠加成矿过程研究，项目编号：41502085）、中国地质调查局地质调查二级项目"中东部典型金多金属矿集区矿田构造调查"（项目编号：DD2016053）和中国地质调查局基本科研业务费项目"中国矿产地质志矿种与区域成矿规律重大问题创新研究（力学所）"（项目编号：JYYWF20183702）的联合资助。

本书写作过程中参考了大量文献，绝大多数在正文中予以了标注。但仍有部分文献确实难以在书中具体位置标明，部分内容也参考了一些内部的科研报告，可能没有一一列出，在此深表歉意。也请相关文献作者及知情者谅解并通过各种渠道转告我们，以便再版时予以注明。作者在此一并表示感谢。

同时，今年是国家 305 项目实施 35 周年。谨以此专著致庆，表达各位作者的感激之意。

囿于研究范围大，涉及专业多，工作难度大，书中难免存在各种问题和纰漏之处，敬请读者批评指正。

作　者
2020 年 5 月

# 目　　录

# 第1章　西南天山区域地质概况

本书研究范围在地理上主要涉及中国新疆维吾尔自治区克孜勒苏柯尔克孜自治州、阿克苏地区和吉尔吉斯斯坦、乌兹别克斯坦部分地区。其中，境内研究区（图1-1）西起中国新疆维吾尔自治区克孜勒苏柯尔克孜自治州乌恰县、东至阿克苏地区乌什县，阿克苏–柯坪–阿图什一线以北至中国与吉尔吉斯斯坦边界的天山山脉西南段。地理坐标为73°30′~80°00′E，39°20′~42°00′N。工作区东西长约560km，南北宽约300km，面积约5.5万km²。东西分属于新疆维吾尔自治区阿克苏地区和克孜勒苏柯尔克孜自治州管辖，包括乌什、柯坪、阿合奇、乌恰4县及阿图什市。

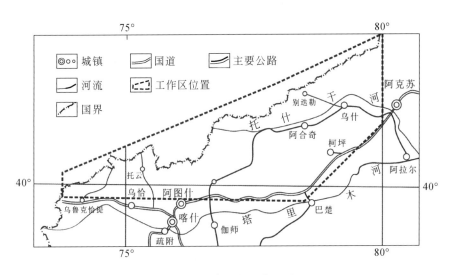

图1-1　研究区交通位置图

研究区处于新疆南部少数民族聚居地区和边境、贫困地区，地跨天山和昆仑山两大区域，地质演化复杂，经历了多期次、多环境和多类型的成矿作用，发生了大规模内生金属成矿作用，形成了多种成因类型的金、锑、铅、锌、铜等矿床（点）。区内主要有古生代造山型金锑矿带和中新生代砂岩型铜铅锌多金属矿带，包括萨瓦亚尔顿等金矿床、乌拉根等铅锌矿床、萨热克等砂砾岩型铜矿床以及坎岭铅锌矿和普昌钒钛磁铁矿等。

## 1.1　区　域　地　层

西南天山地层由元古宇基底和古生界、中新生界盖层组成（图1-2、表1-1）（新疆维吾尔自治区地质矿产局，1993；左国朝等，2008），分属不同的构造分区（图1-3）。古生界分布于天山主麓，为海陆交互、浅海陆源碎屑岩和碳酸盐岩建造。中生界出露不大，主要分布于托云盆地内部，缺失三叠纪沉积。新生界主要展布于山间盆地和现代河流谷地之中。

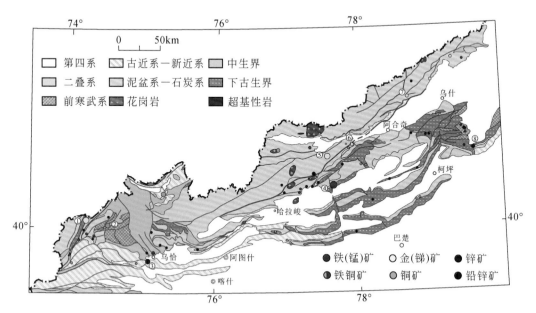

图 1-2　西南天山地质矿产简图
①萨瓦亚尔顿金矿；②萨热克铜矿；③乌拉根铅锌矿；④普昌钒钛磁铁矿；⑤阿沙哇义金矿；⑥布隆金矿；
⑦卡拉脚古崖金锑矿；⑧坎岭铅锌矿

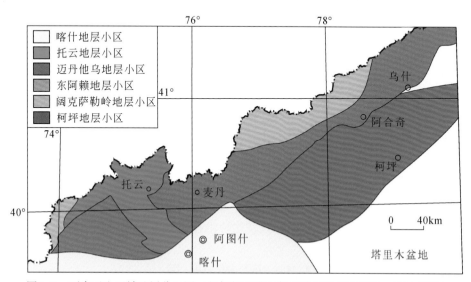

图 1-3　西南天山区域地层分区图（根据新疆维吾尔自治区地质矿产局，1993 修改）

表 1-1　区域地层划分对比表

| 界 | 系 | 统 | 塔里木地层区 喀什地层小区 | 南天山地层区 托云地层小区 | 南天山地层区 东阿赖地层小区 | 南天山地层区 迈丹他乌地层小区 |
|---|---|---|---|---|---|---|
| 新生界 | 第四系 | 下更新统 | 西域组 | | | |
| 新生界 | 新近系 | 上新统 | 阿图什组 | | | |
| 新生界 | 新近系 | 中新统 | 乌恰群：帕卡布拉克组／安居安组／克孜洛依组 | 乌恰群 | 乌恰群 | 乌恰群 |
| 新生界 | 古近系 | 渐新统 | 喀什群：巴什布拉克组 | 喀什群 | 喀什群：巴什布拉克组 | |
| 新生界 | 古近系 | 始新统 | 喀什群：乌拉根组／卡拉塔尔组／齐姆根组 | | 喀什群：乌拉根组／卡拉塔尔组／齐姆根组 | |
| 新生界 | 古近系 | 古新统 | 喀什群：阿尔塔什组 | | 喀什群：阿尔塔什组 | |
| 中生界 | 白垩系 | 上统 | 英吉沙群：吐依洛克组／依格孜牙组／乌依塔格组／库克拜组 | | 乌依塔格组／库克拜组 | |
| 中生界 | 白垩系 | 下统 | 克孜勒苏群 | | | |
| 中生界 | 侏罗系 | 上统 | 叶尔羌群：库孜贡苏组 | 库孜贡苏组 | | （未命名） |
| 中生界 | 侏罗系 | 中统 | 叶尔羌群：塔尔尕组／扬叶组 | 叶尔羌群：塔尔尕组／扬叶组 | 塔尔尕组／扬叶组 | |
| 中生界 | 侏罗系 | 下统 | 叶尔羌群：康苏组／萨里塔什组 | 叶尔羌群：康苏组／萨里塔什组 | | |
| 中生界 | 三叠系 | 上统 | | | | |
| 中生界 | 三叠系 | 中统 | | | | |
| 中生界 | 三叠系 | 下统 | | 俄霍布拉克组 | | |
| 上古生界 | 二叠系 | 上统 | | | | |
| 上古生界 | 二叠系 | 下统 | 比尤列提群 | | | 小提坎力克组／巴勒迪尔塔格组 |
| 上古生界 | 石炭系 | 上统 | | 康克林组 | 康克林组 | |
| 上古生界 | 石炭系 | 下统 | | 别根他乌组／巴什索贡组 | 卡拉达坂组／巴什索贡组 | 阿依里河组／喀拉治尔加组／野云沟组／坦盖塔尔组 |
| 上古生界 | 泥盆系 | 上统 | （未见出露） | | | |
| 上古生界 | 泥盆系 | 中统 | | 托格买提组 | 托格买提组 | |
| 上古生界 | 泥盆系 | 下统 | | 萨瓦亚尔顿组 | 沙尔组 | |
| 下古生界 | 志留系 | 上统 | | 乌帕塔尔坎群 | 塔尔特库里组 | （未命名） |
| 下古生界 | 志留系 | 中统 | | | （未命名） | |
| 下古生界 | 志留系 | 下统 | | | | |
| 下古生界 | 寒武系—奥陶系 | | | （未见出露） | | 绢云绿泥片岩岩系／石英岩岩系／片岩岩系／钙质片岩岩系／石英片岩及钙质片岩 |
| 元古宇 | | | 阿克苏群 | | | 绿帘黑云片岩岩系／云母石英岩岩系／碳酸盐黑云片岩岩系／黑云片岩及大理岩系／瘤状结晶片岩岩系 |

## 1.1.1 元古宇

**1. 长城系**

长城系主要分布于阿克然他乌、阿克苏、木扎尔特峰南麓等以及乌拉根、苏鲁铁列克等地区。阿克苏地区称其为阿克苏群，木扎尔特地区称其为木扎尔特群，苏鲁铁列克地区将其统称为元古宇，下分六个岩组，属隆起区。与其上部地层多为断层接触。阿克苏群为一变质块体，原岩为泥质岩、砂岩、基性凝灰岩、块状熔岩、枕状玄武岩和深海沉积物，因此，其沉积环境为深海-半深海（熊纪斌和王务严，1986）。

**2. 震旦系**

震旦系主要分布于哈尔克山南坡木扎尔特河一带、阿克苏地区苏盖提布拉克及肖尔布拉克一带，以角度不整合覆于阿克苏群之上，被早寒武世地层不整合覆盖。根据其岩性、岩相及相互关系，将其早震旦世地层分为乔恩布拉克组和尤尔美那克组，晚震旦世地层分为苏盖提布拉克组和奇格布拉克组。其中乔恩布拉克组（$Z_1q$）为一套深海-浅海相沉积，其间夹有 2~3 层不等厚的冰碛砾岩层，在库瓦特地区见有多处含铜石英脉型矿化点。尤尔美那克组（$Z_1y$）处于乔恩布拉克组与苏盖提布拉克组之间，岩性主要为巨大漂砾-细角砾-不等粒岩屑砂岩、细-中粒复成分冰碛砾岩、细-中粒长石砂岩夹复成分冰碛砾岩透镜体、粉砂质角砾岩、漂砾角砾岩，为大陆冰川堆积的产物。苏盖提布拉克组（$Z_2s$）为一套含砾砂岩、长石石英砂岩、粉砂岩、粉砂质泥岩夹橄榄玄武岩、杏仁状玄武岩、辉绿岩等，为滨海-浅海相沉积环境的产物。奇格布拉克组（$Z_2q$）为一套长石石英砂岩、灰岩、细晶白云岩。

## 1.1.2 古生界

古生界分布于天山主麓，在西天山的三个构造分区中都有展布，可分为以下几个小区。

**1. 东阿赖地层小区**

东阿赖地层小区西起中国与吉尔吉斯斯坦国境线，东至吉根-萨瓦亚尔顿-阔依卓鲁一线，出露地层主要有吉根蛇绿杂岩、塔尔特库里组（$S_3t$）、沙尔组（$D_1s$）、托格买提组（$D_2t$）、巴什索贡组（$C_1b$）、卡拉达坂组（$C_2b$）和康克林组（$C_2k$）。

（1）吉根蛇绿杂岩：该蛇绿杂岩带岩石序列和岩石组合基本齐全，包括变质橄榄岩、辉长辉绿岩及基性火山岩熔岩几个组分，各组分之间为逆冲断层接触关系。该蛇绿岩呈带状断续分布在北北东向吉根-萨瓦亚尔顿断裂带中。蛇绿岩组分主要为变质橄榄岩、超镁铁堆积岩-（蛇纹岩、滑石岩）、镁铁堆积岩-（角闪辉长岩、闪长岩）、镁铁火山杂岩-（玄武岩、安山岩、基性火山角砾岩、辉绿岩）。地质时代为志留纪。

（2）塔尔特库里组（$S_3t$）：分布于研究区西部的东阿赖地区，由一套碎屑岩、硅质岩、千枚岩、含碳千枚岩、含碳粉砂岩组成，具浊流沉积特征的半深海-深海的沉积环境。

（3）沙尔组（$D_1s$）：分布于硝尔布拉克-博孜敦套苏一线以西，呈北北东向延伸，主要为碎屑岩、千枚岩夹少量薄层硅质岩，沉积环境为半深海-深海。

（4）托格买提组（$D_2t$）：以灰岩为主，产丰富的复体珊瑚和层孔虫化石，为浅海台地沉积环境。

（5）巴什索贡组（$C_1b$）：呈北东向条带状展布于喀英都河-阿尔恰阔若一带。该组为浅海陆棚沉积环境产物的碎屑岩夹灰岩。

（6）卡拉达坂组（$C_2b$）：为浅海陆棚沉积的碎屑岩夹灰岩。

（7）康克林组（$C_2k$）：为碳酸盐台地-浅海沉积环境下的灰岩夹细碎屑岩。

### 2. 托云地层小区

托云地层小区分布于研究区西部，西起吉根-萨瓦亚尔顿-阔依卓鲁一线，东至黑茨威-治雷阿尔特山隘-瑟尔门达坂北部一线，南延乌鲁克恰提-乌恰，北部延入吉尔吉斯斯坦境内。出露地层主要有乌帕塔尔坎群［$(S-D_2)W$］、萨瓦亚尔顿组（$D_1sw$）、托格买提组（$D_2t$）、巴什索贡组（$C_1b$）、别根他乌组（$C_2b$）、康克林组（$C_2k$）。

（1）乌帕塔尔坎群［$(S-D_2)W$］：主要分布于喀拉别克切尔及图尔尕特山口地区，岩性为硅化砂岩、含砂屑泥质页岩、含碳泥质页岩夹燧石岩、灰岩及中性喷发岩，为半深海沉积的产物。

（2）萨瓦亚尔顿组（$D_1sw$）：分布于该地层小区的西部，其西界为小区西界，北北东向带状延伸，向南延入吉尔吉斯斯坦境内。岩性为长石岩屑砂岩、含粉砂质碳质绿泥绢云千枚岩、含碳黑云绢云千枚岩夹变砂岩。

（3）托格买提组（$D_2t$）：呈北东向条带状展布，向北延入吉尔吉斯斯坦境内。岩性为一套灰色-深灰色灰岩夹少量碎屑岩，产复体珊瑚和层孔虫，为浅海台地（陆棚）沉积环境。

（4）巴什索贡组（$C_1b$）：呈北东向条带状展布于喀英都河-阿尔恰阔若一带，为浅海陆棚沉积环境产物的碎屑岩夹灰岩。

（5）别根他乌组（$C_2b$）：为浅海陆棚沉积岩夹灰岩。

（6）康克林组（$C_2k$）：为碳酸盐台地-浅海沉积环境下的灰岩夹细碎屑岩。

### 3. 阔克萨勒岭地层小区

阔克萨勒岭地层小区分布于研究区北部，西起科加尔特中国与吉尔吉斯斯坦国境线，东至贡古鲁克山口-巴勒迪尔塔格山一线，南延川乌鲁山口-哈拉峻-科什布拉克山，北部延入吉尔吉斯斯坦境内。出露地层主要有乌帕塔尔坎群［$(S-D_2)W$］、托什干组（$D_2t$）。

（1）乌帕塔尔坎群［$(S-D_2)W$］：该组沉积环境定为被动大陆边缘的浊流沉积环境的产物。

（2）托什干组（$D_2t$）：主要分布于托什干河南北两侧，在哈拉奇-阿合奇一线分布于托什干河北侧。

**4. 迈丹他乌地层小区**

迈丹他乌地层小区呈北东向分布于研究区的北部，出露的地层为托格买提组（$D_2t$）、坦盖塔尔组（$D_3k$）、野云沟组（$C_1y$）、阿依里河组（$C_2a$）、喀拉治尔加组（$C_2kl$）、小提坎力克组（$P_1x$）、巴勒迪尔塔格组（$P_1b$）。

（1）托格买提组（$D_2t$）：主要分布于托什罕河南北两侧，在哈拉奇–阿合奇一线分布于托什罕河北侧。

（2）坦盖塔尔组（$D_3k$）：主要为灰色块状，层理不清晰的灰岩及钙质砾岩。

（3）野云沟组（$C_1y$）：主要分布于别代勒河–巴勒迪尔塔格–库马力克一带，呈北东向展布，在北东部延出，为一套稳定陆台型浅海相碳酸盐岩建造，主要岩性为灰岩、生物灰岩夹页岩、泥灰岩。

（4）阿依里河组（$C_2a$）：与野云沟组呈不整合接触，为一套滨海–浅海相建造。其岩石组合为灰岩、碎屑灰岩、结晶灰岩、生物碎屑灰岩夹少量砂岩、粉砂岩、页岩及不稳定的铝土矿或铝土页岩。

（5）喀拉治尔加组（$C_2kl$）：主要分布于迈丹他乌一带，呈北东向展布，为一套浅海沉积环境的砂岩、粉砂岩、页岩，相变较大。

（6）小提坎力克组（$P_1x$）：主要分布于萨瓦甫齐一带，呈北东向展布，为一套双峰式火山岩，岩性为安山质凝灰岩、石英安山岩及流纹岩、岩屑砂岩，向东夹玄武岩，向西碎屑岩增多，具有双峰式火山岩的特征，因此其沉积环境为陆棚斜坡沉积。

（7）巴勒迪尔塔格组（$P_1b$）：主要分布于喀拉别克切尔塔格、吐古买提–阿合奇、巴勒迪尔塔格山一带，呈北东向带状展布，为一套变质细碎屑岩、灰岩。根据该组富产海相化石及富含钙质等特征，沉积环境为温暖动荡频繁的浅海相沉积环境。

## 1.1.3　中生界

侏罗系分布于萨热克、乌鲁克恰提、托云以及康苏、黑孜威一带，可划分出 5 个组，即下侏罗统萨里塔什组（$J_1s$）、康苏组（$J_1k$）和中侏罗统杨叶组（$J_2y$）、塔尔尕组（$J_2t$）及上侏罗统库孜贡苏组（$J_3k$）。

（1）萨里塔什组（$J_1s$）：为一套快速堆积的冲积扇相砾岩夹砂岩透镜体，主要岩性为紫灰色、浅绿灰色、浅褐黄色块状砾岩夹含砾砂岩、砂岩透镜体。

（2）康苏组（$J_1k$）：为一套湖泊–沼泽相的煤系地层，含植物化石，主要岩性为浅灰白色石英砂岩、灰色细粒岩屑石英砂岩、泥质细砂岩、灰黑色粉砂岩、黑色碳质泥岩夹煤层、煤线，下部见有较多的灰色砾岩薄层。

（3）杨叶组（$J_2y$）：伴随康苏组出露，并与之呈整合接触，为一套灰绿色的滨浅湖相的砂岩、泥岩，主要岩性为灰绿色岩屑石英砂岩、岩屑砂岩、泥质细砂岩、泥质粉砂岩、紫灰色泥质粉砂岩、灰白色石英砂岩，下部夹煤线。

（4）塔尔尕组（$J_2t$）：为一套浅–半深湖–深湖相杂色泥岩、石英砂岩夹泥灰岩，主要岩性下部为紫灰色、灰绿色的岩屑石英砂岩、泥质细砂岩、泥质粉砂岩、粉砂质泥岩及灰白色石英质砾岩、砂砾岩、石英砂岩夹深灰色稳定延伸的泥灰岩，中上部为暗紫灰色、紫红-灰绿色泥岩、泥质粉砂岩，夹灰色长石岩屑石英砂岩及灰绿色泥质岩屑砂岩。

（5）库孜贡苏组（$J_3k$）：代表性地点位于乌恰县城东北的库孜贡苏。在康苏-黑孜威一带为一套快速堆积的砾岩夹砂岩。该组地层侧向变化较大，在黑孜威一带为暗紫红色、棕红色砾岩，向北西至江额结尔、萨热克岩性为暗紫红色或褐色、灰色砾岩夹黄灰色、棕红色砂岩。

白垩系主要分布于喀什凹陷北缘、乌恰县城北部库孜贡苏-乌鲁克恰提一带，沿天山山麓和乌拉根隆起带呈东西向展布。西部斯木哈纳和东部塔什皮萨克一带也见有该组地层分布。依据岩石组合、沉积相及化石特征可划分出下白垩统克孜勒苏群（$K_1KZ$）和上白垩统英吉沙群（$K_2YN$）。

（1）下白垩统克孜勒苏群（$K_1KZ$）：为一套色泽较鲜艳的紫红色砂岩夹灰白色砂岩、砾岩及少量粉砂质泥岩，中上部夹少量灰绿色薄层状细砂岩。该群砂岩质地疏松，是良好的储油岩，已发现多处沥青砂岩。据岩性及组合特征可将该群分为五个岩性段，第一段为褐红色泥岩夹砂岩及砾岩，第二段为紫灰色、暗褐红色砂岩与泥岩互层，第三段为灰白色含砾砂岩、砂岩夹少量褐红色粉砂质泥岩，第四段为褐红色砂岩与粉砂质泥岩互层夹含砾砂岩、砾岩，第五段为灰白色、褐红色砂、砾岩夹砂岩与泥岩。

（2）上白垩统英吉沙群（$K_2YN$）：仅出露于乌恰县以西一带，与下伏克孜勒苏群（$K_1KZ$）呈整合接触，依据其岩石组合特征可划分出上统库克拜组（$K_2k$）、乌依塔克组（$K_2w$）、依格孜牙组（$K_2y$）和吐依洛克组（$K_2t$）。其中，库克拜组（$K_2k$）：主要为灰绿色及棕红色泥岩、膏泥岩夹介壳灰岩、泥灰岩、石膏层、白云岩和粉砂岩及砂岩。乌依塔克组（$K_2w$）：为一套浑水潮坪相褐红色膏质泥岩，底部为灰白色石膏。依格孜牙组（$K_2y$）：以一套暗紫红色泥岩为主与灰绿色石膏岩不等厚互层，底部及顶部夹浅灰色白云岩。吐依洛克组（$K_2t$）：为紫红色、暗紫红色泥岩夹白色石膏岩及黄红色泥质石膏岩。

## 1.1.4　新生界

古近系为一套正常浅海间潟湖相沉积，海相化石极为丰富。其中，阿尔塔什组（$E_1a$）：可分为厚度极悬殊的两段，下段为白色石膏岩夹少量白云岩；上段为灰色灰岩，是最易识别的区域标志层。齐姆根组（$E_{1-2}q$）：为一套灰泥质海湾相灰绿色钙质泥岩夹介壳灰岩、顶为灰绿色钙质砂岩、白云岩、泥灰岩，其"上红下绿"的特征为研究区的标志性特征。卡拉塔尔组（$E_2k$）：是古近纪最广泛海侵的产物，主要为一套细碎屑岩-碳酸盐岩沉积，上部稳定延伸及标志性的清水潮坪相牡蛎灰岩、介壳灰岩。乌拉根组（$E_2w$）：为正常海相灰绿色泥页岩夹灰色介壳灰岩、含生物泥灰岩。巴什布拉克组（$E_{2-3}b$）：主要为一套暗紫红色泥岩、砂质泥岩夹砂岩，中部夹灰绿色砂岩和含以牡蛎为主的泥灰岩及介壳薄层，下部为暗紫红色膏泥岩，底部为白色石膏层较为稳定展布。

新近系大面积分布一套红色为主的陆相碎屑沉积，中部夹较多的灰色及灰绿色砂、泥岩。其中，克孜洛依组［$(E_3-N_1)k$］：以紫红色泥岩为主与黄红色、绿灰色粉砂岩及细砂岩不等厚互层，下部膏泥岩及石膏岩较发育。安居安组（$N_1a$）：为一套褐灰色、褐红色、灰色及黑灰色泥岩与黄灰色、绿灰色、灰绿色砂岩不等厚互层。下部一套滨浅湖相灰绿色砂岩为区域花园式砂岩型铜矿的赋矿层位。帕卡布拉克组（$N_1p$）：为一套暗紫色及褐灰色含钙质泥岩、含粉砂质泥岩与浅棕灰色细-中粒砂岩不等厚互层夹浅灰色、灰绿色粉砂岩。阿图什组（$N_2a$）：下段为褐色、浅棕灰色砂岩夹砾岩，上段为灰色砾岩夹黄灰色砂岩。

## 1.2　区域构造特征

西南天山地质演化复杂，前人在该区有诸多大地构造单位划分方案。区域构造整体特征是一带一缘，即北部为西南天山造山带，南部为塔里木地块的北部边缘。构造形式在空间分布上对比明显：造山带以逆冲-逆掩断层和紧闭-倒转褶皱为主要形式，地块边缘以拗陷-隆起-断陷为主要构造形式（肖序常和汤耀庆，1991；肖序常，1992；王广瑞，1996）。

按张良臣和吴乃元（1985）的划分方案，以乌恰断裂及塔拉斯-费尔干纳断裂带为界，东北部为南天山晚古生代陆缘盆地、东西南为柯坪古生代前陆盆地。依照槽台观点，以乌恰断裂为界可划分出南天山冒地槽褶皱带和塔里木地台，可进一步划分出东阿赖冲断褶皱、托云拗陷、巴什索贡复背斜、迈丹复向斜、阔克萨勒岭复背斜及塔西南拗陷喀什凹陷等次级构造单元。区域构造共划分出一级构造单元3个，二级构造单元10个（图1-4）。

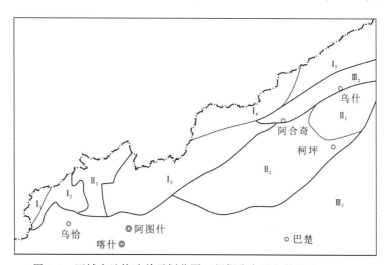

图1-4　区域大地构造单元划分图（根据张良臣和吴乃元，1985）

西南天山造山带：$I_1$. 东阿赖褶皱区；$I_2$. 苏鲁铁列克隆起区；$I_3$. 巴什苏洪-迈丹褶皱带；$I_4$. 阔克萨勒岭褶皱带；$I_5$. 库马力克褶皱带。柯坪断隆：$II_1$. 库鲁克居木穹窿；$II_2$. 柯坪地块断裂带；$II_3$. 托云-切列克辛中新生代拗陷区。塔里木盆地西南端：$III_1$. 喀什-巴楚拗陷-隆起区；$III_2$. 阿克苏-乌什拗陷区

造山带与塔里木板块的界线在切列克辛侏罗纪断陷以西为南天山山前断裂带，向东沿迈丹地层区南部的二叠系南缘断裂，如喀拉塔什断裂、布拉塔格大断裂、奥依布拉克大断裂，延伸至乌什一带为托什干断陷，至库瓦特河与托什干河断裂复合至木扎尔特南。总体趋势是自西向东，沿新生代台缘断陷带（喀什凹陷区、喀拉铁别克拗陷区、托什干河断陷

区）之北界，以北为褶皱造山带，以南为塔里木台拗。

造山带内划分出两个褶皱带，即北部的早海西褶皱带和南部的晚海西褶皱带。其界线主要为一些边界大断裂：在东阿赖，以吉根-萨瓦亚尔顿蛇绿杂岩带为标志的缝合线复合断裂带，如以阿番克托雷断裂等为界线，西北部为东阿赖冲断区，东南部为以苏鲁克提（阿克兰达板）古隆为中心的断陷区，向东为侏罗纪—新近纪断陷覆盖。在托云盆地东南部，以莫罗他乌断层为界。在阔克萨勒岭地区，以艾克提克边界断裂为界，向东沿阔克萨勒基底断裂至边境。该界线以南为迈丹河复向斜区与库马力克复向斜区。最东面的界线为南天山主脊北坡基底断裂，北部为哈尔克山复背斜区，南部为库马力克复向斜的东延部分。

塔里木板块北缘带划分出三个三级构造单元，即柯坪地块、托云中新生代断陷带和塔北缘新生代断陷带。柯坪地块与塔北缘新生代断陷带的边界，南部为沙井子基底断裂，北部为托什干断陷南部的边界断裂，如索格当他乌断裂和古木别孜断裂等。中间喀拉铁别克拗陷区的界线为奥依布拉克断裂和霍什布拉克断裂。托云中新生代断陷带是费尔干纳断裂活动的产物，西部边界为切列克辛断裂，东部边界为苏约克-喀拉别克断裂。

# 1.2.1　研究区各主要构造单元特征

### 1. 东阿赖冲断褶皱区

该区出露的地层包括：①长城系，由变质砂岩和千枚岩组成；②上志留统，为杂色火山岩建造；③下泥盆统，为变质碎屑岩及硅质岩；④中泥盆统—上石炭统，为海相碎屑岩与碳酸盐岩；⑤侏罗系，为陆相含煤碎屑岩建造；⑥白垩系—古近系和新近系发育齐全。

该区以一系列走向 NE，倾向 NE，倾角 50°～70°的推覆断层为主体，如塔尔特库里断层，萨瓦亚尔顿-吉根缝合线等，在 1∶5 万联测图中反映出的有 20 余条。总体褶皱形态为一复向斜（塔尔特库向斜），地层紧闭褶皱，轴面片理为 $S_1$，因而应属一向斜构造。区内西部，有一大型推覆体，为依里提克推覆体。

### 2. 阔克萨勒岭复背斜区

该区以多条 NEE 走向、NNW 倾向，倾角变化较大的逆断层为主体，构成一复式背斜区。沿齐齐加纳克断层、克捷尔麦-萨雷章苏断层，以及喀拉塞断层有蛇绿杂岩卷入，形成一条蛇绿岩带。南部边界为阔克萨勒岭基底断层，东段有别迭里超基性岩侵入。艾克提克断层为逆冲性质的，使乌帕塔尔坎群推覆于康克林组（$C_2k$）之上。

### 3. 苏鲁铁列克古隆起区

该区所出露的地层以元古宇阿克苏群绿泥片岩夹大理岩为主。中心为中元古界结晶片岩，向外以断层为界变为下古生界，总体形成一似地垒状隆起，断层呈环状形态。

### 4. 塔什齐托-巴什苏洪复背斜

该区所出露的地层中，下-中志留统为浅变质类复理石建造，上泥盆统为杂色碎屑岩-

火山岩建造，石炭系以浅海陆源碎屑岩和碳酸盐岩为主。

该区整体由几个近东西走向，北倾的逆掩断层及向南推覆的多层次推覆体构成。北部边界为阿孜干断层，倾向南，从而使乌帕托尔坎群隆起，成为复背斜轴部，向南依次推覆乌帕托尔坎群、泥盆系—石炭系、下二叠统、新近系。这一特征向西与苏鲁克提古隆相接，在侏罗纪断陷中出现泥盆纪—石炭纪构造窗。

### 5. 迈丹复向斜区

迈丹复向斜区是区内构造变形较弱的一个区域，南北边界由于边界断层活动形成了一些推覆体和紧闭褶皱，而沿迈丹河一带变为宽缓褶皱带。

### 6. 库马力克复背斜

库马力克复背斜与塔什齐托-巴什苏洪复背斜区相似，由一系列逆掩断层活动而形成了大量推覆体，主要断裂有津丹苏基底断裂、秋木克勒断裂等。南部为托什干断裂的新生界盖层。

### 7. 库鲁克居木穹窿

库鲁克居木穹窿与苏鲁铁列克古隆区相似，但由于阿克苏古隆向外出露有震旦系、寒武系和奥陶系，因而构成一穹窿形态。近 SN 向、NW 走向断裂与近 EW 向断裂复合，形成环行断裂系统，形成本区的一个特殊构造区。

### 8. 柯坪北断褶区

该区为柯坪断隆边缘活动带与造山带的过渡区，北部边缘逆冲断裂发育，向南以短轴褶皱为主，并发育了一系列轴向和横向次级断裂，是区内断裂构造十分复杂的区段。

### 9. 柯坪南断阶区

该区由一系列 NE 向的走向逆冲断层如苏贝希分割的长轴宽缓背斜构成，总体为一断阶形态。各阶中南部地层老，北部地层新，南部地层产状陡，北部缓，可识别出 3 ~ 4 个阶梯。

### 10. 塔里木北缘山前拗陷带

在喀什凹陷因稳定产出乌拉根式铅锌矿的赋矿层位（下白垩统克孜勒苏群）所划分出的乌拉根成矿带而著名。乌拉根铅锌矿区位于喀什凹陷的北部乌恰凹陷，喀什凹陷的基底地层为元古宇阿克苏群，盖层以中新生代地层为主，其局部可见古生代地层。但以费尔干纳断裂（切列克辛断裂带）为界，东西两部分基底与盖层特征有所差异。西部基底地层为元古宇阿克苏群，基底之上直接覆盖中新生代地层；而东部基底地层为元古宇阿克苏群，其上的盖层既有古生代地层，又有中新生代地层。

南天山晚古生代陆缘盆地主要发育志留纪—二叠纪地层，由浅海相陆源碎屑岩和碳酸盐岩组成，岩浆活动较微弱。在此陆缘盆地中叠置有托云盆地（萨热克次级盆地为其一部分）、喀拉铁别克断拗陷盆地。总体为一复式向斜，褶皱构造多向南倒转，断裂构造发育，形成了一系列向塔里木盆地方向的推覆构造。

## 1.2.2　断裂构造特征

研究区发育多条区域性的断裂带和蛇绿岩带，包括阔克萨彦岭–巴雷公蛇绿混杂岩带、乌恰–库尔勒断裂带、塔拉斯–费尔干纳断裂带以及其他一些次级断裂，它们是研究区主要的分区断裂。

### 1. 阔克萨彦岭–巴雷公蛇绿混杂岩带

阔克萨彦岭–巴雷公蛇绿混杂岩带在研究区东起巴雷公，通过齐齐加纳克沟北侧，经巴勒耕得西支沟向北西延伸到了境外（吉尔吉斯斯坦），在区域上往东可以一直延伸到黑英山，由特腰茂永断层、齐齐加纳克韧–脆性断裂、廓噶尔特山口断层组成，总体走向NWW。它实际上是南天山晚古生代中–晚期有限洋盆缝合带的主断裂带（汤耀庆，1995）。

该蛇绿混杂岩带以齐齐加纳克韧–脆性断裂为主断层，出露宽度大于400m，总体走向为280°~290°，倾向NE，倾角70°左右。该混杂岩带的北侧为廓噶尔特早古生代陆缘盆地构造单元，南侧为齐齐加纳克古生代洋盆构造单元。断裂带内岩石变形特征总体表现为岩石破碎，劈理密集，并叠加走滑剪切变形。在走向上，断裂带宽窄有别，构造岩特征不尽相同。

该蛇绿混杂岩带主要构造形迹为强劈理化带，拉伸线理，矿物生长线理，劈理化剪切带，牵引小褶皱。宏观上由大小悬殊、形态各异、不同岩类的岩块"拼贴"而成，岩块间被强烈劈理化的玄武质岩石分隔、围限。岩块有超基性岩、枕状玄武岩、放射虫硅质岩、碳酸盐岩及砂岩等。从组合特征看有蛇绿混杂岩的特点，在断裂带中发育同构造线的次级小断层。

该断裂带早期表现为逆冲剪切，使岩石碎裂、透镜化，拼贴形成断裂带的主体格架。发育区域性劈理、拉伸线理等，劈理面上局部残留有由拉长的石英颗粒或云母等矿物的定向排列，拉断的石英脉或长英质脉体组成布丁等，构成的拉伸线理，与劈理倾向一致。岩石明显受韧性剪切作用，而使岩石千枚（糜）理化。

中期活动表现为相对能干的薄层砂岩在剪切作用下揉皱，并拉断形成片内无根褶皱，产生一组向北东陡倾的剪切劈理化带，使砂岩透镜化并顺劈理面定向排列。

晚期活动表现为左行走滑，其代表性变形形迹为走滑剪切劈理化带，在两个密集的剪切带之间发育一组羽状张节理，使岩石碎裂化、透镜化、碳化、泥化（肖序常等，1991）。

### 2. 乌恰–库尔勒断裂带

乌恰–库尔勒断裂带西起塔拉斯–费尔干纳断裂带，向东经乌恰、迈丹、阿合奇至乌什，再往东一直沿天山南侧山体边缘延伸至库尔勒。断裂带总体呈NEE走向，总体上倾向NW，倾角30°~80°，变化大，至乌什以东，转为近EW走向。由多条次级断裂带组成，最大可达15~17km。陈杰等（2001）和贾启超等（2015）都通过野外探槽揭示、断层错动阶地及其 GPS 观测分析，认为该断裂为新生代至今长期活动的断层，具有走滑逆冲性质，也是孕震断层，历史上发育过多次强烈地震。在西南天山根据不同的位置，分别称为迈丹断裂、喀拉铁克断裂。

喀拉铁克断裂带呈 NEE-SWW 向延伸，由主干断裂和一系列与之平行或斜交的次级断裂组成，宽 4~5km，主要包括喀拉铁克北界和南界断层。

断裂南北两侧，无论是地层出露情况、岩性厚度，还是各期构造运动的反映等，均截然不同。断层北侧为上石炭统喀拉治尔加组（$C_2kl$），主要为海相浊流沉积碎屑岩建造；断层南侧为下二叠统巴立克立克组、小提坎力克组（$P_1x$），为一套浅海碎屑岩–碳酸盐岩建造，为温暖动荡频繁的浅海相沉积环境。由于其长期活动，在断裂两侧形成与之斜交或大致平行的小断裂。

沿喀拉铁克断裂带的构造岩浆活动强烈，主要发育晚古生代碰撞前–同碰撞–后碰撞期花岗岩（包括石英闪长岩、黑云母二长花岗岩、黑云母斜长花岗岩及钾长花岗岩等），沿深断裂发育的基性岩脉，表明深断裂活动诱导了幔源岩浆的侵位。

沿喀拉铁克断裂带两侧展布的构造岩类型复杂多样，总体反映了深断裂在不同构造层次的活动特征。断裂在工作区内表现为破碎带、强片理化带、劈理化带等特征，影响范围宽数千米，同时控制了区内次级断层的性质和空间分布，发育中浅部构造层次形迹。

喀拉铁克断裂带自早古生代末期形成至今经历了长期的发展演化历史，在不同构造发展阶段有不同的构造表现形式，对整个天山古生代以来的构造演化都起到了格架性的控制作用，其构造演化历程及相应构造表现大体为晚志留世至晚泥盆世俯冲剪切阶段、晚泥盆世至早石炭世同碰撞期挤压–剪切阶段、早石炭世末至晚石炭世末后碰撞期左行走滑调整阶段、晚石炭世末至晚二叠世末陆块焊合期逆冲叠覆阶段、早–中三叠世盆山演化初期斜滑剪切阶段、晚三叠世至新生代盆山耦合期脆性块断活动阶段。沿喀拉铁克断裂带两侧有白垩系巴西改组火山岩出露，古近系苏维依组、上新统阿图什组沿断裂带稳定分布，表明断裂在白垩纪—新近纪活动强烈。此外沿断裂带历史上曾发生过 4.7~4.9 级地震（1949 年 2 月 22 日），表明该深断裂是一条至今仍在活动的活动断裂。

### 3. 塔拉斯–费尔干纳断裂带

塔拉斯–费尔干纳断裂带是中亚地区重要断裂构造之一，走向 NW-SE。它由北西段的塔拉斯断裂（在大、小卡拉套山之间通过）和费尔干纳断裂（通过费尔干纳山脊的东北缘）两段组成，向南东方向延入中国的塔里木盆地西部，总长度远超过 1000km。

塔拉斯–费尔干纳断裂带将中亚地区的中、南天山错开，形成东、西两段。位于费尔干纳和纳伦两盆地之间的著名"费尔干希格马"（希腊字母 Σ）是塔拉斯–费尔干纳断裂在错断中、南天山的过程中先左行（石炭纪末）后右行（早、晚二叠世之间）运动的结果。断裂的右行走滑量达到 180~200km，总走滑量的约十分之一是在新生代完成的（张良臣等，1985；李江海等，2007）。

塔拉斯–费尔干纳断裂带是中亚地区规模最大的断裂之一，在中国西部及中亚地区中–新生代以来的区域构造演化中占据举足轻重的地位（何国琦等，1994）。该断裂呈北西–南东走向的右行走滑断裂，由几条相互平行的次级断裂构成。断裂西北端自哈萨克斯坦的克孜尔奥尔达东部山区，向西北伸入克孜尔库姆沙漠之下；其向东南方向经费尔干纳盆地东北缘穿过，自乌恰北进入我国喀什凹陷，然后被新生界覆盖。磁性年代地层研究表明，喀什地区 NNW 向断层及 3 排近 EW 向褶皱形成于早更新世以后（陈杰等，2001），并持续活动至今，塔拉斯–费尔干纳断裂南段的东盘由西南天山造山带及柯坪断隆组成，以 EW 向的新生代逆冲构造为主，它们均以弧形逆冲断裂收敛于塔拉斯–费尔干纳断裂，如托云西北吐鲁廓噶尔特他乌断裂、阿图什北断裂、托特拱拜孜–阿尔帕雷克断裂、柯坪断隆前缘逆冲断裂等。上述东西向逆冲断裂上的水平缩短变形有力地调节了塔拉斯–费尔干纳断裂右旋走滑变形，即塔拉斯–费尔干纳断裂右旋位移在南端转换为近 EW 向断裂的逆冲变形。

塔拉斯–费尔干纳断裂在喀什凹陷以小规模的右旋走滑断裂逐渐消失，断层东盘以逆冲断层系的水平缩短变形，调节新生代右旋走滑位移，与巴楚隆起的阻挡作用相关。区域构造分析表明，随着帕米尔北缘逆冲断层系向北扩展，喀什凹陷中新生代沉积形成密集分布的线性褶皱和逆冲断层带。帕米尔高原向北仰冲触发塔拉斯–费尔干纳断裂不同区段在新生代差异性构造复活，发生大规模右旋位移及其南端构造转换（逆冲带隆升和前陆盆地发育）。新生代大断裂差异性复活及其构造调节，造成帕米尔构造结东西两侧不对称的构造样式（李江海等，2007）。

## 1.3　区域岩浆岩

南天山的岩浆活动较弱，主要产出于 4 个集中区域，形成的岩浆岩均有火山岩和侵入岩，但岩性有所不同，并且以侵入活动为主，火山活动更弱。下面简述 4 个集中区的岩浆活动特征。

### 1.3.1　侵入岩特征

本区侵入活动划分为 4 个集中区。

1）阔克萨勒岭花岗岩–超基性岩集中区

该区分布有 4 个花岗岩体和 6 个串珠状超基性小岩体。这些岩体均沿着近东西向的齐齐加纳克断裂南北两侧分布，断裂以北有沙雷布拉克花岗岩体、齐齐加纳克钾长花岗岩体以及鲁德涅瓦冰河微碱性花岗岩体，断裂以南为乌鲁芝加尔花岗岩体，6 个串珠状超基性岩体沿齐齐加纳克河中游南北两侧分布。上述岩体仅有鲁德涅瓦冰河微碱性花岗岩体呈岩基状产出，其余为小岩株，它们均侵入于乌帕塔尔坎群砂岩及灰岩中。

2）霍什布拉克–普昌碱性花岗岩–基性岩集中区

该区分布有 5 个碱性花岗岩和 1 个辉长岩体，分别是古尔拉勒碱性花岗岩体、克兹勒克孜塔克碱性花岗岩体、霍什布拉克碱性花岗岩体、奇格尔布拉克–阿其克布拉克碱性花岗岩体、克兹尔托碱性花岗岩体及普昌辉长岩体。这些岩体集中分布在霍什布拉克–普昌地区，以及喀拉铁克断裂和普昌走滑断裂的交汇部位，并不同程度地遭受了后期断裂活动的破坏。它们的规模都不大，侵入时代也均属海西晚期。

3）柯坪地块基性岩集中区

该区主要分布有若干辉绿岩床、岩墙和一个蚀变辉长岩体。辉绿岩床、岩墙以大致平行的"单墙"形式侵入于元古宇阿克苏群变火山岩系中，喀拉克孜尤尔美那克蚀变辉长岩体呈小岩株状产出。它们与阿克苏群变火山岩系具有密切的成因联系。

4）乌什北山花岗岩-碱性花岗岩集中区

该区位于整个研究区的东北部，分布有两个规模相对较大的岩基状岩体，分别为科铁克里克苏碱性花岗岩体、铁木尔苏花岗岩体。上述两个岩体均产于中国与吉尔吉斯斯坦边境处，岩体的一部分位于吉尔吉斯斯坦境内。岩体在空间上的延伸方向与区域构造线的方向基本一致，侵入时代均属海西晚期。

# 1.3.2　火山岩活动特征

研究区火山岩从元古宙到新生代都有分布，但范围都不大。元古宙火山岩主要分布于元古宇阿克苏群和古元古界木扎尔特河群内，主要岩性为基性火山岩，可能为稳定的构造环境的产物。在柯坪断隆内，还可见震旦纪火山岩产出，主要岩性为流纹质凝灰岩，可能为活动大陆边缘的产物（叶庆同等，1999）。早古生代火山岩出露于西南天山东部硫磺山地区，主要为少量奥陶纪火山岩，下部为基性火山碎屑岩，上部为中酸性熔岩，岩石地球化学特征表明该火山岩为钙碱性系列。晚古生代火山岩包括柯坪地区的库普库兹曼组，出露早二叠世陆相火山岩，主要岩性为玄武岩夹酸性凝灰岩，为双峰式火山岩，形成于板内拉张环境，可能与深部地幔柱上升有关（徐学义等，2002）。部分学者认为，二叠纪时期，塔里木盆地、南天山和吐哈盆地的火山岩处于相同的地球动力学背景中，受地幔柱控制。还出露一条南天山南缘蛇绿混杂岩带，其沿塔里木北缘延伸，东起黑英山，西到吉根，前人认为是南天山古洋盆扩张南移后的消减闭合带（何国琦等，2001；徐学义等，2003a，2003b）。西南天山中新生代的火山岩主要出露于托云盆地内，岩性为橄榄玄武岩和粗面玄武岩。岩石地球化学特征表明，该火山岩为高钛玄武岩，是岩石圈伸展的产物。在哈拉峻北部山区还可见少量白垩纪火山岩。

# 1.4　区域遥感特征

研究区涉及范围较大，且属高寒山区，但地表覆盖少，岩石裸露，有利于遥感构造解译和蚀变信息提取。应用遥感图像解译断裂常常比常规野外工作更有效。有的大断裂构造的地面迹象可能是隐蔽的，很少能直接见到断层面的露头，通过遥感图像的概括作用，把个别的、分散的迹象与断裂构造联系起来，识别出地面不易发现或遗漏的断裂构造，可以有效地弥补地面地质工作的不足。

本次研究的坐标为73°30′~80°00′E，39°20′~42°00′N。研究区东西长约560km，南北宽约300km，总体呈近似三角形。处理的遥感影像为Landsat 8 OLI（Operational Land Imager，

陆地成像仪）影像和 DEM（Digital Elevation Model，数字高程模型）数据，数据均来源于中国科学院计算机网络信息中心国际科学数据镜像网站。

## 1.4.1　数据来源

DEM 数据为 GDEM DEM 30m 分辨率数字高程，根据研究区范围共下载 30m DEM 18景（表1-2）。

表 1-2　研究区涉及的 18 景 30m 分辨率 DEM 数据

| 数据标识 | 条带号 | 行编号 | 中心经度/（°） | 中心纬度/（°） |
|---|---|---|---|---|
| ASTGTM_ N39E073 | 73 | 39 | 73.5 | 39.5 |
| ASTGTM_ N39E074 | 74 | 39 | 74.5 | 39.5 |
| ASTGTM_ N39E075 | 75 | 39 | 75.5 | 39.5 |
| ASTGTM_ N39E076 | 76 | 39 | 76.5 | 39.5 |
| ASTGTM_ N39E077 | 77 | 39 | 77.5 | 39.5 |
| ASTGTM_ N39E078 | 78 | 39 | 78.5 | 39.5 |
| ASTGTM_ N39E079 | 79 | 39 | 79.5 | 39.5 |
| ASTGTM_ N40E073 | 73 | 40 | 73.5 | 40.5 |
| ASTGTM_ N40E074 | 74 | 40 | 74.5 | 40.5 |
| ASTGTM_ N40E075 | 75 | 40 | 75.5 | 40.5 |
| ASTGTM_ N40E076 | 76 | 40 | 76.5 | 40.5 |
| ASTGTM_ N40E077 | 77 | 40 | 77.5 | 40.5 |
| ASTGTM_ N40E078 | 78 | 40 | 78.5 | 40.5 |
| ASTGTM_ N40E079 | 79 | 40 | 79.5 | 40.5 |
| ASTGTM_ N41E076 | 76 | 41 | 76.5 | 41.5 |
| ASTGTM_ N41E077 | 77 | 41 | 77.5 | 41.5 |
| ASTGTM_ N41E078 | 78 | 41 | 78.5 | 41.5 |
| ASTGTM_ N41E079 | 79 | 41 | 79.5 | 41.5 |

利用 ArcGIS 10.1 对 DEM 图像进行镶嵌，使其成为一幅完整数字高程图，再利用国界线和坐标范围对其裁剪，运用空间分析技术，显示地形特征（图1-5）。

根据研究区范围，依据获取时限相近，避免云层等因素干扰的原则，共计下载 Landsat 8 影像 10 景（表1-3）。Landsat 8 OLI 有 9 个波段，全色波段空间分辨率为15m，其他单波段空间分辨率为30m，成像宽幅为185km×185km，在波段设计上较 Landsat 7 影

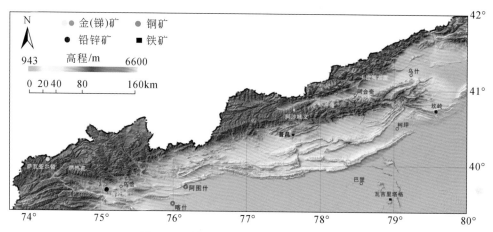

图 1-5　西南天山 DEM 生成的高程模型图

像有如下的调整：①Band 5 的波段范围调整为 0.845 ~ 0.885μm，排除了水汽在 0.825μm 处吸收的影响；②Band 8 全色波段范围变窄，从而可以更好地区分植被和非植被区域；③新增 Band 1 气溶胶波段（0.433 ~ 0.453μm）和 Band 9 短波红外波段（1.360 ~ 1.390μm），分别应用于海岸带观测和云检测。

表 1-3　研究区涉及的 10 景 Landsat 8 OLI 影像列表

| 数据标识 | 获取时间 | 中心经度/（°） | 中心纬度/（°） | 云量（区内）/% |
|---|---|---|---|---|
| LC81470312015194LGN00 | 2015-07-13 | 80.0964 | 41.7597 | 10.23（0） |
| LC81470322015194LGN00 | 2015-07-13 | 79.6333 | 40.3329 | 0.23 |
| LC81470332015306LGN01 | 2015-11-02 | 79.1817 | 38.9043 | 0.87 |
| LC81480312014182LGN00 | 2014-07-01 | 78.5650 | 41.7594 | 1.17 |
| LC81480322015169LGN00 | 2015-06-18 | 78.0952 | 40.3329 | 1.06 |
| LC81480332015233LGN00 | 2015-08-21 | 77.6542 | 38.9045 | 1.11 |
| LC81490322015304LGN00 | 2015-10-31 | 76.5396 | 40.3330 | 3.68 |
| LC81490332015288LGN00 | 2015-10-15 | 76.1108 | 38.9041 | 1.3 |
| LC81500322015231LGN00 | 2015-08-19 | 75.0126 | 40.3328 | 0.72 |
| LC81500332015231LGN00 | 2015-08-19 | 74.5645 | 38.9042 | 3.66 |

注：影像投影 UTM-WGS84 坐标系；每景影像大小约 1GB，已经过系统辐射校正和几何校正。

根据研究区范围，利用 ENVI 软件对获取的 10 景影像进行镶嵌、裁剪，将红、绿、蓝波段进行 RGB 合成得到真彩色影像（图 1-6）。

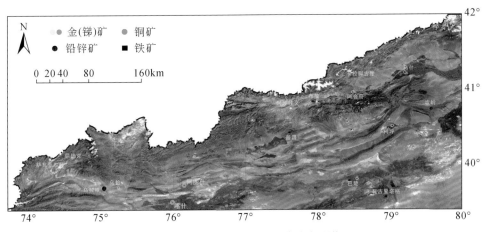

图 1-6　西南天山 Landsat 8 真彩色影像

## 1.4.2　影像预处理

　　遥感影像的预处理主要是为了校正传感器在成像过程中的几何畸变、辐射失真、噪声和高频信息损失等，是影像进一步处理及信息提取的基础。本次研究下载的影像产品为标准地形校正产品，基准为高精度的 DEM 数据和精确的地面控制点，即已经过几何精校正，因此，本次影像处理主要是进行辐射校正、图像镶嵌和影像融合。

### 1. 辐射校正

　　Landsat 原始影像包含地物及大气等辐射信息，由于大气的存在，辐射经过大气的吸收、反射以及散射，传感器接收的信号有不同程度的减弱或增强。辐射校正的目的是消除大气中的气溶胶、水蒸气、二氧化碳、固体悬浮物等因素对地物反射光谱的影响。因此，为了得到地表物体的真实光谱特征，必须去除大气对地物的影响。本次采用 FLAASH 方法进行辐射校正，影像处理平台为 ENVI 5.0。通过辐射校正后的影像更能反映实际地物信息。

### 2. 图像镶嵌和影像融合

　　研究区涉及多景 Landsat 影像，通过大气校正后的影像需要对其进行镶嵌和裁剪。Landsat 多光谱影像的空间分辨率为 30m，利用全色波段进行波段融合后可将空间分辨率提高至 15m，便于构造解译。镶嵌和融合后的影像进行真彩色合成如图 1-5 所示。对 DEM 数据，利用 ArcGIS 10.1 对其进行镶嵌，使其成为一幅完整的数字高程图，再利用国界线和坐标范围对其裁剪，运用空间分析技术，显示地形特征。

## 1.4.3　构造解译

构造信息提取主要是利用遥感影像识别、解译、提取各种构造形迹,分析各种构造形迹的空间展布和组合规律,以及这些构造形迹与区域矿产的关系,总结区域构造特征,编制区域构造解译图件。解译的基本原则是尽量收集不同时相、不同类型、多波段遥感影像;遵循构造地质学基本理论和原理;结合区域地质资料进行对比分析。

本次影像处理主要是进行研究区环形和线性构造的解译。环形构造在影像上主要表现为由色调、水系、纹理等标志显示的近圆形、环形或弧形,其解译标志与线性构造类似。环形构造反映的地质内容主要包括:与岩浆喷出、侵入活动有关,如火山机构(火山口、爆破岩筒、火山锥等)和隐伏侵入岩体;成岩、成矿元素的聚集,如热液蚀变、热辐射等;新构造运动形成的穹窿或凹陷;陨石撞击形成的圆形坑;底辟构造在地表的响应等。根据研究区区域地质背景及野外地质调查,区内环形构造不发育,局部出露侵入岩在影像上呈似环形构造。

线性构造是遥感解译中解译效果最明显的,在区域范围内常常比野外观测效果更佳,特别是在植被发育地区,地表很难观测或识别断层,但在遥感影像上构造形迹特别明显。线性构造在遥感影像上常呈控制岩相、岩性、水系发育、地形地貌等直接或间接方式表现出来。线性构造包括各种岩性界线、不整合界线、侵入体界线等以及断裂破碎带,本次解译的线性构造主要是断裂破碎带。线性构造解译的直接标志包括:构造标志、地层标志,如岩性、地层等地质体被切割、错断,使地质体在影像上延伸突然截止,或地质体边界异常笔直;岩石标志,如构造破碎带直接出露。间接标志包括:色调标志;地貌标志,如断层崖的线状展布、断层三角面及山脊、河谷的错断,一系列活动异常点的线状展布或线性负地形;水系标志,如水系错断、异常、对口河、倒钩河等,断裂构造采用的解译标志如表 1-4 所示。

**表 1-4　遥感影像中断裂构造解译标志**

| 标志 | 解译内容 |
|---|---|
| 构造标志 | 主要有构造产状的突变,如断层两侧构造的强度、形态及结构复杂程度不同;构造中断,如不同影像特征的地层突然相截,岩墙、岩脉的突然中断等;断层的伴生构造,如断层一侧出现岩层、岩脉的偏转、小褶皱现象等 |
| 色调标志 | 沿断裂带常有色调的显著差异,通过不同波段的组合可突显断裂的色调差异 |
| 地貌标志 | 线状沟谷:沿断层带常形成平直的沟谷,且延伸较远,延伸方向与周围地物有所差异 |
| | 线状凹地:一系列凹地(负地形)在影像上呈线状或串珠状展布,表示有断裂带发育 |
| | 断层崖:一系列呈线状分布的陡坎、陡崖,与周围山脊走向呈一定夹角,并切穿周围地形;断裂出口处常形成一系列的洪积扇 |
| | 错断山脊:断层两盘的相对位移使得山脊在地貌上常形成错断 |
| | 小岩体的线状展布:小侵入岩体或火山岩体呈线状排列出露常表示有隐伏断裂或基底断裂存在 |

| 标志 | 解译内容 |
| --- | --- |
| 地层标志 | 在影像上表现为地层缺少、横向错开及沿走向斜交等 |
| 水系标志 | 倒钩状、格子状、角状水系、对口河、水系的局部河段异常、线状排列水系整体错动、河湖等某段直线延伸等 |
| 岩石标志 | 岩石破碎、构造透镜体、劈理密集带等指示断层存在 |

本次采用 Landsat 8 影像和 DEM 数据，在线性构造解译时，充分考虑到不同解译标志，如断裂破碎带中岩石相对破碎，含水量较多，在热红外影像上，破碎带呈现明显的色调异常。因此，利用不同波段组合及地表特征分析，对应构造解译标志，结合区域地质资料，对研究区主要构造进行解译，其解译结果如图 1-7 所示。

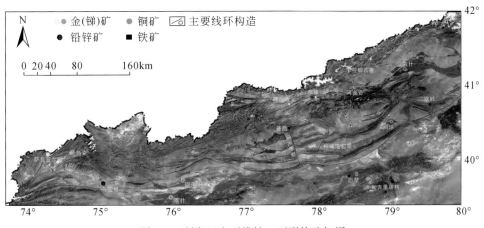

图 1-7　研究区主要线性、环形构造解译

研究区遥感影像线性构造解译表明，区内断裂构造发育，最为明显的是一系列近似平行的柯坪逆冲推覆构造，呈弧形展布于研究区中部，以及与其近直交的皮羌断裂；在研究区北部还发育一条 NE 向断裂及一系列规模较小的 NE 向断裂；此外，研究区局部发育一系列 EW 向和 NW 向断层。由区域矿产资料和野外矿产地质调查可知，大部分矿产分布于断裂带内以及断裂缓冲的一定范围，说明研究区断裂与矿产关系较为密切。

## 1.5　研究区矿产资源特征

区域矿床（点）繁多，从元古宙到中新生代均有矿化，表现出较早的金锑、铅锌矿化向较晚的铅锌铜及多金属矿化演化特征，多为沉积-层控-改造型矿床，由早到晚可划分为三个主要矿化层位：第一个矿化层位为元古宙，以铅锌铜矿化为主，目前只发现一些铅锌铜矿点；第二个矿化层位为古生代，以早古生代志留纪为代表，主要为造山型金锑矿（以萨瓦亚尔顿金矿为代表），晚古生代以中泥盆世到早石炭世为代表，主要为碳酸盐型铅锌铜矿化，可形成富矿、特富矿（如霍什布拉克铅锌矿、萨里塔什铅锌矿、乔若铅锌矿）；

第三个矿化层位为中新生代，主要为砂岩、砂砾岩型铅锌铜矿化。

造山型金矿是西南天山富有特色的最重要矿化类型。它们以浅变质古生代（少部分新元古代）沉积岩为主要容矿岩石（如萨瓦亚尔顿金矿），或以早古生代黑色岩系容矿（如穆龙套金矿），赋矿围岩碳质含量高（穆龙套矿区含矿围岩中有机碳含量达 2%~7%；萨瓦亚尔顿金矿中有机碳含量大于 1%）；赋矿构造多为区域内的大型韧-脆性剪切带（如萨瓦亚尔顿金矿受阿热克托如克和伊尔克什坦两条断裂之间的韧性剪切带控制）；矿区岩浆活动微弱，但金成矿可能与岩浆活动有关。

上叠盆地中沉积岩容矿的铅锌、铁、铜矿化特色明显。西南天山发育两类上叠沉积盆地：①上叠于早古生代被动陆缘沉积之上的泥盆纪—石炭纪残留海碎屑岩-碳酸盐岩沉积盆地，形成岩浆热液充填交代蚀变岩型铅锌矿（如霍什布拉克铅锌矿、萨里塔什铅锌矿）和相关铁矿（如红山铁矿）；②上叠于古生代造山带之上的中生代、新生代陆相碎屑沉积盆地，形成砂岩型铅锌矿（如乌拉根铅锌矿）、砂岩型铜矿（如萨热克铜矿、花园铜矿、伽师铜矿）和砂岩型铀矿（如巴什布拉克铀矿）。

塔里木西北缘发育了与二叠纪镁铁质-超镁铁质岩有关的大型钒钛磁铁矿床，如阿图什市普昌钒钛磁铁矿床和巴楚县瓦吉里塔格钒钛磁铁矿床，其成因可能与二叠纪塔里木大火成岩省有关，显示了较好的找矿前景。此外，还发育早二叠世后碰撞与碱性花岗岩有关的铌钽稀有金属矿化，形成了我国最大的波孜果尔铌钽矿床以及其他一系列中小型矿床。

# 第2章 西南天山成矿地质背景综合分析

## 2.1 西南天山构造变形特征

### 2.1.1 西南天山前寒武纪基底性质及其变形

塔里木克拉通作为中国三大古老陆块（塔里木、华北、华南）之一，其发育有典型的前寒武纪结晶基底和南华纪—寒武纪盖层双层结构（芮行健等，2002；张传林等，2012）。其前寒武纪地质研究程度远低于华北和华南，深入研究塔里木克拉通前寒武纪构造演化，对理解哥伦比亚（Columbia）、罗迪尼亚（Rodinia）等超大陆的聚合与裂解具有重要意义。

研究区内前寒武纪基底岩系主要分布于木扎尔特峰南麓、阿克苏以及乌拉根、苏鲁铁列克等地区。木扎尔特峰南麓地区称为木扎尔特岩群，阿克苏地区、乌拉根和苏鲁铁列克地区称为阿克苏群。近年来，人们对木扎尔特岩群（于海峰等，2011）和阿克苏群蓝片岩（熊纪斌和王务严，1986；Liou et al.，1989；Nakajima et al.，1990；Chen et al.，2004；Zhu et al.，2011；Zhang and Zou，2013a，2013b；张健等，2014）研究较多，对乌拉根和苏鲁铁列克地区的前寒武纪基底岩系关注较少，对其地层沉积–变质时代、地块属性和构造变形过程等仍然不清楚。

分布于研究区内木扎尔特峰南麓的木扎尔特岩群为一套角闪岩相中深变质岩系，岩石组合为变粒岩–浅粒岩–片麻岩–斜长角闪岩–大理岩等，局部受韧性变形改造形成各类糜棱岩系，原岩为中基性火山熔岩–火山碎屑岩–火山碎屑沉积岩夹碳酸盐岩建造。由于缺少古生物化石，其地层时代主要依据区域地层对比和同位素年代学数据进行确定。于海峰等（2011）应用 Sm-Nd 全岩等时线定年法，在该岩群斜长角闪岩中获得 1966±93Ma 的同位素年龄，这是迄今为止西天山范围内该岩群获得的最古老同位素年龄，代表了其成岩年龄。结合国际年代地层表（2000 年版）关于古元古界造山系 2050～1800Ma 的划分方案，可以确定西天山木扎尔特岩群成岩时代为古元古代造山纪。

阿克苏蓝片岩地体位于阿克苏市西南，主要的岩石组成为蓝片岩–绿片岩系列，统称阿克苏群。其主要由强烈片理化的绿泥石–黑硬绿泥石石墨片岩、黑硬绿泥石–多硅白云母片岩、绿片岩、蓝片岩以及少量的石英岩、变铁质岩组成，矿物组合研究显示蓝片岩经历了 300～400℃和 4～6kbar[①] 的 $P$-$T$ 变质作用（Liou et al.，1996；Zhang et al.，1999）。阿克苏蓝片岩地体被一系列的 NW-SE 向基性岩脉切穿，但岩脉未侵入到不整合在阿克苏群之上的苏盖特布拉克组砂岩中。阿克苏群原岩为泥质岩、砂岩、基性凝灰岩、块状熔岩、枕

---

① 1kbar=$10^8$Pa。

状玄武岩和深海沉积物,因此,其沉积环境为深海–半深海。张健等(2014)获得阿克苏群变质碎屑岩最年轻锆石年龄集中在820Ma,认为这一年龄很可能代表了阿克苏群的沉积年龄,同时根据侵入阿克苏群的基性岩墙的年龄(760Ma)(张健等,2014),将蓝片岩发生低温高压变质事件的时间严格限定在820～760Ma。与西南天山各个时代地层对比,阿克苏群中Au、Cu、Ag、Zn、As等明显富集,还发现有W、Sn的富集趋势。

本次工作系统研究了乌拉根–苏鲁铁列克隆起区阿克苏群的碎屑锆石年代、变质年代及区域变形特征和变形过程。

### 1. 基底性质研究

西南天山及其邻区的前寒武纪基底岩石仅出露于塔里木陆块北缘,包括西北缘的阿克苏和乌恰地区,以及东北缘的库鲁克塔格地区(Lu et al.,2008;Zhu et al.,2011)。大量的研究工作主要集中于阿克苏地区,主要围绕前寒武纪地层的岩石学、地球化学和地质年代学开展(Liou et al.,1996;Zhu et al.,2011;Zhang et al.,2014)。根据地层对比,前人认为乌拉根变质沉积岩的沉积时代和阿克苏地区元古宇阿克苏群一致,且形成于类似的构造环境中。然而,两个区域的变形特征以及变质程度完全不同,缺乏详细的野外地质观察和高分辨率的地质年代学数据来支持这种解释。

西南天山乌拉根隆起浅变质岩按照出露的位置可以分为两部分,托什干河以南浅变质砂岩以及托什干河以北云母片岩、浅变质砂岩,原岩应为泥质粉砂岩类,与围岩地层呈断层接触(图2-1)。乌拉根隆起浅变质岩地层以大规模的地壳缩短导致的逆冲推覆和断层

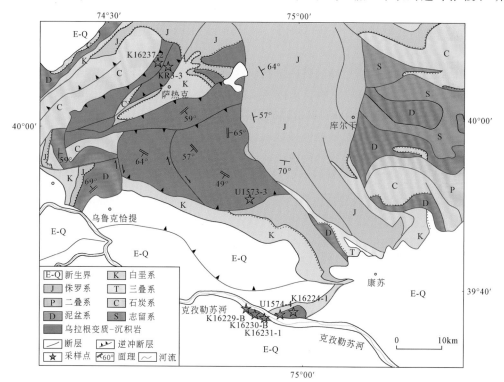

图 2-1　中国西南天山乌恰地区地质图

相关褶皱的发育为特征，在浅变质沉积岩中普遍发育大规模的逆冲推覆构造，局部发育韧性变形，在山前则普遍以逆冲岩席的形式逆冲推覆于中新生界之上，运动学特征表明区域NW-SE 向挤压、同时 NE-SW 向伸展，NW 翼向下、SE 翼向上逆冲带上来的"板状"地质体，显示具有外来（allochthonous）的特征（图 2-2）。

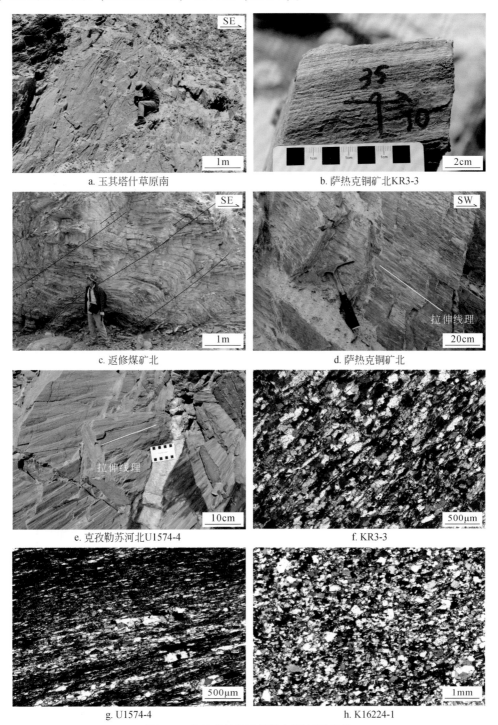

a. 玉其塔什草原南　　　　　　　　　　b. 萨热克铜矿北KR3-3

c. 返修煤矿北　　　　　　　　　　　　d. 萨热克铜矿北

e. 克孜勒苏河北U1574-4　　　　　　　f. KR3-3

g. U1574-4　　　　　　　　　　　　　h. K16224-1

图 2-2　乌拉根地区变形特征及显微照片

　　本次研究工作对乌拉根变质沉积岩展开精细的碎屑锆石 U-Pb 年代学以及 Lu-Hf 同位素研究，采集的样品见图 2-1。

　　1）样品描述

　　从乌恰地区选取 8 个浅变质沉积岩样品，进行锆石 U-Pb 年代学测定和原位 Lu-Hf 同位素分析。样品的详细岩石学描述如下，每种样品的矿物组合用每种矿物的体积百分比来描述。

　　样品 K16224-1 云母片岩，采集于克孜勒苏河北约 3km 处（39°37′59″N，74°59′50″E）。野外露头样品为灰白色，发育面理并具有较弱的线理构造，主要矿物包括石英（90%）、斜长石（5%）、绢云母（3%）和少量绿泥石。

　　样品 K16229-B 绢云母石英片岩，采集于克孜勒苏河南部（39°36′14″N，74°56′48″E）。野外露头样品呈灰白色，石英、长石具定向排列，具粒状变晶结构，片状构造，主要矿物包括石英（70%）、斜长石（15%）、绢云母（10%）和少量绿泥石（5%）。

　　样品 K16230-B 绢云石英片岩，采集于克孜勒苏河南部（39°36′19″N，74°56′53″E）。石英、长石具定向排列，具粒状变晶结构，片状构造，主要矿物包括石英（65%）、长石（20%）、绢云母（10%）、绿泥石（5%）。

　　样品 K16231-1 绢云石英片岩，采集于克孜勒苏河南部（39°36′16″N，74°56′52″E）。石英、长石具定向排列，具粒状变晶结构，片状构造，主要矿物包括石英（70%）、长石（15%）、绢云母（10%）、绿泥石（5%）。

　　样品 K16237-2 含云母石英砂岩，采集于玉其塔什草原南部（40°07′06″N，74°38′39″E）。样品呈灰白色，石英、长石略具定向，具变余砂状结构，主要矿物包括石英（90%）、绢云母（6%）、长石（3%）和少量绿泥石。

　　样品 KR3-3 黑云母石英片岩，采集于萨热克铜矿北（40°07′23″N，74°38′19″E）。石英、长石具定向排列，具粒状变晶结构，片状构造，主要矿物为石英（70%）、黑云母（10%）、白云母（5%）、长石（15%）。

　　样品 U1573-3 变质石英砂岩，采集于返修煤矿北（39°50′38″N，74°54′08″E）。样品呈灰白色，石英、长石略具定向，具变余砂状结构，主要矿物为石英（93%）、黑云母（4%）和少量长石（3%）。

　　样品 U1574-4 黑云母石英片岩，采集于克孜勒苏河北（39°36′45″N，74°59′50″E）。石英、长石具定向排列，具粒状变晶结构，片状构造，主要矿物为石英（75%）、黑云母（10%）、长石（15%）。

　　2）乌拉根隆起碎屑锆石 U-Pb 年代学

　　每个样品选择 70 个点进行年代学测试分析，选择谐和度>90% 的数据点进行统计，对于 ≤1000Ma 的数据点取 $^{206}$Pb/$^{238}$U 年龄值，>1000Ma 的数据点则采用 $^{207}$Pb/$^{206}$Pb 年龄值。锆石 Hf 同位素测试是在锆石 U-Pb 同位素数据的基础上完成的，锆石 U-Pb 年龄以及 Hf 同位素含量见 Huo 等（2019）的研究。

　　从锆石阴极发光（CL）图像来看（图 2-3），绝大多数锆石具有一定的磨圆度，具有沉积岩碎屑锆石的特征。绝大部分锆石具有较高的 Th/U（>0.1）、震荡环带结构清晰明

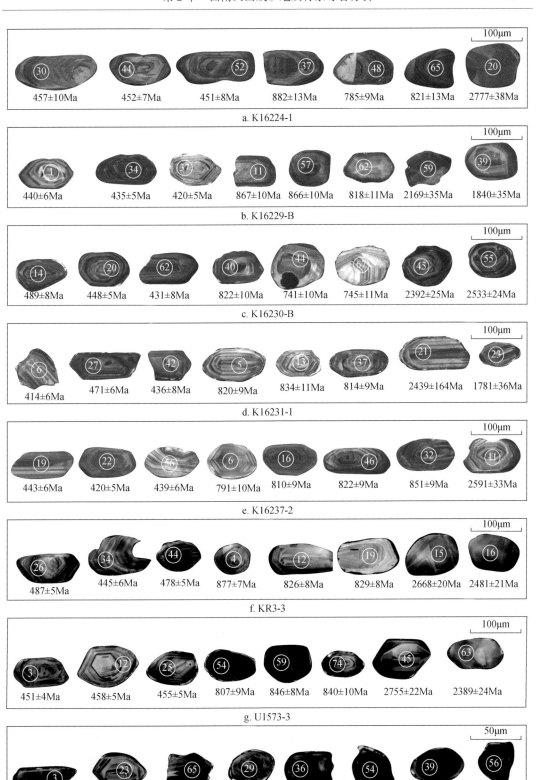

图 2-3　乌拉根变质沉积岩典型碎屑锆石 CL 图像及年龄

显，显示具有岩浆成因的特征。结果可见年龄谐和图（图2-4）和年龄频率分布直方图（图2-5）。所有样品具有相似的年龄分布模式，年龄值主要分布于2700~2000Ma、2000~1500Ma、1000~700Ma 和 600~400Ma。新元古代晚期至古生代年龄组显示 830Ma 和 460Ma 显著的峰值（图2-5j）。

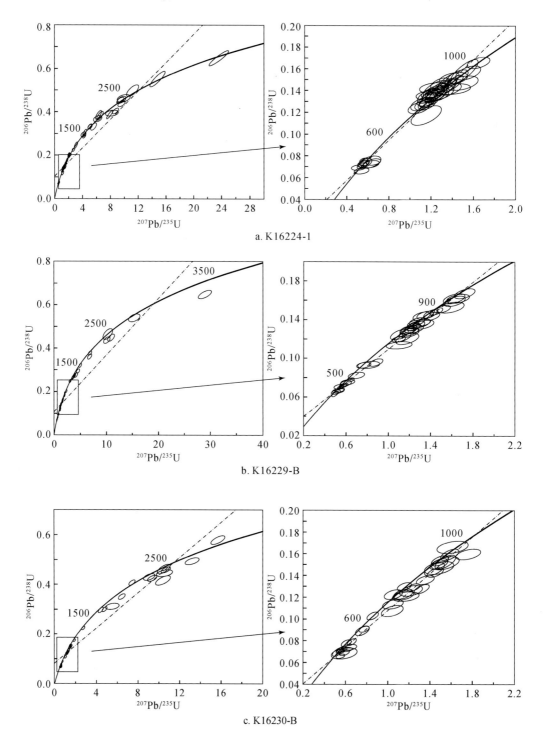

a. K16224-1

b. K16229-B

c. K16230-B

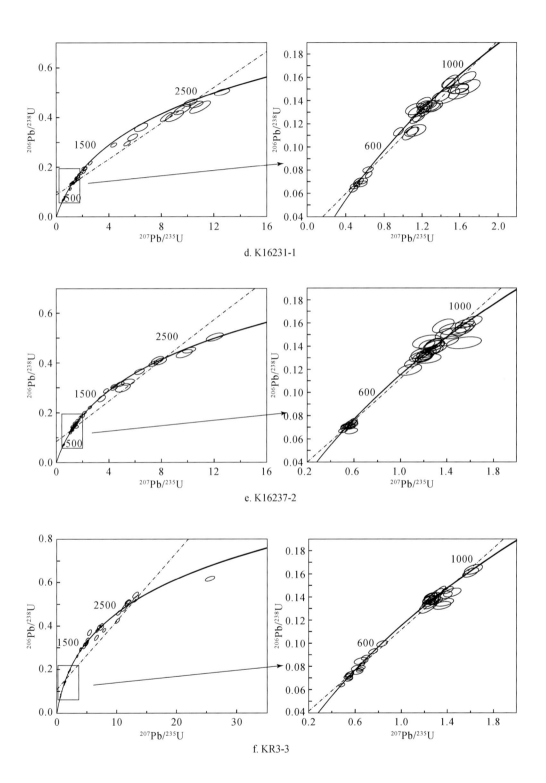

d. K16231-1

e. K16237-2

f. KR3-3

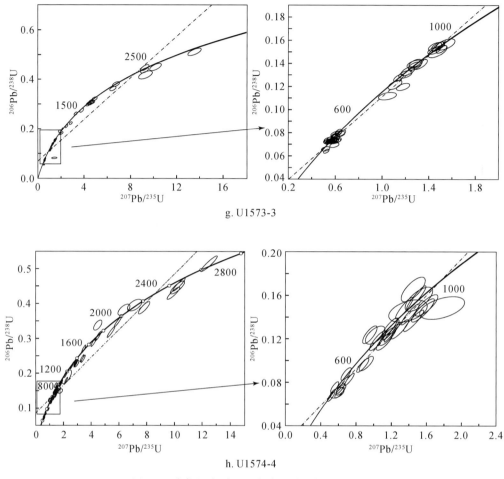

g. U1573-3

h. U1574-4

图 2-4　乌拉根变质沉积岩碎屑锆石年龄谐和图

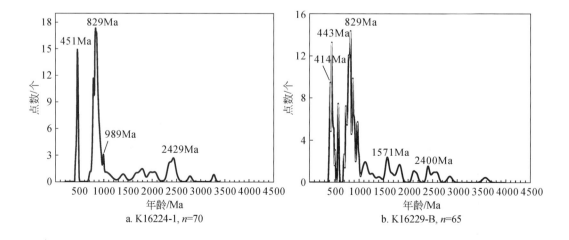

a. K16224-1, $n$=70

b. K16229-B, $n$=65

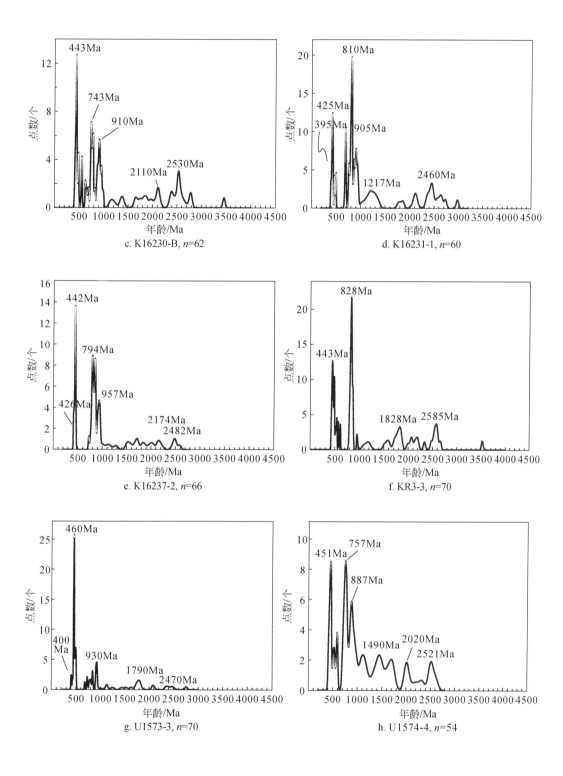

c. K16230-B, *n*=62

d. K16231-1, *n*=60

e. K16237-2, *n*=66

f. KR3-3, *n*=70

g. U1573-3, *n*=70

h. U1574-4, *n*=54

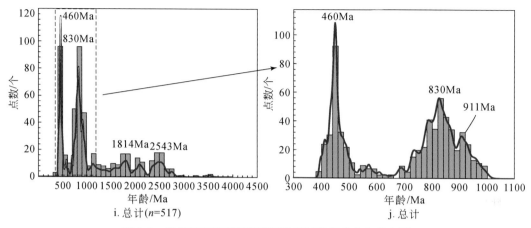

图 2-5　乌拉根变质沉积岩碎屑锆石年龄频率分布直方图

具体分析如下：

样品 K16224-1 中锆石颗粒呈现棱柱状–次圆状（图 2-3a），粒径为 70 ~ 210μm，长宽比为 3.1 ~ 1.2，Th/U 为 0.14 ~ 3.23，绝大部分 Th/U>0.40，具有明显的震荡环带。该样品碎屑锆石中共获得 70 个年龄分析点，获得的年龄集中于 2777 ~ 413Ma，其中 1 个主要峰值为 829Ma，另外 3 个次要峰值分别为 451Ma、989Ma 和 2429Ma。其中最年轻的一颗碎屑锆石年龄为 413±7Ma，最小的年龄峰值为 451Ma（图 2-4a，图 2-5a）。

样品 K16229-B 中锆石颗粒呈现棱柱状–次圆状（图 2-3b），粒径为 65 ~ 165μm，长宽比为 2.5 ~ 1.1，Th/U 为 0.03 ~ 2.05，绝大部分 Th/U>0.40，具有明显的震荡环带。该样品碎屑锆石中共测试 70 个点，除去 5 个谐和度不足 90% 的点后获得 65 个年龄分析点，年龄数据主要集中于 3576 ~ 394Ma。获得的年龄中 1 个主要峰值为 829Ma，另外 4 个次要峰值分别为 414Ma、443Ma、1571Ma 和 2400Ma。其中最年轻的一颗碎屑锆石年龄为 394±7Ma，最小的年龄峰值为 414Ma（图 2-4b，图 2-5b）。

样品 K16230-B 中锆石颗粒呈现棱柱状–次圆状（图 2-3c），粒径为 50 ~ 135μm，长宽比为 3.8 ~ 1.5，Th/U 为 0.06 ~ 2.45，绝大部分 Th/U>0.40。该样品碎屑锆石中共测试 70 个点，除去 8 个谐和度不足 90% 的点后获得 62 个年龄分析点，年龄数据主要集中于 3559 ~ 410Ma。获得的年龄中 1 个主要峰值为 443Ma，另外 3 个次要峰值分别为 743Ma、910Ma 和 2530Ma。其中最年轻的一颗碎屑锆石年龄为 410±5Ma，最小的年龄峰值为 443Ma（图 2-4c，图 2-5c）。

样品 K16231-1 中锆石颗粒呈现棱柱状–次圆状（图 2-3d），粒径为 45 ~ 130μm，长宽比为 2.5 ~ 1.1，Th/U 为 0.19 ~ 3.30，绝大部分 Th/U>0.40。该样品碎屑锆石中共测试 70 个点，除去 10 个谐和度不足 90% 的点后获得 60 个年龄分析点，年龄数据主要集中于 2979 ~ 397Ma。获得的年龄中 1 个主要峰值为 810Ma，另外 5 个次要峰值分别为 395Ma、425Ma、905Ma、1217Ma 和 2460Ma。其中最年轻的一颗碎屑锆石年龄为 397±7Ma，最小的年龄峰值为 395Ma（图 2-4d，图 2-5d）。

样品 K16237-2 中锆石颗粒呈现棱柱状–次圆状（图 2-3e），粒径为 80 ~ 170μm，长宽比为 2.7 ~ 1.3，Th/U 为 0.14 ~ 2.50，绝大部分 Th/U>0.40。该样品碎屑锆石中共测试 70 个点,除去 4 个谐和度不足 90% 的点后获得 66 个年龄分析点,年龄数据主要集中于 2591～416Ma。获得的年龄中 1 个主要峰值为 442Ma,另外 5 个次要峰值分别为 426Ma、794Ma、957Ma、2174Ma 和 2482Ma。其中最年轻的一颗碎屑锆石年龄为 416±6Ma,最小的年龄峰值为 426Ma(图 2-4e,图 2-5e)。

样品 KR3-3 中锆石颗粒呈现棱柱状–次圆状(图 2-3f),粒径为 40～120μm,长宽比为 2.8～1.3,Th/U 为 0.05～1.55,绝大部分 Th/U>0.40。该样品碎屑锆石中共获得 70 个年龄分析点,年龄数据主要集中于 3533～399Ma。获得的年龄中 1 个主要峰值为 828Ma,另外 3 个次要峰值分别为 443Ma、1828Ma 和 2585Ma。其中最年轻的一颗碎屑锆石年龄为 399±4Ma,最小的年龄峰值为 443Ma(图 2-4f,图 2-5f)。

样品 U1573-3 中锆石颗粒呈现棱柱状–次圆状(图 2-3g),粒径为 60～150μm,长宽比为 3.2～1.5,Th/U 为 0.23～1.98,绝大部分 Th/U>0.40。该样品碎屑锆石中共获得 70 个年龄分析点,年龄数据主要集中于 2755～401Ma。获得的年龄中 1 个主要峰值为 460Ma,另外 4 个次要峰值分别为 400Ma、930Ma、1790Ma 和 2470Ma。其中最年轻的一颗碎屑锆石年龄为 401±4Ma,最小的年龄峰值为 400Ma(图 2-4g,图 2-5g)。

样品 U1574-4 中锆石颗粒呈现棱柱状–次圆状(图 2-3h),粒径为 75～140μm,长宽比为 2.4～1.1,Th/U 为 0.10～2.29,绝大部分 Th/U>0.40。该样品碎屑锆石中共测试 70 个点,除去 16 个谐和度不足 90% 的点后获得 54 个年龄分析点,年龄数据主要集中于 2620～417Ma。获得的年龄中 2 个主要峰值为 451Ma 和 757Ma,另外 4 个次要峰值分别为 887Ma、1490Ma、2020Ma 和 2521Ma。其中最年轻的一颗碎屑锆石年龄为 417±11Ma,最小的年龄峰值为 451Ma(图 2-4h,图 2-5h)。

3)乌拉根隆起碎屑锆石 Hf 同位素

对乌拉根隆起浅变质沉积岩中发育的典型的变质砂岩与片岩(K16224-1、K16229-B、K16230-B、K16231-1 以及 K16237-2)已经进行 U-Pb 年代学测试的锆石进行原位 Lu-Hf 同位素分析。LA-MC-ICP-MS 锆石原位 Hf 同位素分析基于 U-Pb 同位素分析结果,结果如图 2-6 所示。

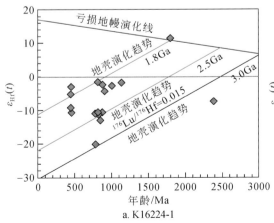

a. K16224-1

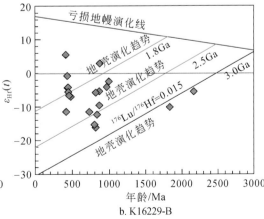

b. K16229-B

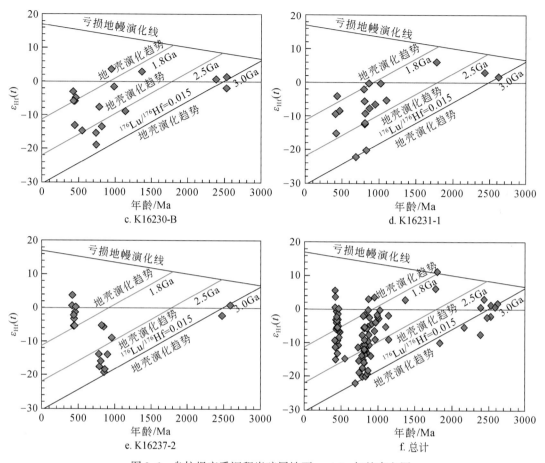

图 2-6　乌拉根变质沉积岩碎屑锆石 $\varepsilon_{Hf}(t)$-年龄直方图

结果表明,乌拉根浅变质沉积岩碎屑锆石 $\varepsilon_{Hf}(t)$ 值具有较宽的范围（-22.0 ~ +11.3）,其 $^{176}Hf/^{177}Hf$ 为 0.282678 ~ 0.281095。单个样品的锆石 Hf 同位素具有相似的 $\varepsilon_{Hf}(t)$ 值范围和两阶段模式年龄（$T_{DM2}$）（图 2-6）。其中晚古生代年龄（550 ~ 400Ma; 31 粒）锆石的 $\varepsilon_{Hf}(t)$ 值为 -15.0 ~ +5.6,表现出较宽的范围,对应的两阶段模式年龄（$T_{DM2}$）变化于 3214 ~ 1881Ma,其中 27 粒锆石具负的 $\varepsilon_{Hf}(t)$ 值（-15.0 ~ -0.6）,表明大多数锆石是古地壳重熔的产物。具有中元古代至新元古代年龄（1200 ~ 700Ma; 47 粒）的锆石记录的负 $\varepsilon_{Hf}(t)$ 值为 -22 ~ -0.2,对应的两阶段模式年龄（$T_{DM2}$）变化于 3950 ~ 2133Ma,表明大多数锆石是古地壳重熔的产物。具有新太古代—中元古代年龄（2626 ~ 1372Ma）的 13 个锆石颗粒的 $\varepsilon_{Hf}(t)$ 值为 -9.9 ~ +11.3,对应的两阶段模式年龄（$T_{DM2}$）变化于 3777 ~ 1747Ma,表明锆石来源较复杂。

4）地层沉积时限

乌拉根隆起地区的地层单元主要由一套浅变质沉积岩构成,主要包括浅变质砂岩以及含云母片岩。由于缺乏较精确的年代学限定,乌拉根隆起的沉积时代很不确定。在 1:20 万区域地质填图中,前人根据岩性对比以及区域变质作用对比,将乌拉根隆起地区地层沉积时代确定为中元古代，认为与阿克苏地区发育的元古宇阿克苏群相当。除此之外，该区未进行其他地层年代学研究工作。由于地层的沉积时代比碎屑形成的时代年轻，碎屑锆石的年龄常常被用来约束地层沉积时代的上限。

本次研究工作中，采用 LA-ICP-MS 锆石 U-Pb 定年的方法对取自乌拉根隆起的 8 个变质沉积岩样品进行碎屑锆石年代学的测定。其中 2 个浅变质砂岩样品中所获得的最年轻的年龄峰值为 400Ma、426Ma，最年轻的碎屑锆石年龄为 413±5Ma、416±6Ma。6 个云母片岩样品中所获得的最年轻的年龄峰值为 395～463Ma，最年轻的碎屑锆石年龄为 394±7Ma。前人对阿克苏群进行的精确年代学研究表明，阿克苏群的沉积时代属于新元古代（730Ma），与乌拉根隆起变质岩沉积时代存在明显不同（Zhu et al.，2011；Zhang et al.，2014）。因此，碎屑锆石年代学测试表明乌拉根浅变质沉积岩的沉积作用持续到早泥盆世，沉积时代属于晚古生代，而不是之前的新元古代。

5）沉积物源

前人根据地层对比认为，乌拉根变质沉积岩与阿克苏地区阿克苏群地层具有相似的构造背景和沉积年龄，地层的沉积时代主要为新元古代，沉积的环境为活动陆缘。如果是这样，乌拉根变质沉积岩的碎屑锆石应具有与阿克苏蓝片岩相似的 U-Pb 年龄特征（Zhu et al.，2011）。然而，在本次研究中获得的数据表明乌拉根变质沉积岩的沉积时代主要为早泥盆世，比新元古代中期的阿克苏变质沉积岩更年轻（约 730Ma）（Zhu et al.，2011；Zhang et al.，2014）。

乌拉根变质沉积岩碎屑锆石年龄谱特征表明，具有明显的 470～440Ma 的年龄峰值（相应的年龄峰值在约 460Ma）（图 2-5i，j），这与邻近地区的主要岩浆活动一致（Alexeiev et al.，2016）。而花岗质岩浆岩的锆石 U-Pb 年龄显示，受南天山洋北向俯冲的影响，中国天山地区早古生代（420～470Ma）与弧岩浆作用相关的岩浆岩广泛出露（Yang et al.，2006）。

在寒武纪至志留纪期间，吉尔吉斯斯坦北天山（KNTS）发育了大量的花岗岩类岩浆作用（Alexeiev et al.，2016）。而广泛发育的 475～460Ma 的岩浆事件则代表了沿着吉尔吉斯斯坦-泰尔斯缝合带向北俯冲产生的岩浆活动（Glorie et al.，2010；De Grave et al.，2011，2013；Alexeiev et al.，2016）。而吉尔吉斯斯坦北天山的志留纪—泥盆纪（450～420Ma）期间以及随后的岩浆活动演化可能代表了晚古生代大陆汇聚过程的重塑（Alexeiev et al.，2016）。

乌拉根变质沉积岩锆石 Hf 同位素通常具有负的 $\varepsilon_{Hf}(t)$ 值（-15.0～-0.6）且两阶段模式年龄（$T_{DM2}$）属中元古代，表明古地壳局部重熔作用对源区的物质演化具有重要的贡献（图 2-6）。最近来自乌拉根变质沉积岩的岩相学和地球化学数据表明，沉积岩的源岩中含有大量与弧岩浆作用相关的长英质火山岩，主要形成于与大陆弧环境相关的沉积盆地中。此外，乌拉根变质沉积岩中的碎屑锆石具有棱角状-半棱角状的形态（图 2-3），这表明具有近源沉积的特征。基于以上证据，我们认为早古生代大陆弧岩浆岩是乌拉根变质沉积岩的主要来源。

乌拉根变质沉积岩的碎屑锆石年龄谱与吉尔吉斯斯坦北天山地区的年代学特征相似（特别是与古生代岩浆活动相对应的年龄），表明吉尔吉斯斯坦北天山地区和邻区是重要的沉积物源区（图 2-7）（Glorie et al., 2010；De Grave et al., 2011）。而对中国西南天山地区巴雷公地区镁铁质岩石和蛇绿混杂岩的研究表明，早古生代在天山造山带南缘广泛发育与南天山洋俯冲相关的岩浆作用。

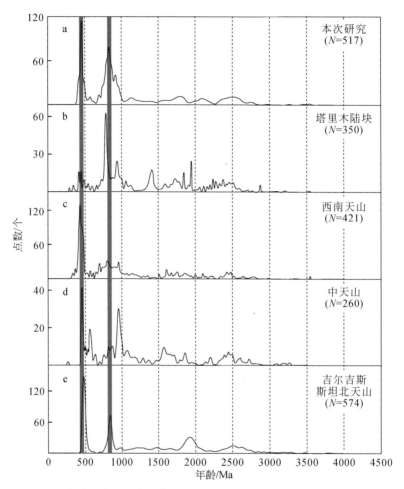

图 2-7　乌恰及邻区晚古生代沉积地层碎屑锆石年代学频率直方对比图

6）构造演化意义

造山带演化作为大陆形成与增生的最基本地球动力学过程，一直是国际学术界前沿探索的永恒主题之一（Xiao et al., 2013）。天山造山带俯冲极性与造山作用过程的研究对解析塔里木陆块与西伯利亚陆块拼合以及欧亚大陆显生宙演化历史具有重要意义，但由于缺乏高分辨率的地质年代学数据，对天山造山带的拼合方式存在较大的争议。天山造山带构造演化模式按照碰撞方式与时限的不同大致可以分为两种极端的模式：一次性"干净"的大陆边缘碰撞型（陆陆碰撞型）（Coleman, 1989）；增生造山型（中亚型）（Windley et al., 2007；Xiao et al., 2008）。传统的大陆边缘碰撞模式基于地体拼贴理论认为，天山造山带主要由众多的微陆块拼合而成，微陆块之间的洋壳俯冲以及岩浆活动对陆壳的横向增长贡献较其他微弱，并认为不含蛇绿岩的变质岩地体属于大陆板块或者微陆块（Coleman,

1989）。增生造山模式主要认为天山造山带主要由不断拼合的岛弧、洋岛、海山、增生楔等增生体以及微陆块最终拼合而成，复杂的多重增生过程明显促进了欧亚大陆横向的生长，长期演化的巨型增生活动大陆边缘沉积作用是其典型的特征（Windley et al.，2007）。最近的研究表明，在天山造山带多块体拼贴过程中发育大量的弧前增生杂岩，长期增生拼贴作用是天山造山带典型的特征，不支持天山造山带由微陆块碰撞拼合而成的模式（Xiao et al.，2013）。

本次的研究表明，乌拉根隆起浅变质沉积岩的碎屑锆石的主要年龄区间为 2700～2000Ma、2000～1500Ma、1000～700Ma 和 600～400Ma，对应的峰值为 460Ma、830Ma、1814Ma 和 2543Ma，主体年龄峰值为早古生代（图 2-5）。在乌拉根隆起浅变质沉积岩中记录了少量前寒武纪的年龄（主要的峰值为 2.7～2.0Ga 和 2.0～1.5Ga）。最新的锆石 U-Pb 年代学研究表明，在塔里木克拉通北缘的前寒武纪地层中发育大量的太古宙片麻岩及片麻状花岗岩（2.46～2.74Ga 和 2.0～1.8Ga）。因此，乌拉根碎屑锆石中元古代峰值（2543Ma 和 1814Ma）可能包含有塔里木古陆的信息。除此之外，还存在一个 1000～700Ma 的较小的峰值（约 830Ma），它可能与新元古代罗迪尼亚超大陆的汇聚和裂解过程事件有关（图 2-8）（Zhu et al.，2011）。在吉尔吉斯斯坦北天山的 Aktyuz 地区，花岗质片麻岩的结晶年龄为 844～810Ma，被认为是该地区新元古代花岗岩类岩浆活动的记录，而此次岩浆事件在中国天山和塔里木地块也有报道（Zhu et al.，2011）。

值得注意的是，在乌拉根变质沉积岩碎屑锆石年龄谱图中发育显著的新元古代峰值（约 830Ma），与中国中天山晚古生代沉积岩碎屑锆石的谱值具有较大的差异（1000～900Ma；约 952Ma）。因此表明，晚古生代乌拉根地区与中国中天山地区具有不同的构造-沉积环境和沉积物源。

乌拉根变质沉积岩样品的碎屑锆石年龄特征与中国西南天山造山带古生代地层和塔里木地块其他地区的古生代地层具有显著的差异，表明它们具有截然不同的沉积源区（图 2-7）（Zhu et al.，2011）。而乌拉根变质沉积岩中记录的早古生代（600～400Ma）的岩浆活动与中国中天山南缘、吉尔吉斯斯坦北天山、中国西南天山和塔里木地块北缘的岩浆活动较为一致，因此表明受早古生代南天山洋北向俯冲的影响，在天山造山带南缘广泛发育与之相关的弧岩浆活动。乌拉根变质沉积岩碎屑锆石的 Hf 同位素特征表明，其 $\varepsilon_{Hf}(t)$ 值范围很广（-26.5～+11.3，其中大多数为负）（图 2-6）。乌拉根变质沉积岩的 Hf 同位素数据表明，乌拉根变质沉积岩源区中的岩浆岩主要由先存地壳的局部熔融而成，而不是主要来源于新生物质（图 2-6）。与之相区别的是，在中国中天山古生代地层中碎屑锆石 Hf 同位素特征表明 $\varepsilon_{Hf}(t)$ 具有较多的正值，表明晚古生代新生物质对中国中天山古生代沉积岩源区花岗岩的成因具有重要的贡献。上述特征进一步表明，乌拉根变质沉积岩和中国中天山在晚古生代具有不同的沉积环境和构造背景。

乌拉根变质沉积岩碎屑锆石特征表明，乌恰地区古生代地层与吉尔吉斯斯坦北天山有关，因此吉尔吉斯斯坦北天山是其主要的源区（Glorie et al.，2010；De Grave et al.，2011）。最新的吉尔吉斯斯坦天山西部的变形花岗岩和钉合岩体的年代学表明，受吉尔吉斯斯坦北天山与伊希姆-中天山汇聚的影响，吉尔吉斯斯坦-泰尔斯缝合带主要形成于约 460Ma（Alexeiev et al.，2016）。而吉尔吉斯斯坦中天山的主体以大量古生代沉积地层为特征，而在吉尔吉斯斯坦中天山的 Bozbutau 山脉和北部的 Atbashi 山脉地区，有大量与大陆弧相关的古生代岩浆作用（Alexeiev et al.，2016）。因此，碎屑锆石 U-Pb 年龄和 Hf 同位素特征表明吉尔吉斯斯坦北天山地区是乌拉根变质沉积地层的主要来源（图 2-8）。

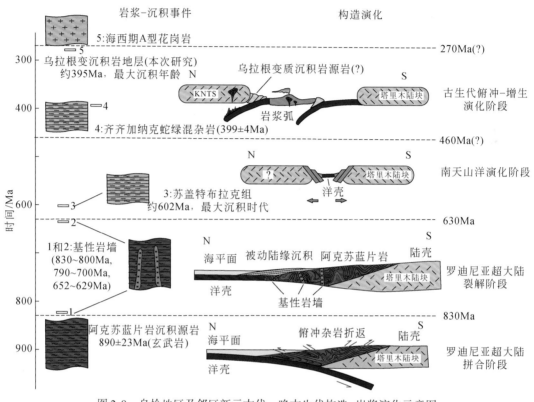

图 2-8　乌恰地区及邻区新元古代—晚古生代构造-岩浆演化示意图

（据 Zhu et al.，2011；Xiao et al.，2013）

### 2. 基底变形特征及其变形时代

由于本研究区位于西南天山冲断带与西昆仑强烈对冲挤压地带，地表构造变形极为强烈，分布较为复杂，总体上表现为由北向南强烈逆冲推覆作用。本次研究选取两条典型的构造剖面对该区域的构造变形特征进行详细解译。

### 1）乌拉根隆起剖面

该剖面长约 8km，岩性主要为乌拉根隆起的变质砂岩和千枚岩。变质砂岩中可见大量褶皱，靠近褶皱枢纽部位发育一系列的正断层，平均产状为 325°NE/65°，部分正断层内充填有石英脉（图 2-9、图 2-10）。千枚岩一般夹在变质砂岩中产出，千枚理较为发育，在千枚理上可见微弱的定向线理。千枚理产状为 65°NW/35°，拉伸线理产状为 40°/18°。沿剖面可见辉绿岩脉与围岩协调产出，岩石为细粒结构，块状构造，岩脉没有经历过韧性变形，但劈理发育，说明其与围岩一起经历过晚期的脆性变形。

该剖面整体为一个浅层的大规模叠瓦式冲断系统。该冲断系统的底界断层为一大型背斜的底部控制断层（断面向南延至大型背斜底部，该剖面尚未南延至大型背斜带，因此未反映出大型背斜的结构）。从断层点分析，该断层的水平位移量大于10km，是本区最大的冲断层，西南天山冲断带乌拉根隆起的浅层结构形态完全受到该断层的控制，断层上盘为完整的古生界和中、新生界，甚至可能有部分元古宇的卷入，同时有多条源于该断层的分支断层使上盘形成多个断片的叠瓦式冲断和构造飞来峰（图2-9）。在克孜勒苏河两侧出露的乌拉根隆起实际上是元古宇断片在向南逆冲的过程中所形成的背斜构造（图2-10）。

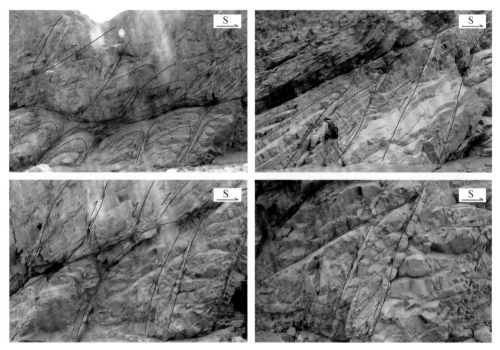

图2-9  乌拉根隆起区前寒武系中发育的叠瓦逆冲构造

2）返修煤矿剖面

返修煤矿一带侏罗系中发育重力构造。该剖面主体为巨厚的侏罗系和白垩系，中生界沉积时的主要地层界线是北北西向的，新生代晚期的改造形成了大型东西走向的冲断层以及相关褶皱。沿剖面可见大型重力滑脱构造，主体为一高角度正断层，断层上盘为巨厚层砾岩，下盘为变质砂岩。变质砂岩中发育大量褶皱，在褶皱枢纽部位发育轴面劈理（图2-11）。

3）塑性变形特征

苏鲁铁列克–乌拉根隆起变质低，岩性为千枚岩、变质砂岩和片岩。自乌鲁克恰提乡至边防连公路50～55km变形强烈，岩性为石英片岩，线理发育，线理倾伏角为235°～270°，同时片岩褶皱为A型褶皱（图2-12），可判断为左行。局部地段可见强烈的塑性流变，暗色条带为石英质，浅色条带为泥质，原岩为一套近海的快速沉积–复理石建造、杂砂岩–泥岩组合。苏鲁铁列克"隆起"变形反映了其为区域NW-SE向挤压，同时NE-SW

图 2-10　克孜勒苏河北岸乌拉根隆起变形特征

a. 乌拉根隆起逆冲于新生界上（图片右侧为乌拉根隆起，镜头朝向南西）；b. 乌拉根隆起云母片岩及线理；
c. 乌拉根隆起云母片岩褶劈理及线理中石英脉；d. 乌拉根隆起片岩褶劈理及线理

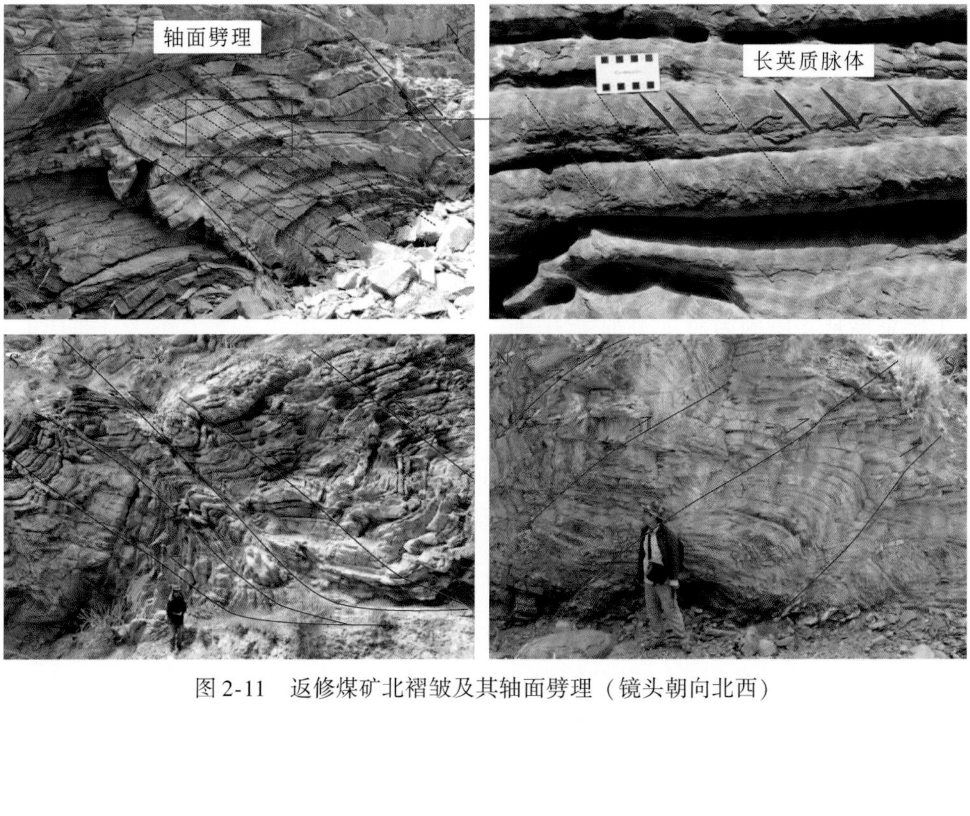

图 2-11　返修煤矿北褶皱及其轴面劈理（镜头朝向北西）

向伸展，NW 翼向下，SE 翼向上逆冲带上来的"板状"地质体，不是古隆起。天山造山带基本都由逆冲及其带上来的物质组成。

苏鲁铁列克隆起发育枢纽倾伏向 110°左右和倾伏角 5°～15°的褶皱、逆冲断层和轴面劈理等（图 2-12）。

图 2-12　萨热克铜矿北苏鲁铁列克隆起典型变形

a. 苏鲁铁列克隆起 A 型褶皱；b. 苏鲁铁列克隆起 A 型褶皱及线理；c. 苏鲁铁列克隆起片岩中不对称透镜体（石英–方解石脉），指示北西端向南东仰冲；d. 苏鲁铁列克隆起发育强烈的塑性流变

4）变形时代及其地质意义

为了探讨苏鲁铁列克–乌拉根隆起变形时代，本次研究进行了云母（白云母、黑云母）常规 $^{40}$Ar-$^{39}$Ar 定年测试（采样位置图；图 2-13）及样品登记表（表 2-1）。$^{40}$Ar-$^{39}$Ar 定年在中国地质科学院地质研究所氩–氩实验室进行。白云母和黑云母单矿物（纯度>99%）用超声波清洗。清洗后的样品被封进石英瓶中送核反应堆中接受中子照射。照射工作是在中国原子能科学研究院的"游泳池堆"中进行的，使用 B4 孔道，中子流密度约为 $2.65 \times 10^{13}$n/（cm$^2$·s）。照射总时间为 1440min，积分中子通量为 $2.30 \times 10^{18}$n/cm$^2$；同期接受中子照射的还有用作监控样的标准样：ZBH-25 黑云母标样，其标准年龄为 132.7±1.2Ma，K 含量为 7.6%。

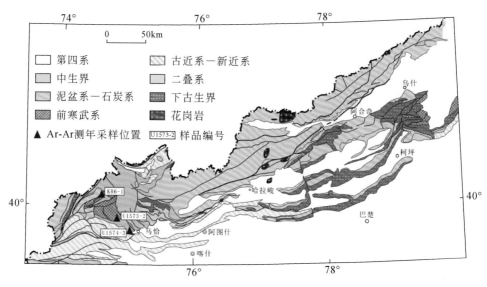

图 2-13　Ar-Ar 定年样品位置图

**表 2-1　Ar-Ar 定年测试样品采样点位置和岩石特征**

| 样品号 | 地理坐标 | 岩石类型 | 分析内容 |
|---|---|---|---|
| KR6-1 | 39°36′40″N, 74°58′10″E | 片岩 | 白云母 |
| U1573-2 | 39°36′40″N, 74°58′10″E | 片岩 | 黑云母 |
| U1574-3 | 39°36′40″N, 74°58′10″E | 片岩 | 黑云母 |

样品的阶段升温加热使用石墨炉，每一个阶段加热 10min，净化 20min。质谱分析是在多接收稀有气体质谱仪 Helix MC 上进行的，每个峰值均采集 20 组数据。所有数据在回归到时间零点值后再进行质量歧视校正、大气氩校正、空白校正和干扰元素同位素校正。中子照射过程中所产生的干扰同位素校正系数通过分析照射过的 $K_2SO_4$ 和 $CaF_2$ 来获得，其值为 $(^{36}Ar/^{37}Ar_0)_{Ca} = 0.0002398$，$(^{40}Ar/^{39}Ar)_K = 0.004782$，$(^{39}Ar/^{37}Ar_0)_{Ca} = 0.000806$。$^{37}Ar$ 经过放射性衰变校正；$^{40}K$ 衰变常数 $\lambda = 5.543 \times 10^{-10} a^{-1}$；用 ISOPLOT 程序计算坪年龄及正、反等时线（Ludwig，2001）。坪年龄误差以 2σ 给出。详细实验流程见有关文章（陈文等，2006）。

3 件样品 $^{40}Ar$-$^{39}Ar$ 阶段升温年龄分析结果见表 2-2。

样品 KR6-1 白云母 14 个温度组成一个良好的年龄谱（图 2-14），总气体年龄为 259.6Ma。900 ~ 1160℃的 14 个温度阶段组成了一个年龄坪，坪年龄（$t_p$）= 259.8±1.8Ma（2σ）对应了 91.3%的 $^{39}Ar$ 释放量。根据计算，$^{39}Ar/^{36}Ar$-$^{40}Ar/^{36}Ar$ 等时线年龄为 258.1±2.5Ma，MSWD=4.0。反等时线年龄（$t_i$）为 258.4±2.5Ma，MSWD=57。坪年龄、等时线年龄和反等时线年龄在误差范围内一致，259.8Ma 的坪年龄是白云母形成以后冷却降温至 370℃左右时的年龄。

**表 2-2　苏鲁铁列克–乌拉根隆起白云母和黑云母 $^{40}Ar$-$^{39}Ar$ 阶段升温加热分析**

| $T$ /℃ | $(^{40}Ar/^{39}Ar)_m$ | $(^{36}Ar/^{39}Ar)_m$ | $(^{37}Ar_0/^{39}Ar)_m$ | $(^{38}Ar/^{39}Ar)_m$ | $^{40}Ar$ /% | $F$ | $^{39}Ar/10^{-14}mol$ | $^{39}Ar$ 析出百分比/% | 年龄 /Ma | ±1σ /Ma |
|---|---|---|---|---|---|---|---|---|---|---|
| \multicolumn{11}{c}{KR6-1 白云母　　　$W$ = 14.45mg　　　$J$ = 0.004140} | | | | | | | | | | |
| 680 | 116.8624 | 0.2694 | 0.0000 | 0.0514 | 31.88 | 37.2531 | 0.11 | 0.12 | 259 | 6 |
| 720 | 101.5942 | 0.2463 | 0.0000 | 1.0000 | 28.35 | 28.8048 | 0.03 | 0.15 | 203 | 19 |
| 760 | 51.2786 | 0.0421 | 0.0000 | 0.0168 | 75.75 | 38.8418 | 0.38 | 0.59 | 269.0 | 2.8 |
| 800 | 46.2149 | 0.0239 | 0.0000 | 0.0128 | 84.73 | 39.1596 | 0.57 | 1.25 | 271.0 | 2.7 |
| 840 | 58.7428 | 0.0692 | 0.0000 | 0.0248 | 65.19 | 38.2920 | 1.50 | 2.97 | 265.5 | 2.5 |
| 870 | 42.8302 | 0.0155 | 0.0000 | 0.0145 | 89.31 | 38.2496 | 2.36 | 5.68 | 265.2 | 2.5 |
| 900 | 42.3089 | 0.0145 | 0.0000 | 0.0146 | 89.83 | 38.0079 | 4.36 | 10.68 | 263.6 | 2.5 |
| 930 | 39.9232 | 0.0080 | 0.0000 | 0.0137 | 94.06 | 37.5521 | 9.99 | 22.14 | 260.7 | 2.4 |
| 960 | 37.9485 | 0.0022 | 0.0000 | 0.0126 | 98.30 | 37.3050 | 20.60 | 45.80 | 259.1 | 2.4 |
| 1000 | 37.7564 | 0.0016 | 0.0000 | 0.0125 | 98.73 | 37.2780 | 18.90 | 67.48 | 258.9 | 2.4 |
| 1040 | 38.3652 | 0.0035 | 0.0000 | 0.0126 | 97.30 | 37.3206 | 7.87 | 76.51 | 259.2 | 2.4 |
| 1090 | 38.8979 | 0.0056 | 0.0000 | 0.0128 | 95.72 | 37.2343 | 5.17 | 82.44 | 258.6 | 2.4 |
| 1160 | 38.0358 | 0.0027 | 0.0000 | 0.0126 | 97.89 | 37.2329 | 12.67 | 96.99 | 258.6 | 2.4 |
| 1400 | 40.5575 | 0.0137 | 0.0000 | 0.0145 | 89.97 | 36.4897 | 2.62 | 100.00 | 253.8 | 2.4 |
| \multicolumn{11}{c}{$t_T$ = 259.6Ma；$t_P$ = 259.8±1.8Ma；$t_i$ = 258.4±2.5Ma} | | | | | | | | | | |
| \multicolumn{11}{c}{U1573-2 黑云母　　　$W$ = 13.27mg　　　$J$ = 0.004200} | | | | | | | | | | |
| 680 | 380.2807 | 1.2229 | 0.0000 | 0.2491 | 4.97 | 18.8987 | 0.07 | 0.12 | 138 | 17 |
| 720 | 162.9602 | 0.5022 | 0.0000 | 0.1140 | 8.92 | 14.5416 | 0.28 | 0.63 | 106.9 | 3.2 |
| 760 | 76.5913 | 0.2149 | 0.0000 | 0.0548 | 17.06 | 13.0696 | 1.43 | 3.25 | 96.4 | 1.1 |
| 800 | 189.4765 | 0.5449 | 0.0000 | 0.1164 | 15.02 | 28.4604 | 2.75 | 8.30 | 203.7 | 2.0 |
| 840 | 99.5235 | 0.2147 | 0.0000 | 0.0530 | 36.23 | 36.0622 | 1.76 | 11.52 | 254.4 | 2.4 |
| 880 | 55.4305 | 0.0613 | 0.0000 | 0.0239 | 67.32 | 37.3184 | 4.79 | 20.31 | 262.7 | 2.5 |
| 910 | 51.8326 | 0.0465 | 0.0000 | 0.0213 | 73.47 | 38.0814 | 6.23 | 31.73 | 267.7 | 2.5 |
| \multicolumn{11}{c}{$t_T$ = 259.6Ma；$t_P$ = 259.8±1.8Ma；$t_i$ = 258.4±2.5Ma} | | | | | | | | | | |

续表

| $T$ /℃ | $(^{40}Ar/ ^{39}Ar)_m$ | $(^{36}Ar/ ^{39}Ar)_m$ | $(^{37}Ar_0/ ^{39}Ar)_m$ | $(^{38}Ar/ ^{39}Ar)_m$ | $^{40}Ar$ /% | $F$ | $^{39}Ar/ 10^{-14}mol$ | $^{39}Ar$ 析出百分比/% | 年龄 /Ma | $\pm1\sigma$ /Ma |
|---|---|---|---|---|---|---|---|---|---|---|
| \multicolumn{11}{c}{U1573-2 黑云母　　　　$W=13.27$mg　　　　$J=0.004200$} |
| 940 | 49.4823 | 0.0358 | 0.0000 | 0.0188 | 78.62 | 38.9038 | 3.80 | 38.68 | 273.0 | 2.5 |
| 980 | 41.7171 | 0.0091 | 0.0000 | 0.0141 | 93.53 | 39.0178 | 3.84 | 45.72 | 273.8 | 2.5 |
| 1020 | 42.8870 | 0.0094 | 0.0000 | 0.0139 | 93.53 | 40.1107 | 3.58 | 52.29 | 280.9 | 2.6 |
| 1070 | 40.9290 | 0.0047 | 0.0000 | 0.0129 | 96.62 | 39.5460 | 13.11 | 76.31 | 277.2 | 2.6 |
| 1130 | 39.8529 | 0.0025 | 0.0000 | 0.0125 | 98.13 | 39.1083 | 8.97 | 92.75 | 274.4 | 2.5 |
| 1200 | 40.2325 | 0.0033 | 0.0000 | 0.0126 | 97.54 | 39.2412 | 3.30 | 98.74 | 275.7 | 2.6 |
| 1400 | 56.8725 | 0.0645 | 0.0000 | 0.0225 | 66.49 | 37.8165 | 0.69 | 100.00 | 265.9 | 2.7 |

$$t_T = 263.6\text{Ma}; \quad t_P = 276.0\pm2.0\text{Ma}; \quad t_i = 275.9\pm5.1\text{Ma}$$

| $T$ /℃ | $(^{40}Ar/ ^{39}Ar)_m$ | $(^{36}Ar/ ^{39}Ar)_m$ | $(^{37}Ar_0/ ^{39}Ar)_m$ | $(^{38}Ar/ ^{39}Ar)_m$ | $^{40}Ar$ /% | $F$ | $^{39}Ar/ 10^{-14}mol$ | $^{39}Ar$ 析出百分比/% | 年龄 /Ma | $\pm1\sigma$ /Ma |
|---|---|---|---|---|---|---|---|---|---|---|
| \multicolumn{11}{c}{U1574-3 黑云母　　　　$W=15.74$mg　　　　$J=0.004260$} |
| 680 | 368.5164 | 1.1378 | 0.0000 | 0.2583 | 8.77 | 32.3061 | 0.03 | 0.04 | 233.0 | 33.0 |
| 720 | 64.6887 | 0.1595 | 0.0000 | 0.0573 | 27.13 | 17.5493 | 0.13 | 0.22 | 130.1 | 5.5 |
| 760 | 33.6204 | 0.0457 | 0.0000 | 0.0319 | 59.82 | 20.1130 | 0.58 | 1.04 | 148.3 | 2.0 |
| 800 | 41.1235 | 0.0252 | 0.0150 | 0.0195 | 81.91 | 33.6863 | 1.93 | 3.77 | 241.9 | 2.3 |
| 840 | 42.0356 | 0.0232 | 0.0000 | 0.0539 | 83.66 | 35.1654 | 2.99 | 8.01 | 251.8 | 2.4 |
| 880 | 36.7807 | 0.0047 | 0.0000 | 0.0139 | 96.21 | 35.3881 | 5.37 | 15.63 | 253.3 | 2.4 |
| 930 | 36.1882 | 0.0024 | 0.0000 | 0.0136 | 98.01 | 35.4669 | 9.26 | 28.76 | 253.8 | 2.4 |
| 980 | 36.5578 | 0.0018 | 0.0000 | 0.0134 | 98.52 | 36.0181 | 6.43 | 37.88 | 257.5 | 2.4 |
| 1040 | 36.4452 | 0.0017 | 0.0000 | 0.0132 | 98.62 | 35.9427 | 7.14 | 48.01 | 257.0 | 2.4 |
| 1090 | 36.1672 | 0.0011 | 0.0000 | 0.0131 | 99.07 | 35.8316 | 15.81 | 70.43 | 256.3 | 2.4 |
| 1140 | 36.3813 | 0.0013 | 0.0000 | 0.0133 | 98.89 | 35.9780 | 12.15 | 87.66 | 257.2 | 2.4 |
| 1200 | 26.9628 | 0.0013 | 0.0000 | 0.0130 | 98.95 | 36.5751 | 8.26 | 99.37 | 261.2 | 2.4 |
| 1400 | 60.0879 | 0.0837 | 0.0000 | 0.0322 | 58.82 | 35.3445 | 0.45 | 100.00 | 253.0 | 2.6 |

$$t_T = 254.9\text{Ma}; \quad t_P = 256.2\pm1.7\text{Ma}; \quad t_i = 255.7\pm3.4\text{Ma}$$

注：下标 m 代表质谱测定的同位素比值；$F = {}^{40}Ar^*/{}^{39}Ar$ 是指放射性成因 $^{40}Ar$ 和 $^{39}Ar$ 比值；$t_T$ 为总气体年龄；$t_P$ 为坪年龄；$t_i$ 为反等时线年龄；$W$ 为样品质量；$J$ 为一个无量纲照射参数，它的大小取决于反应堆中中子流的密度、核反应截面及照射时间，与样品无关。

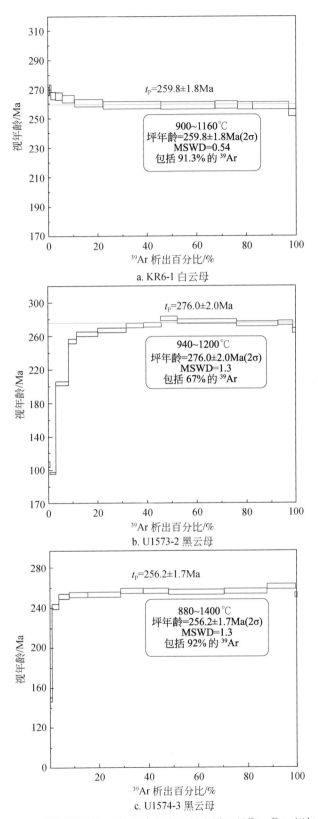

图 2-14　苏鲁铁列克–乌拉根隆起白云母和黑云母$^{40}$Ar-$^{39}$Ar 坪年龄

样品 U1573-2 黑云母 14 个温度组成一个良好的年龄谱（图 2-14），总气体年龄为 263.6Ma。940～1200℃的 14 个温度阶段组成了一个年龄坪，坪年龄（$t_p$）= 276.0±2.0Ma（2σ）对应了 67% 的 $^{39}$Ar 释放量。根据计算，相应的 $^{39}$Ar/$^{36}$Ar-$^{40}$Ar/$^{36}$Ar 等时线年龄为 277.2±5.4Ma，MSWD=76。反等时线年龄（$t_i$）为 275.9±5.1Ma，MSWD=569。坪年龄、等时线年龄和反等时线年龄在误差范围内一致，276.0Ma 的坪年龄是白云母形成以后冷却降温至 350℃ 左右时的年龄。

样品 U1574-3 黑云母 13 个温度组成一个良好的年龄谱（图 2-14），总气体年龄为 254.9Ma。880～1400℃的 13 个温度阶段组成了一个年龄坪，坪年龄（$t_p$）= 256.2±1.7Ma（2σ）对应了 92% 的 $^{39}$Ar 释放量。根据计算，相应的 $^{39}$Ar/$^{36}$Ar-$^{40}$Ar/$^{36}$Ar 等时线年龄为 256.0±3.0Ma，MSWD=18。反等时线年龄（$t_i$）为 255.7±3.4Ma，MSWD=473。坪年龄、等时线年龄和反等时线年龄在误差范围内一致，256.2Ma 的坪年龄是白云母形成以后冷却降温至 350℃ 左右时的年龄。

用于 $^{40}$Ar-$^{39}$Ar 年龄测定的白云母和黑云母沿剪切面理分布，表明它们是剪切变形过程的新生矿物，其形成时间可以代表区域变形带形成的时代。

变形作用发生在早－晚二叠世（256.2～276Ma）。白云母 Ar-Ar 封闭温度为 370℃，区域白云母坪年龄为 259.8Ma；黑云母 Ar-Ar 封闭温度为 350℃，两件样品坪年龄分别为 276.0Ma 和 256.2Ma，表明至少在 276Ma 之后到 256.2Ma 的 20Ma 中，区域经历了一段缓慢冷却过程。本次研究表明，本区域晚古生代末（二叠纪）俯冲极性指向南方（图 2-15）。

图 2-15　萨热克铜矿北部云母片岩及其线理（镜头朝向南东）

前人根据西南天山南缘蛇绿岩带中角闪石 276.4±19～265.6±15Ma 后期叠加变质年龄（刘本培等，1996），推断塔里木和伊犁－伊赛克湖板块的陆－陆碰撞时间发生在二叠纪早期，标志着从晚二叠世起古亚洲构造域已经整体转化为大陆。

结合前人资料，我们认为塔里木陆块周缘在 800～700Ma 中发生了强烈的裂谷事件，即塔里木从罗迪尼亚超大陆中裂解，但塔里木并没有完全从澳大利亚裂离，而是随澳大利亚一起，加入冈瓦纳大陆。塔里木新元古代—早古生代的构造演化涉及罗迪尼亚以及冈瓦纳大陆聚合和裂解事件的影响，在 450Ma 左右，塔里木与澳大利亚发生分离。

## 2.1.2　西南天山晚古生代变形特征

### 1. 变形及其甄别标志

造山带早期研究内容主要集中于与造山带形成演化相关的逆冲推覆构造现象的观察。20 世纪 70~80 年代，随着板块构造学说兴起，特别是在美国南阿巴拉契亚山发现巨型逆冲拆离构造，继而在落基山逆冲断层下面发现油田，使逆冲推覆构造成为寻找油气田的新领域，研究内容也集中在前陆褶皱冲断带，主要对断层相关褶皱几何特征、发展阶段及演化模式等进行研究（Boyer，1992；Woodward et al.，1989；张长厚和宋鸿林，1995）。21 世纪以来，特别是随着精确深部探测等的实施，三维定量化恢复造山带结构及分布规律取得了较大突破，通过不同构造单元中深部结构的研究和对比，以全面认识造山带中构造变形与成矿作用的耦合关系（薛春纪等，2014a，2014b；Wang et al.，2014；Dong et al.，2015）。通过对造山带三维几何学模式以及运动学过程的研究，对造山作用的发生、发展以及其变化进行定量化研究。在地质观察与构造模拟结合、几何模型与变形机制结合和构造年代与演化过程结合方面取得了丰硕的成果（Schmidt et al.，2014；Wu et al.，2014；Aksu et al.，2014；Deng et al.，2014，2016）。在西南天山山前断裂系统、柯坪断隆区域，前人重点对新生代陆内推覆构造以及盆山耦合等进行了大量的研究并取得了丰硕的成果（曲国胜等，2003；杨晓平，2006a，2006b）。但是对西南天山以及柯坪断隆地区古生代构造变形特征、地层内部褶皱、断裂的成因关系和对比分析以及地层的构造−岩浆−成矿机制等方面的研究较为薄弱，使古生代构造变形与成矿关系的研究较缺乏，特别是较少涉及研究区构造变形成因机制、动力学规律以及研究区隐伏矿产成矿机制方面。

本次研究在野外详细构造地质解析（如构造线理、面理、褶皱和断层等宏观构造要素分析）的基础上，结合遥感线性和环形构造解译，开展重点地段的野外构造路线剖面测量，查明西南柯坪断隆区内古生代构造−组构、几何学和运动学特征；对比区域上构造变形资料，筛分不同期次构造叠加和改造关系、不同构造层次的构造变形特征和样式；注意中新生代变形改造问题，建立重点区带构造变形的时空格架。

天山造山带是不同块体在古生代造山作用的基础上，在新生代由于印度与欧亚板块碰撞的远程效应而受到强烈的陆内挤压隆升与褶皱断裂作用的改造而形成的板内复活型造山带。因此古生代碰撞造山与中新生代隆升变形作用对天山的构造演化起到关键性作用。西南天山作为塔里木地块与中天山地块的结合部位，对其构造变形特征进行剖析有助于恢复天山造山带的形成与演化过程。本次工作通过对西南天山乌什地区进行古生代地层与新生代地层构造变形特征和岩石变形性质的分析，以期对不同时期构造变形进行甄别，主要从不同时代地层变形特征、变形层次、变形性质方面进行研究。

### 2. 晚古生代变形特征

晚古生代随着南天山洋盆的闭合以及陆缘增生造山作用的持续，西南天山发生了大规模的逆冲推覆构造以及广泛的岩浆活动，形成晚古生代陆陆碰撞造山金铅锌成矿系统（薛春纪等，2014a，2014b）。受碰撞造山作用影响，西南天山古生代发育大量的逆冲推覆构造，地层发生强烈的变形。通过对西南天山古生代构造变形特征进行厘定，对恢复古生代碰撞造山作用过程具有重要指示意义。除此之外，古生代构造变形格架的建立，有助于区内找矿以及预测工作的开展，特别是对造山带型金铅锌成矿作用具有重要现实意义。因此，本次研究主要进行了中等尺度的构造分析，采用了剖面分析的方法，对区内古生代变形特征进行分析，主要进行了别迭里剖面以及托什干河剖面测定工作。

野外工作对别迭里山口详细测制了一条横切造山带的构造剖面（图 2-16 ~ 图 2-18），期望通过详细的野外构造解析，结合室内的微观构造分析、同位素测年及其岩石组构分析，研究西南天山古生代的变形特征及其时代，分析其动力学机制，并甄别古生代变形与新生代变形迹象，为区域构造演化分析、找矿预测提供基础资料。

别迭里剖面主要切过泥盆系—石炭系、第四系。在下石炭统中，发育"M"形褶皱，内部变形较为复杂，中泥盆统与下石炭统为断层接触，在中泥盆统中发育一系列紧闭的尖棱背斜、向斜，且中泥盆统下段上覆于中泥盆统上段地层之上，表明中泥盆统上段地层发生了倒转。石炭系逆冲于古近系和新近系之上，且沿断层顺层产出辉绿岩脉，在石炭系内部，上石炭统以较紧闭向斜的形式产出于下石炭统中，两者的接触关系为不整合接触，在第四系中发育几条逆断层，托卡普组（$N_2tg$）逆冲于下更新统西域组（$Q_1x$）之上。整个剖面表现为中泥盆统与下石炭统、下石炭统与托卡普组（$N_2tg$）的一系列逆冲断层，且晚古生代中变形以褶皱（紧闭型）与次级断层为主，在下石炭统中发育一系列花状构造，主要表现为逆冲性质，在中泥盆统下段中发育辉绿岩脉，其切过褶皱本身未发生变形，说明其形成晚于褶皱变形（图 2-19）。

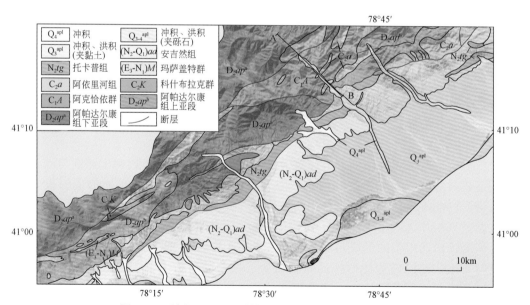

图 2-16　别迭里地区地质简图（据 1 : 20 万地质图修改）

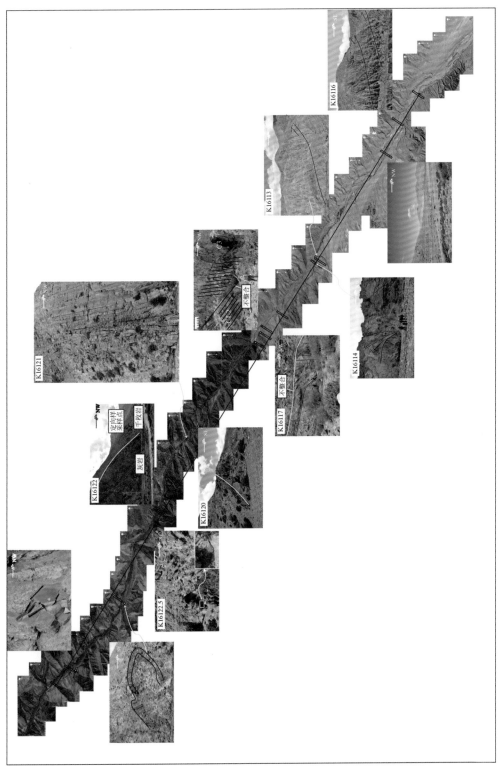

图2-17　别迭里地区剖面路线（据2013年Google Earth）

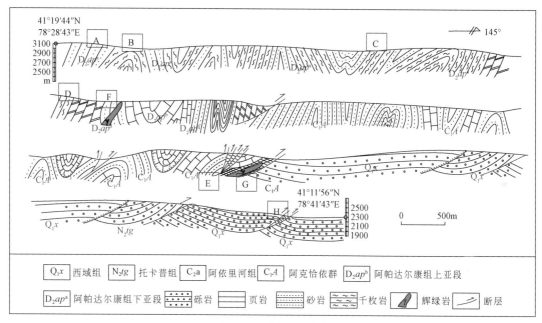

图例：

| Q₁x 西域组 | N₂tg 托卡普组 | C₂a 阿依里河组 | C₁A 阿克恰依群 | D₂apᵇ 阿帕达尔康组上亚段 |

D₂apᵃ 阿帕达尔康组下亚段　砾岩　页岩　砂岩　千枚岩　辉绿岩　断层

图 2-18　别迭里剖面

a　　　　　　　　b

c　　　　　　　　d

图 2-19　别迭里剖面构造变形特征（位置见图 2-18）

　　沿剖面由北向南，主要表现为以逆冲挤压为主，其中在古生代地层中，主要发育一系列不协调褶皱以及逆冲断层，包括"M"形、"Z"形褶皱等。在泥盆系砂岩中发育紧闭褶皱以及顶厚褶皱，其中紧闭褶皱枢纽发生弯曲，显示具有多期构造叠加的特征，除此之外，在砂岩中局部可见劈理置换等现象。而顶厚褶皱以及劈理置换等均显示古生代地层变形具有韧–脆性变形特征，属于中–深构造层次，在此基础上后期叠加的一系列逆冲断层以脆性变形为主（图 2-20）。

图 2-20　古生代地层褶皱变形特征

　　在石炭纪砂岩广泛发育褶皱，通过对褶皱变形进行等倾斜线绘制，等倾斜线近似平行且等长，属于兰姆赛褶皱形态分类中的 Ⅱ 型褶皱，属于典型的相似褶皱，表明在砂岩褶皱变形过程中两翼物质向顶部发生运移，从侧面显示其具有韧性变形的特征（图 2-20）。

　　除此之外，在托什干河南岸沿国防公路测制了一条构造剖面（图2-21、图2-22），其在大地构造位置上连接了西南天山增生杂岩与柯坪陆缘盆地，对于解析西南天山晚古生代造山作用过程具有理想的条件，除此之外，通过研究西南天山古生代的变形特征及其时代，分析其动力学机制，并甄别古生代变形与新生代变形迹象，为区域构造演化分析、找矿预测提供基础资料。

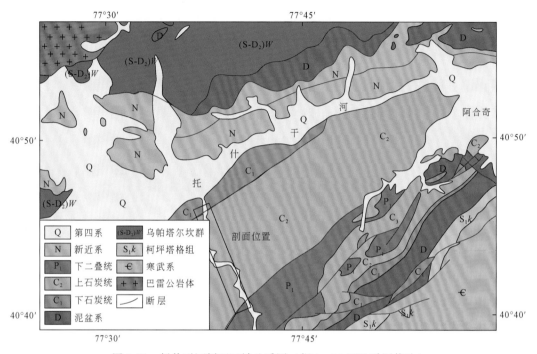

图2-21　托什干河剖面区域地质图（据1∶20万地质图修改）

图2-22　托什干河剖面位置图（据2013年Google Earth）

在托什干河剖面中，地层主要由石炭系艾克提克群以及喀拉治尔加组组成。沿剖面由北向南发育一系列逆冲断层，地表断层主要为北东走向，断层面倾向北西。剖面总体发育一系列不协调褶皱、断层等构造，显示由北西向南东的运动学特征，局部地层发生倒转（图 2-23、图 2-24）。

在上石炭统喀拉治尔加组（$C_2kl$）硅质岩中，发育垂直层面的放射状节理，表明其受 NW-SE 向的挤压作用。砂岩中可见一系列不协调褶皱以及次级断层，均显示地层运动学方向由北西向南东运动（图 2-24）。

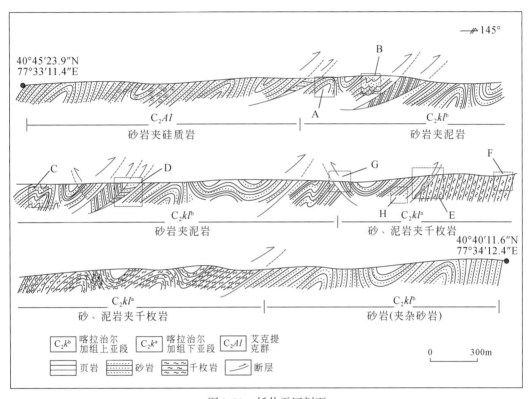

图 2-23　托什干河剖面

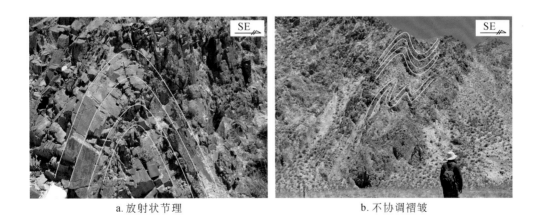

a. 放射状节理　　　　　　　　　　　　　b. 不协调褶皱

c. "M" 形褶皱　　　　　　　　　d. 次级逆断层

图 2-24　托什干河剖面次级构造特征（a~d 对应图 2-23 中 A~D）

　　在千枚岩中可见两期构造，先期与挤压有关的共轭节理，显示挤压方向为由北西向南东，后期与走滑有关的石英脉充填先期节理，且后期走滑所产生的剪切作用使石英脉顺最大拉伸方向充填并与节理斜交，在断层带强变形泥质灰岩中可观察到应变集中现象（图 2-25）。

发育与走滑方向一致的张性脉　　　张性石英脉(脉体垂直于擦痕)

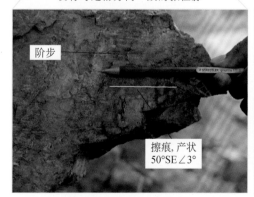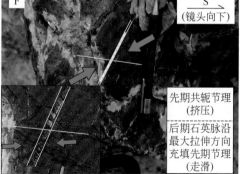

阶步及擦痕(显示右行走滑)　　　早期逆冲挤压，后期走滑

图 2-25　托什干河剖面运动学特征（E、F 分别对应图 2-23 中 E、F）

在区域性断裂带附近，岩石较破碎且发育揉皱，擦痕发育，显示断层除具有由北西向南东逆冲的性质以外，还具有右行走滑的性质，发育与走滑方向一致的张裂脉（拉张环境），而在千枚岩地层中发现的顺层产出石英砂岩透镜体同样表明沿走滑方向具有拉伸的特征（图 2-26）。

图 2-26　托什干河剖面运动学特征（H、G 分别对应图 2-23H、G）

通过对别迭里剖面与托什干河剖面构造变形特征的几何学、运动学分析，初步得出：伴随西南天山晚古生代造山作用，广泛发育大规模的逆冲挤压作用，地层强烈变形，在造山作用后期，发生走滑伸展作用，在此过程中形成大量的岩浆活动。

## 2.1.3　中–新生代变形特征

### 1. 西南天山中–新生代变形特征分析

中生代地层中主要表现为宽广的褶皱构造，同时伴随发育叠瓦逆冲推覆构造，局部地区发育正断层，主要属于浅层次的变形（以返修煤矿剖面为例，图 2-27），但是目前伸展构造的含义及其区域特征不明。

西南天山的新生代（$E_3$-$N_1$）盆地被古生代的岩块逆冲推覆，形成山间断陷盆地（图 2-28、图 2-29），有些盆地目前往往位于高耸的天山山脉之间，指示了新生代山体的强烈隆升及其构造变形（图 2-30）。盆地内部新生代往往发育褶皱–逆冲构造。

在新生代地层中，以一系列逆冲断层以及伴生构造为主，表现为一系列的脆性变形。在别迭里地区，可见新近系逆冲于第四系之上，在第四系中发育次级断层，且受断裂作用影响，靠近断层面地层产状发生变化，显示逆冲推覆作用发生在新近纪之后（图 2-28、图 2-29）。

结合区域构造变形分析表明，西南天山晚古生代的变形主要包括韧–脆性变形，属于中–深构造层次，而新生代的变形以脆性变形为主，属于浅构造层次。

图 2-27 返修煤矿侏罗系煤层的变形特征

图 2-28 新生代逆冲推覆构造特征

图 2-29　西南天山新生代断陷盆地与逆冲推覆断层

图 2-30　西南天山白垩纪断陷盆地与晚期的逆冲推覆断层

## 2. 柯坪逆冲推覆构造系统

柯坪逆冲推覆构造系统位于西南天山与塔里木盆地之间,是西南天山前陆构造的一部分,其东西长 300km,南北宽逾 60km,平面上由多排近东西走向、由北向南逆冲推覆的单斜山系或背斜山系构成。整体呈向南东凸出的弧状。以普昌断裂为界,柯坪逆冲推覆构造系统可分成东西两部分。普昌断裂以西,自北向南由奥依布拉克、科克布克三、托克散阿塔能拜勒-皮羌山、奥兹格尔他乌和柯坪塔格逆冲系(推覆体)组成;普昌断裂以东,奥依布拉克、科克布克三、阿布拉衣布拉克-皮羌、依木干他乌、塔塔埃尔塔格及柯坪塔格推覆体构成柯坪逆冲推覆构造系统的东半部分。柯坪逆冲推覆弧形构造与阿图什-八盘水磨塔里木反冲构造共同构成了西南天山的前陆盆地冲断构造带。

柯坪逆冲推覆构造系统以铲状逆冲断层为特征。然而,由北向南垂直柯坪逆冲推覆构造系统延伸方向,其构造特征有明显不同。向北靠近山带根带,逆冲断层多表现为高角度铲形,褶皱形态以紧闭褶皱为主,推覆体宽度相对狭窄。以奥依布拉克推覆体为例:该推覆体呈北东东向展布,西端向南西西隐伏于哈拉峻盆地中,东端向北东东隐伏于阿尔巴切依切克推覆体之下,为由寒武系—下二叠统组成的南翼倒转北翼正常的推覆体。倒转翼缺失志留系—二叠系等地层,正常翼由奥陶系—石炭系单斜地层组成,其前缘断裂高角度北倾,构成上石炭统喀拉治尔加组下亚段砂岩中的谷地(图2-31a)。向南以柯坪塔格推覆体为例:由下奥陶统丘里塔格组($O_1q$)、中奥陶统萨尔干组($O_2s$)灰岩和白云岩、下志留统柯坪塔格组($S_1k$)灰绿色砂岩、泥盆系杂色砂岩、上石炭统康克林组($C_2k$)和下二叠统灰岩、杂色砂岩,古近系和中新统乌恰组($N_1w$)组成,总体为倒转箱状褶皱组成的推覆体形态宽缓,南翼倒转;其逆冲断层呈相对平缓北倾的铲状。

此外,在皮羌-普昌断裂以西,受帕米尔构造结的影响,柯坪逆冲推覆构造系统前缘冲断层陡立北倾,局部可趋近直立(图2-31b)。

图2-31　柯坪断层地表特征

a. 发育于晚古生代砂岩地层中的逆冲断层,阿合奇北;b. 新近系砂岩(红色)高角度
逆冲于第四系砾岩、砂岩(黄褐色)之上,阿图什北

本次野外工作,选取苏木塔什路线围绕柯坪断隆进行地质调查,通过收集前人资料,结合野外实地观测,选取皮羌断裂东侧,进行图切剖面的绘制(图2-32),剖面中出露的地层主要有下奥陶统丘里塔格组($O_1q$)含燧石结合的白云岩、中奥陶统萨尔干组($O_2s$)团块状灰岩夹砂岩,下志留统柯坪塔格组($S_1k$)绿色砂岩、泥盆系塔塔埃尔塔格组(Dt)砖红色砂岩、上石炭统别根他乌组($C_2b$)灰色砾岩夹砂岩、上石炭统喀拉铁克组($C_2kn$)泥质页岩和下二叠统别良金群($P_1BL$)礁灰岩、砂岩,上覆第四系的砾石和碎石。

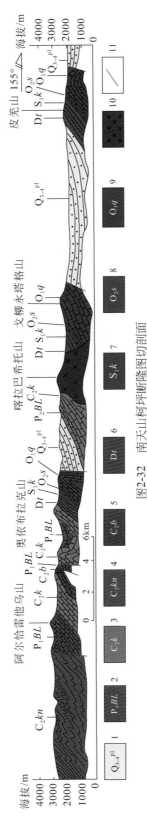

图2-32　南天山柯坪断隆图切剖面

1.砾石和碎石；2.下二叠统别良金群；3.上石炭统喀拉铁克群、泥质页岩；4.上石炭统喀拉铁克群、泥质页岩；5.上石炭统别根他乌组、灰岩、砂岩；6.泥盆系塔格埃尔塔格格组、红色砂岩、粉砂岩；7.下志留统柯坪塔格格组、绿色砂岩、页岩；8.中奥陶统萨尔干组、团块状陶尔干组、灰岩夹砂岩；9.下奥陶统丘里塔格格组、白云岩；10.基性侵入岩；11.断层

前中生代地层都发生强烈的褶皱和变形。在剖面中可见古生代地层作为一个整体被逆冲到第四纪地层之上,且明显发育了多期的逆冲推覆。说明该区域发生逆冲推覆的时代应该在新生代以后。柯坪断隆内的早古生代地层都是由于新生代的逆冲推覆而露出地表,这些构造都是新生代的,一系列的逆冲推覆构造形成了现今的构造格局。

在柯坪断隆中,发育了一系列与逆冲推覆构造近乎垂直的横向走滑调节断层,比较大的有皮羌断裂和印干断裂,本次研究对这两条断裂做了简单的分析。

1) 皮羌断裂

皮羌断裂位于塔里木盆地西北缘柯坪隆起内,为一条近南北向(走向350°)的走滑断裂。该断裂北起于柯坪断隆根带,南止于柯坪推覆体前缘,错开了柯坪隆起上的奥依布拉克推覆体、卡拉干塔什推覆体与萨尔干推覆体等,其平面形态具明显的左行走滑特征(图2-33)。

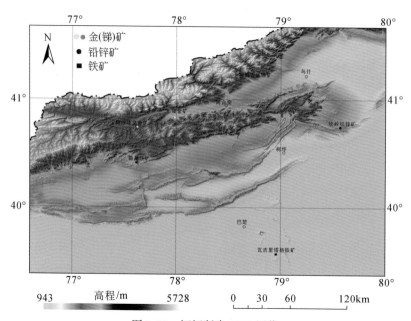

图 2-33　柯坪断隆 DEM 图像

A. 皮羌断裂的几何、构造特征

皮羌走滑断裂呈北西走向,断层破碎带地表产状近直立。在普昌钒钛磁铁矿地区,其破碎带宽度可达 30 ~ 50m。带内发育不同成分的角砾岩、构造透镜体和断层泥,角砾成分复杂,见有灰岩、硅质岩、杂砂岩和基性火山岩;构造透镜体多由大理岩、灰岩组成(图2-34a)。沿断层破碎带两侧的拖曳现象明显,接近断层,北东走向的地层与断层走向趋于平行,带内地层高角度向西陡倾或直立。值得一提的是断层两侧协调侵入于早古生代灰岩、碎屑岩中的基性火山岩(普昌钒钛磁铁矿含矿主体)也卷入该破碎带;其产状由北西缓倾,经拖曳至近直立平行主断裂带。该断裂以近直交方式,大角度切割皮羌推覆体。断层两侧推覆体内多见与主推覆–逆冲断层面一致的次级冲断层,面上普遍发育擦痕和阶步(图2-34b),指示整体的南向逆冲。

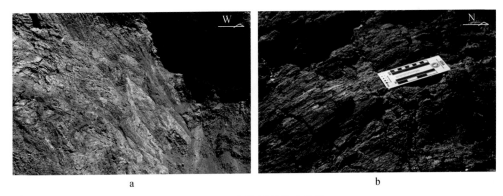

图 2-34　皮羌断裂构造特征

a. 皮羌断裂破碎带中的构造透镜体（黄色为大理岩，灰色、暗红色为灰岩、砂岩）和高角度的破劈理，
普昌钒钛磁铁矿；b. 破碎带东侧皮羌推覆体中的次级逆冲断层和阶步与擦痕

B. 皮羌断裂的活动方式和时代

长期以来，依据其对柯坪断隆区系列推覆体的切割、错断，特别是普昌钒钛磁铁矿地区断裂带两侧地层、标志体的拖曳，皮羌断裂被认为是一个切割柯坪断隆的左行走滑断层（Yin et al.，1998；曲国胜等，2003；杨晓平等，2006a，2006b），并造成至少 4km 的水平视位移。然而，对其形态细节和属性及活动时代一直存在不同认识。部分学者（曲国胜等，2003）指出，全长近 170km 的皮羌断裂由一系列高角度断层连接而成，并非一条完整的走滑断层（肖安成等，2005a，2005b），其运动方式不仅表现为调节自北向南的逆冲推覆，同时兼有吸收该区系列推覆体由东向西的斜向逆冲分量。肖安成等（2005a，2005b）、杨庚等（2008）则认为皮羌断裂与色力布亚断裂同为卷入前寒武系（元古宇）结晶基底向南逆冲的楔形构造，唯一不同的是皮羌断裂浅层受到晚期走滑断裂的改造。王鹏昊等（2013）则认为皮羌断裂总体以左行走滑为主，其南端局部经历右行走滑。

大多数学者认为，皮羌断裂的形成时间与柯坪逆冲带相同，为新近纪上新世—第四纪（Hendrix et al.，1994；Sobel and Dumitru，1997；曲国胜等，2003；杨晓平等，2006a，2006b）。皮羌断裂经历了多次活动，沿破碎带析出、沉淀的方解石电子自旋共振测年表明，其距今最近的活动为 6200~6600a。

2）印干断裂

印干断裂位于柯坪塔格地区的东北端，西北大致沿阿合奇–印干村一线发育，与总体北东走向的柯坪冲褶推覆系主体大角度相交（图 2-35）。据其走向变化，其可分作两段：其主体出露于印干村北，走向北西西；印干村附近，断层走向折为南东，总长 60~70km。

A. 印干断裂的几何、构造特征

印干断裂北段发育在下奥陶统丘里塔格组碳酸盐岩内部，破碎严重，多见固结的断层角砾与构造透镜体，断层泥厚 20~50cm。主断层带多被现代风化坡积物覆盖，总体倾向约 220°，呈铲状出露，上部陡立，下部趋缓。次级断层面上见有倾向擦痕和阶步（图 2-35a），指示总体向北东的逆冲。

印干断裂南段切割了不同时代的地层。靠近其走向转折部位，可见下二叠统比尤列提组（$P_1bi$）玄武岩与上新统阿图什组（$N_2a$）主要是浅棕色、淡黄色、浅灰色的泥岩、砂岩及砂砾岩直接接触。断层破碎带宽 $8\sim10m$，延伸可达 $4\sim6km$。阿图什组的砂砾岩构成了典型断层崖地貌。向南可见系列次级断裂发育于下古生界下奥陶统丘里塔格组碳酸盐岩内部，总体走向南南东，破碎带宽约80m。可见产状陡立西倾的摩擦镜面，面上发育走向擦痕和阶步。破碎带裂隙间可见方解石生长纤维，其长轴斜列方向指示右行走滑（图2-35b）。

图2-35　印干断裂运动学特征

a. 印干断裂破碎带次级逆冲断层面上发育的阶步与擦痕；b. 印干断裂南段发育于寒武系—奥陶系白云质灰岩中的断层摩擦镜面、阶步和走向擦痕，右下方插图为破碎带内沉淀方解石生长纤维，箭头指示其斜列显示的右行走滑指向

构造分析表明，印干断裂的北段（主段）为一北东向推覆的逆冲断层；其南段为一以右行走滑为主的走滑–转换断层。其北段表现为柯坪断隆推覆体南缘的逆冲前锋；南段为该推覆–逆冲系的侧断坡，调节柯坪断隆推覆体南缘的北东向逆冲推覆（图2-36）。

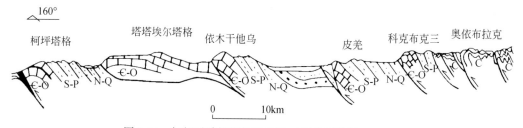

图2-36　柯坪逆冲推覆构造系统（据曲国胜等，2003）

B. 印干断裂的活动时代和大地构造含义

印干断裂主体是一条自南西向北西逆冲的断层，其运动方向与柯坪冲断带的总体方向不同。印干断裂将下古生界碳酸盐岩推覆至阿图什组（$N_2a$）之上，因此其开始时间应不晚于阿图什组（$N_2a$）沉积开始时期。从野外观察和遥感图像均可以看到，从天山向塔里木逆冲推覆的柯坪冲断系切割了印干断层，因此印干断裂形成应该早于柯坪冲断系。柯坪冲断系中阿图什背斜生长地层的研究表明柯坪冲断构造活动形成的同构造生长地层为下更新统西域组（$Q_1x$）砾岩，此为该冲断构造的形成时间。寒武系—奥陶系碳酸盐岩推覆至上新统阿图什组之上，说明在上新统阿图什组的砂砾岩沉积之后印干断裂才开始活动。在断裂带内，逆冲作用改造了断层下盘阿图什组砂砾岩的地层产状。因此印干断裂开始的活

动时间应晚于阿图什组沉积开始时间，活动时限为上新统阿图什组沉积之后，柯坪冲断系形成之前，大致在上新世。

对于印干断裂的性质和大地构造含义一直存在争议。何文渊等（2002）指出印干断裂为一条压扭性断层。王国林等（2009）认为印干断裂是一条北西走向的剪切转换带；杨庚等（2012）指出印干断裂是一条左行走滑性质的断层。肖安成等（2005a）则认为与皮羌断裂、色力布亚断裂相似，印干断裂的形成是早期南北向断裂和晚期北东向前陆逆冲叠加改造的结果，早期南北向断裂对于晚期构造的发育起着制约作用。郭召杰等（2004）、张子亚等（2013）认为，印干断裂形成于帕米尔构造结向北的凸入。对于帕米尔构造结的远端效应强度或可存有商榷，印干断裂对于柯坪断隆前缘逆冲推覆的局部调节作用无可置疑。

## 2.1.4 西南天山中新生代隆升–剥露过程

### 1. 西天山古高程估算

古高程的恢复在研究地球动力学机制和环境变化过程中具有重要的理论和实际意义。近年来，随着定量古高程计的迅猛发展，越来越多的高大山脉的古高程数据发表，而且精度不断提高，对于判别山脉隆升的动力学机制以及解释古环境变化方面起到了不可忽视的作用。在目前常用的研究古高程的方法中，通过火山喷发时熔岩流中的气泡体积来估计当时的古高度，是一种新的探讨古高程的方法。该方法是少有的一种能直接计算高度的方法，其研究思路是通过测量熔岩流的厚度和顶底部气泡的体积变化，定量地计算熔岩流冷凝时的古大气压强，再利用古大气压强通过气压与高程的关系换算成古高度。郭正府等（2011）将这种古高度研究方法称为"熔岩流气泡古高度计"。多数学者认为新生代以来海平面的大气压强没有明显变化（Tajika and Matsui，1993），所以该方法的精度比其他方法高，误差可以控制在400m左右。

西天山地区新生代以来的火山岩主要分布在托云盆地内（图2-37），盆地内出露大量晚白垩世到古近纪的基性火山岩，火山岩发育大量气孔和杏仁构造，是"熔岩流气泡古高程计"良好的研究对象。对于该火山岩的年代学和地球化学，前人做过较多的研究（徐学义等，2003a，2003b；季建清等，2006；梁涛等，2007），并做过相应的大地构造环境的推测。而托云盆地内的古高程研究，前人鲜有涉及。本次研究选用熔岩流气泡古高程计方法，定量恢复托云盆地晚白垩世到古近纪的古高程，为西天山的中新生代的隆升提供相应的证据。综合前人的同位素年龄数据，上部玄武岩的火山岩年龄集中在70.4~36.6Ma。梁涛等（2007）采用SHRIMP法对托云盆地最顶部的玄武岩进行了精确的定年，年龄为48.1±1.6Ma，根据其采样位置以及年龄的谐和度判断，我们认为该年龄代表了玄武岩溢流冷却的准确时间。因此，本次研究的玄武岩喷发时代应该在48Ma左右，即始新世时期。

前已述及，利用熔岩流气泡古高程计恢复古高程的关键因素是选择合适的气孔玄武岩样品和精确的气孔体积测量方法。本次研究在托云盆地内选取了两处厚度合适的熔岩流，分别编号为U1567和U1568。两处熔岩流都位于山顶（图2-38a、b），产状水平，顶底面清晰，明显未经后期构造运动的改造，其野外露头特征明显属于前人划分的上玄武岩系列。该地区上玄武岩的 SHRIMP 年龄为 48.1±1.6Ma（梁涛等，2007），表明该熔岩流喷发时限为始新世。每个熔岩流剖面分别在顶底面采集一块样品，样品采集剖面露头清晰，具有明显的气孔杏仁构造（图 2-38c、d），部分气孔内充填有后期方解石填充物（图 2-38e、f）。U1567 玄武岩剖面厚 4.7m，上部气孔带、下部气孔带和中间致密带发育明显，分别在顶部和底部采集了样品。U1568 玄武岩剖面厚 2.7m，岩层整体被氧化成褐红色，顶底面清晰，同样在顶底面采集了样品。两处剖面的样品手标本都呈灰色，气孔和杏仁构造发育。岩石主要由斜长石、单斜辉石和橄榄石组成，斑状结构，斑晶主要为斜长石和单斜辉石，橄榄石斑晶较少见，斜长石斑晶呈长条状。

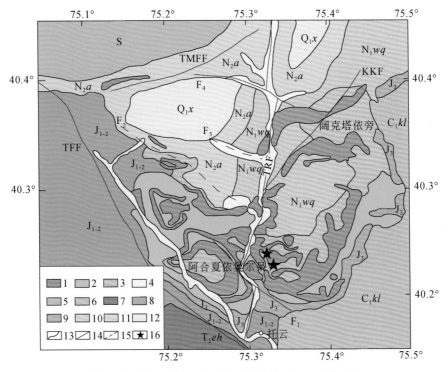

图 2-37　托云盆地地质简图（据梁涛等，2007 修改）

1. 第四系；2. 下更新统西域组；3. 上新统阿图什组；4. 中新统乌恰组；5. 古近系；6. 白垩系；7. 上侏罗统；8. 下–中侏罗统；9. 下三叠统俄霍布拉克组；10. 上石炭统喀拉治尔加组；11. 志留系；12. 玄武岩；13. 地质界线；14. 断层；15. 推测断层；16. 采样点

　　室内的主要工作是精确地测量玄武岩气孔的大小，本次采集的气孔玄武岩样品经过前期处理后，选用三维 CT 扫描技术对样品中气泡的众数体积进行测量，前期处理在自然资源部古地磁与古构造重点实验室进行，三维 CT 扫描在首都师范大学检测成像实验室进行，笔者参与了整个样品处理的流程（图 2-39）。

　　U1567 熔岩流剖面样品按其顶底面分别编号为 U1567-1 和 U1567-2，U1568 熔岩流按其顶底面分别编号为 U1568-1 和 U1568-2。本次研究分别对上述四件样品进行了气孔体积测量，然后利用公式计算托云盆地玄武岩溢流时的古高程，U1567 玄武岩代表的古高程为

2182m，U1568 玄武岩代表的古高程为 2419m（表 2-3）。

图 2-38　托云盆地气孔玄武岩典型照片

a. 托云盆地内产状水平的玄武岩；b. 野外实测玄武岩层；c、d. 气孔玄武岩手标本照片；
e. 镜下玄武岩中的气孔；f. 部分玄武岩气孔内后期充填方解石

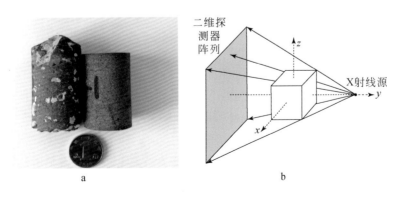

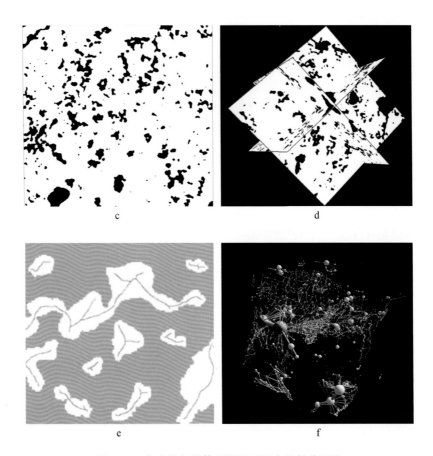

图 2-39　玄武岩气孔体积测量过程中的部分照片

a. 前期处理后的气孔玄武岩圆柱体；b. 锥束 CT 扫描示意图（据张茂亮等，2014）；c. 阈值分割后的气孔玄武岩二维断层切片，白色部分为岩石，黑色部分为气孔；d. 阈值分割后的气孔玄武岩三维断层切片，白色部分为岩石，黑色部分为气孔；e. 连通区域骨架提取示意图（据张茂亮等，2014）；f. 气孔玄武岩骨架提取模式，彩球为气孔

表 2-3　托云盆地始新世玄武岩的高度计算结果

| 样号 | 样品海拔/m | 气孔体积/mm³ | 玄武岩层厚度/m | 古大气压/Pa | 古高度/m |
|---|---|---|---|---|---|
| U1567-1 | 3054 | 2769.88 | 4.7 | 79312.9 | 2182.3 |
| U1567-2 | 3054 | 1091.04 | | | |
| U1568-1 | 3018 | 706.10 | 2.7 | 77214.4 | 2419.6 |
| U1568-2 | 3018 | 370.86 | | | |

注：古高度与大气压的关系式为 $H = -8731 \ln (P/P_{atm}) + 46.476$；$P$ 为古大气压强，$P_{atm} = 101325 Pa$。

托云盆地新生代以来的构造运动，前人主要从古地磁的角度展开研究。王永成等（2004）认为印度板块与欧亚板块碰撞以来，在帕米尔构造结的北东东向挤压下，托云盆地发生了 20°~35°的顺时针旋转；Besse 和 Courtillot（2002）认为以欧亚大陆 60Ma 的位置为参照，托云盆地未发生明显的纬向运动；李永安等（1995）认为新生代以来托云盆地至少发生了 10°~15°的顺时针旋转。上述研究表明,托云盆地在新生代明显受到了帕米尔构造结的挤压,使托云地块发生顺时针旋转。然而,帕米尔构造结对托云盆地作用的强度和起始时间,古地磁的资料难以给出准确的证据。托云盆地古高程的研究为解决上述问题提供了一个良好的途径。前人在帕米尔构造带东北缘的奥依塔格地区进行的沉积物氧同位素研究认为,帕米尔构造带在始新世—渐新世时期就已经达到了足以抵挡大气环流的高度(Bershaw et al.,2012);帕米尔北部卡拉库尔地堑的低温热年代学数据也显示该地区最早在中始新世(50~40Ma)就开始构造抬升。本次研究利用熔岩流气泡古高度计估算托云盆地在 48Ma 左右就已经达到 2000m 以上的海拔,与前人的研究具有一致性,表明帕米尔北缘的天山构造带在新生代早期就已经开始构造抬升,发生地壳的显著增厚(Hacker et al.,2005)。前人对帕米尔北缘山前的塔吉克盆地和阿赖盆地的沉积速率研究表明盆地的沉积速率加快发生于早中新世,帕米尔北部卡拉库尔地堑的磷灰石裂变径迹结果也显示该地区在渐新世晚期—早中新世再次快速隆升,杨树锋等(2003)的磷灰石裂变径迹结果表明南天山在 25~17Ma(早中新世)开始快速隆升。以上研究表明,中新世以来天山地区整体都发生了快速隆升,现今托云盆地玄武岩层的海拔在 3000m 左右,也证实了托云盆地作为天山的山间盆地在晚新生代强烈隆升。

综上所述,托云盆地在 48Ma 左右就已经达到了 2000m 以上的海拔,暗示帕米尔构造结对天山造山带的影响在 48Ma 之前就已经存在,现今托云盆地 3000m 以上的海拔是晚新生代天山造山带整体隆升的结果。

**2. 山脉隆升剥露历史的沉积学证据**

在西南天山地表出露一个大型的巴雷公碱性花岗岩体和一系列串珠状的超基性小岩体,侵入于志留系—泥盆系乌帕塔尔坎群中(图 2-40)。在巴雷公花岗岩体的下游发育了

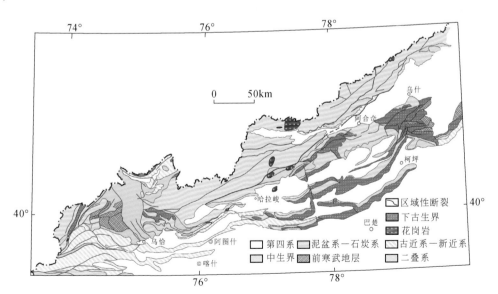

图 2-40　西南天山区域地质简图

多个新生代沉积盆地，本次研究主要是围绕巴雷公岩体，对盆地内部的中–上新统和上新统—下更新统中的砾石成分进行研究，选择了 7 个典型地点进行砾石统计（图 2-41）。统计内容包括岩性描述和粒径测量，重点关注砾石成分的统计，并根据每个统计点不同岩性颗粒所占百分比做饼状图。

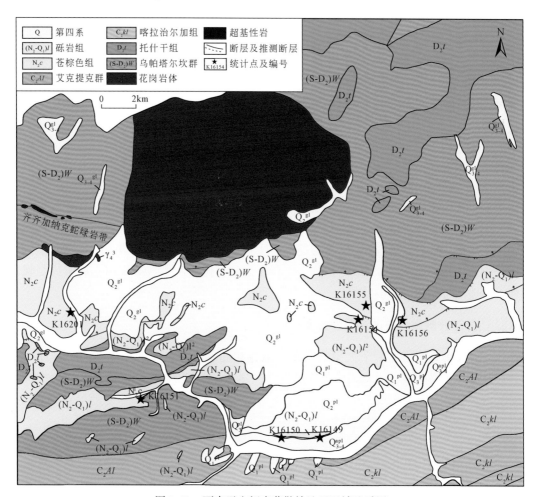

图 2-41　西南天山阔克萨勒岭地区区域地质图

上新统苍棕色组（$N_2c$）和上新统—更新统砾岩组 $[(N_2-Q_1)l]$ 中的砾石成分主要为沉积岩和变质岩。砾石粒径以中、粗粒为主。砾岩主要为基质支撑，基质主要为泥质和砂质。本次围绕巴雷公岩体下游选择了 7 个典型地点进行砾石统计（表 2-4），统计内容包括岩性描述和粒径测量。由于本区新近系以来的搬运途径明显，争议不多，所以在研究过程中对粒径的统计和作图进行了简化，重点关注砾石成分统计。

在砾石成分的统计和作图过程中，由于本次研究重点关注沉积物源的分析和判断，在统计过程中采用简化的方法，即用不同岩性砾石的颗粒进行统计和作图。根据每个统计点不同岩性颗粒数所占百分比作饼状图（图 2-42）。

表 2-4　西南天山阔克萨勒岭地区新近系和第四系砾石成分统计表

| 统计点号 | 所属地层 | 砾石成分/% | | | | |
|---|---|---|---|---|---|---|
| | | 石英砂岩 | 灰岩 | 变质岩 | 单质石英 | 火成岩 |
| K16149 | $(N_2\text{-}Q_1)l$ | 65 | 15 | 10 | 10 | 0 |
| K16150 | $(N_2\text{-}Q_1)l$ | 55 | 20 | 10 | 10 | 5 |
| K16151 | $(N_2\text{-}Q_1)l$ | 10 | 90 | 0 | 0 | 0 |
| K15154 | $(N_2\text{-}Q_1)l$ | 80 | 15 | 0 | 5 | 0 |
| K16155 | $N_2c$ | 60 | 15 | 20 | 5 | 0 |
| K16156 | $N_2c$ | 80 | 15 | 0 | 5 | 0 |
| K16201 | $N_2c$ | 80 | 15 | 0 | 0 | 5 |

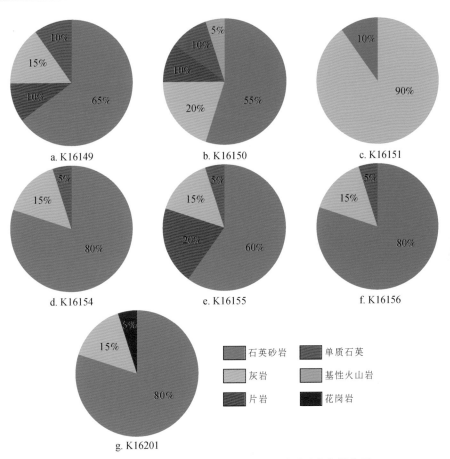

图 2-42　西南天山阔克萨勒岭地区新近系砾石成分饼状图

　　从本次砾石成分统计结果可以看出，砾石成分主要是沉积岩类，包括砂岩、碳酸盐岩和石英（图 2-43a、b、c、e、f），与上游山体出露的石炭系和泥盆系地层岩性一致。除 K16151 点灰岩砾石为主要成分外，其他统计点石英砂岩明显为主要成分，总含量都超过 60%。此外，各统计点灰岩砾石成分占到 15% 以上。

图 2-43　阔克萨勒岭地区野外部分典型照片

a、b、c、e、f. 不同的野外砾石统计点砾石产出特征；d. 第四系松散堆积物，大部分为花岗岩；

g. 上新统—更新统砾岩组的厚层砾岩；h. 巴雷公花岗岩体山前的第四系冰川漂砾，主要为花岗岩

砾石成分的另一个特点是变质岩砾石出露较少，仅在 K16150 点和 K16155 点处见到有一定量的片岩砾石，这与研究区上游大面积出露的乌帕塔尔坎群中的千枚岩和片岩形成明显反差，说明本次统计的新近纪地层物源并不主要来自乌帕塔尔坎群。通过对比各统计点的砾石成分特征，可以看出新近纪晚期到第四纪早期山体的剥蚀规律。K16151、K16154 和 K16156 点砾石成分主要为石英砂岩和灰岩，未见片岩，说明此时乌帕塔尔坎群还没有剥露出地表。直到更新世时，K16149 点和 K16150 点沉积，在砾石成分中出现片岩，乌帕塔尔坎群才开始接受剥蚀，这也表明了西南天山新近纪以来持续隆升的特点。据此推测研究区的物源主要为西南天山石炭系和泥盆系的地层，山间盆地新近系沉积时，乌帕塔尔坎群还没有大规模剥露地表。第四纪以来，西南天山山体持续隆升–剥蚀，形成现今乌帕塔尔坎群大规模出露的特征。

尤其应该注意到的是，所测量的砾石成分中，除在 K16201 点处可见似斑状花岗岩砾石外，基本未见花岗岩砾石。而研究区位于巴雷公岩体的下游，全新世到现今地表的松散堆积物中，90% 以上为巴雷公岩体剥露的似斑状花岗岩砾石，局部可见少量片岩砾石。在现今河道沉积物中，表层砾石成分为似斑状花岗岩、片岩和灰岩，与上游巴雷公岩体及其周缘地层岩性一致。这表明现今大面积出露的巴雷公岩体直到更新世以后才成为下游山间盆地的主要物源区，并一直持续到现今。据此推测，在上新世晚期—第四纪早期，巴雷公岩体还没有被剥露出地表，直到砾岩组沉积之后才隆升剥露到地表，开始接受剥蚀。

西南天山是构造变形最为强烈的地区之一，具有海拔高、地形高差大、坡度大的特点。对于现今山体地貌特征的形成时限，前人做过相应研究。王丽宁等（2010）根据河床砂岩屑磷灰石裂变径迹认为西南天山山体是 6～8Ma 以来形成的；刘红旭等（2009）认为塔里木盆地北缘萨瓦普齐和塔里克地区在中新世末（4～9Ma 以来）强烈快速隆升。本次研究利用西南天山最大的巴雷公花岗岩体下游的砾石成分进行分析，在中新统—上新统砾岩中未见花岗岩砾石，但第四系松散堆积物中可见大量花岗岩砾石。该现象表明，在上新世晚期—第四纪早期，巴雷公岩体还没有被剥露出地表，直到更新世（2Ma 以来）才隆升剥露到地表，现今正接受着强烈的剥蚀作用。

上述结果显示，在中新世—上新世，巴雷公岩体及其侵位的地层还没有被剥露出地表；到了早更新世，志留系—泥盆系浅变质岩开始出露于地表接受剥蚀；直到早更新世末，巴雷公岩体及其志留系—泥盆系才一起发生构造隆升而剥露到地表，成为下游沉积物质的主要剥蚀源区。因此，结合山间盆地的沉积构造–变形分析，推测西南天山的地貌特征是在更新世（2Ma 以来）才开始快速形成的。

**3. 山脉隆升剥露的热年代学证据**

本次研究采集了中国境内西南天山的样品，提供了精确的磷灰石年龄数据，具体采样位置见图 2-44。每个样品使用便携式 GPS 逐样定位和标高。

裂变径迹年龄测试工作由中国科学院高能物理研究所裂变径迹实验室完成。样品首先经过粉碎、分选与自然晾干，然后用常规的重液和磁选方法分离出磷灰石单矿物，利用环氧和聚四氟乙丙烯将矿粒固定，经磨平和抛光后制成光薄片，并与白云母外探测器贴紧。裂变径迹分析采用外探测器法。有关实验条件为磷灰石在 25℃恒温的 6.6% $HNO_3$ 溶液中蚀刻30s揭示自发裂变径迹，再将样品与 Co 和 Au 片叠合用以监测中子通量。样品均置于492 反应堆内辐照，同时对 Co 和 Au 片进行放射性测定与中子通量标定。之后将云母外探测器置于25℃的 40% HF 中蚀刻 35min，揭示诱发裂变径迹。磷灰石裂变径迹年龄采用Zeta 常数法进行计算。为了增加可观察横向封闭径迹，将样品暴露于$^{252}$Cf。长度是矿物内部完全的封闭径迹长度，且仅在柱状磷灰石中测量。因为磷灰石裂变径迹中存在退火的各向异性。

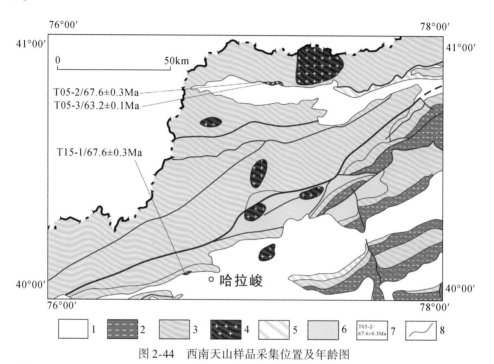

图 2-44　西南天山样品采集位置及年龄图

1. 第四纪沉积物；2. 早古生代沉积；3. 石炭系—泥盆系沉积物；4. 花岗岩类；5. 新近纪—古近纪沉积物；
6. 二叠纪沉积物；7. 样品及年龄；8. 断层

西南天山样品采自于卡拉布拉克乡西岩体（T05-2，T05-3），阿尔帕雷克村北的花岗岩体（T15-1）。卡拉布拉克乡西岩体样品 T05-2 和 T05-3 的裂变径迹年龄分别为67.6±0.3Ma 和 63.2±0.1Ma，平均径迹长度为 13.54μm 和 14.15μm。阿尔帕雷克村北的岩体样品 T15-1 的裂变径迹年龄为 67.6±0.3Ma，平均径迹长度为 13.73μm。卡拉布拉克乡西和阿尔帕雷克村北的岩体样品年龄近乎一致，说明两地在晚白垩世至古近纪时期是作为整体隆升剥露的。

采用 Ketcham 等的退火模型及 AFTSlove 软件，开展了磷灰石的温度-时间反演模拟，以每一样品的单颗粒年龄、年龄偏差、自发径迹数、诱发径迹数、封闭径迹长度、径迹与矿物 C 结晶轴的夹角等作为模拟参数，对样品进行模拟。反演模拟的初始条件是根据获得的裂变径迹参数和样品所处的地质背景与条件来确定的。模拟图如图 2-45 所示，所测样品均取得最佳热历史路径（图中实线），灰色区代表反演模拟较好的拟合区，黑色区代表可接受区。每个图左上角标出样品代号、实测径迹长度和模拟径迹长度，实测池年龄和模拟池年龄，以及 K-S 检验和 GOF 年龄拟合参数。当 K-S 检验和 GOF 值均大于 0.05 时，模拟结果是可以接受的，均大于 0.5 时，说明模拟结果是高质量的。

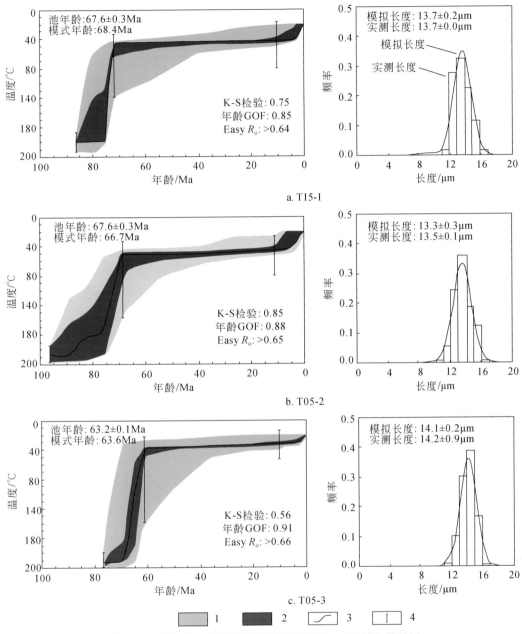

图 2-45　西南天山样品磷灰石裂变径迹温度–时间模拟结果图

1. 反演模拟较好的拟合区；2. 可接受区；3. 最佳拟合曲线；4. 限制点

　　Yin 和 Harrison 等认为，基梅里造山运动及产生的变形导致吉尔吉斯斯坦北天山发生了快速的冷却作用，这一冷却作用在三叠纪就开始了。Golrie 等认为，吉尔吉斯斯坦北天山的快速隆升最迟发生在侏罗纪，并认为中生代所发生的冷却作用是天山基底在短期构造活化内强烈剥蚀的结果。这一构造活化与侏罗纪到早白垩世帕米尔高原羌塘板块与拉萨板块的碰撞有关，这也印证了本书中样品普遍在 90～70Ma 经历了快速冷却作用这一现象。

从前人研究整个天山山脉的资料中发现，晚白垩世隆升剥露事件在整个天山范围内都有出现，朱文斌等（2006）认为博格达-哈尔里克山在 67～65Ma 发生过冷却剥露事件，吐鲁番-哈密盆地南部造山带在 88～97Ma 发生了构造抬升，杨庚等发现天山板内造山带在 134～109Ma 时发生了快速隆升过程，王彦斌等 2001 年认为独库公路磷灰石裂变径迹能够反映天山在晚白垩世的隆升状态，库车的前陆盆地研究也反映了天山地区晚白垩世的隆升事件（贾承造等，2003），境外的天山部分也有部分研究学者做过类似研究，Dobretsov 等（1996）通过磷灰石裂变径迹的方法对吉尔吉斯斯坦境内的西天山做了研究分析，得出了白垩纪的冷却年龄。在整个天山地区，晚白垩世期间，隆升剥露事件广泛存在。

Hendrix 等最早在 1992 年指出 Kohistan-Dran 岛弧与拉萨地块碰撞的远程效应是白垩纪天山地区普遍出现隆升现象的动力来源，而后我国的部分学者也都认同了这个观点（舒良树等，2004）。也有其他学者持不同意见，郭召杰等（2002，2006）认为早侏罗世伸展背景下，天山地区表现为天山构造剥蚀和盆地的快速充填，古中亚造山带已近夷平，天山白垩纪的裂变径迹年龄可能是古中亚造山带解体剥蚀事件的记录，天山造山带的形成过程可能与岩浆底辟作用相关。邓起东等（1999）认为天山中新生代构造变形可能是由于帕米尔高原向北的强烈推挤形成的。舒良树等（2004）认为古生代南天山洋盆自东向西剪刀状闭合和塔里木板块的斜向碰撞是导致天山东西段差异隆升的主要因素。赵俊猛等（2003）认为岩石圈-流变学结构控制了天山新生代的构造变形。李丽等（2008）认为西天山晚白垩世的隆升剥露过程可能与伊犁-中天山地块、塔里木盆地和准噶尔盆地之间的运动学过程相关。上述观点反映了天山晚白垩世以来的隆升具有复杂的动力学机制。控制造山带隆升和变形的主控因素有岩石圈热-流变性质、构造继承性和动力来源等。西南天山至西天山中段在中新生代存在差异性隆升的特点，所以发生隆升的动力来源并不是单一的，这种隆升-剥露事件的动力学机制并不是单一控制的，一般都为多种原因综合控制，研究表明控制该期事件的主要动力来源可能是印亚碰撞的远程效应所导致的，但主要因素并非如此，导致差异隆升剥露的主要原因可能是不同块体之间的相互碰撞挤压作用和天山不同地段的热-流变性质的差异性。沈传波也认同这种观点。而新生代以来西南天山-西天山中段的统一隆升过程动力学机制尚不明确，目前还缺乏地质证据，值得结合相应的沉积学和构造变形等地质研究进一步研究。

### 4. 西南天山隆升-解体过程

#### 1) 天山山间盆地发育状态

在天山山脉内部，发育了多个中-新生代山间盆地，从西往东大型的盆地有费尔干纳盆地、伊塞克湖盆地、科其克盆地、纳伦盆地、阿特巴约盆地、茶湖盆地、伊犁盆地、巴音布鲁克盆地、焉耆盆地、库米什盆地、吐哈盆地等。在我国境内北天山，还可能发育了多个侏罗系盆地，沉积了含煤岩系，与此类似的是沿费尔干纳断裂带，也有多个侏罗系—白垩系的沉积地层发育在断裂带的两侧，但目前这些盆地已经被抬升到了地表或者山脉的高处，不再保持盆地形态，接受剥蚀。

从沉积盖层特征分析，上述境内外天山山间大型中–新生代盆地发育过程存在明显差异。在吉尔吉斯斯坦境内，除费尔干纳盆地外，其他的，如伊塞克湖盆地、科其克盆地、纳伦盆地、阿特巴约盆地、茶湖盆地等大型盆地内，主要为渐新世以来的陆相沉积物质。而在我国境内，天山山脉间的中新生代山间盆地普遍沉积了侏罗系的含煤地层，除吐哈盆地外，往往缺失了白垩纪—始新世的沉积，渐新世—早更新世的陆–湖相沉积往往连续发育，不整合于中生代地层之上，中更新世以来主要为现代陆相沉积和冰川剥蚀堆积。

但是进一步根据我国1∶20万的地质资料发现（1∶20万K-43-30、K-44-25区调报告），在我国境内的乌什–阿合奇一带西南天山山脉内，发育几个小型的山间盆地，其内主要沉积物质也是渐新世以来的陆相物质，与吉尔吉斯斯坦的新生代盆地在沉积物质组成和变形方面具有相似性。这也是本次分析的重点区域。

2) 天山的夷平面

天山山脉整体局部海拔高达7000多米，而在东天山吐哈盆地内的艾丁湖，则是中国境内最低的陆地，海拔为-154m，山脉地貌高差大，地表切割强烈，但是从地貌观测和三维DEM数据分析，可以发现天山山脉发育了台状（阶梯状阶地面），即天山存在多个夷平面。

境内天山地区主要发育三级夷平面。根据乔木和袁方策（1992）、王树基（1994，1998a，1998b）等的研究，天山的最高级夷平面在海拔4000m以上，主要发育于天山高山和极高山顶部，如北天山的博罗科努山、依连哈比尔尕山；东天山的博格达山、巴里坤山、哈尔里克山；中天山的那拉提山、阿拉沟山、艾尔宾山；南天山的哈尔克他乌山、科克铁克山、霍拉山及南天山南支山脉等；多由一些大面积平坦宽阔的山顶面和平齐的山峰线组成。古准平面保存较好，起伏低缓，连续性好，东西绵延数千千米，表面缺少沉积物和风化壳。局部保留有突起的断块山峰和残峰，夷平面之下由泥盆系—石炭系岩层及海西期花岗岩体构成。

中级夷平面海拔3200~3000m，位于高级夷平面两侧的高中山带及科古琴山、比依克山、西那拉提山、麦欣乌拉山顶部，由一系列山顶平面和斜倾坡面平台组成，表面波状起伏，成带状展布。因强烈的流水切割，夷平面相当破碎，连续性较差，表面缺少沉积和风化壳（图2-46a）。夷平面之下也为泥盆系—石炭系岩层及海西期花岗岩体。

低级夷平面海拔2200~2000m，主要分布于天山南北坡的中山带和山前山地以及中天山的阿吾拉勒山、卡拉吉荣山及其觉罗塔格山和库鲁克塔格山顶部。由一系列山坡中部的平台和山顶平面组成，表面和缓起伏，局部发育着由基岩碎屑组成的风化层（图2-46b）。

a　　　　　　　　　　　　　　　　　　　b

图 2-46　境内外天山多级夷平面特征

a. 巴音布鲁克北天山二级夷平面（3200~300m）照片；b. 伊犁河谷附近三级夷平面（2200~2000m）照片；c. 库姆
托尔金矿附近吉尔吉斯斯坦天山高级夷平面（4000m）及其夷平面的拱曲掀斜变形；d. 库姆别里金矿附近3000m古夷
平面；e. 库姆别里金矿附近两级夷平面；f. 尼古拉耶夫线与二级夷平面

　　根据最近几年吉尔吉斯斯坦的野外考察，我们发现境外天山可能也发育了与境内天山
类似的三级夷平面。境外天山的最高级夷平面海拔在 4000m 以上，往往由一些大面积平坦
宽阔的山顶面或平齐的山峰线组成，古准平面保存较好，绵延数千千米，局部保留有突起
的断块山峰和残峰。如库姆托尔金矿附近的高级夷平面，夷平面之下为坚硬的岩层及海西
期花岗岩体，夷平面受到边缘断裂的拱曲掀斜，导致夷平面在北侧形成断层崖，往南形成
倾向谷底的缓坡（图 2-46c）。中级夷平面海拔为 3200~3000m，表现为一系列山顶平面和
斜倾坡面平台，表面稍有波状起伏。因强烈的流水切割，夷平面相当破碎，连续性较差，
表面缺少沉积和风化壳。在库姆别里金矿附近可见到该级典型的夷平面（图 2-46d），远
处还可以见到高级夷平面（图 2-46e）。在松库湖的东侧拗口，可见到尼古拉耶夫线及其二
级夷平面（图 2-46f）。低级夷平面在吉尔吉斯斯坦天山同样发育，海拔大约在 2000m，与
境内天山类似。

　　王树基（1998b）认为这些夷平面早在三叠纪就可能开始孕育，最低一级夷平面主要
是于始新世形成，高的两级夷平面主要是中新世最后形成；两级高夷平面可能是同一时代

所形成，但因在新构造时期（尤其是早更新世）天山山地受到纵向大断裂活动的影响而发生错位，形成高差十分明显的两个梯级。乔木和袁方策（1992）认为由于降水、新构造运动的差异，天山山脉的夷平面在东西方向和垂向上存在差异，新近纪的断裂活动是形成夷平面的主要原因，拱曲变形和断裂伴生变形是夷平面形变的诱因，认为这些夷平面是在地壳活动相对稳定的条件下，海西期古天山山脉的基础上经中生代和古近纪的剥蚀夷平，在新近纪至第四纪新构造运动作用下，被抬升到不同高度。

　　根据天山地区的夷平面特征，我们认为天山地区的夷平面都应该属于联合麓原，是由一系列宽广的、低缓倾角的山足面组成的夷平面，是古生代天山基岩由于长期接受地表水的侵蚀作用形成的。其中高夷平面解译认为山顶夷平面，属于原始山麓夷平面由于区域性挤压隆升的残留面。

　　显然这些夷平面形成的绝对时代，由于缺乏必要的测试对象而难以确定。我们可以利用夷平面上沉积物质的相对时代，推断其形成时代。在两个相邻的山麓带，相邻的山足面之间存在低洼之处，充填了沉积物（CS），其时代可以近似认为联合麓原的形成时代；在统一的联合麓原形成之后，由于受周缘断裂的掀斜或者断块作用影响（逆冲推覆或者正断作用），原始的联合麓原出现变形，在变形之后的低洼处，就会充填一些沉积物质（LS），这些物质沉积时代可以限定夷平面形成时代的上限（图 2-47）。

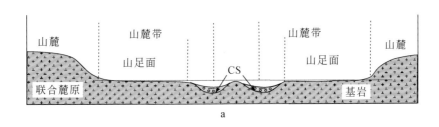

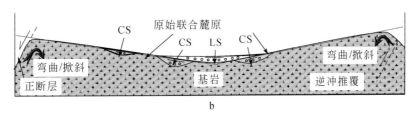

图 2-47　联合麓原形成及其相关沉积

CS. 同形成时代沉积物；LS. 形成后沉积物质

　　根据上述分析，我们收集了境内外上述天山夷平面周缘地区的 1:20 万资料，根据这些资料分析，如巴音布鲁克夷平面、伊犁河谷夷平面及其库姆托尔金矿夷平面等，其上都沉积了渐新统和中新统，其中渐新统不能确定是否属于同夷平面沉积，但是可以确认中新统属于后夷平面沉积。根据上述判断，这些夷平面都形成于中新世之前，或者渐新世期间。推测在古近纪末，海西期褶皱的古天山山脉，由于长期的侵蚀和剥蚀，可能已经处于高低起伏不大的准平原状态。根据磷灰石裂变径迹测试分析结果，境内外天山山脉普遍存在白垩纪中晚期的构造抬升推测，天山山脉自白垩纪末期强烈隆升以来，开始接受大规模的侵蚀和剥蚀，直至古近纪末，期间构造变形相对稳定，逐渐形成了天山的古夷平面。

在新近纪期间至第四纪初，强烈的新构造运动，使被剥蚀夷平的古天山山脉再次产生强烈的差异升降，致使准平原面被抬升到不同的高度，并严格受 NWW、近 EW、NEE 向断裂的控制，形成了三级夷平面和阶梯状断块山地以及内部发育的菱形断陷盆地。早更新世末期以来，强烈的新构造运动不仅使天山山脉进一步上升隆起，而且使夷平面形态变形破坏。

### 3）西南天山新生代的盆地沉积与变形特征

在境外西南天山，普遍发育了多个始新世以来的山间盆地，如吉尔吉斯斯坦的伊塞克湖盆地、纳伦盆地和阿特巴约盆地，包括中亚地区大型的费尔干纳含铀、油气盆地（图 2-48）。

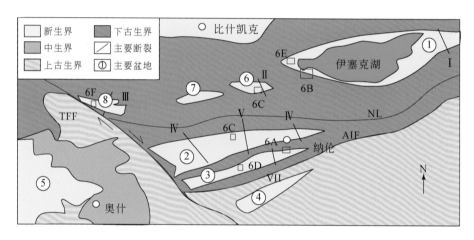

图 2-48　吉尔吉斯斯坦西南天山新生代大型山间盆地展布示意图
①伊塞克湖盆地；②纳伦盆地；③阿特巴约盆地；④察特湖盆地；⑤费尔干纳盆地；⑥科契库尔盆地；
⑦阿拉尔盆地；⑧托克托库尔盆地

这些盆地内部普遍发育了渐新世—第四纪沉积（图 2-48 ~ 图 2-50；根据吉尔吉斯斯坦 1：20 万 K-43-16、17、18、19、20、22、27、28 等资料汇编），其中渐新世—中新世为吉尔吉斯斯坦棕红色杂岩，主要为砾岩、砂岩和黏土。在伊塞克湖盆地和科契库尔盆地内，在砾岩底部局部地段有渐新世玄武岩喷发沉积（图 2-49）；上新世纳伦组为土黄色–土灰色砾岩、砂岩、黏土和泥岩；上新统—下更新统为土灰色–灰白色砂岩和粗砂岩；下更新统为灰白色砾岩、砂岩；中更新统为冲积沉积，岩性为砾岩、砂岩，上更新统主要为冰川冲积、洪积和湖泊黏土及泥岩沉积。野外可以根据岩性和颜色较好地区分不同盆地内部的沉积地层。

在纳伦盆地、阿特巴约盆地，普遍可以见到渐新统不整合覆盖于下伏的古生界之上（图 2-51a）。在伊塞克湖南岸，沿公路可见到渐新统红层不整合于泥盆系之上，之后又被泥盆系逆冲推覆所盖（图 2-51b）。在这些盆地内部，同时发育了多条正断层，往往控制了渐新世—中新世至早更新世的沉积（部分属于同沉积断层），如图 2-50a 中 $F_2$，图 2-50c 中的 $F_1$、$F_2$ 和 $F_3$，图 2-50e 中的 $F_2$，图 2-50f 中的 $F_1$、$F_2$、$F_3$、$F_4$、$F_5$，图 2-50g 中的 $F_1$、$F_2$ 和 $F_5$、$F_6$ 等，这些正断层或发育在盆地内部，或发育在盆地边缘，有的边缘正断层后期出现构造反转，变为逆冲断层，如图 2-50d 中的 $F_1$ 和图 2-50e 中的 $F_5$。根据 1∶20 万区域资料分析，这些正断层往往控制了渐新世—中新世（图 2-50a 中的 $F_1$、图 2-50c 中的 $F_1$ 和 $F_2$，图 2-50g 中的 $F_2$ 和 $F_3$，图 2-50f 中的 $F_1$、$F_2$、$F_3$ 和 $F_4$），或者上新世—早更新世地层的沉积厚度（图 2-50f 中的 $F_5$），同时这些断层普遍被中更新统不整合覆盖，可以确定这些正断层应该形成于渐新世—中新世，并一直延续活动至早更新世末。

在这些山间盆地内，渐新世—中新世吉尔吉斯斯坦棕红色杂岩、上新统纳伦组（$N_2nl$）和更新统普遍发育叠瓦逆冲断层，及其十分普遍的褶皱构造、逆冲断层往往与褶皱同时发育，应属于断层相关褶皱（图 2-51d ~ g）。野外观测发现，这些褶皱构造往往为中–晚更新世砂砾岩不整合覆盖（图 2-49 ~ 图 2-51）。

在境内西南天山同样发育了多个新生代的山间盆地（图 2-52），盆地内沉积了渐新世以来的沉积。其内，古近系苏维依组为暗红色–棕红色中厚层状钙质粉砂岩，钙质砂岩、砂质泥岩、含石膏黏土岩，底部为砖红色砾岩，为一套红色陆相碎屑沉积；中新统乌恰组为暗红色中厚层状钙质粉砂岩，为红色砾岩、砂岩和黏土；上新统苍棕色组为红色、红棕色中层状砾岩夹薄层状或透镜状砂砾岩、灰岩，底层的钙质粉砂岩和黏土岩中夹石膏透镜体；上新统—下更新统砾岩（西域砾岩）为灰色厚层砾岩夹钙质砂岩、砂砾岩；中–上更新统新疆群主要为砾石、黏土和残坡积物；全新统主要为冲洪积物及现代冰川剥蚀堆积物。

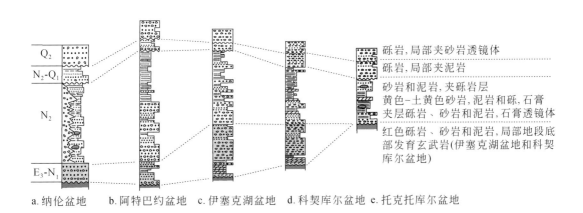

图 2-49　吉尔吉斯斯坦天山山间盆地典型剖面地层柱及其岩性图

1. 砾岩；2. 砂岩；3. 细砂岩（粉砂岩）；4. 泥岩；5. 泥灰岩；6. 玄武岩；7. 石膏；8. 石炭系—泥盆系

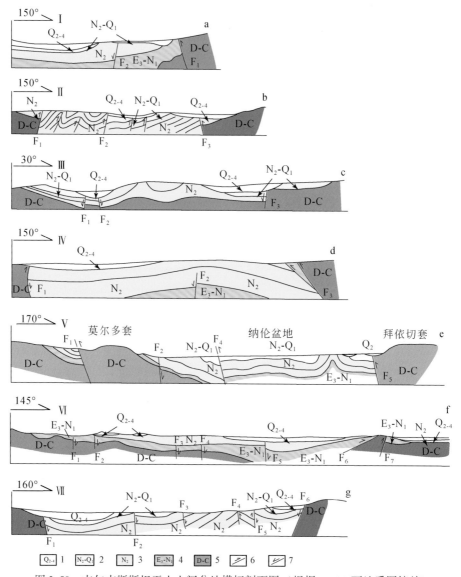

图 2-50　吉尔吉斯斯坦天山山间盆地横切剖面图（根据 1∶20 万地质图摘编）

Ⅰ. 伊塞克湖盆地；Ⅱ. 科契库尔盆地；Ⅲ. 托克托库尔盆地；Ⅳ、Ⅴ、Ⅵ. 纳伦盆地；Ⅶ. 阿特巴约盆地；1. 中更新统—全新统；2. 上新统—下更新统；3. 上新统；4. 渐新统—中新统；5. 泥盆系—石炭系；6. 逆断层；7. 正断层

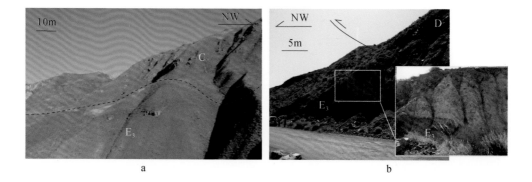

图 2-51　吉尔吉斯斯坦天山山间盆地新近纪—第四纪变形特征

a. 纳伦山口南阿特巴约盆地内渐新统不整合于石炭系之上；b. 伊塞克湖盆地南岸逆冲断层将泥盆系逆冲推覆于渐新统之上；c. 科契库尔盆地内发育的逆冲推覆断层及其相关褶皱；d. 纳伦盆地内新近系不对称褶皱（断展褶皱）；e. 阿特巴约盆地上新统—下更新统的变形及中更新统的不整合；f. 伊塞克湖盆地南岸中–上更新统湖相沉积不整合覆盖于吉尔吉斯斯坦棕红色杂岩之上；g. 托克托库尔水库盆地内新生界褶皱变形

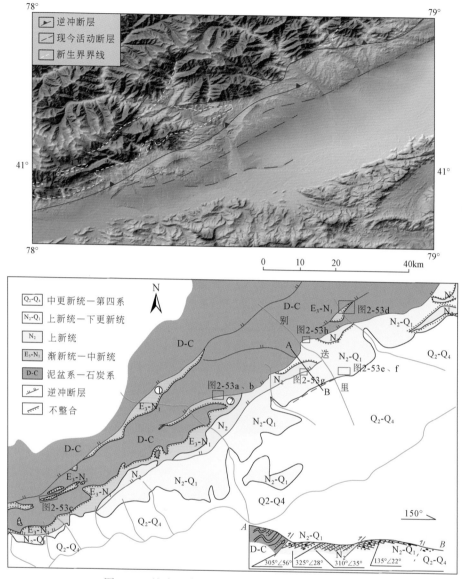

图 2-52 境内西南天山中段新生代盆地展布示意图
图中标出了图 2-53a ~ h 地质现象的地点

在这些盆地中，普遍可见渐新统—中新统的底部砖红色砾岩不整合沉积覆盖于泥盆系—石炭系的灰岩、砂岩之上，局部地段下伏的岩性为志留系—泥盆系浅变质的砂岩和片岩。

野外观测和地质图上，都清楚显示出这些盆地的西北边界往往为断层接触，泥盆系—石炭系的砂岩和灰岩逆冲推覆于新生界红层之上（图 2-53a、b）。此外，根据地形地貌特征，图 2-52 中的 1 号盆地和 2 号盆地，目前都位于西南天山的半山腰，或者更高，目前不再保留盆地的地貌形态。推测是由于这些盆地在形成之后，整体与天山山脉一起出现了强烈的抬升，破坏了原先的盆地地貌形态，盆地形态被改造。

图 2-53　西南天山中段新生代盆地变形构造

照片的位置见图 2-52。其中：a. 西南天山山间渐新世盆地及其盆缘逆冲断层；b. 图 a 的局部放大，新生代盆地盆缘逆冲断层将石炭系逆冲推覆于渐新统红色砂砾岩之上；c. 西南天山中段渐新世—中新世盆地已经被抬升至半山腰；d. 卡拉脚古崖一带渐新世—中新世盆地及其盆缘逆冲断层，盆地已经被抬升至半山腰；e. 别迭里河出口处北东岸边；f. 图 e 中逆冲断层的局部放大，断层带为泥岩充填；g. 别迭里河南西侧新生代的逆冲断层，倾斜的下更新统被水平的中–上更新统不整合覆盖；h. 别迭里河北东侧新生代的逆冲断层将石炭系推覆于下更新统之上

在山脉内部，在古生界天山山脉中间可见多条叠瓦逆冲断层（图 2-52 中的 *A-B* 剖面）。一些断层发育在古生界内部，局部发育韧性剪切（据《新疆地质志》），推测可能为古生代的断层。在山脉内部的山间盆地，普遍可见其北西侧为断层接触，古生界被断层逆冲推覆于渐新统之上（图 2-52，图 2-53a、b、d、e）。在山前地段，可见多条逆冲断层将上新统从 NW 往 NE 逆冲推覆于上新统—下更新统之上（图 2-52、图 2-53），表明这些断层的发育时代可能晚于早更新世。在山前下更新统与全新统之间（图 2-52 中 *A-B* 剖面的最前缘断层），还发育了一些活动断层，控制现今西南天山的地貌特征，为地震断层。

在这些盆地内部，普遍可见到新生代地层发生褶皱变形，并在内部发育一系列逆冲断层。在别迭里河北东岸边，在上新统—下更新统中（可能为西域砾岩）可见到多条叠瓦逆冲断层，在断层带内充填了泥岩（图 2-53e、f）。这些现象表明，新生代盆地后期遭受了强烈的挤压变形。

### 4）西南天山山脉隆升–解体过程

利用数字高程分析，可以得到纳伦盆地北侧莫尔多套山脉，及其他与南侧阿特巴约盆地的分水岭拜依切套–纳伦套山脉，发现它们高程相差不大，都为 3200～3000m（图 2-54）；楚河盆地南缘山脉（朱姆加尔套山）的现代高程平均在 3100m 左右（图 2-54）。根据前述确认的古夷平面，推测在新生代盆地形成之前，吉尔吉斯斯坦天山早期可能存在一个统一的

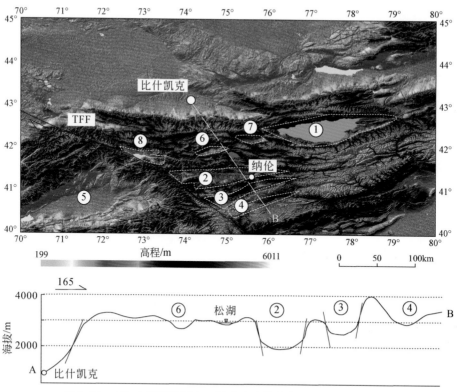

图 2-54 吉尔吉斯斯坦天山山间盆地及其南东向地形剖面示意图

①伊塞克湖盆地；②纳伦盆地；③阿特巴约盆地；④察特湖盆地；⑤费尔干纳盆地；⑥科契库尔盆地；
⑦阿拉尔盆地；⑧托克托库尔盆地

古夷平面。山脉的分离可能是局部的拉张，发育了局部的正断层，导致了天山山间盆地的发育，山脉内部出现盆山分离的地貌格局。根据盆地内部发育的沉积地层时代及其不整合发育特征，推测吉尔吉斯斯坦天山山脉的解体应开始于渐新世。

我国境内西南天山也应该类似，西南天山发育了一系列渐新世盆地，虽然有些盆地已经被抬升到了较高的位置，现今不再保存盆地的地貌格局，这可能是与境内西南天山后期构造活动较强，山体的整体抬升比境外强烈，且受费尔干纳断裂走滑活动影响较小有关。推测在渐新世—中新世期间，也可能存在类似吉尔吉斯斯坦天山盆山地貌格局，但其规模较小。

因此，可以确认西南天山在渐新世期间发生了一次大规模的山脉解体事件，出现了山脉内部的盆山地貌格局。据磷灰石裂变径迹测定的年代，可以确认整个西天山山脉内部盆山地貌格局大约于 25Ma 开始出现，即中生代的西南天山山脉（白垩纪隆升以来形成的）大约在 25Ma 解体，形成了现今山脉内部盆山地貌格局的雏形。

新生代盆地内发育的叠瓦逆冲-褶皱构造、盆缘的逆冲断层显示出，这些盆地在上新世—更新世期间可能发生了一起构造反转，从原先的拉张伸展转变为构造挤压。吉尔吉斯斯坦的阿特巴约盆地下更新统与中-上更新统之间的不整合、境内西南天山别迭里河附近发育的早更新世晚期的逆冲推覆断层及其与中-晚更新世之间的不整合等，都指示了该期构造可能形成于早更新世晚期。

此后（早更新世以来），相对水平的中-晚更新世，指示了中-晚更新世期间，天山山脉内部山间盆地的构造活动相对稳定。

综合统计分析发现：自中生代以来，天山整体虽然都至少经历了 4 个阶段的隆升-剥露过程，但东西天山的隆升时限存在明显差异：东天山发育四期隆升，分别为晚侏罗世至早白垩世（152～106Ma）、古新世初期（65Ma）、始新世中期（45Ma）和渐新世末期（25Ma）；西天山存在 4 个阶段的隆升，分别为三叠纪末期—早侏罗世（220～180Ma）、侏罗纪中期（170～140Ma）、白垩纪中期（110～80Ma）和晚新生代（25Ma 以来）。这表明西天山自白垩纪中期以后至渐新世末期，不存在大规模的隆升与剥蚀。

不论是东天山还是西天山，在白垩纪时期均存在明显的隆升-剥露事件。朱文斌等（2006）的研究结果表明博格达-哈尔里克山在早白垩世（119～105Ma）和晚白垩世晚期（67～65Ma）经历过冷却剥露事件，沈传波等（2008）认为依连哈比尔尕山在早白垩世（134～118Ma）和古新世初期（65Ma）都经历过较强烈的隆升。也有学者认为该期构造事件并不局限于天山地区，在天山不同构造单元，包括天山南北缘、准噶尔盆地、阿尔泰等地区均存在。相关地质证据也显示了该期地质事件的存在。李丽等（2008）在天山后峡盆地发现中生代晚期北倾南冲的逆断层，认为是白垩纪隆升事件的产物。该期隆升事件对天山新生代的构造格局具有深远的影响，部分学者认为该期隆升事件可能属于 Kohistan-Dran 岛弧与拉萨地块碰撞的远程效应（Hendrix et al., 1992，1994；舒良树等，2004）。

结合本书确定的境内外天山山脉发育的古夷平面、盆地内部沉积-构造变形特征及其不整合与逆冲推覆构造等，可以大致复原西南天山中新生代的隆升-解体-隆升过程（图 2-55）。

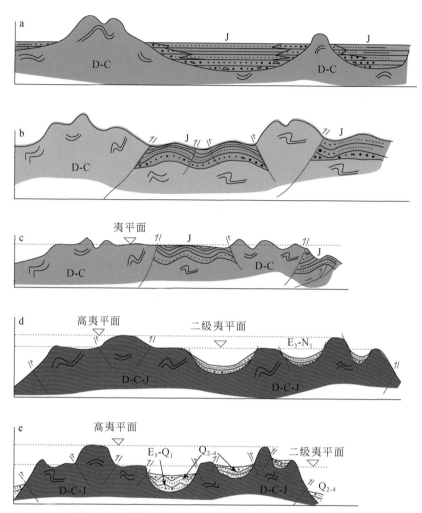

图 2-55　西南天山中新生代隆升–裂解–隆升过程示意图

a. 侏罗纪期间，天山造山带内和两侧发育了多个盆地；b. 中生代末期，天山山体强烈隆升，发育大规模的逆冲构造将古生代岩层推覆于侏罗系之上，盆地原型被改造；c. 西南天山在古近纪末期（渐新世），由于长期剥蚀，发育一个古夷平面，地形可能起伏高差不大；d. 渐新世—中新世期间，西南天山山脉解体，古夷平面裂解，山体强烈隆升与盆地拗陷同时发育，山脉内部盆山地貌格局出现；e. 天山山脉再次强烈隆升，山间盆地褶皱变形并发育逆冲推覆构造，古夷平面裂解成 2~3 级层状平台

　　晚古生代造山作用之后，在侏罗纪期间，可能存在大泛湖期，古天山山脉出现初步的准平原化，导致天山内部和山前发育大量侏罗纪含煤盆地（图 2-55a）；此时天山盆山地貌构造格局可能还不明显，尤其是西南天山，不发育侏罗纪盆地。

　　在白垩纪中晚期，西南天山，甚至包括整个天山都普遍发生了一期整体的隆升，伴随发育了大规模的逆冲推覆构造，在境内的天山，逆冲构造将古生界推覆于侏罗纪盆地之上，盆地内部侏罗系普遍遭受褶皱构造变形，侏罗纪的盆地原型受到大规模改造（图 2-55b）。

　　此后，东西天山山脉隆升与变形开始出现差异，东天山北段（依连哈比尔尕山–博格达山-哈尔里克山）在白垩纪至渐新世期间，发生了多期次隆升；东天山南段（吐哈盆地南侧的觉罗塔格山）并没有出现大规模的构造抬升，长期处于剥蚀状态，直至今日；而西南天山从白垩纪中晚期出现了强烈的隆升之后，山体长期处于剥蚀状态，一直延续到了始新世，在整个西南天山发育了一个大的夷平面（图 2-55c）。

渐新世晚期—中新世期间（约 25Ma），西南天山开始裂解，局部出现拉张伸展状态，统一的夷平面裂解，现今盆山地貌格局雏形出现（图 2-55d）；境内的东-西天山，以伊犁、吐哈盆地（包括了库米什、焉耆）为代表的一些山间盆地，在同时期出现了山体的大规模隆升（陈正乐等，2006）与盆地的断陷沉降，叠加在早期的侏罗纪盆地之上，导致了盆地内部渐新世—中新世沉积不整合覆盖于褶皱了的侏罗系之上，或者早期的逆冲推覆构造之上（图 2-55）。但也有一些在北天山的侏罗纪盆地（如后峡盆地）原型被破坏，不再保留盆地的地貌特征，而与山体一起发育强烈的抬升而遭受剥蚀。吐哈盆地南缘山系的构造隆升在此期活动也可能不强烈。

从渐新世开始，天山山间盆地随着天山山体的裂解，吉尔吉斯斯坦天山山间盆地内部普遍发育正断层，指示了局部的拉张构造背景，控制了盆地内部沉积物的沉积展布；由于早期气候干旱，沉积了红色的磨拉石沉积（以底部的砾岩为代表），至中新世气候仍然干旱，其内沉积了红色湖相沉积（含石膏的红层）；到了上新世—早更新世，气候逐渐变得湿润，盆地内部沉积了土黄色-灰白色的河湖相沉积。在此期间，由于区域持续的构造活动，天山山体可能出现多期次的强烈抬升和盆地的断陷沉降，盆山地貌格局加剧。

至早更新世末期，天山地区新构造活动加剧，在一些盆地内部出现构造反转，导致了盆地内部新生界发生褶皱构造变形；在盆地边缘，形成了系列逆冲推覆构造，将古生代的天山主体，即古生界逆冲推覆于新生界之上，致使西南天山山体快速大规模的抬升。

中-晚更新世期间，可能构造活动稍微稳定，导致了近似水平的中-上更新统不整合覆盖于下更新统之上，但盆缘断裂的持续逆冲推覆，加剧了吉尔吉斯斯坦西南山脉内部的盆山地貌格局，在境内西南天山将一些渐新世的盆地抬升到了很高的山体之上，不再保持盆地地貌而遭受剥蚀（图 2-55e）。

全新世以来，受西南侧帕米尔构造结的影响，西南天山新生代发育的断层，长期持续活动，一直到了现今，表现为地震断层（吴传勇等，2014）。

## 2.2 西南天山岩浆活动及其年代学研究

中国境内的西南天山造山带位于中亚造山带的西南缘，记录了塔里木板块与西伯利亚板块最终拼合的过程。因此对西南天山构造演化的研究对解析欧亚大陆拼合及显生宙大陆生长过程起着决定性作用（肖文交等，2009）。然而，由于缺乏精确的年代学资料以及对相关地质体构造属性的厘定存在较大分歧，对西南天山构造作用过程仍未达成共识（肖文交等，2006）。

西南天山整体岩浆活动不强，按照其时代可以分为前寒武纪、加里东期、海西期和喜马拉雅期，这些时期形成的岩浆岩均有火山岩和侵入岩，但岩性有所不同，并且以侵入活动为主，火山活动更弱。

　　总体上，西南天山古生代的侵入岩主要分布在阔克萨勒岭、霍什布拉克-普昌和乌什北山地区。阔克萨勒岭地区分布有西南天山最大的花岗岩体——巴雷公花岗岩，以及齐齐加纳河蛇绿岩；霍什布拉克-普昌地区主要分布有五个碱性花岗岩和一个辉长岩体；乌什北山地区分布有两个规模相对较大的岩基状岩体。新生代的岩浆活动很微弱，只分布在托云盆地和塔里木盆地西北缘的西克尔一带（图 2-56）。

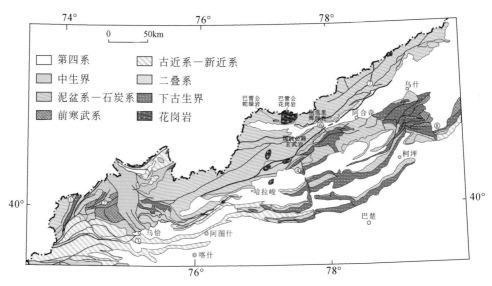

图 2-56　西南天山岩体分布图

　　研究区主要位于北东向的迈丹断裂带以南，大地构造分区上属于南天山结合带中的西南天山增生杂岩与塔里木陆块的西南天山-霍拉山陆缘裂谷区域。前寒武纪塔里木地块与中天山增生弧地体隔南天山洋而处于分离状态；晚古生代末随着古板块俯冲使两者拼合为统一的陆块（高俊等，2009）。中新生代受陆内造山作用的影响发生区域隆升与裂解作用并伴随大量的岩浆活动。正是这一特定的构造格局演化，造成了西南天山地区内部及与其相邻的周边块体具有壳幔结构、构造动力特征，并制约该区岩浆演化及成矿作用。

　　西南天山古生代岩浆岩主要沿南天山造山带展布，主要包括川乌鲁杂岩体、巴雷公岩体以及西南天山蛇绿混杂岩带等。巴雷公蛇绿岩（齐齐加纳克蛇绿岩）、国防公路玄武岩等均呈构造断片的形式沿西南天山蛇绿混杂岩带产出。在柯坪地区的普昌钒钛磁铁矿床中发育成矿后的花岗岩脉，其对研究成矿后构造背景以及矿床预测具有指示作用。

　　因此，本次研究针对巴雷公蛇绿岩（齐齐加纳克蛇绿岩）、国防公路玄武岩以及巴雷公花岗岩岩体、普昌钒钛磁铁矿花岗岩、喀尔果能恰特凝灰岩进行主量元素、稀土微量元素分析，样品均采自新鲜露头，以岩相学、岩石化学、同位素地球化学系统研究与对比为主，厘定岩浆活动规律，确定岩浆源区特征与成岩机理，以期进一步约束西南天山洋盆闭合、碰撞造山的时限，并探讨西南天山造山带晚古生代构造演化历史。

## 2.2.1　测试方法

样品的破碎和化学全分析分别在河北廊坊地科勘探技术服务有限公司和中国地质科学院国家地质实验测试中心完成。将采集的新鲜样品破碎至 200 目，经 105℃烘干并制成直径 32mm 的圆片，主量元素用熔片 X 射线荧光光谱仪（XRF）（PW4400）进行测定，微量元素用等离子体质谱仪（PE300D）进行测定，并用等离子光谱和化学法测定进行相互检测，精度优于 5%。

锆石 U-Pb 年代学分析测试工作在中国科学院地球化学研究所矿床地球化学国家重点实验室激光剥蚀电感耦合等离子体质谱仪（LA-ICP-MS）上完成。LA-ICP-MS 激光剥蚀系统为德国 Coherent 公司生产的 GeolasPro193，电感耦合等离子体质谱仪（ICP-MS）为 Agilent 7700x。激光器波长为 193nm，束斑直径为 32μm，能量密度为 $8.0J/cm^2$。激光剥蚀采样过程以氦气作为载气。

采用标准锆石 91500（年龄为 1065.4±0.6Ma）（Wiedenbeck et al.，1995）作为外标样进行基体校正，以标准锆石 GJ-1（年龄为 599.8±4.5Ma）（Jackson et al.，2004）与 Plesovice（年龄为 337.13±0.37Ma）（Sláma et al.，2008）作为盲样，以 NIST SRM 610 作为外标，以 Si 为内标样标定锆石中 Pb 元素含量，以 Zr 为内标样标定锆石的微量元素（Liu et al.，2010），数据处理使用 ICPMSDataCal 软件完成（Liu et al.，2010），U-Pb 谐和图、年龄分布频率图绘制和年龄权重平均计算使用 Ludwig 的 Isoplot 软件。

## 2.2.2　巴雷公蛇绿岩（齐齐加纳克蛇绿岩）

蛇绿岩作为大陆造山带中残余的古代大洋岩石圈残片，记录了洋壳下地幔的对流、变形、熔融、交代过程、壳幔转化、洋壳成因、岩浆演化以及洋盆的形成、发展和消亡过程。因此，蛇绿岩的研究不仅对了解地质历史中大洋岩石圈的演化具有重要意义，而且对恢复造山作用过程至关重要。本次研究通过对巴雷公蛇绿岩进行年代学以及地球化学分析，为恢复南天山洋形成演化提供依据。

巴雷公蛇绿混杂岩出露于南天山西南缘阔克萨勒岭地区，位于托什干河上游北岸的齐齐尔哈纳克河两侧。蛇绿混杂岩主要呈现一系列构造碎片，散布于冲断带中（图 2-57）。巴雷公蛇绿岩路线由北向南依次出现橄榄岩、堆晶辉长岩（席状岩墙）、枕状玄武岩、深海–半深海硅质岩。其中橄榄岩多发生蛇纹石化，辉长岩呈绳状、柱状产出，横截面可见六方柱状节理，硅质岩常呈条带状产出（图 2-58）。

在显微镜下，蛇纹石化橄榄岩（蛇纹岩）中可见橄榄石假相，局部可见铁质矿物，裂隙中充填蛇纹石或者滑石。玄武岩发育斑状结构，间粒结构，长石斑晶发生蚀变，局部可见残留辉岩，暗色矿物可见磁铁矿，少量黄铁矿。硅质岩中可见放射虫（图 2-59）。

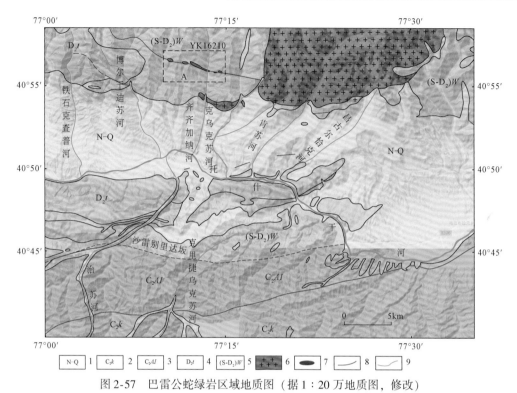

图 2-57　巴雷公蛇绿岩区域地质图（据 1：20 万地质图，修改）

1. 新近系—第四系；2. 康克林组；3. 艾克提克群；4. 托什干组；5. 乌帕塔尔坎群；6. 碱性花岗岩；7. 超基性岩；8. 断层；9. 河流

图 2-58　巴雷公蛇绿岩野外露头照片

a. 蛇纹石化橄榄岩；b. 堆晶辉长岩，横截面呈六边形；c. 堆晶辉长岩岩墙，呈柱状；d. 基性熔岩层；e. 硅质岩覆盖
于席状堆晶辉长岩墙之上；f. 硅质岩

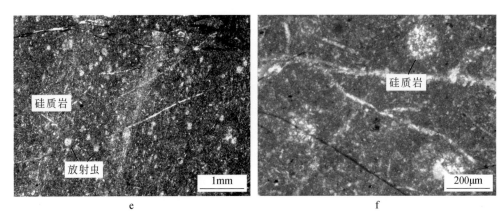

图 2-59　巴雷公蛇绿岩显微照片

a~d. 蛇纹石化橄榄岩镜下显微照片；e~f. 放射虫硅质岩

## 1. 地球化学特征

巴雷公玄武岩的 $SiO_2$ 含量为 44.56% ~48.63%，MgO 含量为 6.23% ~6.92%，$Al_2O_3$ 含量为 12.39% ~13.39%，CaO 含量为 5.13% ~7.74%，数据见表 2-5。在岩石分类判别（TAS）图解（图 2-60a）和 Nb/Y-Zr/$TiO_2$图解（图 2-60b）中，巴雷公玄武岩样品主要落在了玄武岩与碱性玄武岩区域。

表2-5　巴雷公玄武岩主量元素分析结果　　　（单位:%）

| 样号 | 岩性 | $SiO_2$ | $TiO_2$ | $Al_2O_3$ | $Fe_2O_3$ | FeO | MnO | MgO | CaO | $Na_2O$ | $K_2O$ | $P_2O_5$ |
|---|---|---|---|---|---|---|---|---|---|---|---|---|
| YK16210-4 | 辉长岩 | 46.15 | 4.07 | 13.22 | 5.04 | 9.72 | 0.21 | 6.37 | 6.67 | 3.03 | 0.87 | 0.68 |
| YK16210-5 | 辉长岩 | 45.63 | 4.23 | 13.39 | 3.57 | 10.94 | 0.15 | 6.65 | 5.79 | 3.00 | 1.02 | 0.63 |
| YK16210-6 | 辉长岩 | 48.63 | 3.58 | 12.39 | 4.52 | 9.93 | 0.18 | 6.23 | 5.13 | 3.23 | 0.74 | 0.72 |
| YK16210-7 | 辉长岩 | 45.95 | 4.84 | 12.65 | 5.27 | 9.83 | 0.22 | 6.36 | 6.07 | 3.84 | 0.79 | 0.50 |
| YK16210-8 | 辉长岩 | 45.80 | 4.74 | 12.48 | 5.23 | 9.79 | 0.21 | 6.47 | 6.43 | 3.88 | 0.75 | 0.49 |
| YK16210-9 | 辉长岩 | 45.97 | 3.93 | 12.58 | 5.23 | 9.47 | 0.17 | 6.71 | 7.12 | 3.26 | 0.81 | 0.48 |
| YK16210-10 | 辉长岩 | 44.56 | 3.95 | 12.80 | 6.02 | 9.86 | 0.18 | 6.92 | 7.74 | 3.43 | 0.76 | 0.46 |

| 样号 | 岩性 | 总计 | LOI | ALK | SI | $\sigma$ | $\tau$ |
|---|---|---|---|---|---|---|---|
| YK16210-4 | 辉长岩 | 96.03 | 3.00 | 3.90 | 25.15 | 4.83 | 2.50 |
| YK16210-5 | 辉长岩 | 95.00 | 3.41 | 4.02 | 27.34 | 6.14 | 2.46 |
| YK16210-6 | 辉长岩 | 95.28 | 3.66 | 3.97 | 26.45 | 2.80 | 2.56 |
| YK16210-7 | 辉长岩 | 96.32 | 2.44 | 4.63 | 24.65 | 7.27 | 1.82 |
| YK16210-8 | 辉长岩 | 96.27 | 2.46 | 4.63 | 24.81 | 7.66 | 1.81 |
| YK16210-9 | 辉长岩 | 95.73 | 3.07 | 4.07 | 25.92 | 5.58 | 2.37 |
| YK16210-10 | 辉长岩 | 96.68 | 2.47 | 4.19 | 24.88 | 11.25 | 2.37 |

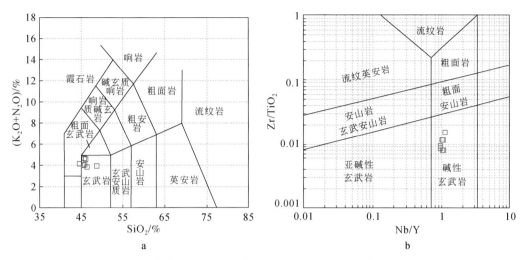

图 2-60　巴雷公玄武岩岩石分类判别图解

巴雷公玄武岩的 REE 配分曲线与 P-MORB（地幔柱型洋中脊玄武岩）相似，均为 LREE 富集的右倾型配分模式，其中，$\sum REE = 125.63 \times 10^{-6} \sim 191.48 \times 10^{-6}$，$\sum LREE = 103.26 \times 10^{-6} \sim 161.18 \times 10^{-6}$，$\sum HREE = 22.37 \times 10^{-6} \sim 30.30 \times 10^{-6}$，$\sum LREE / \sum HREE = 4.58 \sim 5.32$，$(La/Yb)_N = 4.78 \sim 5.85$，$(La/Sm)_N = 1.66 \sim 1.92$，显示 LREE 和 HREE 之间有轻微的分馏作用（图 2-61）。样品显示具有轻微的正 Eu 异常（$\delta Eu = 1.05 \sim 1.12$），表明斜长石分离结晶作用不明显，数据见表 2-6。

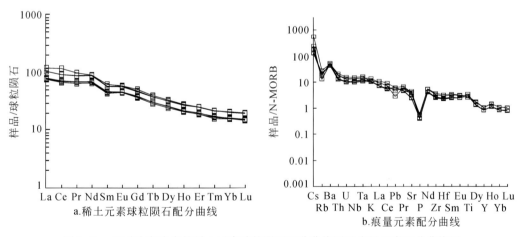

图 2-61　巴雷公玄武岩的稀土元素球粒陨石配分曲线图及痕量元素配分曲线图

（据 Sun and McDonough，1989）

N-MORB. 正常洋中脊玄武岩

表2-6 巴雷公玄武岩微量、稀土元素分析结果

（单位：10⁻⁶）

| 样号 | 岩性 | Be | Mn | Co | Ni | Zn | Cu | Ga | Rb | Sr | Mo | Cd | In | Cs | Ba | Tl | Pb | Bi |
|---|---|---|---|---|---|---|---|---|---|---|---|---|---|---|---|---|---|---|
| YK16210-4 | 辉长岩 | 1.65 | 1632.00 | 42.80 | 18.40 | 156.00 | 39.00 | 24.50 | 10.50 | 362.00 | 0.96 | 0.23 | 0.13 | 0.87 | 337.00 | 0.05 | 1.38 | 0.05 |
| YK16210-5 | 辉长岩 | 1.76 | 1108.00 | 38.00 | 10.10 | 152.00 | 26.90 | 23.80 | 15.80 | 313.00 | 1.07 | 0.14 | 0.13 | 3.90 | 308.00 | 0.09 | 0.86 | 0.05 |
| YK16210-6 | 辉长岩 | 1.73 | 1356.00 | 37.60 | 2.17 | 155.00 | 17.90 | 24.30 | 7.18 | 374.00 | 0.92 | 0.11 | 0.13 | 1.74 | 314.00 | 0.05 | 1.88 | 0.05 |
| YK16210-7 | 辉长岩 | 1.24 | 1680.00 | 50.80 | 18.50 | 158.00 | 73.00 | 22.20 | 7.38 | 219.00 | 0.68 | 0.25 | 0.13 | 1.23 | 309.00 | 0.05 | 1.84 | 0.05 |
| YK16210-8 | 辉长岩 | 1.32 | 1636.00 | 50.10 | 18.80 | 144.00 | 70.60 | 21.90 | 7.34 | 229.00 | 0.62 | 0.24 | 0.12 | 1.36 | 310.00 | 0.05 | 1.91 | 0.05 |
| YK16210-9 | 辉长岩 | 1.23 | 1292.00 | 50.40 | 26.60 | 139.00 | 79.40 | 22.40 | 11.40 | 351.00 | 0.77 | 0.16 | 0.12 | 0.91 | 265.00 | 0.05 | 1.85 | 0.05 |
| YK16210-10 | 辉长岩 | 1.26 | 1406.00 | 50.40 | 25.20 | 141.00 | 74.50 | 22.80 | 12.40 | 414.00 | 1.07 | 0.18 | 0.11 | 0.88 | 274.00 | 0.05 | 1.87 | 0.05 |

| 样号 | 岩性 | Th | U | Nb | Ta | Hf | Zr | Ti | Sc | W | As | V | La | Ce | Pr | Nd | Sm | Eu | Gd |
|---|---|---|---|---|---|---|---|---|---|---|---|---|---|---|---|---|---|---|---|
| YK16210-4 | 辉长岩 | 2.21 | 0.65 | 32.20 | 1.97 | 6.17 | 253.00 | 22816.00 | 26.80 | 0.39 | 0.49 | 298.00 | 24.30 | 55.20 | 8.23 | 41.20 | 8.70 | 3.32 | 9.70 |
| YK16210-5 | 辉长岩 | 2.14 | 0.61 | 31.60 | 1.93 | 6.08 | 248.00 | 23327.00 | 27.00 | 0.38 | 0.17 | 326.00 | 24.30 | 54.90 | 8.16 | 40.20 | 8.60 | 3.22 | 9.44 |
| YK16210-6 | 辉长岩 | 2.57 | 0.74 | 35.70 | 2.20 | 6.87 | 282.00 | 19692.00 | 20.10 | 0.50 | 0.61 | 196.00 | 27.80 | 70.20 | 9.16 | 41.30 | 9.36 | 3.36 | 10.30 |
| YK16210-7 | 辉长岩 | 1.68 | 0.49 | 26.40 | 1.69 | 5.08 | 204.00 | 27531.00 | 30.30 | 0.34 | 0.37 | 373.00 | 18.00 | 41.90 | 6.34 | 31.70 | 7.02 | 2.63 | 7.88 |
| YK16210-8 | 辉长岩 | 1.61 | 0.48 | 25.60 | 1.60 | 4.96 | 198.00 | 27126.00 | 30.70 | 0.35 | 0.38 | 386.00 | 18.60 | 43.00 | 6.44 | 32.00 | 6.94 | 2.64 | 7.85 |
| YK16210-9 | 辉长岩 | 1.61 | 0.46 | 23.70 | 1.49 | 4.82 | 190.00 | 22410.00 | 28.80 | 0.38 | 0.64 | 404.00 | 18.50 | 42.30 | 6.35 | 31.10 | 6.80 | 2.61 | 7.70 |
| YK16210-10 | 辉长岩 | 1.51 | 0.48 | 23.00 | 1.41 | 4.64 | 185.00 | 22991.00 | 29.30 | 0.32 | 0.56 | 434.00 | 17.70 | 40.40 | 6.04 | 30.00 | 6.55 | 2.57 | 7.47 |

| 样号 | 岩性 | Tb | Dy | Ho | Er | Tm | Yb | Lu | Y | $\Sigma REE$ | $\Sigma LREE$ | $\Sigma HREE$ | $\Sigma LREE/\Sigma HREE$ | $\delta Eu$ | $(La/Yb)_N$ | $(La/Sm)_N$ | $(Gd/Yb)_N$ |
|---|---|---|---|---|---|---|---|---|---|---|---|---|---|---|---|---|---|
| YK16210-4 | 辉长岩 | 1.40 | 8.01 | 1.51 | 4.10 | 0.55 | 3.49 | 0.49 | 30.70 | 170.20 | 140.95 | 29.25 | 4.82 | 1.10 | 4.99 | 1.80 | 2.30 |
| YK16210-5 | 辉长岩 | 1.39 | 8.08 | 1.53 | 4.08 | 0.54 | 3.50 | 0.50 | 30.40 | 168.44 | 139.38 | 29.06 | 4.80 | 1.09 | 4.98 | 1.82 | 2.23 |
| YK16210-6 | 辉长岩 | 1.47 | 8.39 | 1.57 | 4.12 | 0.55 | 3.41 | 0.49 | 31.20 | 191.48 | 161.18 | 30.30 | 5.32 | 1.05 | 5.85 | 1.92 | 2.50 |
| YK16210-7 | 辉长岩 | 1.12 | 6.53 | 1.22 | 3.22 | 0.44 | 2.70 | 0.38 | 24.10 | 131.08 | 107.59 | 23.49 | 4.58 | 1.08 | 4.78 | 1.66 | 2.41 |
| YK16210-8 | 辉长岩 | 1.12 | 6.45 | 1.19 | 3.09 | 0.42 | 2.64 | 0.37 | 23.90 | 132.75 | 109.62 | 23.13 | 4.74 | 1.09 | 5.05 | 1.73 | 2.46 |
| YK16210-9 | 辉长岩 | 1.13 | 6.47 | 1.22 | 3.26 | 0.43 | 2.74 | 0.39 | 24.40 | 131.00 | 107.66 | 23.34 | 4.61 | 1.10 | 4.84 | 1.76 | 2.32 |
| YK16210-10 | 辉长岩 | 1.07 | 6.14 | 1.17 | 3.12 | 0.40 | 2.62 | 0.38 | 24.00 | 125.63 | 103.26 | 22.37 | 4.62 | 1.12 | 4.85 | 1.74 | 2.36 |

**2. 岩石成因**

前人对齐齐加纳克蛇绿岩中的玄武岩进行 SHRIMP 年龄测定结果表明，齐齐加纳克蛇绿混杂岩的形成时代为 399±4Ma，表明齐齐加纳克蛇绿岩形成于早泥盆世（王莹等，2012）。

玄武岩作为地幔部分熔融的产物，是研究地幔物质组成、演化以及深部动力学的重要媒介，对古老地块演化的恢复与重建具有重要作用。按照其形成环境大致可以分为两大类：①与俯冲无关背景，主要包括大陆边缘（大陆裂谷）（CM/RM）、大洋中脊（MOR）和地幔柱（P）；②与俯冲相关背景，主要包括俯冲带（SSZ）和岩浆弧（VA）。

玄武岩的微量元素地球化学特征可以指示其源区性质和岩浆作用过程。巴雷公玄武岩的 Nb/Yb-Th/Yb 判别图解表明（图 2-62a），玄武岩样品落入非俯冲背景玄武岩区域（MORB-OIB 系列），属于 E-MORB（富集型洋中脊玄武岩）与 OIB（洋岛玄武岩）过渡区域。而在 Nb/Yb-$TiO_2$/Yb 图解中（图 2-62b），样品落在了 OIB 中拉斑玄武岩与碱性玄武岩分界线附近，具有向 MORB 区域过渡的趋势，显示其形成与俯冲背景无关，主要属于与地幔柱相关的大洋中脊构造背景。

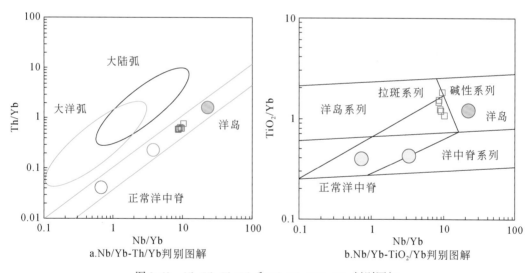

a.Nb/Yb-Th/Yb判别图解　　　　　b.Nb/Yb-$TiO_2$/Yb判别图解

图 2-62　Nb/Yb-Th/Yb 和 Nb/Yb-$TiO_2$/Yb 判别图解

在 $(Ce/Yb)_N$-$(Dy/Yb)_N$ 图解中（图 2-63a），样品主要落在了洋中脊源区。在 Zr/Nb-Zr/Y 图解中（图 2-63b），样品落在了 P-MORB 与 Oman 碱性玄武岩区域，表明岩浆活动主要可能发生于类似 Oman 蛇绿岩快速扩张背景的 MORB 环境中。

**3. 大地构造演化**

王莹等（2012）通过对齐齐加纳克蛇绿混杂岩的 SHRIMP 年代学研究（399±4Ma），指出齐齐加纳克蛇绿岩与吉根蛇绿岩属于南天山蛇绿岩带的延伸，代表多岛洋盆演化的产物。王超等（2007a，2008）通过对巴雷公蛇绿混杂岩中地幔橄榄岩以及镁铁–超镁铁质岩

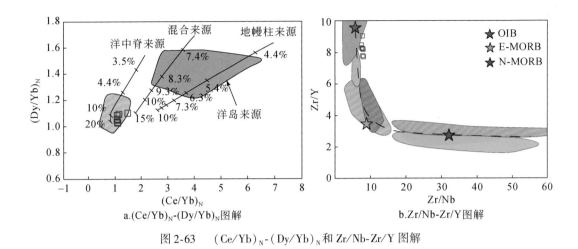

图 2-63 （Ce/Yb）$_N$-（Dy/Yb）$_N$ 和 Zr/Nb-Zr/Y 图解

石进行研究，显示南天山古洋盆在晚奥陶世—早志留世已经演化成熟的多岛洋盆，南天山早古生代洋盆为成熟的大洋。

巴雷公蛇绿混杂岩中玄武岩的地球化学一方面表明，其形成于南天山洋盆扩张过程中，另一方面表明伊犁地块与塔里木地块的俯冲时限应该晚于巴雷公蛇绿岩的形成时代。

## 2.2.3 国防公路玄武岩

南天山增生杂岩带主要由下石炭统黑色页岩、硅质岩，寒武系—石炭系碳酸盐岩、碎屑岩、硅质岩以及发育于内部的火山岩夹层所构成。本次在详细野外工作的基础上，选取发育于托什干河上游乌帕塔尔坎群中的玄武岩夹层及其两侧硅质岩进行锆石 LA-ICP-MS 年代学、地球化学分析，以期进一步约束西南天山洋盆闭合、碰撞造山的时限，并探讨西南天山造山带晚古生代构造演化历史。系统开展研究区内地壳组成、结构和演化过程研究，揭示研究区地壳构造单元属性和演化。图 2-64 为国防公路玄武岩区域地质图，图 2-65 为国防公路玄武岩剖面图。

### 1. 地球化学特征

国防公路玄武岩 SiO$_2$ 含量为 46.91% ~ 48.82%，在成分上主要为基性玄武岩。MgO含量为 5.96% ~ 7.32%，Al$_2$O$_3$ 含量为 15.04% ~ 16.36%，CaO 含量为 5.69% ~ 11.60%，全碱含量 ALK（Na$_2$O+CaO）为 3.45% ~ 5.22%，属于贫碱特征，数据见表 2-7。在 Nb/Y-Zr/TiO$_2$ 图解（图 2-66a）和 TAS 图解（图 2-66b）中，国防公路玄武岩样品主要投到了玄武岩、粗面玄武岩以及碱性玄武岩区域。

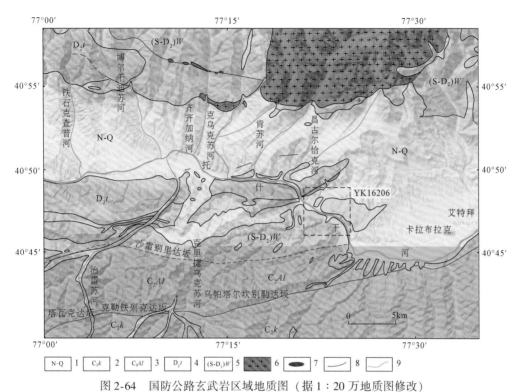

图 2-64　国防公路玄武岩区域地质图（据 1∶20 万地质图修改）

1. 新近系—第四系；2. 康克林组；3. 艾克提克群；4. 托什干组；5. 乌帕塔尔坎群；6. 碱性花岗岩；
7. 超基性岩；8. 断层；9. 河流

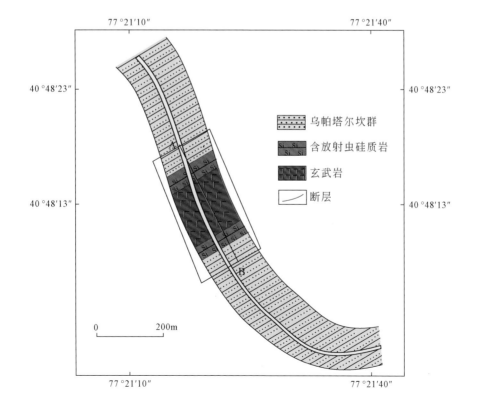

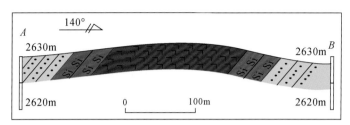

图 2-65　国防公路玄武岩剖面图

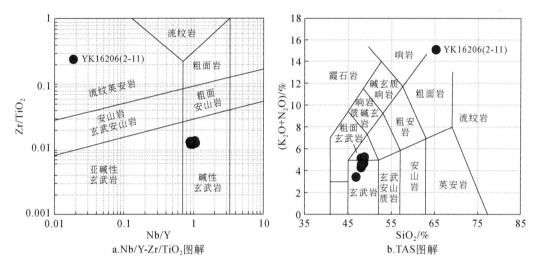

a.Nb/Y-Zr/TiO₂图解　　　　　　　　　b.TAS图解

图 2-66　国防公路玄武岩岩石分类判别图解（据 Maitre et al.，2004）

表 2-7　国防公路硅质岩、玄武岩主量元素分析结果　　　　　　（单位:%）

| 样号 | 岩性 | SiO₂ | TiO₂ | Al₂O₃ | Fe₂O₃ | FeO | MnO | MgO | CaO | Na₂O | K₂O | P₂O₅ |
|---|---|---|---|---|---|---|---|---|---|---|---|---|
| YK16206-1 | 硅质岩 | 89.90 | 0.13 | 4.16 | 1.19 | 0.68 | 0.10 | 1.25 | 0.43 | 0.02 | 1.20 | 0.08 |
| YK16206-2 | 玄武岩 | 48.07 | 1.81 | 16.05 | 3.37 | 6.14 | 0.16 | 6.05 | 9.50 | 3.95 | 0.36 | 0.19 |
| YK16206-3 | 玄武岩 | 48.62 | 1.74 | 16.36 | 3.00 | 6.22 | 0.14 | 6.55 | 7.52 | 4.01 | 0.95 | 0.22 |
| YK16206-4 | 玄武岩 | 48.61 | 1.76 | 15.94 | 3.68 | 5.82 | 0.15 | 6.40 | 8.49 | 4.15 | 0.53 | 0.22 |
| YK16206-5 | 玄武岩 | 48.14 | 1.85 | 15.85 | 4.22 | 5.50 | 0.27 | 6.80 | 6.78 | 4.21 | 0.91 | 0.20 |
| YK16206-6 | 玄武岩 | 48.38 | 1.75 | 16.05 | 3.13 | 6.93 | 0.16 | 6.32 | 8.20 | 3.47 | 1.22 | 0.21 |
| YK16206-7 | 玄武岩 | 48.60 | 1.72 | 16.34 | 3.33 | 6.57 | 0.16 | 6.23 | 7.92 | 3.47 | 1.37 | 0.22 |
| YK16206-8 | 玄武岩 | 48.16 | 1.77 | 16.11 | 3.03 | 6.50 | 0.16 | 5.96 | 9.43 | 4.06 | 0.39 | 0.20 |
| YK16206-9 | 玄武岩 | 48.08 | 1.81 | 16.22 | 3.25 | 6.79 | 0.15 | 6.70 | 8.73 | 4.00 | 0.52 | 0.22 |
| YK16206-10 | 玄武岩 | 48.82 | 1.83 | 16.19 | 2.74 | 7.44 | 0.23 | 7.32 | 5.69 | 4.68 | 0.54 | 0.22 |

续表

| 样号 | 岩性 | SiO$_2$ | TiO$_2$ | Al$_2$O$_3$ | Fe$_2$O$_3$ | FeO | MnO | MgO | CaO | Na$_2$O | K$_2$O | P$_2$O$_5$ |
|---|---|---|---|---|---|---|---|---|---|---|---|---|
| YK16206-11 | 玄武岩 | 46.91 | 1.88 | 15.04 | 5.41 | 5.39 | 0.22 | 6.19 | 11.60 | 3.18 | 0.27 | 0.23 |
| YK16206-12 | 硅质岩 | 95.47 | 0.09 | 1.95 | 0.40 | 0.07 | 0.01 | 0.25 | 0.39 | <0.01 | 0.50 | 0.03 |
| YK16206-13 | 硅质岩 | 91.00 | 0.16 | 3.65 | 0.75 | 0.68 | 0.03 | 0.96 | 0.19 | 0.20 | 1.02 | 0.03 |
| YK16206-14 | 硅质岩 | 89.01 | 0.20 | 4.42 | 0.79 | 1.08 | 0.03 | 1.14 | 0.18 | 0.21 | 1.35 | 0.05 |

| 样号 | 岩性 | TOTAL | LOI | ALK | SI | σ | τ | | | | | |
|---|---|---|---|---|---|---|---|---|---|---|---|---|
| YK16206-1 | 硅质岩 | 99.14 | 1.50 | 1.22 | 35.51 | 0.03 | 31.85 | | | | | |
| YK16206-2 | 玄武岩 | 95.65 | 3.78 | 4.31 | 25.94 | 3.66 | 6.69 | | | | | |
| YK16206-3 | 玄武岩 | 95.33 | 3.62 | 4.96 | 30.18 | 4.38 | 7.10 | | | | | |
| YK16206-4 | 玄武岩 | 95.75 | 3.52 | 4.68 | 28.23 | 3.90 | 6.70 | | | | | |
| YK16206-5 | 玄武岩 | 94.73 | 4.30 | 5.12 | 31.45 | 5.10 | 6.29 | | | | | |
| YK16206-6 | 玄武岩 | 95.82 | 3.14 | 4.69 | 27.54 | 4.09 | 7.19 | | | | | |
| YK16206-7 | 玄武岩 | 95.93 | 3.17 | 4.84 | 27.49 | 4.18 | 7.48 | | | | | |
| YK16206-8 | 玄武岩 | 95.77 | 3.74 | 4.45 | 25.46 | 3.84 | 6.81 | | | | | |
| YK16206-9 | 玄武岩 | 96.47 | 3.70 | 4.52 | 28.77 | 4.02 | 6.75 | | | | | |
| YK16206-10 | 玄武岩 | 95.70 | 3.88 | 5.22 | 34.71 | 4.68 | 6.29 | | | | | |
| YK16206-11 | 玄武岩 | 96.32 | 3.30 | 3.45 | 23.95 | 3.04 | 6.31 | | | | | |
| YK16206-12 | 硅质岩 | 99.16 | 1.15 | 0.51 | 18.25 | 0.00 | 21.56 | | | | | |
| YK16206-13 | 硅质岩 | 98.67 | 1.46 | 1.22 | 33.80 | 0.03 | 21.56 | | | | | |
| YK16206-14 | 硅质岩 | 98.46 | 1.54 | 1.56 | 31.58 | 0.05 | 21.05 | | | | | |

国防公路玄武岩的 REE 配分曲线与洋岛玄武岩（OIB）相似，均为 LREE 富集的右倾型配分模式，其中，$\sum$ LREE/$\sum$ HREE = 5.55 ～ 5.80，（La/Yb）$_N$ = 6.56 ～ 6.96，（La/Sm）$_N$ = 2.25 ～ 2.71，显示 LREE 和 HREE 之间有明显的分馏作用（图 2-67a）。样品显示具有轻微的正 Eu 异常（δEu = 1.00 ～ 1.07），表明斜长石分离结晶作用不明显，数据见表 2-8。

在国防公路玄武岩的微量元素原始地幔标准化蛛网图中，大离子亲石元素 Ba、Pb、K、Sr 富集（图 2-67b）。样品的 Th/Ta 值为 1.42 ～ 1.58，La/Yb 值为 9.14 ～ 9.70，Th/Yb 值为 1.06 ～ 1.20，Th/Ta 值为 0.70 ～ 0.80。

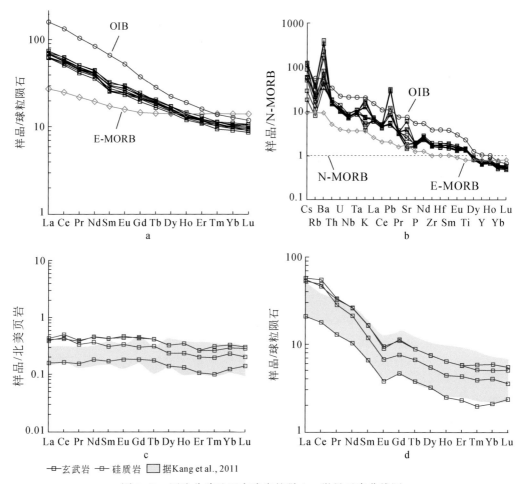

图 2-67　国防公路地区玄武岩的稀土、微量元素曲线图

a. 玄武岩痕量元素配分曲线图（据 Sun and McDonough，1989）；b. 玄武岩稀土元素球粒陨石配分曲线图（据 Sun and McDonough，1989）；c. 硅质岩稀土元素北美页岩化（NASC）配分曲线图；d. 硅质岩稀土元素球粒陨石配分曲线图（据 Sun and McDonough，1989）

　　硅质岩的 $SiO_2$ 含量为 89.01% ~ 95.47%，其中 2 件样品属于纯硅质岩（$SiO_2$ 含量为 91.0% ~ 99.8%），另外 2 件 $SiO_2$ 含量低于纯硅质岩的含量。硅质岩 $Al_2O_3$ 含量为 1.95% ~ 4.42%，$TiO_2$ 含量为 0.09% ~ 0.20%，$SiO_2/Al_2O_3$ 为 20.14 ~ 48.96（纯硅质岩 $SiO_2/Al_2O_3$ 为 80 ~ 1400），远大于纯硅质岩的比值，可能与源区有较高比例的陆源沉积物有关。硅质岩的 $Al_2O_3/(Al_2O_3+Fe_2O_3)$ 值为 0.68 ~ 0.80，$Al/(Al+Fe+Mn)$ 值为 0.58 ~ 0.73，接近生物成因硅质岩的范围。

　　硅质岩的 $\sum REE$ 为 $26.03 \times 10^{-6}$ ~ $72.10 \times 10^{-6}$，$(La/Ce)_N$ 为 0.81 ~ 0.94。硅质岩经北美页岩标准化的稀土元素配分曲线呈现出基本无 Ce 异常、无 Eu 异常的轻重稀土分异不明显的平坦配分曲线（图 2-67c），球粒陨石标准化配分曲线呈现出轻稀土富集并具有明显的 Eu 负异常，与大陆边缘硅质岩稀土模式具有相似的特点（图 2-67d）。

表 2-8　国防公路硅质岩、玄武岩微量、稀土元素分析结果

（单位：$10^{-6}$）

| 样号 | 岩性 | Be | Mn | Co | Ni | Cu | Zn | Ga | Rb | Sr | Mo | Cd | In | Cs | Ba | Tl | Pb | Bi |
|---|---|---|---|---|---|---|---|---|---|---|---|---|---|---|---|---|---|---|
| YK16206-1 | 硅质岩 | 0.71 | 725.00 | 12.10 | 23.70 | 58.60 | 60.20 | 5.29 | 34.20 | 17.10 | 1.10 | 0.06 | <0.05 | 1.28 | 246.00 | 0.12 | 12.90 | 0.42 |
| YK16206-2 | 玄武岩 | 0.97 | 1266.00 | 42.60 | 59.30 | 80.00 | 81.90 | 19.80 | 10.70 | 129.00 | 0.71 | 0.16 | 0.07 | 0.43 | 270.00 | 0.08 | 3.64 | <0.05 |
| YK16206-3 | 玄武岩 | 1.14 | 1151.00 | 43.80 | 57.90 | 107.00 | 115.00 | 18.10 | 17.40 | 361.00 | 1.28 | 0.27 | 0.07 | 0.90 | 1037.00 | 0.08 | 10.10 | <0.05 |
| YK16206-4 | 玄武岩 | 1.03 | 1201.00 | 41.70 | 57.00 | 97.50 | 82.60 | 19.30 | 11.80 | 217.00 | 0.69 | 0.15 | 0.09 | 0.61 | 436.00 | 0.06 | 9.36 | 0.08 |
| YK16206-5 | 玄武岩 | 0.99 | 2128.00 | 40.90 | 54.30 | 71.40 | 83.40 | 18.40 | 13.20 | 262.00 | 0.34 | 0.08 | 0.07 | 0.45 | 1519.00 | 0.06 | 1.63 | <0.05 |
| YK16206-6 | 玄武岩 | 0.73 | 1259.00 | 42.80 | 58.80 | 80.60 | 94.30 | 17.20 | 19.90 | 548.00 | 0.73 | 0.23 | 0.07 | 0.94 | 2208.00 | 0.14 | 2.48 | <0.05 |
| YK16206-7 | 玄武岩 | 0.67 | 1273.00 | 43.10 | 60.80 | 84.40 | 93.00 | 16.80 | 22.70 | 543.00 | 0.66 | 0.21 | 0.07 | 0.88 | 2619.00 | 0.09 | 1.58 | <0.05 |
| YK16206-8 | 玄武岩 | 0.88 | 1280.00 | 42.40 | 58.90 | 83.40 | 79.10 | 19.80 | 6.07 | 140.00 | 0.68 | 0.15 | 0.06 | 0.21 | 310.00 | <0.05 | 1.66 | <0.05 |
| YK16206-9 | 玄武岩 | 1.08 | 1196.00 | 41.60 | 55.10 | 91.90 | 85.30 | 19.70 | 7.70 | 162.00 | 0.68 | 0.15 | 0.07 | 0.39 | 415.00 | <0.05 | 8.87 | <0.05 |
| YK16206-10 | 玄武岩 | 0.95 | 1795.00 | 44.50 | 59.50 | 91.60 | 82.90 | 18.70 | 9.55 | 342.00 | 0.73 | 0.11 | 0.08 | 0.82 | 542.00 | 0.07 | 1.47 | <0.05 |
| YK16206-11 | 玄武岩 | 1.07 | 1772.00 | 42.50 | 53.80 | 83.10 | 92.10 | 22.50 | 4.34 | 162.00 | 1.21 | 0.10 | 0.08 | 0.13 | 218.00 | <0.05 | 2.71 | <0.05 |
| YK16206-12 | 硅质岩 | 0.42 | 64.70 | 4.42 | 9.58 | 33.60 | 11.30 | 3.11 | 12.80 | 31.80 | 0.14 | 0.07 | <0.05 | 0.93 | 302.00 | 0.05 | 5.29 | 0.07 |
| YK16206-13 | 硅质岩 | 0.76 | 186.00 | 7.06 | 17.10 | 136.00 | 32.20 | 5.49 | 31.60 | 47.70 | 0.06 | 0.09 | <0.05 | 3.06 | 521.00 | 0.12 | 30.00 | 0.11 |
| YK16206-14 | 硅质岩 | 0.74 | 218.00 | 10.00 | 20.50 | 41.40 | 28.90 | 6.37 | 40.90 | 35.90 | <0.05 | <0.05 | <0.05 | 3.86 | 345.00 | 0.15 | 16.60 | 0.18 |

| 样号 | 岩性 | Th | U | Nb | Ta | Zr | Hf | Ti | W | As | V | La | Ce | Pr | Nd | Sm | Eu | Gd |
|---|---|---|---|---|---|---|---|---|---|---|---|---|---|---|---|---|---|---|
| YK16206-1 | 硅质岩 | 2.67 | 0.45 | 5.20 | 0.28 | 37.20 | 1.00 | 812.00 | 0.70 | 1.69 | 22.70 | 13.10 | 28.10 | 3.07 | 12.20 | 2.53 | 0.52 | 2.33 |
| YK16206-2 | 玄武岩 | 1.72 | 0.48 | 17.00 | 1.21 | 122.00 | 3.24 | 10422.00 | 0.53 | 0.55 | 270.00 | 14.80 | 31.40 | 3.95 | 16.70 | 3.97 | 1.36 | 4.02 |
| YK16206-3 | 玄武岩 | 1.89 | 0.52 | 18.20 | 1.29 | 132.00 | 3.56 | 10160.00 | 0.54 | 0.27 | 265.00 | 16.50 | 36.20 | 4.61 | 19.60 | 4.58 | 1.59 | 4.76 |
| YK16206-4 | 玄武岩 | 2.19 | 0.65 | 20.30 | 1.45 | 144.00 | 4.01 | 10670.00 | 0.62 | 0.43 | 276.00 | 17.60 | 38.20 | 4.87 | 20.60 | 5.04 | 1.69 | 4.81 |
| YK16206-5 | 玄武岩 | 1.93 | 0.52 | 18.00 | 1.27 | 129.00 | 3.47 | 10620.00 | 0.52 | 0.28 | 275.00 | 16.40 | 34.80 | 4.38 | 18.40 | 3.91 | 1.44 | 4.50 |
| YK16206-6 | 玄武岩 | 1.87 | 0.49 | 17.40 | 1.22 | 127.00 | 3.46 | 10133.00 | 0.45 | 0.36 | 269.00 | 15.90 | 33.80 | 4.31 | 18.30 | 3.91 | 1.35 | 4.38 |
| YK16206-7 | 玄武岩 | 1.93 | 0.49 | 17.30 | 1.22 | 127.00 | 3.47 | 10035.00 | 0.40 | 0.19 | 271.00 | 16.40 | 34.90 | 4.44 | 19.00 | 3.96 | 1.42 | 4.50 |
| YK16206-8 | 玄武岩 | 1.81 | 0.46 | 16.30 | 1.13 | 121.00 | 3.16 | 10251.00 | 0.50 | 0.09 | 274.00 | 15.00 | 32.30 | 4.13 | 17.80 | 4.21 | 1.42 | 4.31 |

续表

| 样号 | 岩性 | Th | U | Nb | Ta | Zr | Hf | Ti | W | As | V | La | Ce | Pr | Nd | Sm | Eu | Gd |
|---|---|---|---|---|---|---|---|---|---|---|---|---|---|---|---|---|---|---|
| YK16206-9 | 玄武岩 | 1.85 | 0.55 | 18.50 | 1.28 | 128.00 | 3.52 | 10310.00 | 0.56 | 0.80 | 267.00 | 16.30 | 34.90 | 4.45 | 19.40 | 4.51 | 1.51 | 4.50 |
| YK16206-10 | 玄武岩 | 1.91 | 0.50 | 18.00 | 1.24 | 132.00 | 3.58 | 10736.00 | 0.44 | 0.10 | 283.00 | 16.00 | 35.30 | 4.54 | 19.40 | 4.60 | 1.61 | 4.65 |
| YK16206-11 | 玄武岩 | 2.14 | 0.55 | 20.30 | 1.41 | 145.00 | 3.96 | 11010.00 | 0.50 | 0.29 | 284.00 | 18.30 | 38.30 | 4.85 | 20.80 | 4.82 | 1.72 | 5.04 |
| YK16206-12 | 硅质岩 | 1.33 | 0.65 | 2.40 | 0.16 | 21.50 | 0.53 | 552.00 | 0.33 | 4.61 | 12.70 | 4.97 | 10.90 | 1.23 | 4.81 | 1.01 | 0.22 | 0.95 |
| YK16206-13 | 硅质岩 | 2.73 | 0.90 | 3.67 | 0.25 | 39.30 | 1.04 | 1029.00 | 0.61 | 0.47 | 27.20 | 12.50 | 29.70 | 2.66 | 9.90 | 1.82 | 0.39 | 1.56 |
| YK16206-14 | 硅质岩 | 3.26 | 0.50 | 5.54 | 0.32 | 49.30 | 1.23 | 1175.00 | 0.61 | 0.14 | 27.20 | 13.40 | 33.30 | 3.16 | 12.10 | 2.50 | 0.55 | 2.25 |

| 样号 | 岩性 | Tb | Dy | Ho | Er | Tm | Yb | Lu | Sc | Y | $\Sigma$REE | $\Sigma$LREE | $\Sigma$HREE | $\Sigma$LREE/$\Sigma$HREE | $\delta$Eu | (La/Yb)$_N$ | (La/Sm)$_N$ | (Gd/Yb)$_N$ |
|---|---|---|---|---|---|---|---|---|---|---|---|---|---|---|---|---|---|---|
| YK16206-1 | 硅质岩 | 0.33 | 1.90 | 0.36 | 0.94 | 0.13 | 0.86 | 0.13 | 4.71 | 10.30 | 66.50 | 59.52 | 6.98 | 8.53 | 0.65 | 10.93 | 3.34 | 2.24 |
| YK16206-2 | 玄武岩 | 0.63 | 3.69 | 0.68 | 1.81 | 0.24 | 1.55 | 0.22 | 31.50 | 17.70 | 85.02 | 72.18 | 12.84 | 5.62 | 1.04 | 6.85 | 2.41 | 2.15 |
| YK16206-3 | 玄武岩 | 0.74 | 4.33 | 0.78 | 2.02 | 0.29 | 1.78 | 0.27 | 31.20 | 20.50 | 98.05 | 83.08 | 14.97 | 5.55 | 1.04 | 6.65 | 2.33 | 2.21 |
| YK16206-4 | 玄武岩 | 0.77 | 4.38 | 0.79 | 2.04 | 0.29 | 1.82 | 0.27 | 32.50 | 19.80 | 103.17 | 88.00 | 15.17 | 5.80 | 1.05 | 6.94 | 2.25 | 2.19 |
| YK16206-5 | 玄武岩 | 0.71 | 4.02 | 0.74 | 1.98 | 0.27 | 1.72 | 0.25 | 31.00 | 19.10 | 93.52 | 79.33 | 14.19 | 5.59 | 1.05 | 6.84 | 2.71 | 2.16 |
| YK16206-6 | 玄武岩 | 0.69 | 3.91 | 0.73 | 1.95 | 0.27 | 1.70 | 0.24 | 31.30 | 19.00 | 91.44 | 77.57 | 13.87 | 5.59 | 1.00 | 6.71 | 2.63 | 2.13 |
| YK16206-7 | 玄武岩 | 0.70 | 4.04 | 0.74 | 2.01 | 0.28 | 1.69 | 0.24 | 31.40 | 19.50 | 94.32 | 80.12 | 14.20 | 5.64 | 1.03 | 6.96 | 2.67 | 2.20 |
| YK16206-8 | 玄武岩 | 0.65 | 3.82 | 0.71 | 1.85 | 0.26 | 1.62 | 0.23 | 31.10 | 18.10 | 88.31 | 74.86 | 13.45 | 5.57 | 1.02 | 6.64 | 2.30 | 2.20 |
| YK16206-9 | 玄武岩 | 0.69 | 3.93 | 0.74 | 1.95 | 0.26 | 1.69 | 0.23 | 30.80 | 18.50 | 95.06 | 81.07 | 13.99 | 5.79 | 1.02 | 6.92 | 2.33 | 2.20 |
| YK16206-10 | 玄武岩 | 0.72 | 4.13 | 0.76 | 2.01 | 0.29 | 1.75 | 0.26 | 32.40 | 19.50 | 96.02 | 81.45 | 14.57 | 5.59 | 1.06 | 6.56 | 2.25 | 2.20 |
| YK16206-11 | 玄武岩 | 0.74 | 4.34 | 0.82 | 2.16 | 0.29 | 1.89 | 0.27 | 32.80 | 21.40 | 104.34 | 88.79 | 15.55 | 5.71 | 1.07 | 6.95 | 2.45 | 2.21 |
| YK16206-12 | 硅质岩 | 0.14 | 0.81 | 0.14 | 0.38 | 0.05 | 0.36 | 0.06 | 2.72 | 3.89 | 26.03 | 23.14 | 2.89 | 8.01 | 0.69 | 9.90 | 3.18 | 2.18 |
| YK16206-13 | 硅质岩 | 0.25 | 1.38 | 0.25 | 0.71 | 0.10 | 0.69 | 0.09 | 4.32 | 6.56 | 62.00 | 56.97 | 5.03 | 11.33 | 0.71 | 12.99 | 4.43 | 1.87 |
| YK16206-14 | 硅质岩 | 0.33 | 1.90 | 0.36 | 0.95 | 0.15 | 1.01 | 0.14 | 5.29 | 9.61 | 72.10 | 65.01 | 7.09 | 9.17 | 0.71 | 9.52 | 3.46 | 1.84 |

## 2. 锆石 U-Pb 年代学

样品 YK16206-4 共完成 9 个点的分析,锆石晶体长 30~90μm,宽 30~45μm,长宽比为 1.2∶1~3.0∶1,具明显的振荡环带(图 2-68a),而分析点的 Th/U 值为 0.55~0.82(均大于 0.5),属于典型岩浆锆石(吴元保和郑永飞,2004)。获得的年龄介于 258~298Ma 之间,加权平均年龄值为 279±8Ma(1δ),代表了玄武岩中锆石的结晶年龄(图 2-68b)。

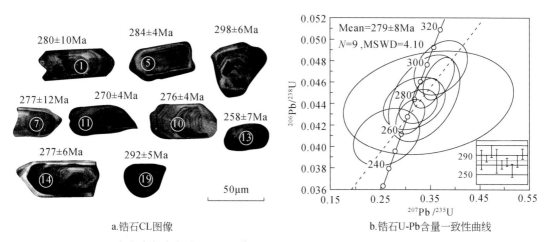

a.锆石CL图像　　　　　　　　　　　　　　　　b.锆石U-Pb含量一致性曲线

图 2-68　国防公路玄武岩锆石 CL 图像和锆石 U-Pb 含量一致性曲线(样品 YK16206-4)

## 3. 讨论

### 1) 玄武岩形成时代及构造属性

此次研究中在国防公路玄武岩中得到的锆石 U-Pb 年龄介于 258~298Ma 之间,加权平均年龄值为 279±8Ma(1δ),MSWD = 4.10,由于其锆石的形态较规则,具有明显的岩浆锆石特征,其年龄可以代表玄武岩的结晶年龄,表明国防公路玄武岩形成于早二叠世。

国防公路玄武岩的微量元素 Zr 含量为 $121×10^{-6}$ ~ $145×10^{-6}$,Zr/Y 值为 6~8。从 Zr/Y-Zr 图解可以看出(图 2-69a),玄武岩样品落入板内玄武岩区域。在 Ti/100-Zr-Y×3 和 Zr/Y-Ti/Y 图解中,样品也落在了板内玄武岩区域(图 2-69e,b),表明其形成与俯冲背景无关,主要属于板内构造背景。在 Th/Yb-Ta/Yb 图解中(图 2-69c),样品主要落在了非俯冲背景玄武岩区域(WORB+WPB),而与典型板内玄武岩区接近,且样品具有板内富集趋势。在 Th/Ta-La/Yb 图解中(图 2-69d),样品主要落在了富集地幔与亏损地幔的连线上,且以富集地幔为主,表明了玄武岩源岩主要来源于富集地幔,显示出岩浆部分熔融程度较低,受壳源混染的程度也较低。国防公路玄武岩的碱性岩浆岩特征,源岩部分熔融程度较低以及富集地幔来源特征与大陆裂谷玄武岩特征相类似,表明岩浆活动主要可能发生于类似陆壳为基底的板内裂谷环境中。

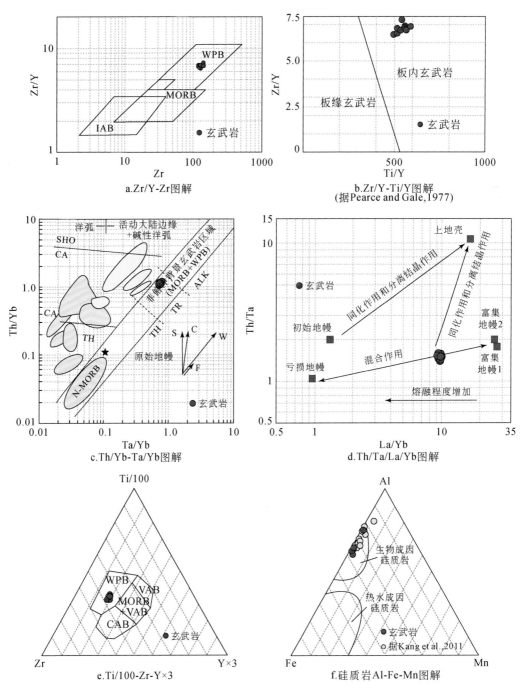

图 2-69　国防公路蛇绿岩构造判别图解

WPB. 板内玄武岩；MORB. 洋中脊玄武岩；IAB. 岛弧玄武岩；SHO. 钾玄岩；CA（CAB）. 钙碱性玄武岩；TH. 拉斑玄武岩；TR. 过渡型玄武岩；ALK. 碱性玄武岩；N-MORB. 正常大洋中脊玄武岩；VAB. 火山弧玄武岩；S. 俯冲带富集趋势；C. 地壳混染作用；W. 板内富集趋势；F. 结晶分异作用

2）硅质岩沉积环境及构造属性

硅质岩的成因大致可以划分为生物成因、火山沉积和热液成因。硅质岩中主量元素 Al、Fe、Mn 的含量对区分热液成因和生物成因硅质岩具有重要意义，在 Al-Fe-Mn 图解中（图 2-69f），样品投入生物成因硅质岩区域，这与硅质岩中发育大量的放射虫一致。与前人对该地区发现的硅质岩的认识一致。因此国防公路硅质岩属于生物成因硅质岩。

硅质岩中 Al 元素主要取决于陆源物质的带入量，国防公路硅质岩的 $SiO_2/Al_2O_3 = 20.14 \sim 48.96$，远大于纯硅质岩的比值，表明源区有较高比例的陆源沉积物。与此同时，硅质岩的 $Al/(Al+Fe+Mn)$、$Al_2O_3/(Al_2O_3+Fe_2O_3)$ 以及 $(La/Ce)_N$ 的特征与大陆边缘硅质岩的特征相吻合（Murray，1994）。在硅质岩沉积环境判别图解中（图 2-70），硅质岩样品均落在大陆边缘区域，表明硅质岩的沉积环境属于大陆边缘环境。综合分析认为，国防公路硅质岩属于生物成因硅质岩，形成的环境为大陆边缘环境。

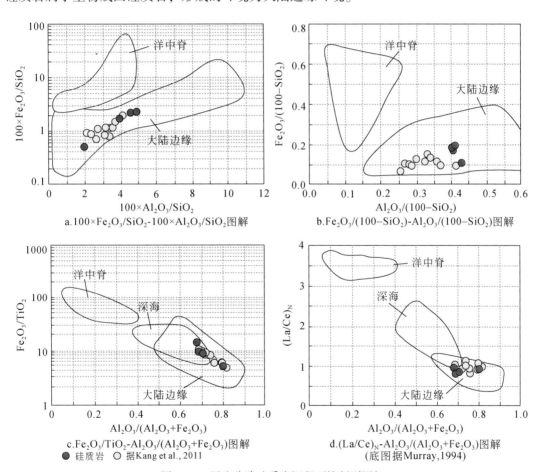

图 2-70　国防公路硅质岩沉积环境判别图解

3）对西南天山晚古生代构造演化的约束

此次研究中国防公路玄武岩的锆石 U-Pb 年龄为 $279\pm8Ma$（$1\delta$），表明国防公路玄武岩形成于早二叠世。而玄武岩地球化学特征表明岩浆活动可能主要发生于陆壳为基底的板内裂谷环境中。在国防公路地区，前人对乌帕塔尔坎群地层及其相同层位中发育的放射虫硅质岩进行了系统鉴定，确定放射虫主体属于晚泥盆世到早石炭世（李曰俊等，2005a，2005b）。而二叠纪放射虫以及牙形类化石的报道，表明在西南天山二叠系的某些层位存在深水沉积的可能性（李曰俊等，2005a，2005b）。国防公路硅质岩的特征显示其形成环境属于大陆边缘背景，结合玄武岩的板内玄武岩特征，表明国防公路蛇绿岩形成的构造背景属于洋盆闭合的晚期，可能代表一个残余的有限洋盆。

硅质岩的沉积特征、高压变质岩和花岗岩特征，综合表明西南天山古洋盆在二叠纪以前主体已经发生闭合，而国防公路蛇绿岩可能代表一个残余的洋盆。

## 2.2.4　巴雷公花岗岩

南天山是天山造山带地质构造最复杂的地区之一，碰撞造山作用后期岩浆作用等问题的研究相对比较薄弱，本次研究通过对西南天山发育的巴雷公花岗岩进行年代学以及地球化学分析，分析其岩石大地构造成因，进而探讨南天山洋闭合和碰撞的时限，为南天山洋陆转化提供新的岩石学约束（王超等，2007a，2007b；黄河等，2010a，2010b；Huang et al.，2012a，2012b）。

本次研究的巴雷公岩体位于西南天山造山带托什干河上游，岩体呈岩株状侵位于乌帕塔尔坎群中（图2-71）。乌帕塔尔坎群主要为一套灰色、深灰色细粒碎屑岩，夹碳酸盐岩、

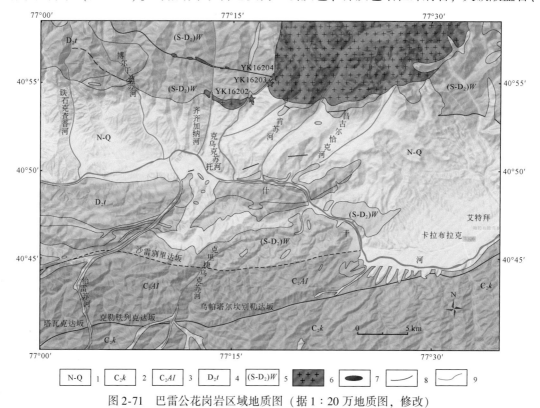

图2-71　巴雷公花岗岩区域地质图（据1∶20万地质图，修改）

1. 新近系—第四系；2. 康克林组；3. 艾克提克群；4. 托什干组；5. 乌帕塔尔坎群；6. 碱性花岗岩；
7. 超基性岩；8. 断层；9. 河流

硅质岩、中-酸性火山岩以及超基性岩（李日俊，2009）。岩性以深灰色、暗色的粉砂岩、页岩，灰色砂岩为主，局部发育灰岩夹层。巴雷公岩体平面呈椭圆状，岩性主要为花岗闪长岩-花岗岩系列，与围岩呈侵入接触关系，在边部可见岩枝状小岩体。本章采取新鲜的具有代表性的岩体样品进行地球化学以及年代学研究（图 2-72）。

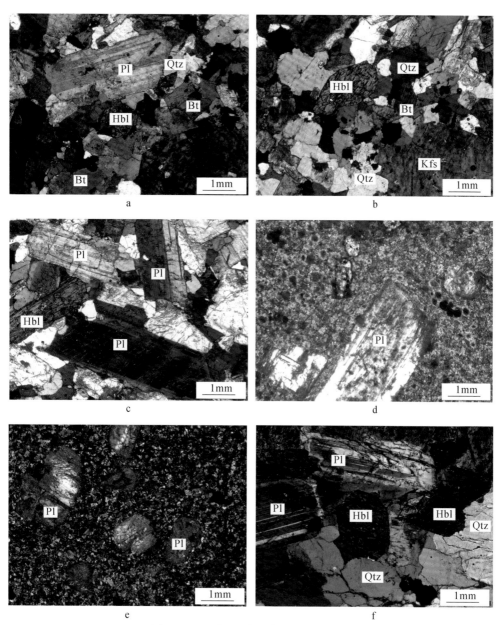

图 2-72　巴雷公花岗岩体典型显微照片

a ~ c. 花岗岩（YK16202-3，YK16202-6），其中斜长石呈聚片双晶，角闪石呈自形-半自形，石英呈他形，钾长石呈半自形板状；d、e. 花岗斑岩（YK16203-3，YK16203-4），其中斑晶为斜长石，具溶蚀现象，基质发育球粒结构；f. 花岗岩（YK16204-2），其中斜长石呈聚片双晶，角闪石呈自形-半自形，石英呈他形）。Hbl. 角闪石；Pl. 斜长石；Kfs. 钾长石；Bt. 黑云母；Qtz. 石英

花岗斑岩呈灰白色，斑状结构，块状构造。斑晶占 15% ~ 20%（体积分数，下同），以斜长石为主，其次还有一些钾长石、石英，斑晶边缘多有溶蚀现象。其中斜长石呈半自形板状，发育聚片双晶、环带结构。基质占 80% ~ 85%，主要由微细晶的长英质矿物和黑云母组成，局部发育球粒结构，部分可见绿泥石化（图 2-72d，e）。

花岗岩呈灰白色，似斑状结构，块状构造。岩石主要由石英、斜长石、钾长石、黑云母、角闪石组成，副矿物见磷灰石、锆石、磁铁矿、榍石。斑晶：石英呈他形粒状，粒径为 1 ~ 2mm，约占 15%（体积分数，下同）；斜长石呈半自形板状，发育聚片双晶、环带结构，粒径为 1 ~ 7mm，约占 40%；钾长石呈半自形板状，可见简单双晶、条纹结构、格子双晶，粒径为 1 ~ 5mm，约占 15%；角闪石呈自形–半自形粒状，粒径为 1 ~ 2mm，约占 5%；黑云母呈半自形片状，粒径为 1 ~ 2mm，约占 5%。基质主要为粒径小于 1mm 的石英、斜长石、钾长石、黑云母、角闪石，约占 20%（图 2-72a ~ c，f）。

**1. 岩石地球化学特征**

巴雷公花岗岩岩石地球化学分析样品为 YK16203-1 ~ YK16203-6、YK16204-1、YK16204-2，主量、微量元素的数据分别见表 2-9、表 2-10。样品的 $SiO_2$ 含量为 67.68% ~ 69.77%，$Na_2O$ 含量为 3.05% ~ 3.61%，$K_2O$ 含量为 4.61% ~ 5.11%（富钾），$Al_2O_3$ 含量为 13.93% ~ 14.76%，$TiO_2$ 含量为 0.52% ~ 0.62%，MgO 含量为 0.79% ~ 0.93%（贫镁），全碱含量 ALK($Na_2O+K_2O$) 较高（7.70% ~ 8.42%），在样品的 TAS 图解中，巴雷公岩体的样品点主要落在花岗闪长岩、花岗岩区域，属于亚碱性系列，铝饱和指数（A/CNK）介于 0.93 ~ 1.02，具有偏铝质–弱过铝质特征，A/NK 介于 1.30 ~ 1.39。$K_2O/Na_2O$ 介于 1.31 ~ 1.55，呈现钾质的特征，属高钾钙碱性系列（图 2-73）。总体上，具有富钾、高铝、贫镁的高钾钙碱性花岗岩的特征。

**表 2-9　巴雷公花岗岩主量元素分析结果**　　　　（单位:%）

| 样号 | 岩性 | $SiO_2$ | $TiO_2$ | $Al_2O_3$ | $Fe_2O_3$ | FeO | MnO | MgO | CaO | $Na_2O$ | $K_2O$ | $P_2O_5$ |
|---|---|---|---|---|---|---|---|---|---|---|---|---|
| YK16203-1 | 花岗岩 | 68.83 | 0.53 | 14.31 | 1.52 | 1.98 | 0.06 | 0.79 | 1.88 | 3.37 | 4.73 | 0.14 |
| YK16203-2 | 花岗岩 | 67.72 | 0.62 | 14.28 | 1.45 | 2.55 | 0.08 | 0.91 | 2.19 | 3.36 | 4.65 | 0.16 |
| YK16203-3 | 花岗岩 | 68.07 | 0.57 | 14.34 | 1.32 | 2.34 | 0.08 | 0.84 | 2.12 | 3.52 | 4.62 | 0.15 |
| YK16203-4 | 花岗岩 | 68.04 | 0.56 | 14.55 | 1.14 | 2.55 | 0.07 | 0.81 | 2.41 | 3.33 | 4.61 | 0.14 |
| YK16203-5 | 花岗岩 | 67.68 | 0.53 | 13.93 | 1.42 | 2.22 | 0.07 | 0.79 | 2.38 | 3.05 | 4.65 | 0.13 |
| YK16203-6 | 花岗岩 | 68.27 | 0.56 | 14.52 | 1.41 | 2.26 | 0.07 | 0.81 | 2.31 | 3.32 | 4.71 | 0.14 |
| YK16204-1 | 花岗岩 | 69.02 | 0.56 | 14.76 | 1.59 | 1.90 | 0.07 | 0.93 | 2.57 | 3.61 | 4.81 | 0.14 |
| YK16204-2 | 花岗岩 | 69.77 | 0.52 | 14.22 | 1.61 | 1.62 | 0.06 | 0.81 | 2.24 | 3.30 | 5.11 | 0.13 |

续表

| 样号 | 岩性 | TOTAL | LOI | A/CNK | ALK | A/NK | SI | σ | τ | TFe | FeO*/MgO |
|------|------|-------|-----|-------|-----|------|-----|-----|-----|-----|----------|
| YK16203-1 | 花岗岩 | 98.14 | 1.71 | 1.02 | 8.10 | 1.34 | 5.86 | 2.54 | 20.64 | 3.35 | 4.24 |
| YK16203-2 | 花岗岩 | 97.97 | 1.53 | 0.98 | 8.01 | 1.35 | 6.41 | 2.60 | 17.61 | 3.85 | 4.24 |
| YK16203-3 | 花岗岩 | 97.97 | 1.99 | 0.98 | 8.14 | 1.33 | 6.03 | 2.64 | 18.98 | 3.53 | 4.20 |
| YK16203-4 | 花岗岩 | 98.21 | 1.37 | 0.98 | 7.94 | 1.39 | 5.77 | 2.52 | 20.04 | 3.58 | 4.41 |
| YK16203-5 | 花岗岩 | 96.85 | 3.08 | 0.97 | 7.70 | 1.39 | 5.76 | 2.40 | 20.53 | 3.50 | 4.43 |
| YK16203-6 | 花岗岩 | 98.38 | 1.37 | 0.98 | 8.03 | 1.38 | 5.78 | 2.55 | 20.00 | 3.53 | 4.36 |
| YK16204-1 | 花岗岩 | 99.96 | 0.50 | 0.93 | 8.42 | 1.32 | 6.42 | 2.72 | 19.91 | 3.33 | 3.58 |
| YK16204-2 | 花岗岩 | 99.39 | 0.38 | 0.95 | 8.41 | 1.30 | 5.84 | 2.64 | 21.00 | 3.07 | 3.79 |

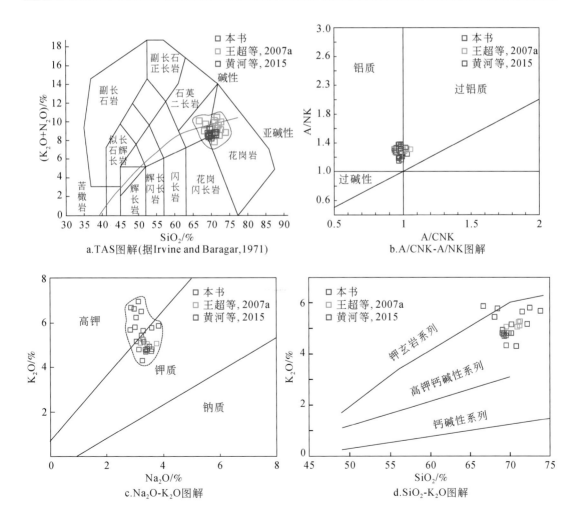

a.TAS图解(据Irvine and Baragar,1971)

b.A/CNK-A/NK图解

c.Na₂O-K₂O图解

d.SiO₂-K₂O图解

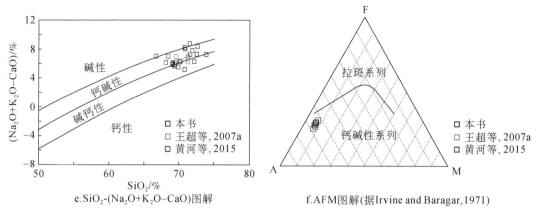

e.SiO₂-(Na₂O+K₂O−CaO)图解

f.AFM图解(据Irvine and Baragar,1971)

图 2-73 巴雷公岩体图解

岩石的稀土含量较高，$\sum REE$ 为 $232.18\times10^{-6}\sim268.00\times10^{-6}$，其中 $\sum LREE$ 含量为 $204.12\times10^{-6}\sim242.77\times10^{-6}$，$\sum HREE$ 含量为 $24.37\times10^{-6}\sim28.06\times10^{-6}$，$\sum LREE/\sum HREE$ 为 $7.27\sim9.62$，$(La/Yb)_N$ 为 $7.46\sim11.78$，$(La/Sm)_N$ 为 $3.50\sim4.57$，$(Gd/Yb)_N$ 为 $1.42\sim1.66$，指示轻重稀土分馏较明显。从稀土的球粒陨石标准化配分型式图可知，具有轻稀土富集重稀土相对亏损的右倾型（图 2-74a），具有中等强度的负 Eu 异常（$\delta Eu = 0.40\sim0.56$）。在微量元素原始地幔标准化蛛网图中，大离子亲石元素（LILE）Rb、K、Cs 等相对富集，高场强元素（HFSE）Nb、Ta、Ti 等亏损（图 2-74b）。

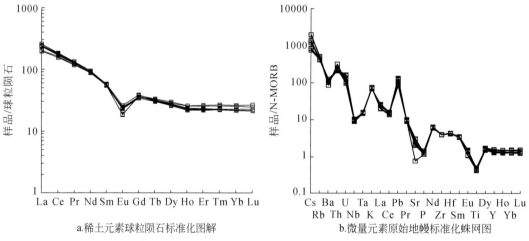

a.稀土元素球粒陨石标准化图解

b.微量元素原始地幔标准化蛛网图

图 2-74 巴雷公岩体稀土元素球粒陨石标准化图解和微量元素原始地幔标准化蛛网图

原始地幔和球粒陨石数据引自 Sun and McDonough, 1989

## 2. 锆石 LA-ICP-MS U-Pb 年代学

巴雷公花岗岩用于进行锆石 U-Pb 年代学测定的样品为 YK16203-3、YK16204-1 和 YK16204-3，具体数据见表 2-11。

表2-10　巴雷公花岗岩稀土、微量元素分析结果

（单位：$10^{-6}$）

| 样号 | 岩性 | Be | Mn | Co | Ni | Cu | Zn | Ga | Rb | Sr | Mo | Cd | In | Cs | Ba | Tl | Pb | Bi |
|---|---|---|---|---|---|---|---|---|---|---|---|---|---|---|---|---|---|---|
| YK16203-1 | 花岗岩 | 3.38 | 431.00 | 6.04 | 2.49 | 5.89 | 79.10 | 20.70 | 215.00 | 194.00 | 0.50 | 0.11 | 0.05 | 4.77 | 619.00 | 0.91 | 35.50 | 0.43 |
| YK16203-2 | 花岗岩 | 3.79 | 600.00 | 7.34 | 3.13 | 10.20 | 74.30 | 20.60 | 214.00 | 212.00 | 0.80 | 0.12 | 0.06 | 5.42 | 667.00 | 0.92 | 36.90 | 0.30 |
| YK16203-3 | 花岗岩 | 4.71 | 602.00 | 6.17 | 2.74 | 5.18 | 69.40 | 21.00 | 234.00 | 179.00 | 0.46 | 0.12 | <0.05 | 5.26 | 649.00 | 1.01 | 28.80 | 2.00 |
| YK16203-4 | 花岗岩 | 4.39 | 568.00 | 7.09 | 3.18 | 4.32 | 63.70 | 22.40 | 217.00 | 264.00 | 1.50 | 0.15 | <0.05 | 8.87 | 730.00 | 1.06 | 25.00 | 0.09 |
| YK16203-5 | 花岗岩 | 4.10 | 523.00 | 6.24 | 2.76 | 6.16 | 61.10 | 20.20 | 216.00 | 66.10 | 0.42 | 0.12 | 0.06 | 7.63 | 615.00 | 0.95 | 23.40 | 0.10 |
| YK16203-6 | 花岗岩 | 3.89 | 528.00 | 6.90 | 2.70 | 5.97 | 65.50 | 21.30 | 209.00 | 248.00 | 1.28 | 0.11 | <0.05 | 8.58 | 684.00 | 1.06 | 37.30 | 0.10 |
| YK16204-1 | 花岗岩 | 3.94 | 510.00 | 6.28 | 2.92 | 3.66 | 60.50 | 20.60 | 253.00 | 172.00 | 0.45 | 0.07 | 0.06 | 12.70 | 496.00 | 1.13 | 30.80 | 0.22 |
| YK16204-2 | 花岗岩 | 3.79 | 452.00 | 5.87 | 2.78 | 4.75 | 57.70 | 20.30 | 261.00 | 177.00 | 0.38 | <0.05 | 0.05 | 12.50 | 589.00 | 1.17 | 33.60 | 0.31 |

| 样号 | 岩性 | Th | U | Nb | Ta | Zr | Hf | Ti | W | As | V | La | Ce | Pr | Nd | Sm | Eu | Gd |
|---|---|---|---|---|---|---|---|---|---|---|---|---|---|---|---|---|---|---|
| YK16203-1 | 花岗岩 | 23.90 | 5.42 | 21.00 | 1.87 | 281.00 | 8.48 | 3147.00 | 3.35 | 16.90 | 27.30 | 57.00 | 106.00 | 11.90 | 42.60 | 8.43 | 1.32 | 6.96 |
| YK16203-2 | 花岗岩 | 23.00 | 5.59 | 22.70 | 1.86 | 276.00 | 8.08 | 3694.00 | 2.99 | 15.90 | 33.30 | 57.40 | 109.00 | 12.20 | 43.90 | 8.71 | 1.38 | 7.36 |
| YK16203-3 | 花岗岩 | 25.30 | 5.92 | 22.00 | 1.90 | 279.00 | 8.34 | 3277.00 | 3.21 | 5.30 | 29.10 | 61.60 | 114.00 | 12.70 | 44.40 | 8.70 | 1.37 | 7.41 |
| YK16203-4 | 花岗岩 | 24.60 | 7.07 | 22.60 | 1.94 | 282.00 | 8.50 | 3497.00 | 3.45 | 2.61 | 31.10 | 58.80 | 112.00 | 12.50 | 44.30 | 8.86 | 1.49 | 7.77 |
| YK16203-5 | 花岗岩 | 24.30 | 4.67 | 20.50 | 1.83 | 281.00 | 8.50 | 3094.00 | 3.05 | 11.90 | 28.40 | 55.60 | 105.00 | 11.80 | 42.10 | 8.42 | 1.42 | 7.23 |
| YK16203-6 | 花岗岩 | 24.00 | 6.70 | 21.60 | 1.85 | 280.00 | 8.18 | 3257.00 | 3.17 | 4.97 | 29.50 | 57.60 | 108.00 | 12.10 | 43.90 | 8.47 | 1.36 | 7.14 |
| YK16204-1 | 花岗岩 | 35.20 | 4.50 | 20.40 | 1.99 | 277.00 | 8.19 | 3204.00 | 2.34 | 5.65 | 33.10 | 46.50 | 95.10 | 11.20 | 41.70 | 8.57 | 1.05 | 7.70 |
| YK16204-2 | 花岗岩 | 26.70 | 4.16 | 19.40 | 1.83 | 275.00 | 8.20 | 3167.00 | 2.04 | 7.24 | 31.80 | 48.00 | 99.10 | 11.10 | 40.70 | 8.33 | 1.08 | 7.37 |

| 样号 | 岩性 | Tb | Dy | Ho | Er | Tm | Yb | Lu | Y | Sc | ΣREE | ΣLREE | ΣHREE | ΣLREE/ΣHREE | δEu | $(La/Yb)_N$ | $(La/Sm)_N$ | $(Gd/Yb)_N$ |
|---|---|---|---|---|---|---|---|---|---|---|---|---|---|---|---|---|---|---|
| YK16203-1 | 花岗岩 | 1.13 | 6.53 | 1.22 | 3.66 | 0.57 | 3.76 | 0.54 | 34.60 | 6.05 | 251.62 | 227.25 | 24.37 | 9.32 | 0.53 | 10.87 | 4.37 | 1.53 |
| YK16203-2 | 花岗岩 | 1.17 | 6.97 | 1.31 | 3.74 | 0.56 | 3.70 | 0.54 | 36.50 | 7.28 | 257.94 | 232.59 | 25.35 | 9.18 | 0.53 | 11.13 | 4.25 | 1.65 |

续表

| 样号 | 岩性 | Tb | Dy | Ho | Er | Tm | Yb | Lu | Sc | Y | ΣREE | ΣLREE | ΣHREE | ΣLREE/ΣHREE | δEu | (La/Yb)$_N$ | (La/Sm)$_N$ | (Gd/Yb)$_N$ |
|---|---|---|---|---|---|---|---|---|---|---|---|---|---|---|---|---|---|---|
| YK16203-3 | 花岗岩 | 1.15 | 6.79 | 1.27 | 3.74 | 0.57 | 3.75 | 0.55 | 6.72 | 36.20 | 268.00 | 242.77 | 25.23 | 9.62 | 0.52 | 11.78 | 4.57 | 1.63 |
| YK16203-4 | 花岗岩 | 1.21 | 6.95 | 1.33 | 3.82 | 0.58 | 3.88 | 0.58 | 7.06 | 37.80 | 264.07 | 237.95 | 26.12 | 9.11 | 0.55 | 10.87 | 4.28 | 1.66 |
| YK16203-5 | 花岗岩 | 1.18 | 6.80 | 1.31 | 3.68 | 0.56 | 3.68 | 0.54 | 6.17 | 36.00 | 249.32 | 224.34 | 24.98 | 8.98 | 0.56 | 10.84 | 4.26 | 1.63 |
| YK16203-6 | 花岗岩 | 1.18 | 6.67 | 1.29 | 3.59 | 0.57 | 3.72 | 0.55 | 6.43 | 36.40 | 256.14 | 231.43 | 24.71 | 9.37 | 0.53 | 11.11 | 4.39 | 1.59 |
| YK16204-1 | 花岗岩 | 1.25 | 7.53 | 1.46 | 4.30 | 0.68 | 4.47 | 0.67 | 6.65 | 42.40 | 232.18 | 204.12 | 28.06 | 7.27 | 0.40 | 7.46 | 3.50 | 1.43 |
| YK16204-2 | 花岗岩 | 1.20 | 7.19 | 1.44 | 4.18 | 0.65 | 4.29 | 0.62 | 6.28 | 40.80 | 235.25 | 208.31 | 26.94 | 7.73 | 0.42 | 8.03 | 3.72 | 1.42 |

表2-11　巴雷公花岗岩典型样品锆石 LA-ICP-MS U-Pb 年代学数据

| 样品 | 点号 | Th | U | Th/U | 比例 | | | | | | 年龄/Ma | | | | | |
|---|---|---|---|---|---|---|---|---|---|---|---|---|---|---|---|---|
| | | | | | $^{207}Pb/^{206}Pb$ | 1σ | $^{207}Pb/^{235}U$ | 1σ | $^{206}Pb/^{238}U$ | 1σ | $^{207}Pb/^{206}Pb$ | 1σ | $^{206}Pb/^{238}U$ | 1σ | $^{207}Pb/^{235}U$ | 1σ |
| YK16203-3 | 1 | 204 | 364 | 0.56 | 0.05675 | 0.00225 | 0.35295 | 0.01340 | 0.04530 | 0.00080 | 483 | 89 | 286 | 5 | 307 | 10 |
| | 2 | 111 | 166 | 0.67 | 0.05229 | 0.00388 | 0.31665 | 0.02115 | 0.04481 | 0.00089 | 298 | 168 | 283 | 6 | 279 | 16 |
| | 3 | 269 | 442 | 0.61 | 0.05104 | 0.00212 | 0.31753 | 0.01390 | 0.04482 | 0.00077 | 243 | 101 | 283 | 5 | 280 | 11 |
| | 4 | 209 | 419 | 0.50 | 0.05300 | 0.00181 | 0.32429 | 0.01050 | 0.04442 | 0.00058 | 328 | 78 | 280 | 4 | 285 | 8 |
| | 5 | 74 | 145 | 0.51 | 0.05366 | 0.00325 | 0.33114 | 0.01884 | 0.04508 | 0.00072 | 367 | 137 | 284 | 4 | 290 | 14 |
| | 7 | 116 | 179 | 0.65 | 0.05913 | 0.00361 | 0.36164 | 0.01757 | 0.04503 | 0.00071 | 572 | 133 | 284 | 4 | 313 | 13 |
| | 8 | 103 | 179 | 0.58 | 0.05155 | 0.00270 | 0.31608 | 0.01629 | 0.04477 | 0.00084 | 265 | 125 | 282 | 5 | 279 | 13 |
| | 9 | 169 | 310 | 0.55 | 0.04925 | 0.00248 | 0.30070 | 0.01489 | 0.04434 | 0.00078 | 167 | 119 | 280 | 5 | 267 | 12 |
| | 10 | 58 | 100 | 0.58 | 0.05265 | 0.00395 | 0.32334 | 0.02431 | 0.04462 | 0.00110 | 322 | 138 | 281 | 7 | 284 | 19 |
| | 11 | 200 | 488 | 0.41 | 0.05129 | 0.00187 | 0.31799 | 0.01159 | 0.04473 | 0.00066 | 254 | 88 | 282 | 4 | 280 | 9 |
| | 12 | 279 | 575 | 0.49 | 0.05157 | 0.00164 | 0.32458 | 0.01112 | 0.04512 | 0.00069 | 265 | 74 | 284 | 4 | 285 | 9 |
| | 13 | 150 | 267 | 0.56 | 0.05504 | 0.00227 | 0.34948 | 0.01568 | 0.04531 | 0.00077 | 413 | 91 | 286 | 5 | 304 | 12 |
| | 15 | 114 | 184 | 0.62 | 0.05018 | 0.00407 | 0.30645 | 0.02281 | 0.04440 | 0.00079 | 211 | -6 | 280 | 5 | 271 | 18 |

续表

| 样品 | 点号 | Th/U | Th | U | 比例 | | | | | | 年龄/Ma | | | | | |
|---|---|---|---|---|---|---|---|---|---|---|---|---|---|---|---|---|
| | | | | | $^{207}Pb/^{206}Pb$ | 1σ | $^{207}Pb/^{235}U$ | 1σ | $^{206}Pb/^{238}U$ | 1σ | $^{207}Pb/^{206}Pb$ | 1σ | $^{206}Pb/^{238}U$ | 1σ | $^{207}Pb/^{235}U$ | 1σ |
| YK16203-3 | 16 | 0.74 | 129 | 173 | 0.05251 | 0.00276 | 0.32975 | 0.01823 | 0.04486 | 0.00079 | 309 | 125 | 283 | 5 | 289 | 14 |
| | 17 | 0.79 | 126 | 160 | 0.05043 | 0.00265 | 0.31051 | 0.01462 | 0.04476 | 0.00076 | 217 | 122 | 282 | 5 | 275 | 11 |
| | 18 | 0.58 | 86 | 149 | 0.05881 | 0.00862 | 0.35610 | 0.04165 | 0.04577 | 0.00144 | 561 | 319 | 289 | 9 | 309 | 31 |
| | 19 | 0.58 | 182 | 315 | 0.05190 | 0.00204 | 0.32285 | 0.01268 | 0.04491 | 0.00071 | 280 | 91 | 283 | 4 | 284 | 10 |
| | 20 | 0.51 | 45 | 88 | 0.05370 | 0.00415 | 0.32987 | 0.02312 | 0.04470 | 0.00132 | 367 | 176 | 282 | 8 | 289 | 18 |
| YK16204-1 | 1 | 1.11 | 199 | 179 | 0.05536 | 0.00334 | 0.33848 | 0.01868 | 0.04472 | 0.00089 | 428 | 140 | 282 | 5 | 296 | 14 |
| | 2 | 0.62 | 103 | 167 | 0.05486 | 0.00322 | 0.33688 | 0.01927 | 0.04455 | 0.00095 | 406 | 99 | 281 | 6 | 295 | 15 |
| | 3 | 0.60 | 561 | 942 | 0.05274 | 0.00175 | 0.33376 | 0.01153 | 0.04534 | 0.00050 | 317 | 76 | 286 | 3 | 292 | 9 |
| | 4 | 0.64 | 407 | 634 | 0.05295 | 0.00169 | 0.33223 | 0.01146 | 0.04503 | 0.00065 | 328 | 72 | 284 | 4 | 291 | 9 |
| | 5 | 0.56 | 362 | 647 | 0.05105 | 0.00167 | 0.31503 | 0.01147 | 0.04441 | 0.00080 | 243 | 76 | 280 | 5 | 278 | 9 |
| | 6 | 0.57 | 385 | 673 | 0.05443 | 0.00185 | 0.33854 | 0.01267 | 0.04459 | 0.00062 | 387 | 78 | 281 | 4 | 296 | 10 |
| | 7 | 0.59 | 466 | 785 | 0.05241 | 0.00143 | 0.32532 | 0.00951 | 0.04482 | 0.00065 | 302 | 63 | 283 | 4 | 286 | 7 |
| | 8 | 0.61 | 351 | 578 | 0.04912 | 0.00176 | 0.30261 | 0.01098 | 0.04470 | 0.00069 | 154 | 79 | 282 | 4 | 268 | 9 |
| | 9 | 0.58 | 490 | 842 | 0.05269 | 0.00157 | 0.32736 | 0.01013 | 0.04483 | 0.00056 | 322 | 67 | 283 | 3 | 288 | 8 |
| | 10 | 0.56 | 353 | 631 | 0.05047 | 0.00162 | 0.30753 | 0.00971 | 0.04427 | 0.00060 | 217 | 81 | 279 | 4 | 272 | 8 |
| | 11 | 0.55 | 414 | 749 | 0.05179 | 0.00160 | 0.31909 | 0.01005 | 0.04470 | 0.00058 | 276 | 68 | 282 | 4 | 281 | 8 |
| | 13 | 0.64 | 503 | 782 | 0.05215 | 0.00159 | 0.32138 | 0.00999 | 0.04492 | 0.00060 | 300 | 70 | 283 | 4 | 283 | 8 |
| | 14 | 0.54 | 211 | 393 | 0.04877 | 0.00190 | 0.30094 | 0.01149 | 0.04487 | 0.00068 | 200 | 95 | 283 | 4 | 267 | 9 |
| | 15 | 0.59 | 411 | 696 | 0.05020 | 0.00153 | 0.30930 | 0.00947 | 0.04456 | 0.00053 | 211 | 70 | 281 | 3 | 274 | 7 |
| | 16 | 0.64 | 436 | 686 | 0.04987 | 0.00159 | 0.30943 | 0.01175 | 0.04448 | 0.00079 | 191 | 69 | 281 | 5 | 274 | 9 |
| | 18 | 0.59 | 610 | 1025 | 0.04991 | 0.00163 | 0.30542 | 0.00994 | 0.04429 | 0.00061 | 191 | 71 | 279 | 4 | 271 | 8 |
| | 19 | 0.67 | 499 | 746 | 0.05774 | 0.00181 | 0.35684 | 0.01168 | 0.04452 | 0.00058 | 520 | 69 | 281 | 4 | 310 | 9 |

续表

| 样品 | 点号 | Th/U | Th | U | 比例 | | | | | | 年龄/Ma | | | | | |
|---|---|---|---|---|---|---|---|---|---|---|---|---|---|---|---|---|
| | | | | | $^{207}Pb/^{206}Pb$ | 1σ | $^{207}Pb/^{235}U$ | 1σ | $^{206}Pb/^{238}U$ | 1σ | $^{207}Pb/^{206}Pb$ | 1σ | $^{206}Pb/^{238}U$ | 1σ | $^{207}Pb/^{235}U$ | 1σ |
| YK16204-3 | 1 | 0.63 | 112 | 178 | 0.05102 | 0.00353 | 0.31653 | 0.02526 | 0.04466 | 0.00076 | 243 | 161 | 282 | 5 | 279 | 19 |
| | 2 | 0.44 | 352 | 799 | 0.04885 | 0.00153 | 0.30730 | 0.01051 | 0.04514 | 0.00061 | 139 | 74 | 285 | 4 | 272 | 8 |
| | 3 | 0.60 | 147 | 246 | 0.04794 | 0.00235 | 0.29587 | 0.01360 | 0.04494 | 0.00083 | 95 | 115 | 283 | 5 | 263 | 11 |
| | 4 | 0.50 | 248 | 492 | 0.05136 | 0.00181 | 0.31613 | 0.01149 | 0.04448 | 0.00078 | 257 | 86 | 281 | 5 | 279 | 9 |
| | 5 | 0.48 | 93 | 192 | 0.05067 | 0.00290 | 0.30949 | 0.01683 | 0.04467 | 0.00078 | 233 | 133 | 282 | 5 | 274 | 13 |
| | 6 | 0.57 | 82 | 143 | 0.05034 | 0.00256 | 0.30819 | 0.01529 | 0.04450 | 0.00078 | 209 | 119 | 281 | 5 | 273 | 12 |
| | 7 | 0.66 | 220 | 335 | 0.05120 | 0.00219 | 0.31121 | 0.01255 | 0.04413 | 0.00061 | 250 | 100 | 278 | 4 | 275 | 10 |
| | 8 | 0.56 | 76 | 136 | 0.04890 | 0.00314 | 0.30208 | 0.01875 | 0.04512 | 0.00096 | 143 | 144 | 285 | 6 | 268 | 15 |
| | 9 | 0.70 | 237 | 338 | 0.05323 | 0.00256 | 0.32985 | 0.01497 | 0.04501 | 0.00071 | 339 | 105 | 284 | 4 | 289 | 11 |
| | 10 | 0.59 | 93 | 158 | 0.05401 | 0.00315 | 0.32909 | 0.01751 | 0.04485 | 0.00076 | 372 | 131 | 283 | 5 | 289 | 13 |
| | 11 | 0.62 | 147 | 236 | 0.05050 | 0.00310 | 0.31378 | 0.01838 | 0.04504 | 0.00097 | 217 | 138 | 284 | 6 | 277 | 14 |
| | 12 | 0.54 | 70 | 129 | 0.05541 | 0.00476 | 0.33442 | 0.02958 | 0.04361 | 0.00115 | 428 | 188 | 275 | 7 | 293 | 23 |
| | 13 | 0.61 | 161 | 263 | 0.05192 | 0.00227 | 0.32113 | 0.01458 | 0.04451 | 0.00078 | 283 | 100 | 281 | 5 | 283 | 11 |
| | 14 | 0.58 | 146 | 251 | 0.05377 | 0.00264 | 0.33343 | 0.01651 | 0.04475 | 0.00073 | 361 | 111 | 282 | 4 | 292 | 13 |
| | 15 | 0.62 | 148 | 238 | 0.05098 | 0.00200 | 0.31335 | 0.01186 | 0.04468 | 0.00071 | 239 | 91 | 282 | 4 | 277 | 9 |
| | 16 | 0.60 | 364 | 601 | 0.05182 | 0.00160 | 0.32162 | 0.01120 | 0.04455 | 0.00076 | 276 | 70 | 281 | 5 | 283 | 9 |
| | 17 | 0.61 | 242 | 396 | 0.05085 | 0.00185 | 0.31192 | 0.01146 | 0.04441 | 0.00066 | 235 | 85 | 280 | 4 | 276 | 9 |
| | 18 | 0.56 | 111 | 198 | 0.05050 | 0.00246 | 0.31019 | 0.01423 | 0.04470 | 0.00072 | 217 | 113 | 282 | 4 | 274 | 11 |
| | 19 | 0.45 | 402 | 891 | 0.04975 | 0.00276 | 0.30800 | 0.01641 | 0.04487 | 0.00080 | 183 | 127 | 283 | 5 | 273 | 13 |
| | 20 | 0.55 | 110 | 199 | 0.04986 | 0.00269 | 0.30272 | 0.01606 | 0.04435 | 0.00072 | 187 | 126 | 280 | 4 | 269 | 13 |

在锆石 CL 图像中，锆石的形态大部分呈长柱状，少数呈短柱状，粒径为 50 ~ 150μm，长宽比为 2 : 1 ~ 3 : 1，大多数锆石显示较清晰的韵律环带结构，Th/U 值变化范围为 0.41 ~ 1.11，应属于岩浆成因锆石，少数具有残核（图 2-75）（吴元保和郑永飞，2004）。样品 YK16203-3 中 18 个分析点落在谐和线上，加权平均年龄值为 282.3 ± 2.5Ma（MSWD = 0.09）；样品 YK16204-1 中 17 个分析点落在谐和线上，加权平均年龄值为 281.9 ± 1.9Ma（MSWD = 0.23）；样品 YK16204-3 中 20 个分析点均落在谐和线上，加权平均年龄值为 281.1 ± 2.4Ma（MSWD = 0.17）（图 2-75）。上述 U-Pb 锆石测年结果表明，巴雷公花岗岩的锆石结晶年龄为 281 ~ 282Ma，指示了巴雷公岩体属于早二叠世晚期岩浆活动的产物。

### 3. 矿物电子探针数据

角闪石的电子探针数据列于表 2-12。其中 6 件样品的角闪石的 $SiO_2$ 含量为 42.26% ~ 46.37%，$Al_2O_3$ 含量为 5.74% ~ 8.86%，MgO 含量为 7.27% ~ 9.25%，CaO 含量为 10.62% ~ 12.24%，FeO 含量为 19.65% ~ 22.45%。按照 Leake 等（1997）角闪石分类方案，巴雷公花岗岩的角闪石属于富铁钙质角闪石系列，包括铁浅闪石和铁角闪石（图 2-76）。

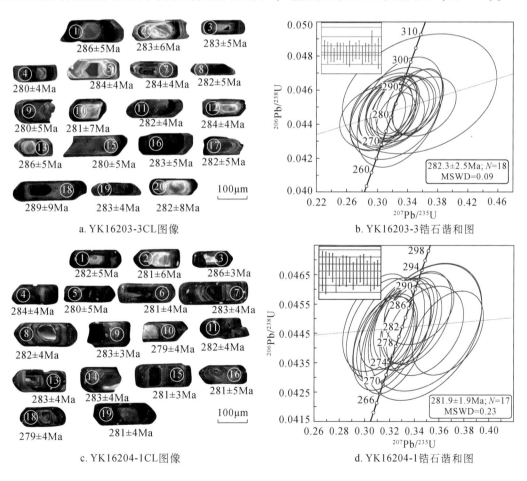

a. YK16203-3CL图像

b. YK16203-3锆石谐和图

c. YK16204-1CL图像

d. YK16204-1锆石谐和图

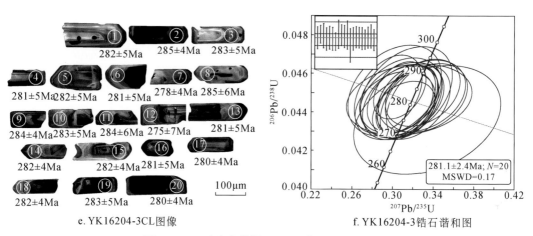

e. YK16204-3CL图像　　　　　　f. YK16204-3锆石谐和图

图2-75　巴雷公岩体样品CL图像及锆石谐和图

### 表2-12　巴雷公花岗岩角闪石电子探针分析结果　　　（单位:%）

| 样品编号 | YK16202-3 | YK16202-4 | YK16202-7 | YK16204-1 | YK16204-2 | YK16202-1 | | |
|---|---|---|---|---|---|---|---|---|
| 测试点号 | c2 | d1 | g4 | h2-1 | n2-1 | e1-1 | e1-4 | e2-3 |
| $SiO_2$ | 42.26 | 42.29 | 43.39 | 43.66 | 43.36 | 44.99 | 46.37 | 44.94 |
| $TiO_2$ | 2.25 | 2.20 | 2.03 | 1.75 | 1.85 | 1.55 | 1.08 | 1.53 |
| $Al_2O_3$ | 8.86 | 8.75 | 8.22 | 8.11 | 8.06 | 7.01 | 5.74 | 6.64 |
| $Fe_2O_3$ | 0.00 | 0.00 | 0.00 | 0.00 | 0.00 | 0.00 | 0.00 | 0.00 |
| FeO | 21.47 | 22.45 | 21.15 | 19.65 | 21.78 | 21.06 | 20.27 | 20.41 |
| MnO | 0.42 | 0.44 | 0.36 | 0.65 | 0.67 | 0.33 | 0.50 | 0.38 |
| MgO | 7.64 | 7.27 | 8.56 | 9.25 | 7.51 | 8.80 | 9.11 | 8.92 |
| CaO | 10.70 | 10.66 | 10.72 | 10.62 | 10.69 | 10.72 | 12.24 | 11.12 |
| $Na_2O$ | 1.82 | 1.80 | 1.72 | 1.99 | 1.87 | 1.51 | 1.08 | 1.50 |
| $K_2O$ | 1.18 | 1.09 | 1.07 | 1.08 | 0.91 | 0.75 | 0.51 | 0.67 |
| F | 0.48 | 0.35 | 0.31 | 0.48 | 0.33 | 0.16 | 0.10 | 0.24 |
| $H_2O$ | 1.71 | 1.78 | 1.82 | 1.74 | 1.79 | 1.90 | 1.91 | 1.84 |
| 总计 | 99.00 | 99.40 | 99.79 | 99.29 | 99.06 | 99.23 | 98.96 | 98.43 |
| Si | 6.5670 | 6.5828 | 6.6778 | 6.7026 | 6.7339 | 6.9263 | 7.1047 | 6.9471 |
| $Al^{IV}$ | 1.4330 | 1.4172 | 1.3222 | 1.2974 | 1.2661 | 1.0737 | 0.8953 | 1.0529 |
| $Al^{VI}$ | 0.1896 | 0.1880 | 0.1688 | 0.1699 | 0.2091 | 0.1982 | 0.1412 | 0.1568 |
| Ti | 0.2630 | 0.2576 | 0.2350 | 0.2021 | 0.2161 | 0.1795 | 0.1245 | 0.1779 |
| $Fe^{3+}$ | 0.3682 | 0.3493 | 0.3721 | 0.3530 | 0.3970 | 0.4817 | 0.5614 | 0.4977 |
| $Fe^{2+}$ | 2.4220 | 2.5732 | 2.3501 | 2.1699 | 2.4318 | 2.2298 | 2.0360 | 2.1409 |
| Mn | 0.0553 | 0.0580 | 0.0469 | 0.0845 | 0.0881 | 0.0430 | 0.0649 | 0.0498 |

续表

| 样品编号 | YK16202-3 | YK16202-4 | YK16202-7 | YK16204-1 | YK16204-2 | YK16202-1 | | |
|---|---|---|---|---|---|---|---|---|
| Mg | 1.7699 | 1.6870 | 1.9639 | 2.1169 | 1.7387 | 2.0197 | 2.0808 | 2.0556 |
| Ca | 1.7815 | 1.7779 | 1.7677 | 1.7469 | 1.7788 | 1.7683 | 2.0094 | 1.8418 |
| Na | 0.5483 | 0.5432 | 0.5132 | 0.5923 | 0.5631 | 0.4507 | 0.3208 | 0.4496 |
| K | 0.2339 | 0.2164 | 0.2101 | 0.2115 | 0.1803 | 0.1473 | 0.0997 | 0.1321 |
| 阳离子总量 | 15.6318 | 15.6507 | 15.6279 | 15.6470 | 15.6030 | 15.5183 | 15.4386 | 15.5023 |
| $Si_T$ | 6.5670 | 6.5828 | 6.6778 | 6.7026 | 6.7339 | 6.9263 | 7.1047 | 6.9471 |
| $Al_T$ | 1.4330 | 1.4172 | 1.3222 | 1.2974 | 1.2661 | 1.0737 | 0.8953 | 1.0529 |
| $Al_C$ | 0.1896 | 0.1880 | 0.1688 | 0.1699 | 0.2091 | 0.1982 | 0.1412 | 0.1568 |
| $Fe_C^{3+}$ | 0.3682 | 0.3493 | 0.3721 | 0.3530 | 0.3970 | 0.4817 | 0.5614 | 0.4977 |
| $Ti_C$ | 0.2630 | 0.2576 | 0.2350 | 0.2021 | 0.2161 | 0.1795 | 0.1245 | 0.1779 |
| $Mg_C$ | 1.7699 | 1.6870 | 1.9639 | 2.1169 | 1.7387 | 2.0197 | 2.0808 | 2.0556 |
| $Fe_C^{2+}$ | 2.4093 | 2.5181 | 2.2602 | 2.1580 | 2.4318 | 2.1209 | 2.0360 | 2.1119 |
| $Mn_C$ | 0.0000 | 0.0000 | 0.0000 | 0.0000 | 0.0073 | 0.0000 | 0.0562 | 0.0000 |
| $Fe_B^{2+}$ | 0.0127 | 0.0551 | 0.0899 | 0.0118 | 0.0000 | 0.1089 | 0.0000 | 0.0290 |
| $Mn_B$ | 0.0553 | 0.0580 | 0.0469 | 0.0845 | 0.0809 | 0.0430 | 0.0087 | 0.0498 |
| $Ca_B$ | 1.7815 | 1.7779 | 1.7677 | 1.7469 | 1.7788 | 1.7683 | 1.9913 | 1.8418 |
| $Na_B$ | 0.1504 | 0.1090 | 0.0954 | 0.1568 | 0.1403 | 0.0798 | 0.0000 | 0.0794 |
| $Ca_A$ | 0.0000 | 0.0000 | 0.0000 | 0.0000 | 0.0000 | 0.0000 | 0.0181 | 0.0000 |
| $Na_A$ | 0.3979 | 0.4342 | 0.4178 | 0.4355 | 0.4227 | 0.3710 | 0.3208 | 0.3702 |
| $K_A$ | 0.2339 | 0.2164 | 0.2101 | 0.2115 | 0.1803 | 0.1473 | 0.0997 | 0.1321 |

注：下标表示离子在晶体中所占位置，如 $Si_T$。

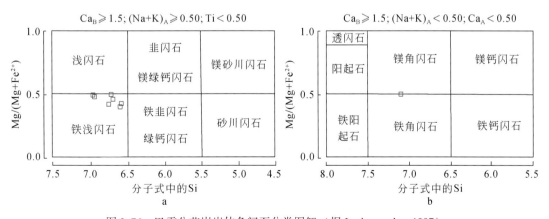

图 2-76　巴雷公花岗岩体角闪石分类图解（据 Leake et al.，1997）

**4. 岩相学约束**

矿物学上，巴雷公高钾花岗岩的矿物组合为石英+碱性长石（钠长石）+斜长石+角闪石+黑云母，其中暗色矿物主要由角闪石及黑云母构成，电子探针分析表明，角闪石矿物中（Ca+Na)$_B$为1.8481～1.9913（>1.34），Na$_B$为0.0794～0.1568（<0.67），角闪石不属于碱性角闪石亚类，而属于富铁钙质亚类，主要包括铁浅闪石和铁角闪石，因此巴雷公花岗岩不属于A型花岗岩（图2-76）。条纹长石中，可见斜长石包裹体，显示具有岩浆混染的特征。巴雷公花岗岩中暗色矿物角闪石、黑云母以及榍石等指示巴雷公花岗岩具有 I 型花岗岩的特征，属于高钾钙碱性 I 型花岗岩。

**5. 岩浆作用过程**

A 型花岗岩最早由 Loiselle 和 Wones（1979）提出，属于富碱、贫水和非造山的花岗岩类，地球化学上以贫 Al、Sr、Eu、Ba、Ti、P 为特征，形成于低压高温条件，代表了低压条件下部分熔融形成的花岗岩类，常产出于造山后地壳伸展减薄的构造背景以及非造山构造环境。巴雷公高钾碱性花岗岩的稀土配分曲线与 A 型花岗岩的"燕型"配分曲线具有差异，且负 Eu 异常较典型花岗岩弱，不属于 A 型花岗岩（王超等，2007a）。在微量元素原始地幔标准化蛛网图中，大离子亲石元素（LILE）Rb、K、Cs 等相对富集，高场强元素（HFSE）Nb、Ta 等亏损，显示具有 I 型花岗岩的特征，属于岩浆弧基底岩火成岩再熔融的产物。

在 I 型、S 型和 A 型花岗岩系列判别图解中，巴雷公花岗岩大多数图解中样品点落在了 I-S 型与 A 型花岗岩界线附近，显示出具有 I 型花岗岩的特征（图2-77a～d）。在 P$_2$O$_5$-SiO$_2$ 和 Pb-SiO$_2$图解中，巴雷公花岗岩体同样显示具有 I 型花岗岩的特征（图2-78）。因此，巴雷公花岗岩属于 I 型花岗岩，属于岩浆岩基底火成岩再熔融的产物，属于碰撞造山作用后期的产物，而巴雷公花岗岩的形成，指示了在早二叠世之前南天山洋已经发生闭合，西南天山进入了碰撞造山阶段（黄河等，2015a，2015b；王超等，2007a；张招崇等，2009）。

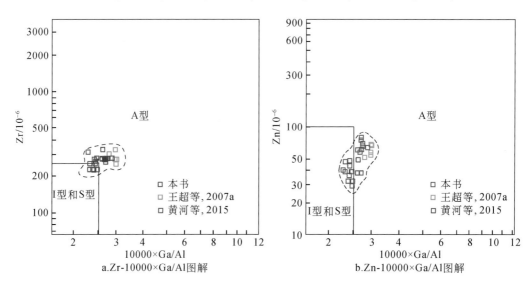

a.Zr-10000×Ga/Al图解　　　　　　　　　b.Zn-10000×Ga/Al图解

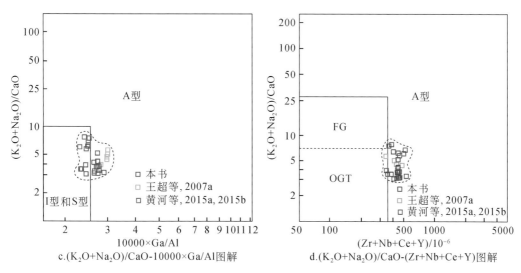

图 2-77　巴雷公花岗岩体 A 型花岗岩判别图解

FG. 分异花岗岩；OGT. 未分异花岗岩

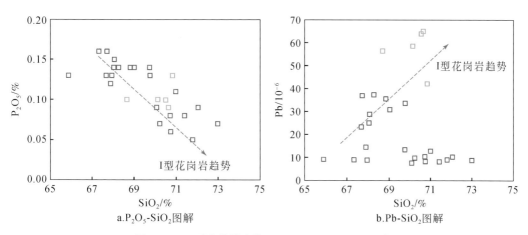

图 2-78　巴雷公花岗岩体 $P_2O_5$-$SiO_2$ 和 Pb-$SiO_2$ 图解

　　巴雷公花岗岩高钾、贫镁的特征，同样指示了其形成于碰撞造山作用后期加厚地壳的局部熔融，而不是俯冲板片发生部分熔融，而巴雷公花岗岩的 Hf 同位素也显示其岩浆主要来源于陆壳物质的局部熔融（黄河等，2015a，2015b）。因此，巴雷公花岗岩的岩浆活动可能是幔源岩浆底侵作用的结果，形成于碰撞造山后期岩浆弧火山岩的局部熔融（张招崇等，2009）。

　　在巴雷公花岗岩体构造判别图解中（图 2-79），巴雷公花岗岩落入火山弧系统，可能代表了其源区具有弧岩浆的特征，而不一定代表巴雷公花岗岩形成于火山弧构造背景（张招崇等，2009）。在 Y-Nb 图解、（Y+Nb）-Rb 图解及 Yb-Ta 图解中（图 2-80），巴雷公花岗岩主要落入火山弧花岗岩与同碰撞花岗岩区域内，同样显示其形成于岩浆弧系统火山岩的再熔融。

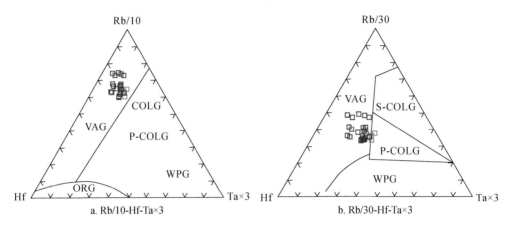

图 2-79　巴雷公花岗岩体构造判别图解

VAG. 火山弧花岗岩；WPG. 板内花岗岩；ORG. 洋中脊花岗岩；COLG. 碰撞花岗岩；

S-COLG. 同碰撞花岗岩；P-COLG. 后碰撞花岗岩

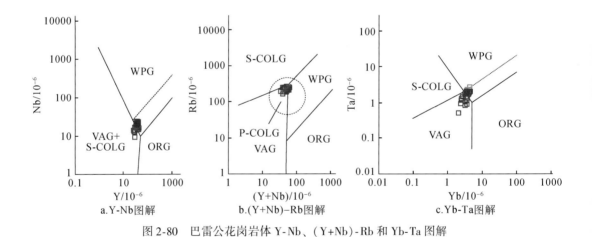

图 2-80　巴雷公花岗岩体 Y-Nb、（Y+Nb）-Rb 和 Yb-Ta 图解

（据 Pearce et al.，1984）

VAG. 火山弧花岗岩；WPG. 板内花岗岩；ORG. 洋中脊花岗岩；COLG. 碰撞花岗岩；S-COLG. 同碰撞花岗岩；

P-COLG. 后碰撞花岗岩

## 6. 区域构造演化

　　南天山蛇绿岩的年龄以及硅质岩中放射虫时代表明，南天山洋盆在早古生代就已经形成（李曰俊等，2002；王超等，2007b）。天山高压－低温变质带（HP-LT）中含蓝闪石榴辉岩的一致 Sm-Nd 矿物－全岩等时线年龄和蓝闪石 Ar-Ar 坪年龄为 345～331Ma，表明最初碰撞时间始于早石炭世（高俊等，2009）。

巴雷公花岗岩属于 I 型花岗岩的高钾钙碱性花岗岩类，属于陆陆碰撞阶段岩浆活动，代表了西南天山造山带碰撞造山期岩浆活动的产物，限定了西南天山碰撞造山的时限，表明西南天山古洋盆在二叠纪以前主体已经发生闭合（王超等，2007a，2007b；韩宝福等，2010；黄河等，2010a，2015a，2015b）。而在西南天山西段，川乌鲁岩体的形成时代为280Ma，地球化学特征同样属于造山带碰撞造山后岩浆活动的产物，同样表明早二叠世已经进入后碰撞演化阶段（图2-81）（王超等，2007a；黄河等，2010a，2015a，2015b）。

基于上述分析，本次研究认为高钾、钙碱性巴雷公花岗岩属于受陆陆碰撞作用控制的I 型花岗岩，其代表了西南天山造山带的同碰撞岩浆作用，进而限定了西南天山碰撞造山时限，表明西南天山洋盆在二叠纪之前就闭合。

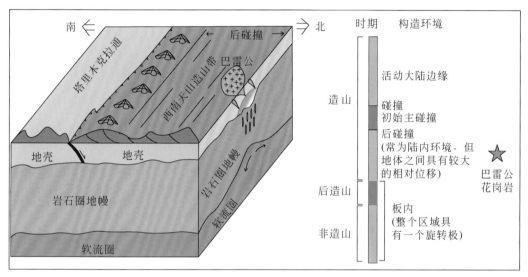

图 2-81　巴雷公花岗岩体构造演化图

## 2.2.5　普昌钒钛磁铁矿花岗岩年代学及地球化学特征

普昌钒钛磁铁矿位于塔里木地台北缘的柯坪古生代陆棚–中生代断隆中的木兹托克过渡带中部。含矿地质体为基性岩体，侵入中上石炭统地层中，矿体赋存于具多次侵位的基性杂岩中，矿体呈似层状或囊状整合产于层状杂岩体各韵律层下部的含铁辉长岩中（图2-82）。

在普昌钒钛磁铁矿采区可见多条花岗岩脉切穿矿体，形成于成矿后，属于典型的成矿后岩浆作用（图2-83）。通过对普昌钒钛磁铁矿花岗岩脉进行锆石 U-Pb 年代学以及地球化学测定，对普昌钒钛磁铁矿成矿作用时限以及成矿后环境进行分析，以期对普昌钒钛磁铁矿构造–岩浆–成矿作用进行探讨。

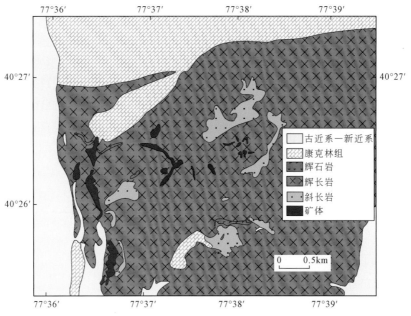

图 2-82　普昌钒钛磁铁矿区域地质图（据 Zhang et al.，2016，修改）

图 2-83 普昌钒钛磁铁矿矿体及花岗岩脉野外露头

a. 铁矿矿体露头；b. 条带状钒钛磁铁矿矿石；c～f. 后期花岗岩脉切穿矿体

## 1. 主量元素

普昌钒钛磁铁矿花岗岩 $SiO_2$ 含量为 72.06%～73.45%，平均为 72.66%；$Al_2O_3$ 含量为 14.36%～15.07%，平均为 14.67%；$Na_2O$ 含量为 3.73%～4.10%，平均为 3.90%；$K_2O$ 含量为 5.76%～6.27%，平均为 5.93%；全碱含量 ALK 为 9.51%～10.35%，平均为 9.83%。普昌钒钛磁铁矿花岗岩的主量元素数据见表 2-13。

在侵入岩 TAS 图解（图 2-84a）上，所有点均落在花岗岩区，位于碱性系列和亚碱性系列过渡区域，说明岩石属于花岗岩类，与野外和镜下观察一致。在 A/CNK-A/NK 图解（图 2-84b）上，样品主要落在偏铝质与过铝质过渡区域。

表 2-13 普昌钒钛磁铁矿花岗岩主量元素分析结果 （单位:%）

| 样号 | 岩性 | $SiO_2$ | $TiO_2$ | $Al_2O_3$ | $Fe_2O_3$ | FeO | MnO | MgO | CaO | $Na_2O$ | $K_2O$ | $P_2O_5$ |
|---|---|---|---|---|---|---|---|---|---|---|---|---|
| YK16217-1 | 花岗岩 | 72.41 | 0.13 | 14.91 | 0.58 | 0.54 | 0.01 | 0.36 | 0.96 | 4.10 | 5.97 | 0.02 |
| YK16217-2 | 花岗岩 | 72.09 | 0.14 | 15.07 | 0.14 | 0.90 | 0.02 | 0.35 | 0.91 | 4.08 | 6.27 | 0.02 |
| YK16217-3 | 花岗岩 | 72.06 | 0.13 | 14.77 | 0.45 | 0.22 | 0.01 | 0.18 | 1.46 | 3.91 | 5.92 | 0.01 |
| YK16218-1 | 花岗岩 | 73.45 | 0.17 | 14.37 | 0.78 | 0.47 | 0.01 | 0.22 | 0.81 | 3.73 | 5.86 | 0.02 |
| YK16218-2 | 花岗岩 | 73.42 | 0.18 | 14.36 | 0.68 | 0.61 | 0.01 | 0.23 | 0.80 | 3.75 | 5.76 | 0.02 |
| YK16218-3 | 花岗岩 | 72.51 | 0.19 | 14.53 | 0.96 | 0.36 | 0.01 | 0.24 | 0.95 | 3.82 | 5.79 | 0.02 |

| 样号 | 岩性 | 总计 | LOI | A/CNK | ALK | A/NK | SI | $\sigma$ | $\tau$ | TFe | $FeO^*$/MgO |
|---|---|---|---|---|---|---|---|---|---|---|---|
| YK16217-1 | 花岗岩 | 99.99 | 0.40 | 1.00 | 10.07 | 1.13 | 2.96 | 3.45 | 83.15 | 1.06 | 2.95 |
| YK16217-2 | 花岗岩 | 99.99 | 0.29 | 0.99 | 10.35 | 1.12 | 2.85 | 3.68 | 78.50 | 1.03 | 2.93 |
| YK16217-3 | 花岗岩 | 99.12 | 1.07 | 0.95 | 9.83 | 1.15 | 1.51 | 3.33 | 83.54 | 0.62 | 3.47 |
| YK16218-1 | 花岗岩 | 99.89 | 0.30 | 1.03 | 9.59 | 1.15 | 1.89 | 3.02 | 62.59 | 1.17 | 5.33 |
| YK16218-2 | 花岗岩 | 99.82 | 0.26 | 1.04 | 9.51 | 1.16 | 1.98 | 2.97 | 58.94 | 1.22 | 5.31 |
| YK16218-3 | 花岗岩 | 99.38 | 0.45 | 1.02 | 9.61 | 1.16 | 2.02 | 3.13 | 56.37 | 1.22 | 5.10 |

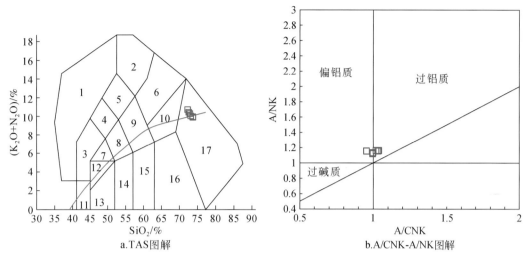

图 2-84　侵入岩 TAS 图解和 A/CNK-A/NK 图解

1. 副长深成岩；2. 似长石正长岩；3. 似长石辉长岩；4. 似长石二长闪长岩；5. 似长石二长正长岩；6. 正长岩；7. 二长辉长岩；8. 二长闪长岩；9. 二长岩；10. 石英二长岩；11. 橄榄辉长岩；12. 碱性辉长岩；13. 非碱性辉长岩；14. 辉长闪长岩；15. 闪长岩；16. 花岗闪长岩；17. 花岗岩

### 2. 稀土、微量元素特征

普昌钒钛磁铁矿两类花岗岩（YK16217-1～YK16217-3，YK16218-1～YK16218-3）的稀土元素具有不同的特征（图 2-85a）。数据见表 2-14。其中 YK16217-1～YK16217-3 稀土元素总量变化于 $116.68 \times 10^{-6} \sim 130.07 \times 10^{-6}$，平均为 $123.35 \times 10^{-6}$，$\sum$ LREE/$\sum$ HREE 为 $6.49 \sim 8.63$，平均为 7.28，表明该花岗岩富集 LREE，$(La/Yb)_N$ 为 $9.07 \sim 11.84$，平均为 10.0，属轻稀土富集型；$\delta Eu$ 值在 $0.48 \sim 0.64$ 之间变化，平均为 0.54，表明其总体具负 Eu 异常。YK16218-1～YK16218-3 稀土元素总量变化于 $90.87 \times 10^{-6} \sim 100.21 \times 10^{-6}$，平均为

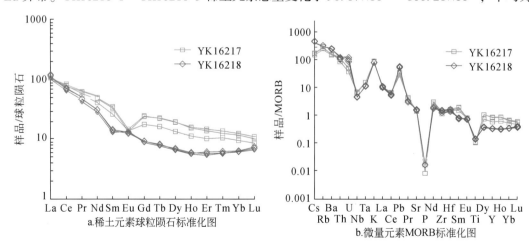

图 2-85　普昌钒钛磁铁矿花岗岩稀土元素球粒陨石标准化图和微量元素
MORB 标准化图（数据据 Sun and McDonough，1989）

表 2-14　普昌钢钛磁铁矿花岗岩微量、稀土元素分析结果

（单位:$10^{-6}$）

| 样号 | 岩性 | Be | Mn | Co | Ni | Cu | Zn | Ga | Rb | Sr | Mo | In | Cd | Cs | Ba | Tl | Pb | Bi |
|---|---|---|---|---|---|---|---|---|---|---|---|---|---|---|---|---|---|---|
| YK16217-1 | 花岗岩 | 2.84 | 68.30 | 2.18 | 1.17 | 3.53 | 23.80 | 17.10 | 139.00 | 129.00 | 0.30 | <0.05 | <0.05 | 1.03 | 921.00 | 0.40 | 10.10 | 0.08 |
| YK16217-2 | 花岗岩 | 2.25 | 69.60 | 1.51 | 0.62 | 2.41 | 22.80 | 17.10 | 172.00 | 138.00 | 0.29 | <0.05 | <0.05 | 1.21 | 969.00 | 0.42 | 10.80 | 0.20 |
| YK16217-3 | 花岗岩 | 2.21 | 60.60 | 0.57 | 0.43 | 2.08 | 11.70 | 16.80 | 164.00 | 130.00 | 0.20 | <0.05 | <0.05 | 1.16 | 989.00 | 0.39 | 8.35 | 0.05 |
| YK16218-1 | 花岗岩 | 2.82 | 53.40 | 1.43 | 0.70 | 2.23 | 12.30 | 14.90 | 184.00 | 139.00 | 0.11 | <0.05 | <0.05 | 3.29 | 1506.00 | 0.63 | 15.80 | 0.08 |
| YK16218-2 | 花岗岩 | 2.89 | 61.40 | 1.56 | 0.29 | 1.66 | 13.00 | 15.60 | 183.00 | 142.00 | 0.07 | <0.05 | <0.05 | 3.14 | 1519.00 | 0.65 | 16.20 | 0.08 |
| YK16218-3 | 花岗岩 | 2.75 | 64.90 | 1.56 | 0.40 | 1.90 | 13.70 | 15.90 | 184.00 | 151.00 | 0.06 | <0.05 | <0.05 | 3.23 | 1609.00 | 0.64 | 17.40 | 0.10 |

| 样号 | 岩性 | Th | U | Nb | Ta | Zr | Hf | Ti | W | Sc | V | As | Y | La | Ce | Pr | Nd | Sm | Eu | Gd |
|---|---|---|---|---|---|---|---|---|---|---|---|---|---|---|---|---|---|---|---|---|
| YK16217-1 | 花岗岩 | 13.00 | 2.38 | 16.10 | 2.04 | 104.00 | 3.47 | 857.00 | 0.43 | 3.38 | 8.43 | 3.74 | 24.60 | 26.90 | 51.20 | 5.92 | 23.00 | 5.34 | 0.85 | 5.05 |
| YK16217-2 | 花岗岩 | 10.20 | 1.73 | 15.20 | 2.03 | 84.60 | 2.98 | 811.00 | 0.39 | 2.87 | 8.02 | 4.41 | 23.80 | 25.30 | 47.60 | 5.77 | 22.30 | 5.08 | 0.78 | 4.92 |
| YK16217-3 | 花岗岩 | 13.50 | 2.31 | 16.50 | 2.03 | 91.30 | 3.28 | 815.00 | 0.48 | 2.65 | 6.17 | 2.35 | 16.50 | 26.90 | 48.40 | 5.22 | 19.20 | 4.04 | 0.80 | 3.63 |
| YK16218-1 | 花岗岩 | 14.50 | 4.71 | 10.90 | 1.49 | 94.60 | 2.86 | 1067.00 | 0.48 | 1.78 | 3.14 | 0.56 | 9.61 | 27.10 | 42.00 | 4.48 | 14.60 | 2.21 | 0.76 | 1.91 |
| YK16218-2 | 花岗岩 | 13.30 | 5.62 | 11.10 | 1.46 | 117.00 | 3.52 | 1074.00 | 0.50 | 1.75 | 3.37 | 0.61 | 9.76 | 28.20 | 43.50 | 4.45 | 14.50 | 2.12 | 0.73 | 1.89 |
| YK16218-3 | 花岗岩 | 12.50 | 4.06 | 10.50 | 1.56 | 109.00 | 3.20 | 1131.00 | 0.57 | 1.65 | 3.22 | 0.49 | 9.31 | 25.10 | 39.40 | 4.03 | 13.20 | 1.98 | 0.79 | 1.81 |

| 样号 | 岩性 | Tb | Dy | Ho | Er | Tm | Yb | Lu | ΣREE | ΣLREE | ΣHREE | ΣLREE/ΣHREE | δEu | $(La/Yb)_N$ | $(La/Sm)_N$ | $(Gd/Yb)_N$ |
|---|---|---|---|---|---|---|---|---|---|---|---|---|---|---|---|---|
| YK16217-1 | 花岗岩 | 0.83 | 4.89 | 0.90 | 2.44 | 0.35 | 2.12 | 0.28 | 130.07 | 113.21 | 16.86 | 6.71 | 0.50 | 9.10 | 3.25 | 1.97 |
| YK16217-2 | 花岗岩 | 0.85 | 4.95 | 0.87 | 2.30 | 0.32 | 2.00 | 0.26 | 123.30 | 106.83 | 16.47 | 6.49 | 0.48 | 9.07 | 3.22 | 2.04 |
| YK16217-3 | 花岗岩 | 0.61 | 3.42 | 0.64 | 1.70 | 0.27 | 1.63 | 0.22 | 116.68 | 104.56 | 12.12 | 8.63 | 0.64 | 11.84 | 4.30 | 1.84 |
| YK16218-1 | 花岗岩 | 0.30 | 1.79 | 0.34 | 0.96 | 0.15 | 1.07 | 0.18 | 97.85 | 91.15 | 6.70 | 13.60 | 1.13 | 18.17 | 7.92 | 1.48 |
| YK16218-2 | 花岗岩 | 0.31 | 1.72 | 0.33 | 1.02 | 0.16 | 1.09 | 0.19 | 100.21 | 93.50 | 6.71 | 13.93 | 1.11 | 18.56 | 8.59 | 1.43 |
| YK16218-3 | 花岗岩 | 0.29 | 1.68 | 0.32 | 0.90 | 0.15 | 1.05 | 0.17 | 90.87 | 84.50 | 6.37 | 13.27 | 1.28 | 17.15 | 8.18 | 1.43 |

$96.31 \times 10^{-6}$，$\sum LREE / \sum HREE$ 为 13.27 ~ 13.93，平均为 13.60，表明该花岗斑岩富集 LREE，$(La/Yb)_N$ 为 17.15 ~ 18.56，平均为 17.96，属轻稀土富集型；$\delta Eu$ 值在 1.11 ~ 1.28 之间变化，平均为 1.17，表明其总体具正 Eu 异常。黑云母二长花岗斑岩稀土元素总量变化于 $121.437 \times 10^{-6} \sim 214.627 \times 10^{-6}$，平均为 $168.246 \times 10^{-6}$，$\sum LREE / \sum HREE$ 为 8.416 ~ 16.361，平均为 11.966，表明该花岗斑岩富集 LREE，$(La/Yb)_N$ 为 8.720 ~ 24.192，平均为 11.966，属轻稀土富集型；$\delta Eu$ 值在 0.490 ~ 0.652 之间变化，平均为 0.564，表明其总体具负 Eu 异常。

从图 2-85b 可以看出，普昌钒钛磁铁矿两类花岗岩（YK16217-1 ~ YK16217-3、YK16218-1 ~ YK16218-3）微量元素总体富集 Cs、Rb、K、Pb，亏损 Nb、P、Ti，曲线总体呈右倾型。

### 3. 年代学

普昌钒钛磁铁矿花岗岩中 YK16218 样品的锆石多呈自形–半自形，无色透明，粒径为 60 ~ 220μm，呈短柱状，少数呈长柱状。锆石 CL 图像显示具有明显的振荡环带。本次研究过程中选取样品 YK16218 中的 20 颗锆石进行了 U-Pb 同位素测试，锆石的 Th/U 值变化于 0.59 ~ 0.83（均大于 0.4），为典型的岩浆成因锆石（Rubatto and Gebauer，2000；吴元保和郑永飞，2004）。取谐和度 $\geqslant 90\%$ 的 10 个测试点进行分析，其中 U 含量变化于 $312 \times 10^{-6} \sim 647 \times 10^{-6}$，平均为 $475 \times 10^{-6}$；Th 含量变化于 $219 \times 10^{-6} \sim 397 \times 10^{-6}$，平均为 $311 \times 10^{-6}$。$^{206}Pb/^{238}U$ 年龄变化范围介于 260 ~ 288Ma，加权平均年龄为 271.5±6.9Ma（MSWD=4.4）（图 2-86）。

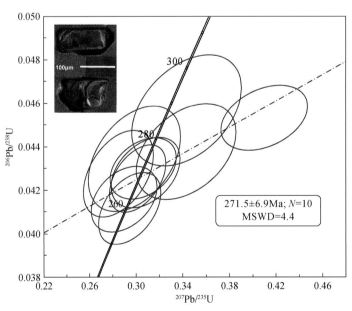

图 2-86　普昌钒钛磁铁矿花岗岩锆石 U-Pb 同位素谐和图

### 4. 岩石成因及构造背景

通常情况下，按照花岗岩的源区性质分为 I 型、S 型、A 型花岗岩。其中 A 型花岗岩具有钠闪石-钠铁闪石等标志性碱性暗色矿物，且在化学成分上属于富硅、富钾、富 Zr、Nb、Ta 等高场强元素等特征。普昌钒钛磁铁矿花岗岩在薄片中没有观察到典型的 A 型花岗岩矿物，主量元素显示 $SiO_2$ 含量较低（大部分小于 74%），$Al_2O_3/TiO_2$ 值介于 76.47 ~ 114.69，$CaO/Na_2O$ 值低（<0.24）。在 Zr-10000×Ga/Al（图 2-87a）和 Ce-10000×Ga/Al（图 2-87b）判别图解中样品主要落入 I 型和 S 型花岗岩的区域内，样品的 $FeO^*/MgO$ 整体上比较低，均值为 4.18，明显不同于 A 型花岗岩显著富铁质（$FeO^*/MgO>10$）的特征，且 Zr+Nb+Ce+Y 含量较低。在 （$Na_2O+K_2O$）/CaO-（Zr+Nb+Ce+Y）和 $FeO^*/MgO$-（Zr+Nb+Ce+Y）综合图解中（图 2-87c、d），样品主要落入了 FG 与 OGT 区域。因此，可以判定普昌钒钛磁铁矿花岗岩不属于 A 型花岗岩，应该属于分异的 I 型或者 S 型花岗岩。

Pichavant 等（1992）指出，P 在强过铝质熔体中具有较高的溶解度，在偏铝质或者弱过铝质熔体中具有很低的溶解度，在普昌钒钛磁铁矿花岗岩中具有很低的 $P_2O_5$ 含量，且 A/CNK 值为 0.95 ~ 1.04，与典型的过铝质 S 型花岗岩存在差异。因此，普昌钒钛磁铁矿花岗岩应该属于高分异的 I 型花岗岩。

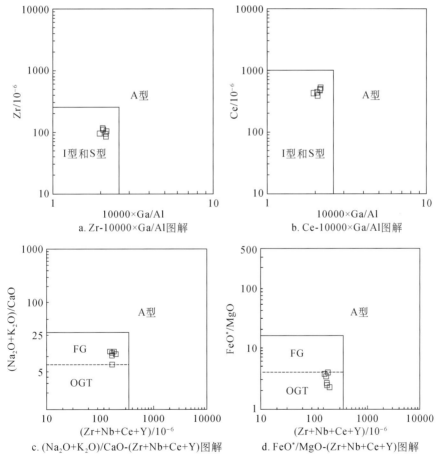

a. Zr-10000×Ga/Al图解

b. Ce-10000×Ga/Al图解

c. (Na₂O+K₂O)/CaO-(Zr+Nb+Ce+Y)图解

d. FeO*/MgO-(Zr+Nb+Ce+Y)图解

图 2-87　普昌钒钛磁铁矿花岗岩成因判别图解（据 Whalen et al.，1987）

FG. 分异花岗岩；OGT. 未分异花岗岩（I-S 型）

Zhang 等（2016）通过对普昌钒钛磁铁矿广泛发育的辉长岩进行年代学测试，得到普昌超基性-基性杂岩体的形成时代是 273~275Ma，可能代表了与塔里木大火成岩省相关的晚期的岩浆活动事件，形成于受交代的岩石圈地幔的局部熔融。在 $CaO/Na_2O$- $Al_2O_3/TiO_2$ 图解（图 2-88a）及 Rb/Ba-Rb/Sr 图解（图 2-88b）中，普昌钒钛磁铁矿花岗岩显示具有一定壳源物质的加入。

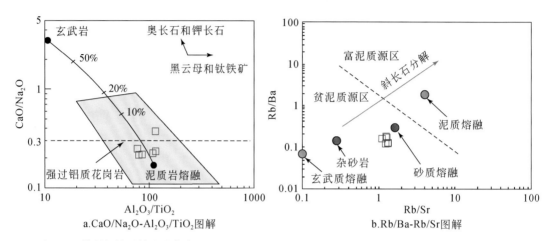

图 2-88　普昌钒钛磁铁矿花岗岩 $CaO/Na_2O$- $Al_2O_3/TiO_2$ 和 Rb/Ba- Rb/Sr 图解（据 Sylvester，1998）

在 Rb/10-Hf-Ta×3 图解（图 2-89a）以及 Rb/30-Hf-Ta×3 图解（图 2-89b）中，普昌钒钛磁铁矿花岗岩主要投到了同碰撞与后碰撞环境区域。在 Pearce 等（1984）的构造环境判别图解（图 2-90）中，普昌钒钛磁铁矿花岗岩主要投于火山弧环境，但靠近同碰撞区域。结合同时期普昌钒钛磁铁矿基性岩浆特征，普昌钒钛磁铁矿花岗岩的形成背景应该属于造山晚期或后造山期岩浆活动，可能代表了塔里木大火成岩省在巴楚地区的岩浆活动。

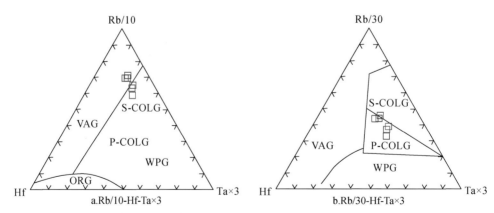

图 2-89　普昌钒钛磁铁矿花岗岩 Rb/10-Hf-Ta×3 和 Rb/30-Hf-Ta×3 图解

VAG. 火山弧花岗岩；S-COLG. 同碰撞花岗岩；P-COLG. 后碰撞花岗岩；ORG. 洋脊花岗岩；WPG. 板内花岗岩

前人对普昌辉长岩样品进行了锆石 U-Pb 年代学测定表明，辉长岩的结晶年龄为 273~

275Ma,普昌岩体均形成于早二叠世，与塔里木大火成岩省的发育年龄一致，并表现出多期成矿作用（Zhang et al.，2016）。本次对成矿后花岗岩脉年代学测试表明，花岗岩的结晶年龄为 271Ma，较好地约束了普昌钒钛磁铁矿成矿时代的下限。

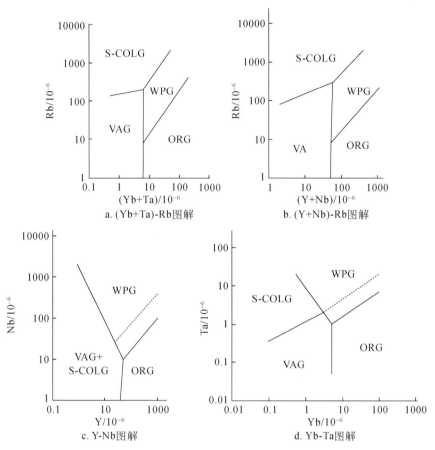

图 2-90　侵入岩构造环境判别图解（底图据 Pearce et al.，1984）

VAG（VA）. 火山弧花岗岩；S-COLG. 同碰撞花岗岩；ORG. 洋脊花岗岩；WPG. 板内花岗岩

## 2.2.6　喀尔果能恰特凝灰岩年代学及地球化学特征

在喀尔果能恰特地区发育一套以粗面玄武岩、橄榄玄武岩、安山岩、流纹岩等为主的火山岩，对寻找火山岩型矿床具有较有利的条件，因此，对前人工作中识别出的凝灰岩进行年代学以及地球化学分析，以期对火山岩构造地质背景以及岩浆-成矿作用过程进行探讨。本次工作中对该套地层中的凝灰岩夹层进行分析，采样位置见图 2-91。

### 1. 主量元素

喀尔果能恰特凝灰岩中 $SiO_2$ 含量较高，变化于 74.59% ~ 76.18%，平均为 75.33%；$Al_2O_3$ 含量为 13.80% ~ 14.29%，平均为 14.03%；$Na_2O$ 含量为 1.45% ~ 1.58%，平均为

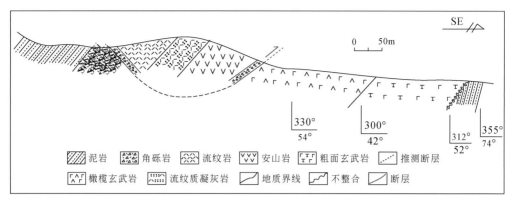

图 2-91 喀尔果能恰特地层剖面图

1.52%；$K_2O$ 含量为 6.00%~6.21%，平均为 6.12%，里特曼指数 $\sigma$ 为 1.74~1.87，小于 3.3，属于钙碱性岩石，$K_2O$ 含量大于 $Na_2O$，$K_2O/Na_2O$ 值为 3.92~4.20，平均为 4.02。数据见表 2-15。

表 2-15 喀尔果能恰特凝灰岩主量元素分析结果 （单位:%）

| 样号 | 岩性 | $SiO_2$ | $TiO_2$ | $Al_2O_3$ | $Fe_2O_3$ | FeO | MnO | MgO | CaO | $Na_2O$ | $K_2O$ | $P_2O_5$ |
|---|---|---|---|---|---|---|---|---|---|---|---|---|
| YK16224-1 | 凝灰岩 | 75.66 | 0.19 | 14.10 | 0.10 | 0.43 | 0.01 | 0.16 | 0.33 | 1.53 | 6.15 | 0.01 |
| YK16224-2 | 凝灰岩 | 75.26 | 0.19 | 13.84 | 0.06 | 0.40 | 0.01 | 0.13 | 0.35 | 1.53 | 6.09 | 0.01 |
| YK16224-3 | 凝灰岩 | 74.59 | 0.18 | 14.14 | 0.29 | 0.25 | 0.01 | 0.15 | 0.34 | 1.45 | 6.09 | 0.01 |
| YK16224-4 | 凝灰岩 | 75.20 | 0.19 | 14.24 | 0.25 | 0.32 | 0.01 | 0.16 | 0.29 | 1.48 | 6.00 | 0.01 |
| YK16224-5 | 凝灰岩 | 75.34 | 0.19 | 13.95 | 0.24 | 0.25 | 0.01 | 0.13 | 0.34 | 1.52 | 6.16 | 0.01 |
| YK16224-6 | 凝灰岩 | 74.83 | 0.19 | 14.29 | 0.03 | 0.43 | 0.01 | 0.12 | 0.35 | 1.52 | 6.14 | 0.01 |
| YK16224-7 | 凝灰岩 | 75.44 | 0.18 | 14.03 | 0.14 | 0.32 | 0.01 | 0.17 | 0.31 | 1.50 | 6.05 | 0.01 |
| YK16224-8 | 凝灰岩 | 75.43 | 0.18 | 13.80 | 0.32 | 0.32 | 0.01 | 0.12 | 0.35 | 1.58 | 6.20 | 0.01 |
| YK16224-9 | 凝灰岩 | 76.18 | 0.19 | 13.87 | 0.05 | 0.34 | 0.01 | 0.13 | 0.35 | 1.58 | 6.21 | 0.01 |

| 样号 | 岩性 | 总计 | LOI | ALK | SI | $\sigma$ | $\tau$ |
|---|---|---|---|---|---|---|---|
| YK16224-1 | 凝灰岩 | 98.67 | 1.70 | 7.68 | 1.87 | 1.81 | 66.16 |
| YK16224-2 | 凝灰岩 | 97.87 | 1.79 | 7.62 | 1.54 | 1.80 | 64.79 |
| YK16224-3 | 凝灰岩 | 97.50 | 1.98 | 7.54 | 1.78 | 1.80 | 70.50 |
| YK16224-4 | 凝灰岩 | 98.15 | 1.84 | 7.48 | 1.92 | 1.74 | 67.16 |
| YK16224-5 | 凝灰岩 | 98.14 | 1.88 | 7.68 | 1.53 | 1.82 | 65.42 |
| YK16224-6 | 凝灰岩 | 97.92 | 1.88 | 7.66 | 1.42 | 1.84 | 67.21 |
| YK16224-7 | 凝灰岩 | 98.16 | 1.85 | 7.55 | 2.04 | 1.76 | 69.61 |
| YK16224-8 | 凝灰岩 | 98.05 | 1.89 | 7.78 | 1.41 | 1.87 | 67.89 |
| YK16224-9 | 凝灰岩 | 98.92 | 1.71 | 7.79 | 1.52 | 1.83 | 64.68 |

在 TAS 图解（图 2-92a）上，所有点均落在流纹岩区，说明这 4 种岩石均为流纹岩类，与镜下观察一致，属于亚碱性系列。在 $K_2O$-$Na_2O$ 图解（图 2-92b）上，样品点落入了高钾质系列。全碱含量为 7.48%~7.79%，平均为 7.64%，A/CNK 值为 1.39~1.51，属于强过铝质，在 A/NK-A/CNK 图解（图 2-92c）中，样品点落入过铝质区域。

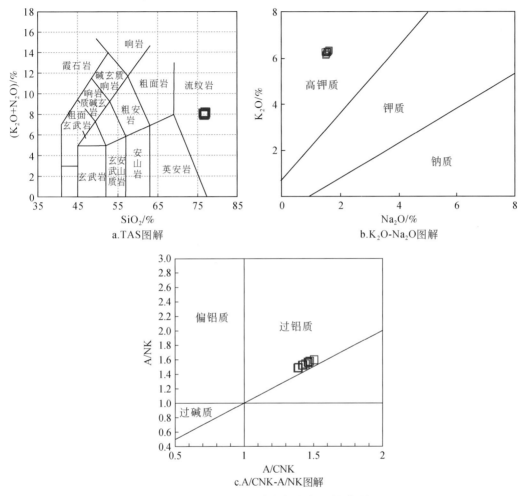

图 2-92　喀尔果能恰特凝灰岩岩性判别图解

### 2. 稀土、微量元素特征

在图 2-93a 中喀尔果能恰特流纹岩样品稀土元素总量变化于 $126.26 \times 10^{-6}$~$158.67 \times 10^{-6}$，平均为 $140.689 \times 10^{-6}$，$\sum LREE/\sum HREE$ 为 4.27~5.76，平均为 5.39，表明该花岗斑岩富集 LREE，$(La/Yb)_N$ 为 3.83~6.04，属轻稀土富集型；$\delta Eu$ 值为 1.01~1.19，平均为 0.104，表明其总体具正 Eu 异常。数据见表 2-16。

从图 2-93b 可以看出，喀尔果能恰特流纹岩类样品微量元素总体富集 Cs、Th、K、Pb、Hf，亏损 Ba、Nb、P、Ti，曲线总体呈右倾型。

表 2-16　喀尔果能恰特凝灰岩稀土、微量元素分析结果

（单位：$10^{-6}$）

| 样号 | 岩性 | Be | Mn | Co | Ni | Cu | Zn | Ga | Rb | Sr | Mo | Cd | In | Cs | Ba | Tl | Pb | Bi |
|---|---|---|---|---|---|---|---|---|---|---|---|---|---|---|---|---|---|---|
| YK16224-1 | 凝灰岩 | 2.45 | 18.90 | 0.29 | 0.90 | 1.57 | 13.90 | 33.50 | 245.00 | 106.00 | 1.11 | <0.05 | 0.06 | 7.95 | 926.00 | 0.68 | 16.40 | <0.05 |
| YK16224-2 | 凝灰岩 | 2.47 | 18.70 | 0.21 | 0.64 | 1.23 | 12.00 | 31.20 | 236.00 | 82.90 | 1.49 | <0.05 | 0.05 | 7.49 | 947.00 | 0.63 | 17.30 | <0.05 |
| YK16224-3 | 凝灰岩 | 2.87 | 15.20 | 0.06 | 0.23 | 1.73 | 12.40 | 32.20 | 241.00 | 74.80 | 1.34 | <0.05 | 0.05 | 8.57 | 1023.00 | 0.44 | 16.00 | <0.05 |
| YK16224-4 | 凝灰岩 | 2.44 | 16.90 | <0.05 | 0.15 | 1.13 | 14.10 | 32.20 | 237.00 | 78.30 | 0.98 | <0.05 | 0.07 | 7.20 | 880.00 | 0.65 | 16.60 | <0.05 |
| YK16224-5 | 凝灰岩 | 2.66 | 16.60 | <0.05 | 0.19 | 1.10 | 12.00 | 31.30 | 244.00 | 78.60 | 1.51 | <0.05 | 0.05 | 7.75 | 940.00 | 0.66 | 18.90 | <0.05 |
| YK16224-6 | 凝灰岩 | 2.56 | 16.40 | 0.05 | 0.43 | 1.04 | 12.20 | 32.90 | 247.00 | 81.60 | 1.35 | <0.05 | 0.07 | 7.97 | 942.00 | 0.67 | 18.20 | <0.05 |
| YK16224-7 | 凝灰岩 | 2.70 | 17.80 | <0.05 | 0.20 | 1.06 | 13.60 | 30.70 | 242.00 | 81.10 | 0.92 | <0.05 | 0.06 | 7.30 | 902.00 | 0.68 | 16.40 | <0.05 |
| YK16224-8 | 凝灰岩 | 2.81 | 15.00 | <0.05 | 0.15 | 1.13 | 11.80 | 31.30 | 242.00 | 79.80 | 1.20 | <0.05 | <0.05 | 7.61 | 961.00 | 0.67 | 16.90 | <0.05 |
| YK16224-9 | 凝灰岩 | 2.57 | 13.70 | <0.05 | 0.14 | 2.36 | 10.20 | 29.90 | 239.00 | 77.80 | 1.32 | <0.05 | <0.05 | 7.49 | 954.00 | 0.65 | 15.60 | <0.05 |

| 样号 | 岩性 | Th | U | Nb | Ta | Zr | Hf | Ti | W | As | V | La | Ce | Pr | Nd | Sm | Eu | Gd |
|---|---|---|---|---|---|---|---|---|---|---|---|---|---|---|---|---|---|---|
| YK16224-1 | 凝灰岩 | 21.10 | 2.14 | 64.80 | 3.57 | 392.00 | 13.30 | 1202.00 | 3.32 | 2.48 | 1.42 | 27.70 | 59.40 | 6.63 | 23.70 | 5.20 | 1.88 | 5.20 |
| YK16224-2 | 凝灰岩 | 20.40 | 3.32 | 59.10 | 3.56 | 386.00 | 13.20 | 1187.00 | 2.83 | 3.67 | 0.92 | 25.50 | 51.10 | 5.97 | 21.60 | 4.67 | 1.79 | 4.50 |
| YK16224-3 | 凝灰岩 | 22.30 | 2.11 | 57.00 | 3.57 | 395.00 | 13.30 | 1156.00 | 2.13 | 2.92 | 0.50 | 23.00 | 48.40 | 5.58 | 20.20 | 4.64 | 1.68 | 4.73 |
| YK16224-4 | 凝灰岩 | 17.10 | 2.94 | 60.70 | 3.61 | 398.00 | 13.40 | 1160.00 | 2.64 | 2.44 | 0.42 | 23.90 | 49.80 | 5.79 | 21.10 | 4.46 | 1.63 | 4.22 |
| YK16224-5 | 凝灰岩 | 19.60 | 3.51 | 58.50 | 3.61 | 394.00 | 13.40 | 1156.00 | 3.63 | 3.82 | 0.34 | 26.80 | 57.70 | 6.52 | 23.80 | 5.20 | 1.76 | 5.09 |
| YK16224-6 | 凝灰岩 | 20.40 | 3.15 | 59.20 | 3.62 | 405.00 | 13.40 | 1181.00 | 2.99 | 3.73 | 0.41 | 26.00 | 57.40 | 6.32 | 22.40 | 4.95 | 1.74 | 4.81 |
| YK16224-7 | 凝灰岩 | 19.20 | 3.65 | 60.60 | 3.62 | 389.00 | 13.30 | 1193.00 | 2.56 | 2.33 | 0.40 | 29.20 | 63.50 | 7.22 | 26.10 | 5.75 | 1.93 | 5.92 |
| YK16224-8 | 凝灰岩 | 19.70 | 3.49 | 56.10 | 3.50 | 382.00 | 13.10 | 1119.00 | 3.08 | 2.55 | 0.25 | 28.10 | 61.20 | 6.93 | 25.30 | 5.51 | 1.93 | 5.57 |
| YK16224-9 | 凝灰岩 | 17.90 | 3.27 | 59.90 | 3.62 | 383.00 | 13.10 | 1139.00 | 3.08 | 3.13 | 0.21 | 26.60 | 55.20 | 6.46 | 23.80 | 5.13 | 1.75 | 4.96 |

续表

| 样号 | 岩性 | Tb | Dy | Ho | Er | Tm | Yb | Lu | Sc | Y | ∑REE | ∑LREE | ∑HREE | ∑LREE/∑HREE | δEu | (La/Yb)$_N$ | (La/Sm)$_N$ | (Gd/Yb)$_N$ |
|---|---|---|---|---|---|---|---|---|---|---|---|---|---|---|---|---|---|---|
| YK16224-1 | 凝灰岩 | 0.97 | 6.40 | 1.29 | 3.91 | 0.60 | 3.71 | 0.55 | 2.77 | 35.20 | 147.14 | 124.51 | 22.63 | 5.50 | 1.11 | 5.36 | 3.44 | 1.16 |
| YK16224-2 | 凝灰岩 | 0.83 | 5.77 | 1.22 | 3.51 | 0.52 | 3.47 | 0.51 | 2.56 | 31.70 | 130.96 | 110.63 | 20.33 | 5.44 | 1.19 | 5.27 | 3.53 | 1.07 |
| YK16224-3 | 凝灰岩 | 0.97 | 6.90 | 1.50 | 4.50 | 0.70 | 4.31 | 0.62 | 2.70 | 41.30 | 127.73 | 103.50 | 24.23 | 4.27 | 1.10 | 3.83 | 3.20 | 0.91 |
| YK16224-4 | 凝灰岩 | 0.85 | 5.79 | 1.14 | 3.42 | 0.50 | 3.19 | 0.47 | 2.57 | 30.20 | 126.26 | 106.68 | 19.58 | 5.45 | 1.15 | 5.37 | 3.46 | 1.09 |
| YK16224-5 | 凝灰岩 | 0.97 | 6.29 | 1.24 | 3.68 | 0.53 | 3.44 | 0.48 | 2.60 | 33.40 | 143.50 | 121.78 | 21.72 | 5.61 | 1.05 | 5.59 | 3.33 | 1.22 |
| YK16224-6 | 凝灰岩 | 0.89 | 5.92 | 1.20 | 3.45 | 0.53 | 3.39 | 0.48 | 2.95 | 31.90 | 139.48 | 118.81 | 20.67 | 5.75 | 1.09 | 5.50 | 3.39 | 1.17 |
| YK16224-7 | 凝灰岩 | 1.10 | 7.36 | 1.42 | 4.20 | 0.62 | 3.80 | 0.55 | 2.72 | 37.80 | 158.67 | 133.70 | 24.97 | 5.35 | 1.01 | 5.51 | 3.28 | 1.29 |
| YK16224-8 | 凝灰岩 | 1.06 | 6.95 | 1.38 | 4.10 | 0.60 | 3.69 | 0.56 | 2.71 | 37.00 | 152.88 | 128.97 | 23.91 | 5.39 | 1.07 | 5.46 | 3.29 | 1.25 |
| YK16224-9 | 凝灰岩 | 0.93 | 5.98 | 1.18 | 3.47 | 0.50 | 3.16 | 0.46 | 2.27 | 30.60 | 139.58 | 118.94 | 20.64 | 5.76 | 1.06 | 6.04 | 3.35 | 1.30 |

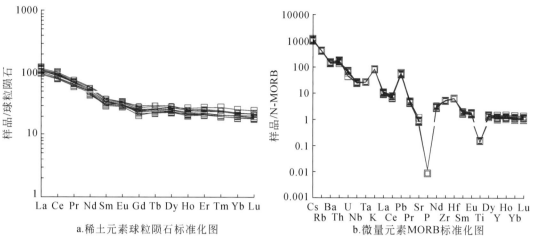

a.稀土元素球粒陨石标准化图　　　　b.微量元素MORB标准化图

图 2-93　喀尔果能恰特稀土元素球粒陨石标准化图和微量元素 MORB 标准化图

（数据据 Sun and McDonough，1989）

### 3. 年代学

喀尔果能恰特凝灰岩中的锆石多呈自形–半自形，无色透明，粒径为 60～150μm，呈短柱状，少数呈长柱状。锆石 CL 图像显示发黑，说明锆石 Th、U 含量较高（吴元保和郑永飞，2004）。本次选取该样品中的 18 颗锆石进行了 U-Pb 同位素测试，选取谐和度大于 90% 的 11 个点进行分析，测试结果表明，11 个锆石测点的 U 含量变化于 $196 \times 10^{-6}$～$519 \times 10^{-6}$，平均为 $271 \times 10^{-6}$；Th 含量变化于 $153 \times 10^{-6}$～$541 \times 10^{-6}$，平均为 $216 \times 10^{-6}$；Th/U 值变化于 0.63～1.04（大于 0.4），为典型的岩浆成因锆石。$^{206}$Pb/$^{238}$U 年龄变化范围介于 261～297Ma，加权平均年龄为 277.1±6.1Ma（MSWD=4.5）（图 2-94）。

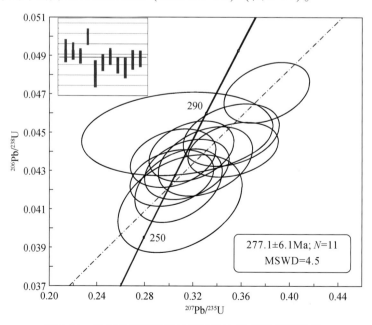

图 2-94　喀尔果能恰特凝灰岩锆石 U-Pb 同位素谐和图

### 4. 岩石成因及构造背景

喀尔果能恰特凝灰岩在地球化学成分上属于高硅、富铝、高钾钙碱性系列，与 A 型花岗岩类类似，其 A/CNK 值大于 1，显示出具有强过铝质的特征，说明成岩物质主要来源于地壳。具有微量元素 Cs、Th、K、Pb、Hf 富集的特征。

在 Zr-10000×Ga/Al（图 2-95a）和 Ce-10000×Ga/Al（图 2-95b）判别图解中样品主要落入 A 型花岗岩区域。在（$Na_2O+K_2O$）/CaO-（Zr+Nb+Ce+Y）（图 2-95c）和 $FeO^*$/MgO-（Zr+Nb+Ce+Y）图解中（图 2-95d），样品同样主要落入了 A 型花岗岩区。以上特征表明，喀尔果能恰特凝灰岩属于典型的 A 型花岗岩类。

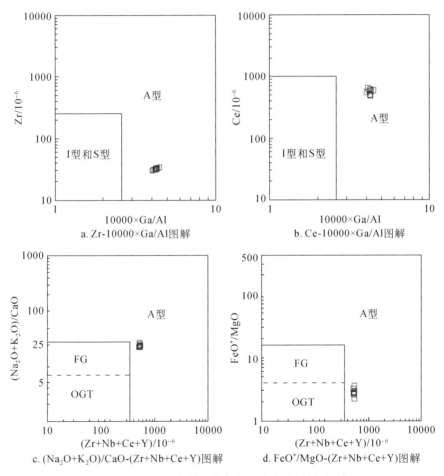

图 2-95　喀尔果能恰特凝灰岩花岗岩成因判别图解

FG. 分异花岗岩；OGT. 未分异花岗岩

Eby（1992）根据化学成分将 A 型花岗岩类分为 $A_1$ 型和 $A_2$ 型两个亚类，其中 $A_1$ 型花岗岩的典型构造环境形成于与热点或地幔柱环境相关的裂谷环境，代表了大陆裂谷或板内背景下的岩浆作用；$A_2$ 型花岗岩的典型构造环境形成于经历陆陆碰撞或岛弧岩浆作用后地壳物质局部熔融的后碰撞或后造山的环境。在 A 型花岗岩判别图解中，喀尔果能恰特凝灰岩落

在了 $A_1$ 型花岗岩区域内，可能代表了板内裂谷环境背景下的岩浆活动（图2-96）。

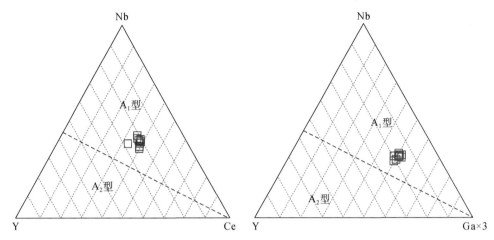

图 2-96　喀尔果能恰特凝灰岩 A 型花岗岩判别图解（据 Eby，1992）

在 $Al_2O_3/TiO_2$-$CaO/Na_2O$ 图解（图 2-97a）以及 Rb/Sr-Rb/Ba 图解（图 2-97b）中，样品落入泥质岩局部熔融的区域，代表了岩浆岩的源区富集黏土物质，表明喀尔果能恰特凝灰岩可能形成于富含泥质岩的地壳物质的局部熔融的构造背景（Sylvester，1998）。

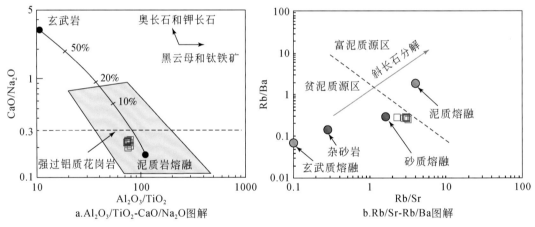

图 2-97　喀尔果能恰特凝灰岩 $Al_2O_3/TiO_2$-$CaO/Na_2O$ 和 Rb/Sr-Rb/Ba

图解（据 Sylvester，1998）

在 Rb/10-Hf-Ta×3 图解（图 2-98a）以及 Rb/30-Hf-Ta×3 图解（图 2-98b）中，喀尔果能恰特凝灰岩主要投到了后碰撞与板内环境区域。在 Pearce 等（1984）的构造环境判别图解（图 2-99）中，喀尔果能恰特凝灰岩投在板内构造环境。

结合区域发育的哈拉峻花岗岩、切盖布拉克花岗岩，早二叠世与造山后期伸展作用相关的岩浆活动可能代表了西南天山地区较为重要的构造岩浆事件，而该时期广泛发育的岩浆岩为寻找夕卡岩型矿床提供了较有力的方向。

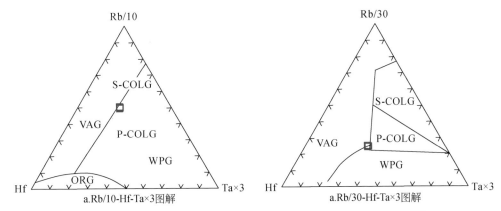

图 2-98　喀尔果能恰特凝灰岩 Rb/10-Hf-Ta×3 和 Rb/30-Hf-Ta×3 图解

VAG. 火山弧花岗岩；S-COLG. 同碰撞花岗岩；P-COLG. 后碰撞花岗岩；ORG. 洋脊花岗岩；WPG. 板内花岗岩

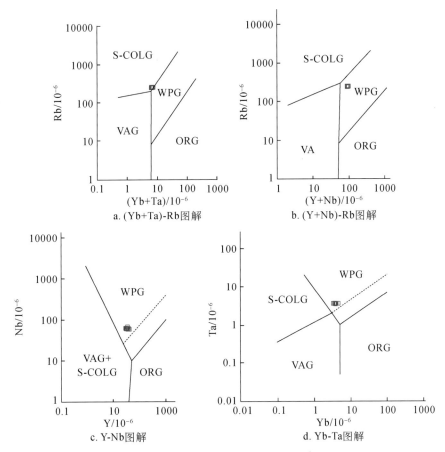

图 2-99　喀尔果能恰特凝灰岩构造环境判别图解（底图据 Pearce et al.，1984）

VAG（VA）. 火山弧花岗岩；S-COLG. 同碰撞花岗岩；ORG. 洋脊花岗岩；WPG. 板内花岗岩

## 2.2.7　萨尔干超基性岩地球化学特征及年代学

受印度板块与欧亚碰撞远程效应的影响，柯坪地区发育大规模的柯坪塔格弧形逆冲推覆构造系统，在横向上由多排由北向南逆冲推覆的单斜山或推覆体构成，在推覆构造系统中发育一系列与区域构造线近垂直的走滑（撕裂）断裂系统（曲国胜等，2003）。学者对推覆构造几何学、运动学、地层缩短以及构造演化进行了大量的研究工作，并对区域的构造演化形成深刻的认识（曲国胜等，2003；杨晓平等，2006a，2006b）。但是对于区域逆冲推覆构造与印度板块和欧亚碰撞远程效应的成因联系以及形成时代存在较大的争议。

在此背景下，在萨尔干地区（图 2-100）沿北东向的撕裂断层发育一套基性岩脉，对其的研究对探讨西南天山与塔里木盆地的耦合关系以及对青藏高原隆升远程效应的约束具有重要的意义。因此，本次研究对基性岩脉进行岩石学以及地球化学分析，以期恢复区域的构造演化。

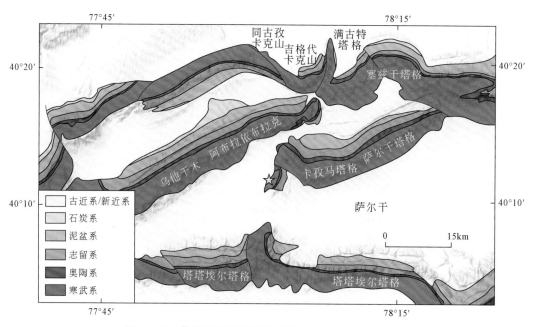

图 2-100　萨尔干地区区域图（据 2013 年 Google Earth）

### 1. 地球化学特征

萨尔干基性岩脉 $SiO_2$ 含量为 43.61%~45.51%，MgO 含量为 3.05%~10.79%，$Al_2O_3$ 含量为 13.00%~18.32%，CaO 含量为 6.79%~9.75%，全碱含量 ALK（$Na_2O+CaO$）为 5.90%~9.79%（表 2-17）。在 TAS 图解中，萨尔干基性岩脉样品主要投到了辉长岩以及二长闪长岩区域。样品的铝饱和指数（A/CNK）为 0.50~0.70，具有偏铝质特征（图 2-101）。数据见表 2-17。

表 2-17  萨尔干基性岩脉主量元素分析结果  （单位:%）

| 样号 | 岩性 | SiO₂ | TiO₂ | Al₂O₃ | Fe₂O₃ | FeO | MnO | MgO | CaO | Na₂O | K₂O | P₂O₅ |
|------|------|-------|-------|--------|--------|------|------|-------|------|-------|------|-------|
| S2-1 | 基性岩 | 45.31 | 2.32 | 18.32 | 4.28 | 5.12 | 0.14 | 3.05 | 6.80 | 6.21 | 3.44 | 1.00 |
| S2-2 | 基性岩 | 45.09 | 2.33 | 17.99 | 5.05 | 4.87 | 0.15 | 3.10 | 6.98 | 5.95 | 3.37 | 0.97 |
| S2-3 | 基性岩 | 45.51 | 2.22 | 18.02 | 4.48 | 5.16 | 0.15 | 3.10 | 6.79 | 6.27 | 3.52 | 1.00 |
| S2-4 | 基性岩 | 43.68 | 2.26 | 13.06 | 2.99 | 8.32 | 0.17 | 10.79 | 9.56 | 3.64 | 2.34 | 0.60 |
| S2-5 | 基性岩 | 43.61 | 2.27 | 13.01 | 3.46 | 7.89 | 0.17 | 10.75 | 9.64 | 3.61 | 2.29 | 0.61 |
| S2-6 | 基性岩 | 43.63 | 2.29 | 13.00 | 2.58 | 8.75 | 0.17 | 10.55 | 9.75 | 3.64 | 2.31 | 0.60 |
| S2-7 | 基性岩 | 43.99 | 2.30 | 13.53 | 2.76 | 8.35 | 0.17 | 9.89 | 9.69 | 3.80 | 2.39 | 0.61 |
| S2-8 | 基性岩 | 43.86 | 2.28 | 13.22 | 2.69 | 8.50 | 0.17 | 10.34 | 9.56 | 3.74 | 2.42 | 0.64 |

| 样号 | 岩性 | 总计 | LOI | A/CNK | ALK | A/NK | SI | $\sigma$ | $\tau$ | TFe | FeO*/MgO |
|------|------|------|------|-------|------|------|------|--------|------|------|-----------|
| S2-1 | 基性岩 | 95.99 | 3.46 | 0.70 | 9.65 | 1.31 | 11.80 | 40.31 | 5.22 | 8.97 | 2.94 |
| S2-2 | 基性岩 | 95.85 | 3.41 | 0.69 | 9.32 | 1.34 | 11.82 | 41.56 | 5.17 | 9.41 | 3.04 |
| S2-3 | 基性岩 | 96.22 | 3.42 | 0.68 | 9.79 | 1.28 | 11.82 | 38.18 | 5.29 | 9.19 | 2.96 |
| S2-4 | 基性岩 | 97.41 | 1.51 | 0.50 | 5.98 | 1.53 | 40.19 | 52.59 | 4.17 | 11.01 | 1.02 |
| S2-5 | 基性岩 | 97.31 | 1.79 | 0.50 | 5.90 | 1.55 | 39.98 | 57.07 | 4.14 | 11.00 | 1.02 |
| S2-6 | 基性岩 | 97.27 | 1.63 | 0.50 | 5.95 | 1.53 | 39.03 | 56.19 | 4.09 | 11.07 | 1.05 |
| S2-7 | 基性岩 | 97.48 | 1.70 | 0.51 | 6.19 | 1.53 | 36.64 | 38.70 | 4.23 | 10.83 | 1.10 |
| S2-8 | 基性岩 | 97.42 | 1.64 | 0.51 | 6.16 | 1.51 | 38.42 | 44.12 | 4.16 | 10.92 | 1.06 |

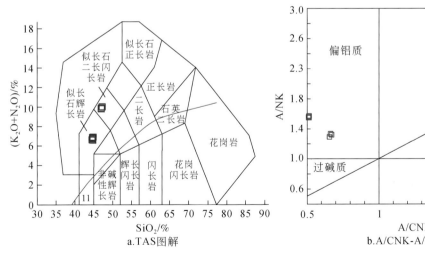

a.TAS图解

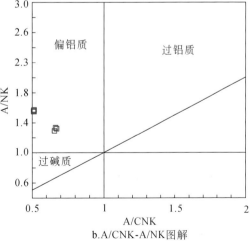

b.A/CNK-A/NK图解

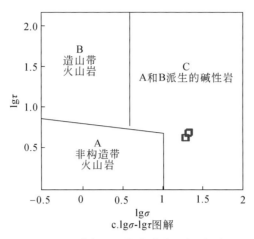

图 2-101　萨尔干基性岩脉岩石判别图解

### 2. 稀土、微量元素特征

萨尔干基性岩脉的 REE 配分曲线具有 LREE 富集的右倾型配分模式，其中，$\sum$LREE/$\sum$HREE = 8.74 ~ 10.96，$(La/Yb)_N$ = 15.00 ~ 19.19，$(La/Sm)_N$ = 3.47 ~ 4.31，显示 LREE 和 HREE 之间的分馏作用较为明显（图 2-102a）。样品显示无 Eu 异常（$\delta$Eu = 1.01 ~ 1.04），表明斜长石分离结晶作用不明显。数据见表 2-18。

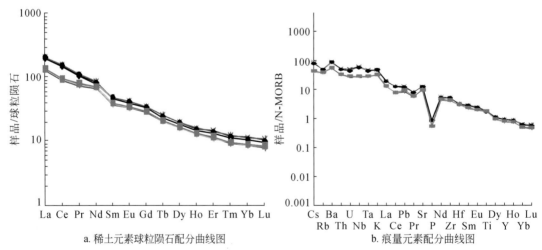

a. 稀土元素球粒陨石配分曲线图　　　　　b. 痕量元素配分曲线图

图 2-102　萨尔干基性岩脉的稀土元素球粒陨石配分曲线图
和痕量元素配分曲线图（据 Sun and McDonough，1989）

萨尔干基性岩脉的微量元素原始地幔标准化蛛网图中，大离子亲石元素 Ba、La 相对富集，P 相对亏损，样品的 Th/Ta 值为 1.01 ~ 1.08（图 2-102b）。稀土配分、微量元素蛛网图显示岩浆岩具有大陆碱性岩浆岩的特点，与岛弧、大洋中脊等构造环境具有较大区

表 2-18　萨尔干基性岩脉微量、稀土元素分析结果

（单位：$10^{-6}$）

| 样号 | 岩性 | Be | Mn | Co | Ni | Cu | Zn | Ga | Rb | Sr | Mo | Cd | In | Cs | Ba | Tl | Pb | Bi |
|---|---|---|---|---|---|---|---|---|---|---|---|---|---|---|---|---|---|---|
| S2-1 | 基性脉岩 | 3.18 | 1116.00 | 28.90 | 9.77 | 41.70 | 110.00 | 27.10 | 27.50 | 1120.00 | 5.07 | 0.15 | 0.07 | 0.57 | 575.00 | 0.60 | 3.97 | <0.05 |
| S2-2 | 基性脉岩 | 3.08 | 1170.00 | 30.10 | 10.30 | 41.30 | 113.00 | 28.00 | 27.30 | 1085.00 | 5.42 | 0.18 | 0.07 | 0.64 | 523.00 | 0.54 | 3.40 | <0.05 |
| S2-3 | 基性脉岩 | 3.18 | 1110.00 | 27.80 | 8.68 | 38.50 | 103.00 | 26.50 | 27.80 | 1109.00 | 6.07 | 0.15 | 0.07 | 0.56 | 570.00 | 0.62 | 3.63 | <0.05 |
| S2-4 | 基性脉岩 | 2.15 | 1334.00 | 62.60 | 232.00 | 63.70 | 100.00 | 21.60 | 20.80 | 878.00 | 3.93 | 0.16 | 0.08 | 0.32 | 337.00 | 0.06 | 2.46 | <0.05 |
| S2-5 | 基性脉岩 | 2.19 | 1295.00 | 61.20 | 228.00 | 61.70 | 100.00 | 21.30 | 20.30 | 817.00 | 4.26 | 0.15 | 0.08 | 0.32 | 330.00 | 0.06 | 2.49 | <0.05 |
| S2-6 | 基性脉岩 | 2.23 | 1390.00 | 64.20 | 226.00 | 62.60 | 103.00 | 22.80 | 21.30 | 891.00 | 4.23 | 0.20 | 0.09 | 0.31 | 343.00 | 0.06 | 2.74 | <0.05 |
| S2-7 | 基性脉岩 | 2.18 | 1297.00 | 57.50 | 191.00 | 61.30 | 96.90 | 22.10 | 20.70 | 891.00 | 4.13 | 0.16 | 0.08 | 0.29 | 348.00 | 0.05 | 2.74 | <0.05 |
| S2-8 | 基性脉岩 | 2.30 | 1364.00 | 62.00 | 220.00 | 64.90 | 105.00 | 22.70 | 22.40 | 874.00 | 4.20 | 0.19 | 0.08 | 0.31 | 362.00 | 0.06 | 2.88 | <0.05 |

| 样号 | 岩性 | Th | U | Nb | Ta | Zr | Hf | Ti | W | As | V | La | Ce | Pr | Nd | Sm | Eu | Gd |
|---|---|---|---|---|---|---|---|---|---|---|---|---|---|---|---|---|---|---|
| S2-1 | 基性脉岩 | 6.35 | 2.41 | 146.00 | 6.31 | 391.00 | 6.48 | 13913.00 | 0.50 | 0.71 | 152.00 | 50.20 | 97.30 | 10.80 | 40.80 | 7.60 | 2.53 | 7.31 |
| S2-2 | 基性脉岩 | 6.10 | 2.33 | 137.00 | 5.99 | 395.00 | 6.82 | 13922.00 | 0.38 | 0.88 | 158.00 | 49.60 | 97.50 | 10.80 | 41.20 | 7.59 | 2.50 | 7.29 |
| S2-3 | 基性脉岩 | 5.96 | 2.09 | 134.00 | 5.89 | 379.00 | 6.17 | 12863.00 | 0.33 | 0.39 | 140.00 | 48.70 | 94.00 | 10.30 | 38.20 | 7.30 | 2.39 | 7.01 |
| S2-4 | 基性脉岩 | 3.90 | 1.31 | 64.40 | 3.71 | 301.00 | 6.00 | 13190.00 | 0.51 | 1.67 | 223.00 | 31.80 | 56.90 | 7.31 | 31.80 | 5.84 | 1.95 | 6.02 |
| S2-5 | 基性脉岩 | 3.93 | 1.29 | 63.60 | 3.73 | 298.00 | 6.07 | 13306.00 | 1.03 | 1.09 | 226.00 | 32.00 | 56.90 | 7.31 | 32.50 | 5.90 | 1.99 | 6.03 |
| S2-6 | 基性脉岩 | 4.13 | 1.35 | 66.50 | 3.84 | 314.00 | 6.24 | 14007.00 | 0.66 | 1.27 | 239.00 | 32.70 | 58.80 | 7.60 | 33.20 | 6.08 | 2.03 | 6.13 |
| S2-7 | 基性脉岩 | 4.11 | 1.38 | 66.00 | 3.86 | 311.00 | 6.16 | 13528.00 | 0.63 | 1.36 | 225.00 | 32.50 | 57.60 | 7.57 | 33.40 | 6.01 | 2.01 | 6.14 |
| S2-8 | 基性脉岩 | 4.09 | 1.39 | 69.10 | 3.90 | 321.00 | 6.31 | 13787.00 | 0.67 | 1.17 | 234.00 | 33.70 | 59.60 | 7.87 | 34.40 | 6.27 | 2.07 | 6.21 |

续表

| 样号 | 岩性 | Tb | Dy | Ho | Er | Tm | Yb | Lu | Sc | Y | ΣREE | ΣLREE | ΣHREE | ΣLREE/ΣHREE | δEu | $(La/Yb)_N$ | $(La/Sm)_N$ | $(Gd/Yb)_N$ |
|---|---|---|---|---|---|---|---|---|---|---|---|---|---|---|---|---|---|---|
| S2-1 | 基性脉岩 | 0.96 | 5.05 | 0.90 | 2.44 | 0.31 | 1.97 | 0.27 | 4.66 | 26.40 | 228.44 | 209.23 | 19.21 | 10.89 | 1.04 | 18.28 | 4.26 | 3.07 |
| S2-2 | 基性脉岩 | 0.97 | 5.13 | 0.92 | 2.39 | 0.32 | 1.92 | 0.28 | 4.85 | 26.70 | 228.41 | 209.19 | 19.22 | 10.88 | 1.03 | 18.53 | 4.22 | 3.14 |
| S2-3 | 基性脉岩 | 0.90 | 4.91 | 0.85 | 2.29 | 0.30 | 1.82 | 0.25 | 4.14 | 25.30 | 219.22 | 200.89 | 18.33 | 10.96 | 1.02 | 19.19 | 4.31 | 3.19 |
| S2-4 | 基性脉岩 | 0.78 | 4.18 | 0.73 | 1.86 | 0.24 | 1.50 | 0.20 | 20.30 | 21.20 | 151.11 | 135.60 | 15.51 | 8.74 | 1.01 | 15.21 | 3.52 | 3.32 |
| S2-5 | 基性脉岩 | 0.78 | 4.20 | 0.74 | 1.90 | 0.24 | 1.53 | 0.21 | 20.40 | 21.30 | 152.23 | 136.60 | 15.63 | 8.74 | 1.02 | 15.00 | 3.50 | 3.26 |
| S2-6 | 基性脉岩 | 0.81 | 4.41 | 0.76 | 1.95 | 0.25 | 1.53 | 0.21 | 21.30 | 22.30 | 156.46 | 140.41 | 16.05 | 8.75 | 1.02 | 15.33 | 3.47 | 3.31 |
| S2-7 | 基性脉岩 | 0.78 | 4.19 | 0.75 | 1.89 | 0.25 | 1.54 | 0.22 | 20.10 | 21.70 | 154.85 | 139.09 | 15.76 | 8.83 | 1.01 | 15.14 | 3.49 | 3.30 |
| S2-8 | 基性脉岩 | 0.81 | 4.40 | 0.77 | 2.00 | 0.25 | 1.55 | 0.22 | 21.00 | 22.80 | 160.12 | 143.91 | 16.21 | 8.88 | 1.01 | 15.60 | 3.47 | 3.31 |

别。在构造判别图解中显示其具有造山带与板内稳定构造区派生的岩浆岩特征，且更靠近板内稳定构造区，表明其可能来源于板内稳定构造区岩浆岩的派生产物。

### 3. 年代学

样品 S2-9 共完成 19 个点的分析，锆石晶体长 160～200μm，宽 50～100μm，长宽比为 1.2∶1～3.0∶1，振荡环带不明显（图 2-103），而分析点的 Th/U 值均大于 0.1，属于岩浆锆石（吴元保和郑永飞，2004）。获得的年龄介于 45～52Ma 之间，加权平均年龄值为 49.14±0.8Ma（1δ），代表了样品中锆石的结晶年龄（图 2-103）。

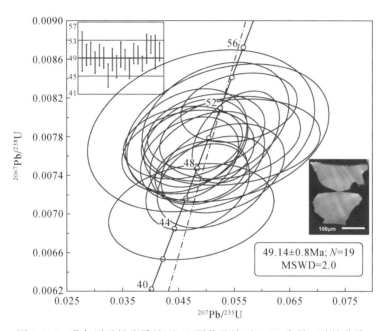

图 2-103　萨尔干基性岩脉锆石 CL 图像及锆石 U-Pb 含量一致性曲线

### 4. 基性岩脉形成时代及构造属性

本次研究中在萨尔干基性岩脉中得到的锆石 U-Pb 年龄介于 45～52Ma 之间，加权平均年龄值为 49.14±0.8Ma（N=19，MSWD=2.0），锆石的形态为典型的基性岩中的锆石，其年龄可以代表基性岩脉的结晶年龄，表明萨尔干基性岩脉侵位于始新世。

前人对柯坪塔格推覆构造的研究表明，包括萨尔干在内的柯坪塔格推覆构造以薄皮推覆构造的形式逆冲于塔里木盆地之上，而未发育大规模走滑断层，柯坪塔格内部的萨尔干断裂为协调断层（又称撕裂断层）。在西南天山托云盆地发育的一套新生代玄武岩形成时代为始新世（48.1Ma），与本书萨尔干基性脉岩的时代一致。其岩浆主要来源于与洋岛玄武岩类似的富集地幔。而本书中萨尔干基性岩脉主要落在洋岛玄武岩（OIB）区域中，因此，萨尔干基性岩的岩浆来源于与洋岛玄武岩类似的富集地幔（图 2-104）。

新生代以来，受欧亚大陆与印度板块碰撞的影响，柯坪逆冲推覆系统发育，并沿深部归并于统一的基底滑脱面上，因此为深部岩浆的上侵提供了良好的通道，而萨尔干基性脉岩主要发育于萨尔干断裂带内部，则是在这一背景下形成的，萨尔干基性脉岩的形成时代有助于限定柯坪推覆构造的启动时限。

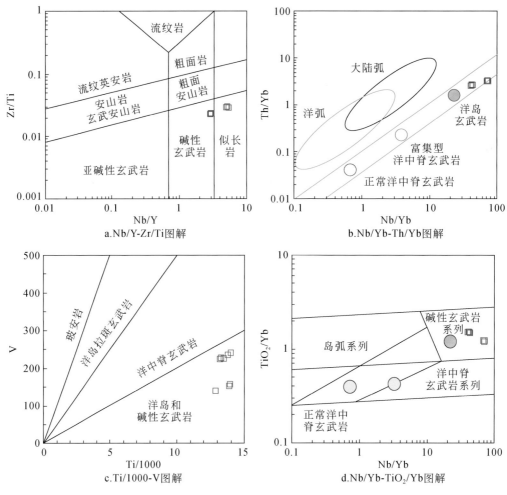

图 2-104　萨尔干基性岩脉构造判别图解

# 第3章 西南天山典型矿床解剖研究

## 3.1 概　　述

西南天山造山带位于卡拉库姆–塔里木板块与哈萨克斯坦–准噶尔板块的汇聚地带，自太古宙以来经历了多期次的俯冲、碰撞造山作用（刘本培等，1996；叶庆同等，1999；张招崇等，2009）。伴随整个地质过程，西南天山地区构造–热液活动强烈，发育多类型的热液成矿系统，尤其以晚古生代造山型金矿床而独具特色。

位于乌兹别克斯坦、吉尔吉斯斯坦和中国境内的南天山锑–汞–金成矿带是世界著名成矿带之一（薛春纪等，2014a，2014b）。由西往东一系列的世界级金矿构成了全球瞩目的亚洲金腰带。在中国邻区的南天山造山带中相继发现乌兹别克斯坦的穆龙套（Muruntau）金矿（约4300t 金）和吉尔吉斯斯坦的库姆托尔（Kumtor）金矿（约280t 金）等超大型金矿（图3-1）。而与境外天山成矿地质条件相似的中国天山，一直未找到与之媲美的特大型–大型金矿。通过几代地质学家长期的努力，相继由新疆地质矿产局第二地质大队、新疆地矿局第八地质大队、中矿资源勘探股份有限公司等单位发现和探明了乌恰县萨瓦亚尔顿金矿、阿合奇县阿沙哇义金矿、阿合奇县布隆金矿及乌什县卡拉脚古崖金锑矿等大中小型矿床及一些金矿点。萨瓦亚尔顿金矿床位于中国与吉尔吉斯斯坦边境附近的西南天山构造带内，黄金储量大于 100t，远景资源量约 300t，目前为我国西南天山最大的金矿；阿沙哇义金矿床达中型规模，目前属于我国天山第二大金矿床。这些金矿床（点）的发现，表明我国西南天山具有较好的找矿前景，但其矿床数量及规模无法与境外西南天山相比，矿床成矿规律一直没有得到很好的解决。

本书研究结合野外地质调查，以最新构造地质学研究成果和区域成矿理论为指导，围绕制约区域地质找矿的核心问题，系统梳理总结前人研究成果，对境内外天山典型金锑矿床、中新生代盆地中的砂砾岩型铜铅锌矿及其柯坪断隆中的典型铅锌、铁矿床开展详细的解剖，查明控矿因素，追索成矿物质来源，分析成矿作用特征，以揭示成矿规律。

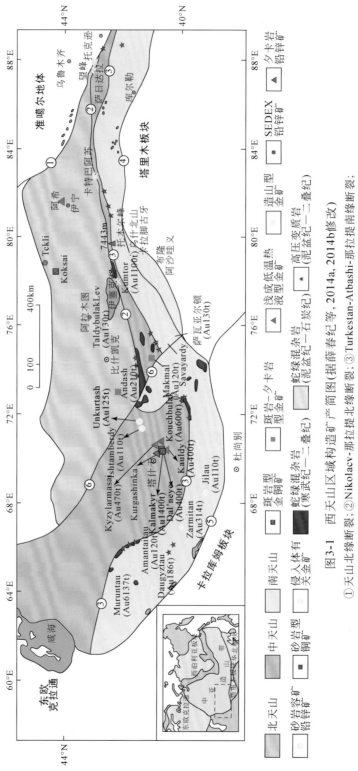

图 3-1　西天山区域构造矿产简图(据薛春纪等, 2014a, 2014b修改)

①天山北缘断裂;②Nikolacv-那拉提北缘断裂;③Turkestan-Atbashi-那拉提南缘断裂;
④塔里木北缘断裂;⑤Gissar断裂;⑥Talas-Fergana断裂

# 3.2　西南天山造山型金锑矿床

## 3.2.1　萨瓦亚尔顿金矿

### 1. 矿区地质特征

萨瓦亚尔顿金矿床位于新疆乌恰县东阿赖山北部，处于西南天山造山带西端，即塔里木板块北缘活动带与伊犁–伊塞克湖微板块的交接部位，与吉尔吉斯斯坦萨瓦亚尔顿金矿床属同一矿田。矿区出露地层有志留系、泥盆系、石炭系、白垩系和第四系（图 3-2），其中志留系、泥盆系和石炭系最为发育，各系之间多呈断层接触，剖面上呈叠瓦状逆冲构造。志留系和泥盆系为矿区赋矿地层。上志留统塔尔特库里组出露于矿区中西部，由一套浅变质碎屑岩组成，从下到上可划分出四个岩性段：塔尔特库里组一段（$S_3t^1$）为千枚岩夹变质砂岩；塔尔特库里组二段（$S_3t^2$）以石英砂岩为主，夹少量千枚岩；塔尔特库里组三段（$S_3t^3$）以千枚岩、变质砂岩为主，夹板岩、变质粉砂岩，产珊瑚、腕足动物、海百合茎、介壳类化石（王成源等，2000；郑明华等，2001）；塔尔特库里组四段（$S_3t^4$）以硅质（板）岩、千枚岩、变质粉砂岩为主，夹变质砂岩、斑点板岩（图 3-2）。泥盆系出露地层为下统沙尔组（$D_1s$）、萨瓦亚尔顿组（$D_1sw$）和中统托格买提组（$D_2t$）。下泥盆统为一套半深海–深海相复理石建造，由中厚层状变质砂岩和薄层状含碳千枚岩组成。沙尔组（$D_1s$）岩性主要为变砂岩、变质石英杂砂岩、变质岩屑砂岩夹千枚岩、硅质岩。萨瓦亚尔顿组（$D_1sw$）主要由薄层状含碳千枚岩，中厚层状变质岩屑砂岩交互组成，是金矿主要的赋矿地层。托格买提组（$D_2t$）为一套碳酸盐岩夹碎屑岩建造，岩性主要为结晶灰岩夹变钙质长石岩屑砂岩及白云绢云石英千枚岩。石炭系由一套海相碎屑岩–碳酸盐岩组成，可划分为下石炭统巴什索贡组（$C_1b$）、上石炭统别根他乌组（$C_2b$）和康克林组（$C_2k$），岩性主要为变石英砂岩、板岩、灰岩、千枚岩等（图 3-2）。下白垩统江额结尔组（$K_1j$），为陆相红色碎屑岩建造，岩性为砖红色夹灰紫色、绛紫色的细砂岩、钙质砂岩、粉砂岩夹细砾岩，底部为砾岩，砂岩发育楔状交错层理、板状交错层理，砾岩中发育正粒序层理。容矿岩系主要为志留系和泥盆系碳质千枚岩，有机质含量较高（叶锦华等，1999a，1999b）。

矿区断裂和褶皱构造发育，构造线以 NNE–NE 向为主，延伸数十千米至数百千米。萨瓦亚尔顿金矿矿区东为阿热克托如克断裂（$F_{18}$）（图 3-2），西为伊尔克什坦断裂（$F_{12}$）（图 3-2），二者皆为倾向 NW 的逆冲断裂，两断裂之间发育了一系列次级层间断裂带和韧性剪切带，为控矿构造。其中，$F_{15}$ 断层具韧性剪切带性质，控制了萨瓦亚尔顿金矿定位，使金矿体产于其上盘的更次级构造中，并与次级断裂产状近乎一致。断裂带内发育构造透镜体、褶曲、A 型褶皱、节理、劈理、片理、摩擦镜面、糜棱岩、碎裂岩。矿区断裂主要形成于海西期，具有多期活动特征，燕山期可能为剥离断层，喜马拉雅期为逆冲断层，使得古生界逆冲到侏罗系—白垩系之上。

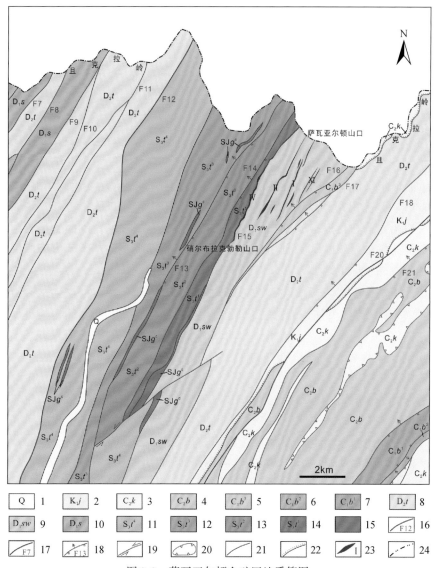

图 3-2 萨瓦亚尔顿金矿区地质简图

1. 第四系，未胶结砾石、砂、黏土；2. 下白垩统江额结尔组，岩屑砂岩夹泥质粉砂岩；3. 中石炭统康克林组，泥晶灰岩、生物碎屑、内碎屑灰岩夹变质长石石英砂岩、变质粉砂质泥岩；4. 中石炭统别根他乌组，变长石石英细砂岩；5. 下石炭统巴什索贡组三段，变质砂岩、千枚岩与灰岩、大理岩互层；6. 下石炭统巴什索贡组二段，灰岩；7. 下石炭统巴什索贡组一段，变石英砂岩、板岩夹灰岩；8. 中泥盆统托格买提组，结晶灰岩、角砾状灰岩夹钙质长石岩屑砂岩、变钙质粉砂岩、白云绢云石英千枚岩；9. 下泥盆统萨瓦亚尔顿组，变质砂岩夹千枚岩；10. 下泥盆统沙尔组，变砂岩、变质石英杂砂岩、变质岩屑砂岩夹千枚岩、硅质岩；11. 上志留统塔尔特库里组四段，硅质（板）岩、千枚岩、变质粉砂岩夹变砂岩、斑点板岩；12. 上志留统塔尔特库里组三段，变砂岩、千枚岩、板岩夹变质粉砂岩；13. 上志留统塔尔特库里组二段，变质长石砂岩、变质石英砂岩夹千枚岩；14. 上志留统塔尔特库里组一段，千枚岩夹变质砂岩；15. 吉根蛇绿杂岩，变质橄榄岩-辉绿岩、辉长岩、闪长岩、玄武岩、安山岩、基性火山角砾岩、凝灰岩；16. 区域性断裂及编号；17. 性质不明断层及编号；18. 逆断层及编号；19. 平移断层；20. 推覆体；21. 整合接触界线；22. 不整合接触界线；23. 金矿化带及编号；24. 国界

矿区岩浆活动微弱，未见大的侵入岩体，但在志留系中及沿断裂带有少量超基性岩（变质橄榄岩）、变质辉长辉绿岩、基性熔岩（玄武岩、细碧岩）、安山岩、基性火山角砾岩等透镜体，共同组成蛇绿杂岩（图3-2）（徐学义等，2003a，2003b），为晚古生代塔里木板块北缘拉张形成洋盆消减的产物。

矿区已发现的24条矿化带受NE-NNE向断裂破碎带控制，矿化带由含金石英脉矿体组成，以Ⅰ、Ⅱ、Ⅳ、Ⅺ矿化带最重要（图3-2）。Ⅳ号矿化带规模最大，长大于4000m，宽15~200m，金品位一般为1.44~5.92g/t。矿体总体呈脉状或透镜状展布（图3-2）。围岩蚀变主要有黄铁矿化、毒砂化、硅化、绢云母化、碳酸盐化、绿泥石化。矿石主要有黄铁矿、毒砂、辉锑矿、黄铜矿、脆硫锑铅矿，次要矿物有磁黄铁矿、方铅矿、闪锌矿、银金矿。金主要以银金矿和自然金的形式出现在黄铁矿和毒砂的裂隙中或以包裹体形式出现在黄铁矿、毒砂和石英等矿物中。脉石矿物主要有石英、绿泥石、方解石、菱铁矿、绢云母等。矿石结构主要有自形–半自形结构、他形晶结构、充填结构、包含结构、固溶体分解结构、交代结构和压碎结构等。矿石构造主要有条带状、浸染状、块状、条带状、细脉状、网脉状和角砾状构造等。

通过野外观察及室内分析发现萨瓦亚尔顿金矿区构造分为早期韧性变形阶段、中期韧–脆性变形阶段、晚期脆性变形阶段，矿区构造韧性变形在成矿之前，成矿可能与第二期的韧–脆性变形有关（图3-3、图3-4）。

图3-3　萨瓦亚尔顿金矿野外照片

Qz1、Qz2和Qz3分别代表早期、成矿期和晚期石英。a. 早期韧性变形的碳质千枚岩，晚期脆性断裂成矿（镜头朝向北东）；b. 早期韧性变形的强片理化千枚岩，以及内部发育的早期石英脉；c. 成矿期韧脆性矿化蚀变带；d. 晚期脆性变形，发育石英细脉切穿前期构造线

　　根据脉体穿插关系和矿物共生组合等特征，将矿床的成矿过程划分出 3 个成矿阶段。

　　石英–黄铁矿阶段（图 3-3a、b，图 3-4a），是矿区最早的一期石英脉，石英脉较厚大（图 3-3b），一般平行于含碳千枚岩和变质砂岩的面理和残余层理。这些脉通常呈石香肠状、透镜状和等斜小褶皱（图 3-3a、b，图 3-4a），脉的形成与区域变质作用和韧性挤压变形有关。石英呈乳白色，但普遍遭受韧性构造剪切作用，具亚颗粒、波状消光等特征（图 3-4e），部分破碎呈角砾状。黄铁矿集合体被拉长（图 3-4g）或为后期构造作用而发生碎裂，部分为其后的金属硫化物所交代。

　　石英–多金属硫化物阶段（图 3-3c），主要形成多金属硫化物石英细脉和网脉，脉厚数毫米至几厘米，顺层（图 3-3c，图 3-4b）或切层分布。该阶段是金矿化最重要的阶段，金含量一般大于 1g/t。以黄铁矿–自然金–毒砂–辉锑矿–黄铜矿组合为特征，毒砂不定向分布在石英脉中。该阶段石英多呈烟灰色（图 3-4b），透明度较差，与黄铁矿和毒砂等硫化物共生（图 3-4h）。

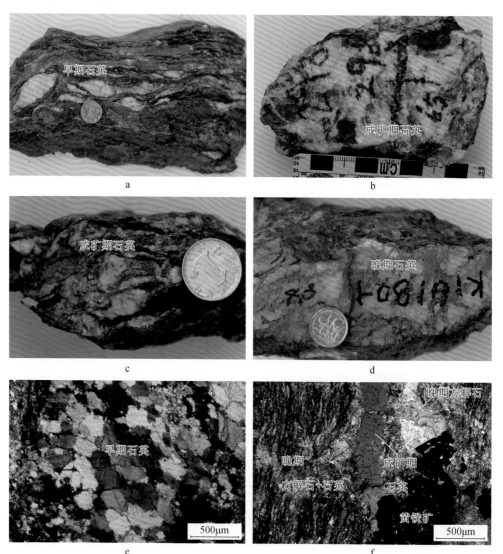

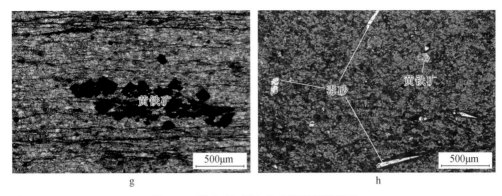

g　　　　　　　　　　　　　　　　　　h

图 3-4　萨瓦亚尔顿金矿矿石岩相学照片

a. 早期石英脉；b、c. 成矿期石英–多金属硫化物脉；d. 晚期石英–碳酸盐细脉；e. 早期石英亚颗粒、不均匀消光；
f. 成矿期石英–黄铁矿脉和晚期石英–碳酸盐细脉；g. 早期黄铁矿集合体形成透镜体；h. 成矿期毒砂不定向分布

石英–碳酸盐阶段（图 3-3d），该阶段石英多呈纯白色，含少量黄铁矿。细脉多沿张性裂隙充填，或切穿早期石英脉（图 3-4f），发育晶洞（图 3-4d）。

**2. 扫描电镜和电子探针分析**

扫描电镜分析结果显示，早期和晚期黄铁矿呈均质结构（图 3-5a，b，f），包裹体较少。中期毒砂为均质结构，黄铁矿为环带结构和均质结构（图 3-5c～e），可见自然金以包裹体的形式出现在黄铁矿中（图 3-6），另外也可见毒砂、方铅矿包裹在其中。电子探针

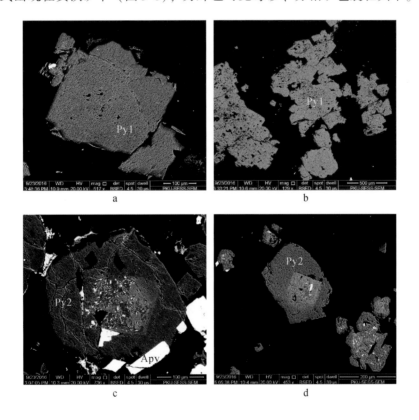

a　　　　　　　　　　　　　　　　　　b

c　　　　　　　　　　　　　　　　　　d

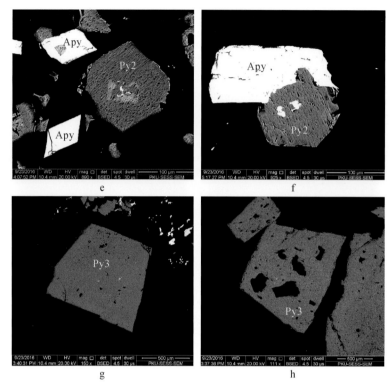

图 3-5　萨瓦亚尔顿金矿扫描电镜矿物学特征

a、b. 早期黄铁矿呈均质结构；c~e. 成矿期黄铁矿为环带结构，毒砂为均质结构；
f. 成矿期黄铁矿呈均质结构；g、h. 晚期黄铁矿呈均质结构。Apy. 毒砂；Py. 黄铁矿

分析结果显示，早期黄铁矿 As 含量为 0.09%~0.4%，平均为 0.16%，成矿期黄铁矿 As 含量为 0.03%~3.6%，平均为 0.54%，晚期黄铁矿的 As 含量为 0.03%~0.28%，平均为 0.04%（表3-1），且两个成矿期黄铁矿颗粒测出 Au 含量为 0.16%~0.18%，早期和晚期未检测出 Au，说明富 As 黄铁矿富 Au。

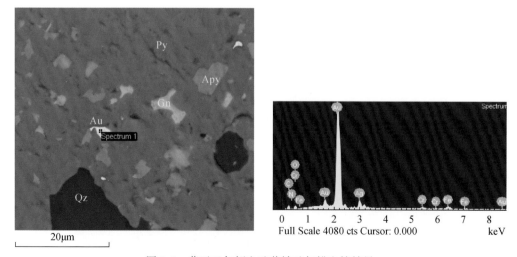

图 3-6　萨瓦亚尔顿金矿黄铁矿扫描电镜结果

表 3-1　萨瓦亚尔顿金矿硫化物的主量元素和微量元素分析结果

| 样品编号 | 测点 | 阶段 | 矿物 | 测试结果/% | | | | | | | | | | | | | |
|---|---|---|---|---|---|---|---|---|---|---|---|---|---|---|---|---|---|
| | | | | As | Se | Fe | S | Cu | Pb | Zn | Sb | Co | Ag | Ni | Te | Au | 总量 |
| K16179-7 | 2 | 早阶段 | 黄铁矿 | 0.09 | — | 46.59 | 53.05 | — | — | 0.07 | — | 0.06 | 0.04 | — | — | — | 99.9 |
| K16179-7 | 6 | 早阶段 | 黄铁矿 | 0.4 | — | 46 | 52.79 | — | — | 0.06 | — | 0.09 | — | 0.05 | 0.03 | — | 99.42 |
| K16179-7 | 7 | 早阶段 | 黄铁矿 | 0.2 | — | 46.18 | 53.17 | — | — | — | — | 0.12 | — | — | 0.07 | — | 99.74 |
| K16179-7 | 8 | 早阶段 | 黄铁矿 | 0.22 | — | 45.46 | 52.78 | 0.11 | — | — | — | 0.17 | — | 0.05 | — | — | 98.79 |
| K16179-7 | 9 | 早阶段 | 黄铁矿 | — | — | 45.73 | 53.29 | — | 0.19 | — | 0.04 | 0.11 | 0.04 | — | 0.06 | — | 99.46 |
| K16179-7 | 10 | 早阶段 | 黄铁矿 | — | — | 46.15 | 53.55 | 0.05 | — | 0.07 | 0.04 | 0.08 | — | 0.04 | — | — | 99.98 |
| K16179-7 | 11 | 早阶段 | 黄铁矿 | 0.15 | — | 45.53 | 53.14 | — | — | 0.1 | — | 0.1 | — | — | 0.04 | — | 99.06 |
| K16179-7 | 12 | 早阶段 | 黄铁矿 | 0.24 | 0.05 | 46.16 | 52.59 | — | — | 0.06 | — | — | — | — | 0.06 | — | 99.16 |
| K16177-5 | 2 | 中阶段 | 黄铁矿 | 0.23 | 0.08 | 45.66 | 52.44 | — | — | 0.12 | 0.06 | 0.06 | — | — | — | — | 98.57 |
| K16177-5 | 3 | 中阶段 | 黄铁矿 | 0.12 | — | 46.67 | 53.54 | 0.05 | 0.21 | — | — | 0.04 | — | — | 0.05 | 0.18 | 100.86 |
| K16177-5 | 6 | 中阶段 | 黄铁矿 | 0.37 | — | 45.55 | 52.75 | 0.07 | 0.18 | — | — | 0.15 | — | — | 0.03 | — | 99.1 |
| K16177-5 | 8 | 中阶段 | 黄铁矿 | 0.11 | — | 46.42 | 52.96 | — | — | — | — | 0.06 | — | — | 0.04 | — | 99.59 |
| K16177-5 | 9 | 中阶段 | 黄铁矿 | 2.91 | — | 45.22 | 50.74 | — | — | — | — | 0.13 | — | — | 0.04 | — | 99.12 |
| K16177-5 | 11 | 中阶段 | 黄铁矿 | 0.11 | — | 45.65 | 53.17 | — | 0.11 | — | — | 0.04 | 0.03 | — | — | — | 99.11 |
| K16177-5 | 12 | 中阶段 | 黄铁矿 | 3.6 | — | 45.19 | 50.08 | — | — | — | — | 0.15 | — | — | — | 0.16 | 99.18 |
| K16177-5 | 13 | 中阶段 | 黄铁矿 | 0.11 | — | 45.95 | 53.19 | 0.06 | 0.17 | — | — | 0.12 | — | — | — | — | 99.6 |
| K16177-6 | 3 | 中阶段 | 黄铁矿 | 2.7 | 0.03 | 45.57 | 51.29 | — | — | — | — | 0.08 | 0.04 | 0.05 | 0.03 | — | 99.76 |
| K16177-6 | 4 | 中阶段 | 黄铁矿 | — | — | 46.22 | 52.69 | — | — | 0.07 | 0.04 | 0.14 | — | — | 0.06 | — | 99.19 |
| K16177-6 | 6 | 中阶段 | 黄铁矿 | 2.12 | 0.04 | 45.08 | 51.51 | — | 0.08 | 0.09 | — | 0.14 | — | — | 0.06 | — | 99.12 |
| K16177-6 | 8 | 中阶段 | 黄铁矿 | 0.47 | — | 45.96 | 52.43 | — | 0.13 | 0.07 | — | 0.11 | — | — | 0.04 | — | 99.21 |
| K16177-6 | 10 | 中阶段 | 黄铁矿 | 0.2 | 0.03 | 45.96 | 53.1 | — | — | — | 0.05 | 0.05 | — | — | — | — | 99.39 |
| K16177-6 | 11 | 中阶段 | 黄铁矿 | 0.08 | — | 45.61 | 53.24 | — | — | — | — | 0.16 | — | — | 0.04 | — | 99.13 |

续表

| 样品编号 | 测点 | 阶段 | 矿物 | As | Se | Fe | S | Cu | Pb | Zn | Sb | Co | Ag | Ni | Te | Au | 总量 |
|---|---|---|---|---|---|---|---|---|---|---|---|---|---|---|---|---|---|
| | | | | | | | | | | | | | | | | | |
| KI6177-6 | 12 | 中阶段 | 黄铁矿 | 0.04 | — | 46.49 | 52.86 | — | — | — | — | 0.2 | — | — | — | — | 99.59 |
| KI6177-6 | 13 | 中阶段 | 黄铁矿 | 0.16 | 0.03 | 46.62 | 53.18 | — | — | — | — | 0.1 | — | — | — | — | 100.09 |
| KI6179-3 | 1 | 中阶段 | 黄铁矿 | — | 0.03 | 45.69 | 53.38 | 0.05 | — | 0.07 | — | 0.18 | 0.06 | 0.24 | 0.06 | — | 99.52 |
| KI6179-3 | 2 | 中阶段 | 黄铁矿 | 0.04 | — | 45.86 | 53.41 | — | 0.23 | — | — | 0.07 | — | — | — | — | 99.85 |
| KI6179-3 | 5 | 中阶段 | 黄铁矿 | 0.05 | — | 46.57 | 53.25 | — | — | — | — | 0.08 | — | 0.08 | — | — | 100.03 |
| KI6179-3 | 6 | 中阶段 | 黄铁矿 | — | — | 46.13 | 52.98 | 0.48 | 0.14 | — | 0.04 | 0.09 | — | — | — | — | 99.86 |
| KI6179-3 | 7 | 中阶段 | 黄铁矿 | — | — | 46.19 | 52.93 | — | 0.13 | — | — | 0.06 | — | — | 0.03 | — | 99.34 |
| KI6179-3 | 8 | 中阶段 | 黄铁矿 | — | — | 46.46 | 52.87 | — | 0.12 | — | 0.06 | 0.08 | — | — | — | — | 99.59 |
| KI6179-3 | 9 | 中阶段 | 黄铁矿 | 0.03 | — | 46.14 | 53.41 | — | 0.14 | — | 0.04 | 0.17 | — | — | — | — | 99.93 |
| KI6179-3 | 10 | 中阶段 | 黄铁矿 | 0.04 | — | 46.22 | 53.52 | — | 0.12 | — | — | 0.08 | — | — | — | — | 99.98 |
| KI6179-3 | 11 | 中阶段 | 黄铁矿 | — | — | 46.66 | 53.01 | — | — | — | 0.09 | — | — | — | 0.05 | — | 99.81 |
| KI6177-5 | 1 | 中阶段 | 毒砂 | 41.29 | — | 35.23 | 22.23 | — | — | — | — | 0.06 | — | — | 0.04 | — | 98.85 |
| KI6177-5 | 4 | 中阶段 | 毒砂 | 41.08 | — | 35.43 | 22.14 | — | 0.08 | 0.08 | — | 0.08 | — | — | — | — | 98.89 |
| KI6177-5 | 5 | 中阶段 | 毒砂 | 41.1 | — | 35.76 | 22.31 | — | — | — | — | 0.06 | 0.05 | — | 0.03 | — | 99.31 |
| KI6177-5 | 7 | 中阶段 | 毒砂 | 40.52 | — | 35.87 | 22.82 | 0.09 | — | — | — | 0.05 | 0.06 | — | 0.03 | — | 99.44 |
| KI6177-5 | 10 | 中阶段 | 毒砂 | 40.39 | — | 35.77 | 22.87 | — | 0.18 | — | — | 0.06 | — | — | 0.04 | — | 99.31 |
| KI6177-6 | 1 | 中阶段 | 毒砂 | 38.96 | — | 36.48 | 24.37 | — | — | — | 0.06 | 0.06 | 0.04 | — | — | — | 99.97 |
| KI6177-6 | 2 | 中阶段 | 毒砂 | 43.4 | — | 35.16 | 21.12 | — | — | — | — | 0.07 | 0.04 | — | 0.04 | — | 99.83 |
| KI6177-6 | 5 | 中阶段 | 毒砂 | 42.58 | — | 35.97 | 21.69 | — | — | 0.07 | — | 0.09 | — | — | — | — | 100.4 |
| KI6177-6 | 7 | 中阶段 | 毒砂 | 40.34 | — | 35.77 | 22.42 | — | 0.1 | — | — | 0.16 | — | — | — | — | 98.79 |
| KI6177-6 | 9 | 中阶段 | 毒砂 | 41.57 | — | 35.46 | 21.44 | — | 0.24 | 0.11 | — | 0.12 | — | — | 0.07 | — | 99.01 |
| KI6177-6 | 14 | 中阶段 | 毒砂 | 41.21 | — | 35.5 | 22.24 | — | — | 0.08 | — | — | — | — | — | — | 99.03 |

测试结果/%

续表

| 样品编号 | 测点 | 阶段 | 矿物 | As | Se | Fe | S | Cu | Pb | Zn | Sb | Co | Ag | Ni | Te | Au | 总量 |
|---|---|---|---|---|---|---|---|---|---|---|---|---|---|---|---|---|---|
| | | | | | | | | | | 测试结果/% | | | | | | | |
| K16179-7 | 3 | 中阶段 | 毒砂 | 39.11 | — | 37.07 | 22.75 | — | — | 0.08 | — | 0.09 | — | — | 0.03 | — | 99.13 |
| K16179-7 | 4 | 中阶段 | 毒砂 | 40.5 | — | 36.08 | 22.54 | — | — | 0.06 | — | 0.18 | 0.05 | 0.06 | — | — | 99.47 |
| K16179-7 | 5 | 中阶段 | 毒砂 | 42.23 | 0.05 | 35.18 | 21.58 | — | 0.07 | — | — | 0.15 | — | — | — | — | 99.26 |
| K16179-7 | 1 | 中阶段 | 毒砂 | 42.19 | 0.11 | 35.24 | 22.19 | — | 0.11 | — | — | — | 0.04 | — | — | — | 99.88 |
| K16178-3 | 2 | 中阶段 | 闪锌矿 | 0.02 | 0.09 | 5.72 | 33.09 | — | 0.1 | 60.19 | — | 0.05 | 0.06 | — | — | — | 99.32 |
| K16178-3 | 3 | 中阶段 | 闪锌矿 | 0.04 | — | 5.57 | 33.27 | — | — | 60.88 | — | 0.05 | 0.06 | — | 0.03 | — | 99.9 |
| K16178-3 | 5 | 中阶段 | 闪锌矿 | 0.09 | — | 5.76 | 33.22 | — | — | 60.59 | — | 0.07 | — | — | 0.05 | — | 99.78 |
| K16178-3 | 10 | 中阶段 | 闪锌矿 | 0.03 | 0.04 | 4.56 | 33.35 | — | 0.23 | 61.22 | — | 0.09 | — | — | — | — | 99.52 |
| K16178-3 | 11 | 中阶段 | 闪锌矿 | 0.04 | 0.05 | 4.85 | 33.22 | — | — | 61.32 | — | 0.04 | — | — | — | — | 99.52 |
| K16178-3 | 1 | 中阶段 | 黄铜矿 | — | — | 30.63 | 34.92 | 33.05 | — | 0.34 | — | 0.05 | — | — | — | — | 98.99 |
| K16178-3 | 4 | 中阶段 | 黄铜矿 | — | 0.02 | 31.4 | 35.05 | 32.77 | 0.13 | 0.19 | — | 0.06 | 0.04 | — | — | 0.17 | 99.83 |
| K16178-3 | 6 | 中阶段 | 方铅矿 | — | 0.09 | — | 13.32 | — | 85.68 | 0.1 | — | — | 0.22 | — | 0.06 | — | 99.47 |
| K16178-3 | 7 | 中阶段 | 方铅矿 | — | 0.04 | — | 13.48 | — | 85.36 | — | — | — | 0.24 | — | 0.13 | — | 99.25 |
| K16178-3 | 8 | 中阶段 | 方铅矿 | — | 0.1 | — | 13.33 | — | 85.35 | — | 0.09 | 0.1 | 0.12 | — | 0.05 | — | 99.14 |
| K16178-3 | 9 | 中阶段 | 方铅矿 | — | 0.09 | — | 13.38 | — | 85.78 | — | — | 0.06 | 0.24 | — | 0.11 | — | 99.66 |
| K16178-3 | 12 | 中阶段 | 方铅矿 | — | 0.09 | — | 13.59 | — | 85.73 | — | — | — | 0.34 | — | 0.14 | — | 99.89 |
| K16178-3 | 13 | 中阶段 | 方铅矿 | — | 0.12 | — | 13.67 | — | 85.91 | — | — | — | 0.28 | 0.11 | 0.09 | — | 100.18 |
| K16179-3 | 3 | 中阶段 | 磁黄铁矿 | 0.03 | — | 60.34 | 38.95 | 0.06 | 0.13 | — | — | 0.15 | 0.05 | — | — | — | 99.71 |
| K16179-3 | 4 | 中阶段 | 磁黄铁矿 | — | — | 60.31 | 38.8 | — | 0.08 | — | 0.06 | 0.09 | 0.06 | — | — | — | 99.4 |
| K16179-6C | 1 | 晚阶段 | 黄铁矿 | — | — | 45.94 | 53.11 | — | — | — | — | 0.04 | — | 0.1 | 0.05 | — | 99.19 |
| K16179-6C | 2 | 晚阶段 | 黄铁矿 | 0.28 | 0.02 | 46.21 | 52.83 | — | — | — | — | 0.08 | — | — | 0.05 | — | 99.47 |
| K16179-6C | 3 | 晚阶段 | 黄铁矿 | — | 0.03 | 46.18 | 53.17 | — | 0.17 | 0.07 | 0.05 | 0.11 | — | — | — | — | 99.78 |

续表

| 样品编号 | 测点 | 阶段 | 矿物 | 测试结果/% | | | | | | | | | | | | | |
| --- | --- | --- | --- | --- | --- | --- | --- | --- | --- | --- | --- | --- | --- | --- | --- | --- | --- |
| | | | | As | Se | Fe | S | Cu | Pb | Zn | Sb | Co | Ag | Ni | Te | Au | 总量 |
| K16179-6C | 4 | 晚阶段 | 黄铁矿 | 0.05 | — | 46.28 | 53.5 | 0.05 | — | — | — | — | — | 0.07 | 0.03 | — | 99.98 |
| K16179-6C | 5 | 晚阶段 | 黄铁矿 | 0.04 | — | 46.29 | 53.29 | — | 0.26 | — | — | 0.07 | — | — | 0.05 | — | 100 |
| K16179-6C | 6 | 晚阶段 | 黄铁矿 | — | — | 46.54 | 53.22 | — | — | — | — | 0.11 | — | — | 0.03 | — | 99.9 |
| K16179-6C | 7 | 晚阶段 | 黄铁矿 | — | 0.03 | 46.39 | 52.81 | — | — | — | 0.04 | 0.11 | — | — | — | — | 99.38 |
| K16179-6C | 8 | 晚阶段 | 黄铁矿 | — | — | 46.12 | 53.05 | — | — | — | — | 0.09 | — | — | — | — | 99.26 |
| K16179-6C | 9 | 晚阶段 | 黄铁矿 | 0.03 | — | 45.83 | 52.87 | — | — | — | — | 0.11 | 0.07 | — | 0.06 | — | 98.97 |
| K16179-6C | 10 | 晚阶段 | 黄铁矿 | — | 0.03 | 45.85 | 53.22 | — | — | 0.11 | — | 0.12 | — | — | 0.04 | — | 99.26 |
| K16179-6C | 11 | 晚阶段 | 黄铁矿 | 0.04 | — | 45.83 | 53.41 | — | — | — | — | 0.17 | — | 0.05 | — | — | 99.61 |
| K16179-6C | 12 | 晚阶段 | 黄铁矿 | — | — | 46.18 | 52.86 | — | — | — | — | — | — | — | — | — | 99.04 |

## 3. 流体包裹体岩相学特征

本研究所用的样品分别为：成矿之前同构造石英脉，含少量黄铁矿；成矿期的同构造石英脉，发育多金属硫化物，与成矿有密切关系；晚期张性裂隙充填的石英–碳酸盐细脉。主要对石英中的流体包裹体进行研究相态观察。根据流体包裹体成分及其在室温及冷冻回温过程中的相态变化，可将包裹体分为 C 型（$H_2O$-$CO_2$ 型）、PC 型（纯 $CO_2$ 型）、W 型（水溶液）。

C 型包裹体：以长条形、负晶形、圆形、椭圆形为主，个体一般为 5～25μm。室温下表现为两相（$L_{H_2O}$+$V_{CO_2}$，图 3-7a～c）或三相（$L_{H_2O}$+$V_{CO_2}$+$L_{CO_2}$）。据 $CO_2$ 相（$V_{CO_2}$+$L_{CO_2}$）占包裹体总体积的比例，可进一步划分为富 $CO_2$ 包裹体（C1 型，图 3-7d、e）和贫 $CO_2$ 包裹体（C2 型，图 3-7b、c）。其中前者 $CO_2$ 相（$V_{CO_2}$+$L_{CO_2}$）占包裹体总体积的 50%～95%，后者 $CO_2$ 相占总体积的 10%～50%。

PC 型包裹体：多为圆形、椭圆形或不规则形，个体一般为 5～20μm；室温下表现为单相，冷冻过程中出现气相 $CO_2$；孤立或成群分布（图 3-7d），有时呈线状沿着石英的生长边分布。

W 型包裹体：以长条形、椭圆形或不规则形为主，个体一般为 4～25μm，室温下表现为气液两相（$V_{H_2O}$+$L_{H_2O}$），呈孤立状与 C 型共生（图 3-7e）。此外，可见次生包裹体，沿石英裂隙呈线性定向排列。

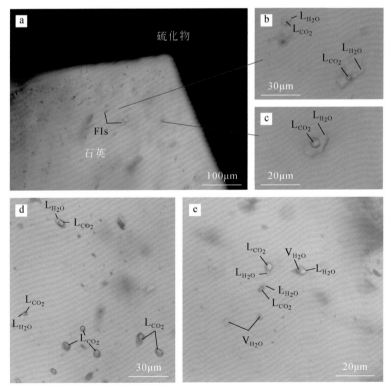

图 3-7 萨瓦亚尔顿金矿床流体包裹体岩相学特征

a. 与硫化物共生的石英中的包裹体；b. 富液相的 C2 型包裹体；c. 富气相的 C1 型包裹体；d. 共存的富气相 C1 型和 PC 型包裹体；e. 共存的 C 型和 W 型包裹体，显示流体不混溶或沸腾特征。$V_{H_2O}$. 气相 $H_2O$；$L_{H_2O}$. 液相 $H_2O$；$V_{CO_2}$. 气相 $CO_2$；$L_{CO_2}$. 液相 $CO_2$；FIs. 流体包裹体

本书对萨瓦亚尔顿金矿不同成矿阶段石英中流体包裹体进行了详细的显微测温工作，共获得 129 个测试数据，结果见表 3-2 和图 3-8，现分述于下。

**表 3-2　萨瓦亚尔顿金矿床流体包裹体显微测温结果**

| 成矿阶段 | 类型 | 数量 | $T_{m,CO_2}$/℃ | $T_{m,cla}$/℃ | $T_{h,CO_2}$/℃ | $T_{m,ice}$/℃ | $T_{h,tot}$/℃ |
|---|---|---|---|---|---|---|---|
| 早 | C | 1 | −65.8 | 6.9 | 26.7 | | 358 |
| | PC | 1 | −65.3 | | 28.5 | | |
| 中 | W | 16 | | | | −6.0 ~ −0.8 | 237 ~ 386 |
| | C | 8 | −70.5 ~ −67.2 | −0.7 ~ 2.1 | 3.5 ~ 4.8 | | 255 ~ 270 |
| | PC | 2 | −67.5 ~ −67.1 | | 3.8 ~ 4.3 | | |
| | W | 24 | | | | −2.7 ~ −0.3 | 204 ~ 310 |
| 晚 | W | 77 | | | | −7.1 ~ −0.1 | 125 ~ 235 |

注：$T_{m,CO_2}$. CO₂固相熔化温度；$T_{m,cla}$. CO₂笼合物熔化温度；$T_{h,CO_2}$. CO₂部分均一温度；$T_{m,ice}$. 冰点温度；$T_{h,tot}$. 完全均一温度。

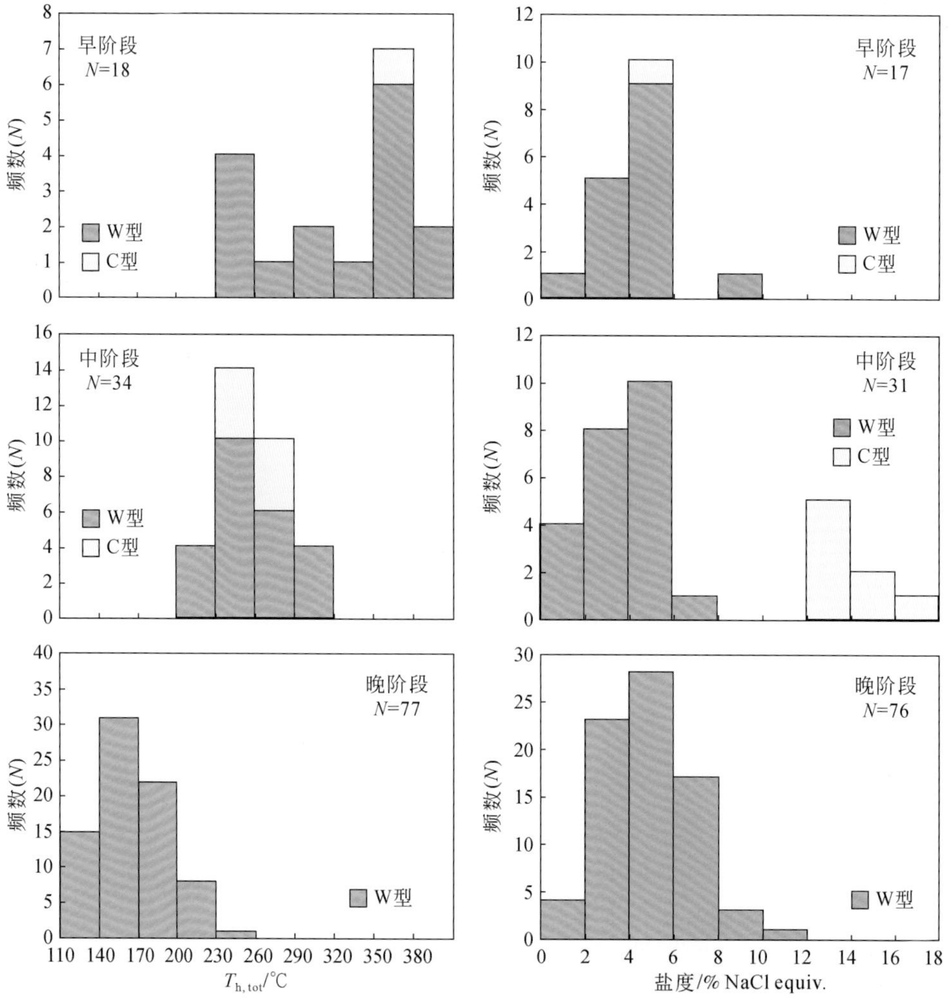

图 3-8　萨瓦亚尔顿金矿各阶段流体包裹体均一温度和盐度直方图

1）成矿早阶段

早阶段的石英中发育 C 型、PC 型和 W 型包裹体。C 型包裹体常见富 $CO_2$ 三相，完全冷冻后回温过程中，固态 $CO_2$ 初熔温度为 -65.8℃，低于 $CO_2$ 的三相点（-56.6℃），表明可能含 $CH_4$、$N_2$ 等组分；笼合物熔化温度为 6.9℃，据此计算得到包裹体盐度为 5.9% NaCl equiv.；$CO_2$ 部分均一温度为 26.7℃，均一至液相；加热至 358℃时，包裹体达到完全均一，而均一方式为液相均一。纯 $CO_2$ 包裹体室温下表现为单相，冷冻过程中可出现 $CO_2$ 气相，回温过程中固态 $CO_2$ 初熔温度为 -65.3℃，$CO_2$ 部分均一于 28.5℃，均一方式为液相均一。W 型包裹体，其冰点温度为 -6.0 ~ -0.8℃，对应盐度为 1.4% ~ 9.2% NaCl equiv.；包裹体在 237 ~ 386℃时向液相均一。

2）成矿中阶段

中阶段石英中以 C 型包裹体的 $CO_2$ 含量较高，大部分包裹体 $L_{CO_2}+V_{CO_2}$ 相所占比例大于 50%，个别包裹体甚至可达 80%。C 型包裹体固态 $CO_2$ 初熔温度为 -70.5 ~ -67.2℃，略低于纯 $CO_2$ 固相初熔温度值，表明可能含 $CH_4$、$N_2$ 等组分；$CO_2$ 笼合物熔化温度变化于 -0.7 ~ 2.1℃，相应盐度为 13.1% ~ 16.6% NaCl equiv.；$CO_2$ 部分均一温度为 3.5 ~ 4.8℃，全部向液相均一；包裹体在 255 ~ 270℃时完全均一成液相。对于 W 型包裹体，其冰点温度为 -2.7 ~ -0.3℃，对应盐度为 0.5% ~ 7.0% NaCl equiv.；包裹体在 204 ~ 310℃均一，均一方式以液相均一为主，部分向气相均一。纯 $CO_2$ 包裹体初熔温度为 -67.5 ~ -67.1℃，$CO_2$ 全部均一至液相，部分均一温度为 3.8 ~ 4.3℃。根据 C 型包裹体估算其最小压力为 177 ~ 195MPa，对应成矿深度为 6 ~ 7km。

3）成矿晚阶段

晚阶段石英-碳酸盐脉中仅见水溶液包裹体，其冰点温度为 -7.1 ~ -0.1℃，相应盐度为 0.2% ~ 10.6% NaCl equiv.；通过气相消失达完全均一，均一温度为 125 ~ 235℃。

**4. 氢、氧同位素地球化学**

选取矿区中的同构造石英进行了氢、氧同位素分析，结果见表 3-3。从表中可以看出，石英的 $\delta^{18}O$ 值分布在 19.0‰ ~ 21.5‰ 之间，富集 $^{18}O$。利用石英-水之间的氧同位素平衡分馏方程 $1000\ln\alpha_{石英-水} = 3.38 \times 10^6/T^2 - 3.40$（Clayton et al., 1972），将包裹体均一温度峰值代入公式，计算得到与石英达到分馏平衡的流体 $\delta^{18}O_w$ 值为 0.4‰ ~ 15.2‰（表 3-3），测试获得包裹体中水的 $\delta D_w$ 值为 -110‰ ~ -70‰，落入大多数脉状金矿范围（图 3-9）（Ridley and Diamond, 2000），与阿拉斯加州的 Juneau 造山型金矿带相似。萨瓦亚尔顿金矿早阶段流体 $\delta^{18}O_w$ 值变化于 12.1‰ ~ 15.2‰，$\delta D_w$ 变化于 -102‰ ~ -71‰，投影点落在变质水左边边界（图 3-9），说明流体来自变质作用。中阶段流体 $\delta^{18}O_w$ 变化于 8.8‰ ~ 10.9‰，$\delta D_w$ 为 -110‰ ~ -76‰，$\delta^{18}O_w$ 值高于 6‰ ~ 9‰ 的初始岩浆热液的 $\delta^{18}O_w$ 范围，投图落入岩浆水范围的右侧，这一现象与早阶段相似，说明中阶段流体为变质流体。此外，落入岩浆水范围的样品包裹体研究显示这些样品包裹体盐度较低，流体成分为 $H_2O$-$CO_2$-$N_2$-$CH_4$，具变质流体特征（Chen et al., 2012a）。因此，中阶段流体 $\delta^{18}O_w$ 值降低，应是成矿过程中大气降水热液混入造成的。晚阶段流体 $\delta^{18}O_w$ 值变化于 $0.4‰ \sim 5.2‰$，平均为 $3.2‰$，$\delta D_w$ 值为 $-88‰ \sim -70‰$，显示流体主要来自大气降水，这与该阶段流体包裹体中贫 $CO_2$ 的事实相吻合。

表 3-3　萨瓦亚尔顿金矿流体的 $\delta^{18}O$、$\delta D$ 和 $\delta^{13}C$

| 编号 | 样品号 | 测试样品 | $\delta^{18}O_{矿物}/‰$ | $\delta^{18}O_w/‰$ | $\delta D_w/‰$ | $\delta^{13}C_{CO_2}/‰$ | $T/℃$ | 成矿阶段 |
|---|---|---|---|---|---|---|---|---|
| 1 | K16177-1 | 石英 | 20.5 | 14.3 | -92 | -1.8 | 355 | 早 |
| 2 | K16166-1 | 石英 | 20.0 | 12.1 | -85 | -11.8 | 310 | 早 |
| 3 | K16177-7 | 石英 | 21.2 | 14.8 | -79 | -5.4 | 350 | 早 |
| 4 | K16178-1 | 石英 | 20.8 | 14.7 | -77 | -10.2 | 360 | 早 |
| 5 | K16179-2 | 石英 | 20.5 | 14.3 | -83 | -3.9 | 355 | 早 |
| 6 | K16179-4 | 石英 | 20.8 | 14.6 | -77 | -10.1 | 355 | 早 |
| 7 | K16179-8 | 石英 | 21.4 | 15.2 | -71 | -2.7 | 355 | 早 |
| 8 | KS5-3 | 石英 | 20.8 | 14.6 | -102 | -3.4 | 355 | 早 |
| 9 | KS5-4 | 石英 | 20.2 | 14.0 | -89 | | 355 | 早 |
| 10 | KS5-5 | 石英 | 20.1 | 13.9 | -100 | -4.7 | 355 | 早 |
| | 平均 | | 20.6 | 14.3 | -86 | -5.4 | | |
| 11 | K16177-3 | 石英 | 21.0 | 10.7 | -83 | -5.5 | 260 | 中 |
| 12 | K16174-5 | 石英 | 19.6 | 8.8 | -76 | -2.0 | 250 | 中 |
| 13 | K16177-6 | 石英 | 21.5 | 10.7 | -91 | -5.0 | 250 | 中 |
| 14 | K16179-5 | 石英 | 20.6 | 10.9 | -86 | -9.3 | 270 | 中 |
| 15 | KS3-2 | 石英 | 20.3 | 10.9 | -110 | -5.4 | 277 | 中 |
| 16 | KS3-3B | 石英 | 20.2 | 10.8 | -86 | -7.7 | 277 | 中 |
| | 平均 | | 20.5 | 10.5 | -89 | -5.8 | | |
| 17 | K16165-1 | 石英 | 19.0 | 3.0 | -74 | -9.8 | 180 | 晚 |
| 18 | K16165-2 | 石英 | 19.5 | 5.2 | -70 | -3.1 | 200 | 晚 |
| 19 | K16174-4 | 石英 | 19.9 | 4.4 | -88 | -10.5 | 185 | 晚 |
| 20 | K16178-2 | 石英 | 19.2 | 4.8 | -86 | -7.0 | 198 | 晚 |
| 21 | K16178-3 | 石英 | 19.5 | 0.4 | -78 | -3.6 | 150 | 晚 |
| 22 | K16179-6A | 石英 | 20.2 | 1.1 | -72 | -5.2 | 150 | 晚 |
| 23 | K16180-1 | 石英 | 19.4 | 3.4 | -71 | -3.2 | 180 | 晚 |
| 24 | K16179-6B | 石英 | 21.5 | 3.0 | -86 | -5.8 | 155 | 晚 |
| | 平均 | | 19.8 | 3.2 | -78 | -6.0 | | |

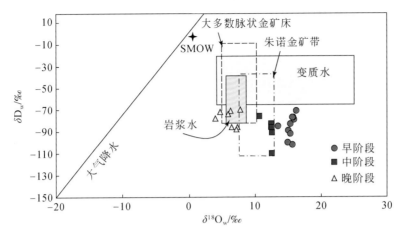

图 3-9　萨瓦亚尔顿金矿成矿流体的 $\delta^{18}O_w$-$\delta D_w$ 组成

底图据 Taylor，1997，其他矿床数据引用文献见正文

### 5. 碳同位素特征

萨瓦亚尔顿金矿流体包裹体的 $\delta^{13}C_{CO_2}$ 值介于 -11.8‰ ~ -1.8‰之间，平均为 -6.0‰（表 3-3），可对比大多数造山型金矿中碳酸盐矿物的 $\delta^{13}C$ 值（-23‰ ~ 2‰）（Ridley and Diamond，2000），也落入典型造山型金矿范围，如澳大利亚 Bendigo、加拿大 Abitibi、中国小秦岭（-27‰ ~ 4.4‰）。萨瓦亚尔顿金矿 3 个 $\delta^{13}C$ 值高于有机质（平均为 -27‰）、大气 $CO_2$（-7‰ ~ -11‰）、淡水 $CO_2$（-9‰ ~ -20‰）、火成岩/岩浆系统（-3‰ ~ -30‰）、地壳（-7‰）（Faure，1986）和地幔（-5‰ ~ -7‰）等碳储库的 $\delta^{13}C$ 值，但落入海相碳酸盐 $\delta^{13}C$（-3‰ ~ 2‰），因此高的 $\delta^{13}C_{CO_2}$ 值源于海相碳酸盐地层变质脱水作用。

### 6. 硫同位素分析

萨瓦亚尔顿金矿床矿石的 $\delta^{34}S$ 数据列于表 3-4，数据总体集中，变化于 -1.8‰ ~ 1.4‰，显示塔式效应（图 3-10），指示成矿过程中硫同位素均一化程度高。3 个早阶段黄铁矿样品 $\delta^{34}S$ 范围稍宽，为 -1.8‰ ~ 1.4‰，平均为 -0.5‰；6 个中阶段硫化物 $\delta^{34}S$ 变化小，为 -1.0‰ ~ 1.4‰，平均为 0.5‰，其中有 3 个样品 $\delta^{34}S_{黄铁矿}$ > $\delta^{34}S_{毒砂}$，表明这 3 个样品中的硫在这两个矿间可能达到了平衡；晚阶段黄铁矿样品 $\delta^{34}S$ 为 0.6‰。中、晚阶段 $\delta^{34}S$ 值略高于早阶段，说明热液以还原硫为主，因为硫化物从 $H_2S$ 为主的热液中沉淀时，其 $\delta^{34}S$ 值从早阶段类似初始溶液 $\delta^{34}S$ 值到晚阶段显著大于初始热液 $\delta^{34}S$ 值。中阶段大量硫化物共生，成矿温度为 204 ~ 310℃，表明成矿系统氧逸度并不高，应属还原性质，热液总硫可近似为硫化物的 $\delta^{34}S$。萨瓦亚尔顿金矿区岩浆活动微弱，未见大的侵入岩体，仅在矿区及外围地层沿断裂带发育少量基性熔岩（Sm-Nd 等时线年龄为 392±15Ma；徐学义等，2003a，2003b）、辉绿岩脉（K-Ar 年龄为 207.5±4.2 ~ 169.0±2.0Ma）、超基性岩透镜体和二长斑岩脉（锆石 U-Pb 年龄为 133.7 ~ 131.0Ma）（陈富文和李华芹，2003），而萨瓦亚尔顿金矿两组矿石黄铁矿 Re-Os 年龄分别为 324±4.8Ma、282±12Ma（Zhang et al.，2017），因此表明矿石硫可能主要源于其赋矿地层（上志留统塔尔特库里组）。萨瓦亚尔顿金矿床的 $\delta^{34}$S 值可对比这些造山型金矿，如小秦岭、Juneau 和 Bendigo。

表 3-4　萨瓦亚尔顿金矿硫同位素分析结果

| 编号 | 样品 | 矿物 | $\delta^{34}$S/‰ | 矿物 | $\delta^{34}$S/‰ | 成矿阶段 |
|---|---|---|---|---|---|---|
| 1 | K16179-4 | 黄铁矿 | −1.8 | | | 早 |
| 2 | K16179-8 | 黄铁矿 | −1.2 | | | 早 |
| 3 | K16179-2 | 黄铁矿 | 1.4 | | | 早 |
| | 平均 | | −0.5 | | | |
| 4 | K16179-5 | 黄铁矿 | −0.5 | 毒砂 | 0.6 | 中 |
| 5 | K16177-4 | 黄铁矿 | 0.5 | 毒砂 | 0.5 | 中 |
| 6 | K16177-1 | 黄铁矿 | 1.4 | 毒砂 | 1.0 | 中 |
| 7 | K16177-5 | 黄铁矿 | 1.2 | 毒砂 | 0.6 | 中 |
| 8 | K16179-3 | 黄铁矿 | −1.0 | 毒砂 | 0.1 | 中 |
| 9 | K16177-6 | 黄铁矿 | 1.2 | 毒砂 | 0.2 | 中 |
| | 平均 | | 0.5 | | 0.5 | |
| 10 | K16179-7 | 黄铁矿 | 0.6 | | | 晚 |

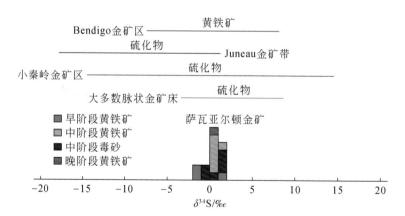

图 3-10　萨瓦亚尔顿金矿的硫同位素分布特征（其他矿床数据引用文献见正文）

## 3.2.2　阿沙哇义金矿

### 1.　区域地质背景

阿沙哇义矿区所在的大地构造属于塔里木板块北缘活动带，位于区域北东向喀拉铁克大断裂的西北侧，该断裂是西南天山与柯坪古生代前陆盆地的分界（图 3-11）。

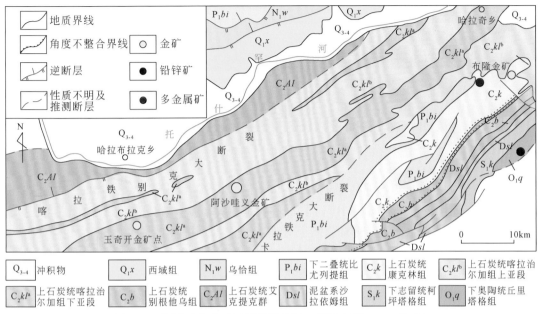

图3-11　阿沙哇义金矿区域地质简图（据陈奎等，2007修改）

## 2. 矿区地层

矿区出露地层主要为上石炭统喀拉治尔加组（$C_2kl$）下段和第四系。

喀拉治尔加组（$C_2kl$）下段主要为灰色薄层状绢云母化（泥质）粉砂岩、千枚岩夹灰黄色中层状变余（石英）细砂岩。矿区总体覆盖严重，北东走向山脉的北西坡仅在冲沟有零星基岩露头、南东坡基岩露头相对较好。

矿区喀拉治尔加组（$C_2kl$）下段由下至上大体划分为 $C_2kl^{ss}$、$C_2kl^{ss+ph}$、$C_2kl^{ph+mss}$、$C_2kl^{ph}$ 四个岩性层，总体走向北东。现将矿区北东部相对出露较好的地层岩性由老到新分述如下：

喀拉治尔加组变余砂岩岩层（$C_2kl^{ss}$）分布于矿区中部及南西侧边部一带，主要为变余砂岩，局部夹砂板岩，中间夹杂着少量变余砂砾岩。变余砂岩呈灰黄色，块状构造，变余砂状结构，倾向北西，倾角30°～65°，厚度为40～80m。

喀拉治尔加组变余砂岩与千枚岩互层岩层（$C_2kl^{ss+ph}$）分布于矿区南东侧及北西局部一带，主要为变余砂岩与绢云千枚岩不等厚互层、局部夹砂板岩和含碳质千枚岩。岩层整体呈灰黄色至灰黑色，倾向北西，倾角35°～75°，厚度大于250m。

喀拉治尔加组千枚岩夹变余粉砂岩岩层（$C_2kl^{ph+mss}$）总体分布于矿区中部及南西侧一带，南东与 $C_2kl^{ss+ph}$ 呈整合接触，为绢云千枚岩，局部夹变余粉砂岩。岩层整体呈青灰色至灰黄色，倾向北西、南东均有，倾向北西的倾角为35°～77°，倾向北西的倾角为45°～75°，厚度为120～250m。

喀拉治尔加组千枚岩岩层（$C_2kl^{ph}$）总体分布于矿区北西侧及矿区中部一带，北与

$C_2kl^{ph+mss}$ 呈整合接触，南与 $C_2kl^{ss+ph}$ 呈整合接触，为绢云千枚岩，局部夹零星变余粉砂岩，岩层整体呈青灰色，局部为黄灰色，倾向北西，倾角为 $45° \sim 80°$，厚度为 $160 \sim 270m$。岩层普遍遭受浅变质作用，局部含碳质，绢云母化、硅化和碳酸盐化较明显，在变余细砂岩中还常见有呈浸染状分布的黄铁矿，以立方体晶形为主，粒径多为 $0.1 \sim 0.5mm$，少数达 $1mm$ 以上，含量一般为 $2\% \sim 3\%$。

第四系主要为冲积、残坡积物，浅黄色-灰黑色，由黏土、亚黏土、砂土夹砾石组成，分布范围大，主要分布在缓坡和冲沟，厚度一般为 $1 \sim 5m$，最厚达 $15m$。

### 3. 矿区构造

矿区主要处于区域迈丹他乌复向斜上，该复向斜长20多千米，宽 $2 \sim 5km$，枢纽总体较平缓，向南西倾伏，倾伏角为 $10°$，但北东端因受南北向大断裂的影响，枢纽呈波状起伏。向斜轴向北东-南西向，两翼总体呈对称形态，北西翼倾向北西、南东翼倾向北西，两翼倾角一般为 $45° \sim 65°$。区内还发育小褶曲和揉皱。

矿区断裂构造较发育，主要发育区域性的喀拉铁别克大断裂、喀拉铁克大断裂的次级断裂带，其性质以压扭性为主，表现为一系列断层、节理、裂隙带。矿区见有较为明显的两组断层，其中南北向断层为 $F_{111}$ 和 $F_{112}$，而另一组断层走向为北东-南西向。后一类型的断层主要为次级断裂带，延伸基本与区域构造线一致、与地层略有斜交，交角一般在 $10°$ 以内。主要次级断裂带分布有破碎蚀变带，属控矿构造带，断层附近岩石破碎，有角砾岩分布。

此外，在探槽内，我们还观察到泥质板岩内发育大量的共轭剪节理，部分剪节理内充填有矿化石英脉，说明该剪节理形成于成矿前或成矿期。我们对其产状进行统计分析，恢复成矿期的构造应力场。

### 4. 围岩蚀变

矿区受区域变质作用影响，岩石普遍发育浅变质作用；受热液流体作用，沿断裂破碎带发育硅化、黄铁矿化、褐铁矿化、碳酸盐化、绢云母化等蚀变作用。与金成矿作用有关的蚀变为硅化、黄铁矿化、褐铁矿化。硅化在矿床内最为普遍，与金成矿作用密切相关，在所有断裂破碎蚀变带内、围岩层间均有发育，伴随成矿作用的各阶段。

### 5. 矿区构造解析

矿区位于喀拉铁别克大断裂与喀拉铁克大断裂之间，主要构造线沿北东向展布。金矿体主要产于区域性大断裂的次一级断裂内。本次研究沿托什干河实测一条区域性的构造剖面，以期厘定西南天山的主体构造样式及其运动学特征。

通过该剖面，我们认为西南天山与柯坪古生代前陆盆地之间，是由一系列的紧闭的背向斜和向南逆冲的推覆构造组成，阿沙哇义金矿位于其中一条大型逆冲断层附近，矿体受该大型断裂的次一级断裂控制。因此，我们对矿区的主要控矿构造进行详细的研究，恢复其成矿期的构造应力场，判断该大型逆冲断层的运动学和动力学性质，为矿区下一步找矿提供思路。

本次研究选取了两条典型的探槽进行编录（图3-12、图3-13），详细测量了探槽内共轭剪节理的产状和石英脉的产状，做出相应的玫瑰花图（图3-14），探讨矿区成矿构造应力场的演化规律（图3-15、图3-16）。

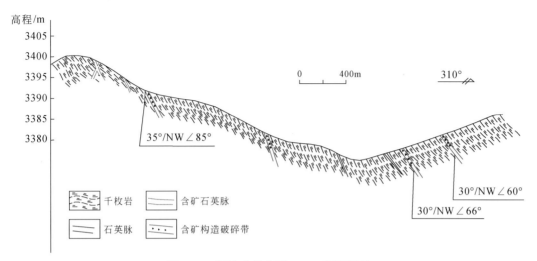

图 3-12 阿沙哇义矿区 TC169 实测剖面

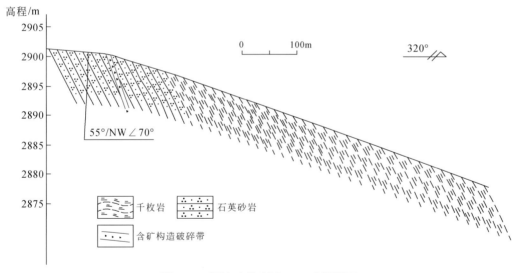

图 3-13 阿沙哇义矿区 TC40 实测剖面

通过对探槽的观察，可将矿区的石英脉分为3期：

顺千枚理产出的石英脉为最早形成的石英脉，该期石英脉普遍具有明显褐铁矿化，部分破碎严重，探槽内可见切层石英脉错断（图3-17）。

切层石英脉的形成时间比顺层石英脉晚，该期石英脉大部分发育褐铁矿化，小部分未见褐铁矿化，可见该期石英脉切穿顺层石英脉。

最晚期的石英脉为细网脉状的石英脉，该期石英脉多数都未见褐铁矿化，在靠近断裂带旁边可见褐铁矿化的网脉状石英。

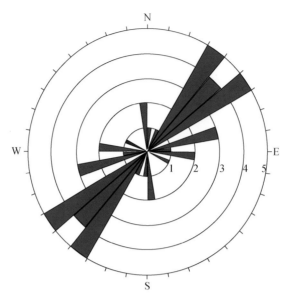

图 3-14 阿沙哇义矿区含矿石英脉走向玫瑰花图

最外面的圆弧为 5 条，共 27 组数据

对探槽内共轭剪节理产状数据的分析与处理，认为形成共轭剪节理的主应力方向有两组，分别为 NW-SE 方向和 NE-SW 方向，结合矿区含矿石英脉的走向多数为 NE-SW 方向，推断该矿区成矿期的主应力场为 NE-SW 方向（图 3-15、图 3-16）。

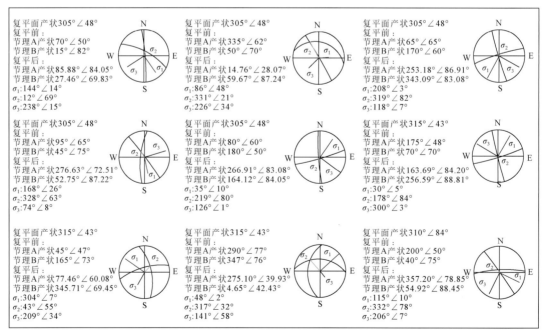

图 3-15 共轭剪节理恢复的主应力方位

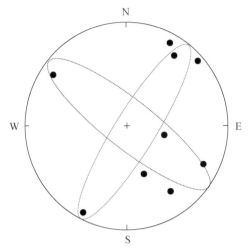

图 3-16　最大主应力极点等密图

　　通过野外观测和综合分析，我们认为矿区北东向断裂带为主要的控矿构造，断层破碎蚀变带内黄铁矿化（次生褐铁矿化）、硅化（充填石英细脉）、绢云母化等矿化蚀变越强，Au 品位相对高，即矿化蚀变强度总体与金品位呈正相关。

　　矿区的石英脉可分为 3 期：早期为顺片理产出，切层石英脉稍晚，最晚期为细网脉状的石英。

　　矿区成矿期的主应力推测为 NE-SW 方向（图 3-16）。

e　　　　　　　　　　　　　　　　　　　　f

图 3-17　阿沙哇义矿区典型照片

a. 板岩中发育的共轭节理；b. 含矿石英脉呈透镜体状；c. 板岩中发育的小型褶皱构造；
d. 板岩中发育的褶曲和节理；e. 含矿破碎带；f. 矿区探槽地表景象

对于矿区东矿段，成矿要比中矿段好，东矿段黄铁矿主要呈原生状态产出，明显比中矿段埋深要大，且东矿段出露一套角砾岩，这在中矿段未见到，该套角砾岩是否与成矿有联系，还有待进一步研究。

阿沙哇义矿区金矿体埋深整体为西高东低，东矿段的成矿连续性要好，且都为原生矿体。中矿段矿体常被断裂错断，矿体都被氧化，可能有两个原因：中矿段矿体更靠近主断裂，导致矿体更容易氧化；中矿段矿体海拔整体出露更高。

### 6. 遥感解译

1）阿沙哇义预测区遥感构造解译

根据野外详细地质调查及相关资料分析，阿沙哇义金矿具有良好的成矿潜力，因此采用空间分辨率较高的高分一号卫星数据（多光谱空间分辨率为 8m）对其进行线性构造解译，结果如图 3-18 所示。

研究区线性构造解译表明区内主要发育一系列北东向断裂，北部发育一组数条近平行断裂，影像上表现有韧脆性变形特征。区内一条北东向断裂贯穿整个矿区，矿体集中分布在断裂北侧，部分发育在断裂南侧。

2）阿沙哇义预测区矿化异常信息提取

矿化异常信息提取是利用遥感数据进行找矿的一个重要内容，地表中等以上强度的矿化蚀变带常常与大矿富矿紧密相关，如大型特大型内生热液矿床不仅有强烈且较大范围的围岩蚀变出现，而且具有矿化蚀变分带现象。地表强烈而大范围的矿化蚀变信息易于在遥感影像上识别和提取。在异常信息提取时，除了要对影像进行辐射校正、几何校正等预处理过程，通常信息还会受到影像上的云、水体、阴影、第四系等的干扰，因此需要去除这些干扰因素，建立掩膜区。本次研究区无植被和水体覆盖，去除的干扰主要是部分云层和新近纪及第四纪地层。

A. 矿化信息提取方法

遥感自 20 世纪 70 年代应用到地质矿产领域以来，遥感影像中矿化蚀变信息的提取方

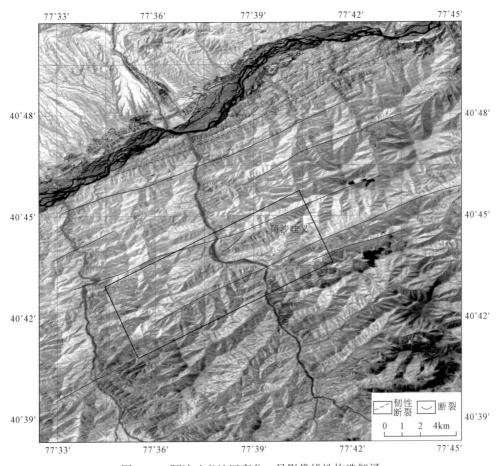

图 3-18　阿沙哇义地区高分一号影像线性构造解译

法一直是研究的要点和热点。目前，基于多光谱遥感数据进行定性和半定量的蚀变信息提取已有了相对完善的技术方法，并且取得了丰硕的成果。对于遥感蚀变信息的提取，常用的方法主要有比值分析、主成分分析、彩色合成、光谱角分类、神经网络分析、小波分析等方法。本次研究提取研究区蚀变异常信息一是利用光谱角分析法和测试的反射率波谱曲线提取研究区的褐铁矿和黄钾铁矾信息；二是利用"掩膜+主成分分析法（比值法）+密度分割"的方法提取研究区羟基和铁染信息。

a. 光谱角分析法

光谱角分析法（spectral angle mapper，SAM）是监督分类的方法之一，指将一个 $N$ 维空间的点用空间向量来表示，对比野外实测或波谱库中的波谱曲线空间向量角的相似程度来提取某类地物信息，两者的夹角度数越小说明两者的光谱曲线相似度越高，提取和识别的信息可靠程度越好。该方法多应用于多光谱或高光谱遥感数据中，波谱分辨率高，易于提取相似信息。本次利用野外采样，实测样品反射波谱曲线，建立光谱数据库作为信息提取的参考。光谱角分析法以实测岩波谱曲线为参考，充分利用光谱维的信息，强调光谱的形状特征，相比其他传统分类方法能够去除不同物质波谱相似性的现象，这是光谱角分析法基于波形分类的优势。

b. 主成分分析法

主成分分析法（principal components analysis，PCA）又称 K-L 变换，数学意义是将某一多光谱或高光谱图像，利用变换矩阵进行线性变换产生一组新的组分图像，即变换前后光谱坐标系发生一个角度的旋转。这种变换具有两个特点：一是对数据进行了压缩，将数据信息主要集中在前几个波段；二是根据变换后的特征向量可判别特定的光谱信息以达到提取的目的。基于此，根据岩矿的反射率波谱特征可提取矿化蚀变信息，本次对阿沙哇义的 Landsat 8 影像进行了掩膜和主成分分析，再加上阈值分割的方法提取了研究区铁染蚀变信息。

c. 比值法

比值法又称除法运算，是将同一影像中两个或多个不同的波段进行灰度值相除，以此来增强或突出目标地物的信息，其还有减弱地形和阴影等影响的优点。地物在不同波段具有不同的吸收和反射波谱的特征，当地物在某一波段具有高的反射率，在另一波段具有强的吸收特征，通过这两个波段的比值可以突出这一类地物信息。比值法是遥感影像处理中基础而又常用的方法，比较经典的比值运算如比值植被指数等。前人根据蚀变矿物的波谱特征，总结了一些提取蚀变矿物的比值算法，如 Landsat 8 OLI 影像 Band 4/Band 2 可突出含铁离子蚀变矿物，Band 6/Band 7 可突出含羟基、碳酸根离子蚀变矿物。

B. 光谱采样及处理

通过野外矿产地质调查，采集研究区典型矿区的地表矿化样品，在阿沙哇义预测区采集了地表矿化蚀变样品和围岩样品（表 3-5）。

表 3-5　西南天山地区光谱测试样品

| 样品编号 | 地点 | 岩性 | 样品编号 | 地点 | 岩性 |
|---|---|---|---|---|---|
| XG001-1 | 阿沙哇义 | 中细粒石英砂岩 | X005-1 | 阔库布拉克 | 白色黄钾铁矾 |
| XG002-1 | 阿沙哇义 | 黄钾铁矾 | X005-2 | 阔库布拉克 | 黄色黄钾铁矾 |
| XG002-2 | 阿沙哇义 | 褐铁矿化 | X005-3 | 阔库布拉克 | 黄褐色黄钾铁矾 |
| XG003-1 | 阿沙哇义 | 棕黄色粉砂岩 | SWD-1 | 萨瓦亚尔顿 | 黄钾铁矾 |
| XG004-1 | 阿沙哇义 | 褐铁矿化石英砂岩 | SWD-2 | 萨瓦亚尔顿 | 黄钾铁矾 |
| XG005-1 | 阿沙哇义 | 断层泥 | SWD-3 | 萨瓦亚尔顿 | 黄钾铁矾 |
| XG005-2 | 阿沙哇义 | 粉砂质泥岩 | SWD-4 | 萨瓦亚尔顿 | 黑色断层泥 |
| XG006-1 | 阿沙哇义 | 褐铁矿化蚀变 | SWD-5 | 萨瓦亚尔顿 | 黄色断层泥 |
| XG006-2 | 阿沙哇义 | 紫色泥岩 | ASTL-1 | 卡拉脚古崖 | 淡黄色蚀变 |
| XG006-3 | 阿沙哇义 | 未蚀变灰色泥岩 | ASTL-2 | 卡拉脚古崖 | 浅灰色 |
| XG007-1 | 阿沙哇义 | 淡黄色蚀变 | ASTL-3 | 卡拉脚古崖 | 黑色断层泥 |

本次光谱测试采用的是中国地质大学（北京）遥感教研室 PSR+3500 便携式地物光谱仪。利用 PSR+3500 岩石光谱分析仪对样品进行反射光谱测试，并利用 DARWin SP 软件对反射光谱曲线特征提取和重采样，分析样品在各波段的反射性。本次使用 PSR+3500 光谱

仪进行岩石样品的室外测试，测试样品以块状为主，部分样品为破碎状。测试过程中每隔若干时间利用标准白板对仪器进行校正，探头扫描样品时间间隔为 10s，每个扫描点（面）测 5 条曲线。利用 DARWin SP 软件对 5 条岩石光谱曲线作均值处理，并以反射率格式进行保存，再转化为 ASCII 文件。

在遥感影像处理软件 ENVI 中，使用 Spectral/ Spectral Libraries/ Spectral Libray Builder 菜单，选择 ASCII File，导入所有的测试光谱数据，保存为 Spectral Libray file，建立实测光谱数据库，以便后续对岩石光谱数据的分析和矿化蚀变信息提取。

C. 蚀变信息提取

围岩蚀变和矿（化）体有密切关系，蚀变的范围往往大于矿（化）体范围，而且不同蚀变类型与矿化常具有特定的空间分布规律，因此，围岩蚀变可作为有效的找矿标志。Landsat 8 遥感数据可识别的矿物主要包括：①铁的氧化物、氢氧化物和硫酸盐，包括褐铁矿、赤铁矿、针铁矿和黄钾铁矾等；②羟基矿物、水合硫酸盐和碳酸盐矿物，包括黏土矿物、云母、石膏、明矾石、方解石和白云岩等。这些矿物都有各自独特的波谱特征：铁的氧化物、氢氧化物和硫酸盐在 $0.45 \sim 0.51\mu m$ 和 $0.85 \sim 0.88\mu m$ 波段范围有吸收特征，而在 $0.64 \sim 0.67\mu m$ 波段范围有高反射特征。含羟基矿物在 $2.11 \sim 2.29\mu m$ 波段范围存在强烈吸收谷。根据这些矿物及实测岩石的波谱特征，通过光谱角方法提取研究区褐铁矿化和黄钾铁矾矿化异常信息。此外，通过主成分分析法和比值法，结合密度分割（均值+标准差）提取地表铁染和羟基蚀变信息。

a. 褐铁矿化

褐铁矿是以含水氧化铁为主要成分（包含针铁矿、水针铁矿、纤铁矿等），呈红褐色的矿物混合物。在阿沙哇义金矿等地有褐铁矿化发育，地表特征明显。

对野外采集的褐铁矿化样品进行波谱曲线的测试。通过对样品的反射率曲线测试和分析，并与 USGS 光谱库中标准样品波谱曲线作对比，发现其波谱吸收峰和吸收谷具有相同特征，说明实际测试的光谱曲线具有可靠性，可以此为依据对研究区遥感影像进行褐铁矿化信息的提取（图 3-19）。

图 3-19　阿沙哇义矿区褐铁矿化样品

b. 黄钾铁矾

黄钾铁矾是金属硫化物在地表氧化而形成，一般呈块状或土状，颜色为黄色、灰白色、暗褐色。它与热液矿床的关系极为密切，可指示热液矿床的产出位置。本次在阿沙哇义预测区采集了黄钾铁矾矿化样品（图3-20）。

同样对野外采集的黄钾铁矾矿化样品进行波谱曲线的测试，反射率波谱曲线特征如图3-21所示。通过对样品的反射率曲线测试和分析，并与USGS光谱库中标准样品波谱曲线作对比，发现其波谱吸收峰和吸收谷具有相同特征，说明实际测试的光谱曲线具有可靠性，可以此为依据对研究区遥感影像进行黄钾铁矾矿化异常信息的提取。

图3-20　阿沙哇义矿区黄钾铁矾矿化样品

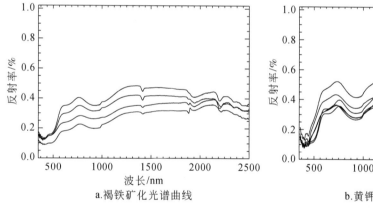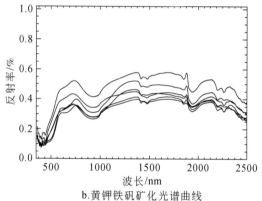

a.褐铁矿化光谱曲线　　　　　　b.黄钾铁矾矿化光谱曲线

图3-21　阿沙哇义地区褐铁矿化光谱曲线和黄钾铁矾矿化光谱曲线

通过对阿沙哇义预测区区域地表褐铁矿化、黄钾铁矾矿化异常信息的提取及构造解译，可知矿化蚀变异常与已有矿床（点）具有较好的空间匹配关系，此外，矿点的分布多集中在断裂构造附近。阿沙哇义金矿发育于一系列北东向脆韧性断裂带中，地表出露断续带状展布的黄钾铁矾矿化（图3-22），说明该区找矿前景较好。

**7. 矿体特征和成矿阶段**

阿沙哇义金矿体主要受北东向的喀拉铁别克、喀拉铁克大断裂的次一级断裂控制（图3-11），次级断裂带以压扭性质为主，表现为一系列断层、节理、裂隙带。矿区岩浆作用微弱，仅有少量的脉岩沿裂隙充填。

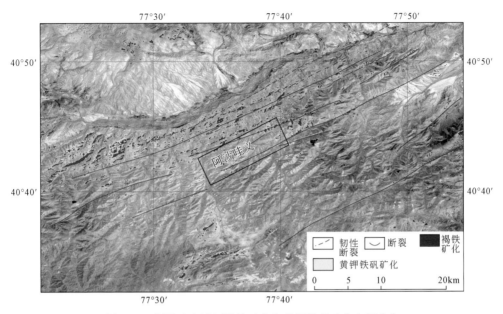

图 3-22　阿沙哇义地区褐铁矿化和黄钾铁矾矿化空间分布

含金石英脉矿体主要赋存在断层破碎蚀变带内，目前发现已控制断层破碎蚀变带（$F_{101}$ ～ $F_{110}$）10 条（图 3-23），长一般为 80 ～ 720m、较长的 $F_{103}$、$F_{104}$ 为 1600 ～ 2000m，宽一般为 1 ～ 4m、最宽处为 8 ～ 9m。金矿体呈脉状，总体走向北东，倾向北西。矿区 Au 平均品位为 $1.57×10^{-6}$，其中 14 号矿体最高，Au 品位为 $5.41×10^{-6}$；33 号矿体最低，Au 品位为 $0.52×10^{-6}$。矿体围岩蚀变主要有黄铁矿化、绢云母化、硅化、褐铁矿化等。金属矿物主要有黄铁矿、毒砂、辉锑矿、褐铁矿、方铅矿、黄铜矿，以及少量的磁铁矿、白铁矿、自然金等；非金属矿物有石英、绢云母、白云石、碳酸盐类矿物、电气石、磷灰石、锆石等。

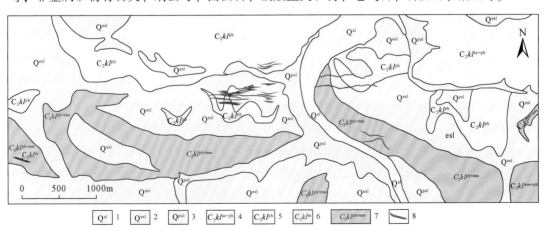

图 3-23　阿沙哇义金矿床地质简图（据野外观测和内部资料简化，2015）

1. 第四系冲积物；2. 第四系残坡积物；3. 第四系洪冲积物；4. 上石炭统喀拉治尔加组变余砂岩与千枚岩互层岩层；
5. 上石炭统喀拉治尔加组千枚岩岩层；6. 上石炭统喀拉治尔加组变余砂岩岩层；7. 上石炭统喀拉治尔加组千枚岩夹变
余粉砂岩岩层；8. 金矿体

　　根据脉体穿插关系、矿石组构和矿物组合（图3-24），将流体成矿过程划分为3个阶段：

　　（1）早阶段以石英-黄铁矿组合为特征（图3-24a，b）。其中石英呈白色-灰白色脉状，顺千枚理产出。黄铁矿呈自形-半自形立方体状或集合体，颗粒较粗。

　　（2）主阶段，即石英-多金属硫化物阶段，是金矿化最重要的阶段（图3-24c，d）。以黄铁矿-毒砂-方铅矿-黄铜矿-自然金组合为特征。其中，石英多呈烟灰色细脉-网脉状，切穿早期顺层石英脉，主要金属矿物为黄铁矿，呈自形-半自形，粒径一般为50~400μm。

　　（3）晚阶段以发育石英-碳酸盐细脉为特征（图3-24e，f），仅含少量的黄铁矿，其中石英脉发育晶洞、梳状构造。

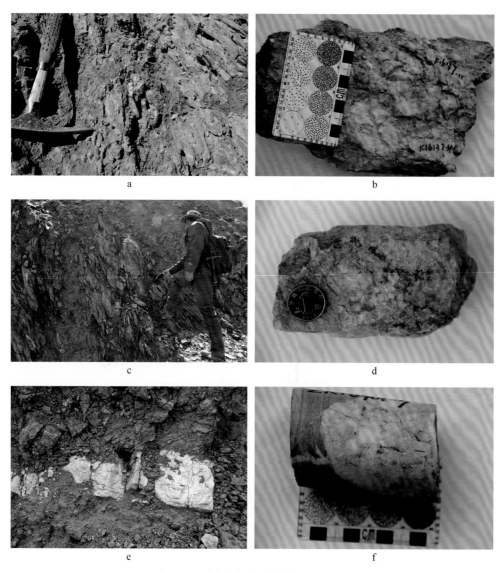

图3-24　阿沙哇义金矿野外和矿石照片

a. 早阶段顺层石英脉；b. 早期石英脉；c. 主阶段切层石英脉；d. 成矿期石英脉；e、f. 晚阶段石英-碳酸盐脉

本次调查工作对矿区内的 2 件石英脉样品进行分析测试（表 3-6），显示 Au 含量介于 5.79 ~ 126ng/g，暗示存在金的热液富集。

表 3-6　阿沙哇义金矿石英金含量

| 样品号 | 测试样品 | Au/（ng/g） |
| --- | --- | --- |
| U1540-3A | 石英 | 5.79 |
| U1540-1A | 石英 | 126 |

### 8. 扫描电镜和电子探针分析

扫描电镜分析结果显示，围岩黄铁矿呈均质结构（图 3-25a），包裹体较少。矿石中黄铁矿为环带结构和均质结构（图 3-25b ~ d），可见毒砂以包裹体的形式出现在黄铁矿中（图 3-25d）。对矿石样品中不同金属硫化物进行电子探针分析（数据见表 3-7），结果显示：①金以不可见金形式赋存于原生黄铁矿中，后期热液叠加形成的黄铁矿次生加大边内或因外界因素碎裂的黄铁矿裂隙中，并不含金；②毒砂是该矿床的一种重要载金矿物，但只有他形–不规则的毒砂内才赋存不可见金，晶形完好的板状毒砂内并不含金（图 3-26）。

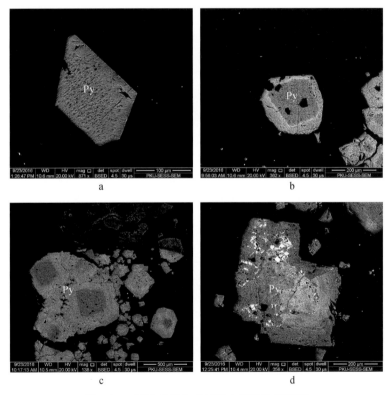

图 3-25　阿沙哇义金矿扫描电镜矿物学特征

a. 围岩黄铁矿呈均质结构；b、c 和 d. 矿石中黄铁矿为环带结构和均质结构。Py. 黄铁矿

表 3-7　阿沙哇义金矿金属硫化物电子探针分析结果　　　（单位：%）

| 测点 | As | Se | Fe | S | Cu | Pb | Zn | Sb | Co | Ag | Ni | Te | Au | 总量 |
|---|---|---|---|---|---|---|---|---|---|---|---|---|---|---|
| 1 | — | — | 45.21 | 53.14 | 0.09 | 0.17 | — | 0.05 | 0.33 | — | — | 0.06 | — | 99.05 |
| 2 | — | — | 45.66 | 52.66 | — | — | 0.06 | — | 0.17 | — | — | — | — | 98.55 |
| 3 | 3.46 | 0.06 | 45.22 | 51.17 | — | — | — | — | 0.13 | — | — | 0.05 | — | 100.09 |
| 4 | — | — | 45.56 | 53.39 | — | — | — | — | 0.23 | — | 0.13 | — | — | 99.31 |
| 5 | 3.1 | 0.03 | 45.5 | 51.02 | — | — | 0.06 | — | 0.08 | — | — | 0.08 | — | 99.87 |
| 6 | 1.15 | — | 46.02 | 52.01 | — | — | — | — | 0.08 | — | — | 0.06 | — | 99.32 |
| 7 | 2.29 | 0.05 | 45.41 | 51.44 | — | — | — | — | 0.14 | 0.07 | — | 0.03 | — | 99.43 |
| 8 | 2.25 | — | 45.42 | 50.97 | — | 0.11 | — | 0.07 | 0.12 | — | — | 0.04 | — | 98.98 |
| 9 | 1.72 | — | 45.43 | 52.33 | — | — | — | — | 0.10 | — | 0.09 | 0.04 | — | 99.71 |
| 10 | 4.19 | — | 45.25 | 50.07 | 0.06 | 0.21 | — | 0.05 | 0.09 | — | — | 0.03 | — | 99.95 |
| 11 | 2.75 | 0.04 | 45.25 | 51.13 | — | — | — | 0.10 | 0.10 | — | — | 0.08 | — | 99.45 |
| 12 | 3.11 | — | 45.19 | 50.65 | — | 0.08 | — | — | 0.10 | — | 0.07 | — | — | 99.20 |
| 13 | — | 0.04 | 45.61 | 52.92 | — | 0.09 | — | — | 0.11 | — | — | — | — | 98.77 |
| 14 | 1.64 | — | 45.61 | 52.02 | — | — | — | — | — | 0.08 | — | 0.04 | — | 99.39 |
| 15 | 1.06 | — | 45.55 | 52.36 | — | 0.10 | 0.12 | — | 0.13 | — | — | — | — | 99.32 |
| 16 | 2.62 | — | 45.59 | 51.39 | — | — | — | 0.08 | 0.07 | — | — | 0.05 | — | 99.80 |
| 17 | 2.04 | — | 45.64 | 51.53 | — | — | — | — | 0.11 | — | — | — | — | 99.32 |
| 18 | 3.14 | — | 44.90 | 50.97 | — | 0.20 | — | 0.05 | 0.18 | — | — | — | — | 99.44 |
| 19 | 1.84 | — | 45.28 | 52.00 | — | 0.08 | — | — | 0.12 | — | — | 0.07 | — | 99.39 |
| 20 | 2.03 | — | 45.61 | 51.46 | — | — | — | — | 0.15 | — | — | — | 0.15 | 99.40 |
| 21 | 4.24 | — | 44.73 | 49.62 | — | 0.12 | — | — | 0.09 | — | — | — | — | 98.80 |
| 22 | 2.81 | — | 45.76 | 51.09 | — | — | 0.13 | — | 0.14 | 0.05 | — | — | — | 99.98 |
| 23 | 4.43 | — | 45.29 | 50.37 | — | — | 0.07 | — | 0.06 | 0.06 | — | 0.04 | — | 100.32 |
| 24 | 0.19 | — | 46.04 | 52.03 | 0.10 | — | 0.12 | 0.03 | 0.39 | — | — | 0.11 | 0.22 | 99.23 |
| 25 | 38.76 | 0.04 | 37.42 | 22.6 | — | — | — | — | 0.14 | 0.05 | — | — | 0.81 | 98.82 |
| 26 | 2.47 | — | 45.31 | 51.54 | — | — | — | — | 0.08 | 0.04 | — | 0.06 | 0.35 | 99.85 |
| 27 | — | — | 45.75 | 52.76 | — | 0.11 | — | — | 0.15 | — | 0.30 | 0.08 | 0.23 | 99.38 |

注：“—”表示低于检测限，下同。

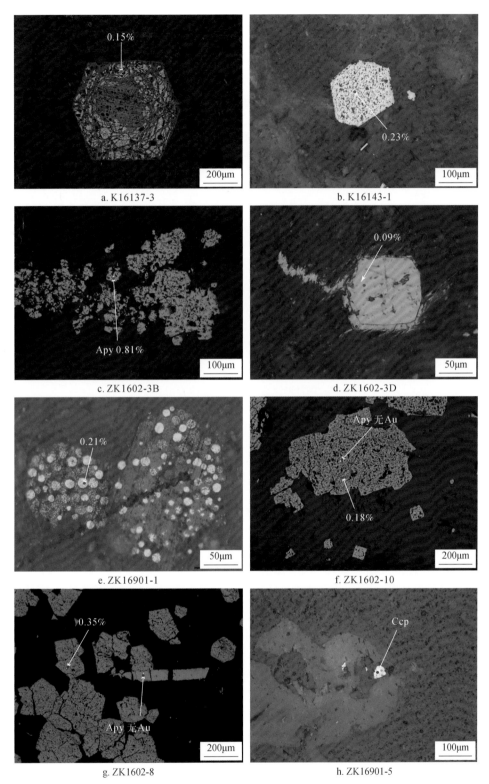

图 3-26　阿沙哇义金矿金属硫化物矿相学特征、电子探针点位及含金量

Apy. 毒砂；Ccp. 黄铜矿

### 9. 流体包裹体地球化学

对矿区不同阶段的流体包裹体进行了详细的相态观察及流体包裹体测温研究。根据流体包裹体成分及其在室温和冷冻回温过程中的相态变化，可将不同期次的流体包裹体划分为 C 型、PC 型和 W 型三类（图 3-27）。

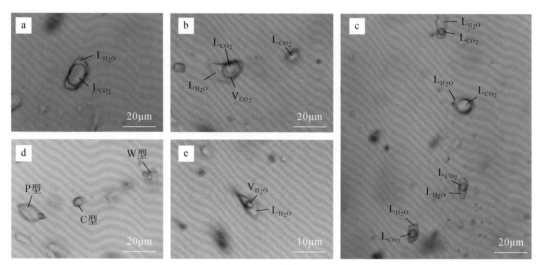

图 3-27　阿沙哇义金矿流体包裹体岩相学特征

a. 中阶段富气相的 C1 型包裹体；b. 中阶段共存的富液相的 C1 型和 PC 型包裹体；c. 中阶段不同气液比的 C 型包裹体；d. 中阶段共存的 C 型、PC 型和 W 型包裹体，显示流体不混溶或沸腾特征；e. 晚阶段 W 型包裹体。$V_{H_2O}$. 气相 $H_2O$；$L_{H_2O}$. 液相 $H_2O$；$V_{CO_2}$. 气相 $CO_2$；$L_{CO_2}$. 液相 $CO_2$

（1）C 型包裹体：室温下表现为两相（$L_{H_2O}$ + $L_{CO_2}$）或三相（$L_{H_2O}$ + $L_{CO_2}$ ± $V_{CO_2}$）（图 3-27a ~ d），据 $CO_2$ 相（$V_{CO_2}$ + $L_{CO_2}$）占包裹体总体积的比例，可进一步划分为富 $CO_2$ 包裹体（C1 型，图 3-27a）和贫 $CO_2$ 包裹体（C2 型，图 3-27b）。其中 C1 型 $CO_2$ 相（$V_{CO_2}$ + $L_{CO_2}$）占包裹体总体积的 50% ~ 95%，C2 型 $CO_2$ 相占包裹体总体积的 10% ~ 50%。包裹体多呈圆形、椭圆形或负晶形产出，直径为 4 ~ 20μm。

（2）PC 型包裹体：室温下表现为单相（图 3-27b）或两相（图 3-27d），前者冷冻过程中出现 $CO_2$ 气相；多呈椭圆形、长条形或不规则形产出，大小为 5 ~ 25μm。

（3）W 型包裹体：室温下表现为气、液两相（$L_{H_2O}$ + $V_{H_2O}$，图 3-27d、e），气液比一般为 5% ~ 30%；多呈椭圆形、长条形或不规则形产出，大小为 4 ~ 25μm。原生 W 型包裹体成群或孤立分布，而次生 W 型包裹体则多为不规则形并沿裂隙分布。

根据野外对包裹体样品期次的划分及室内研究，不同期次的包裹体样品具有不同类型包裹体组合：早阶段包裹体以 C 型+PC 型，以富气相 $CO_2$ 的 C 型包裹体为主；中阶段三种类型包裹体均出现，不同气液比的 C 型包裹体大量发育；晚阶段主要为 W 型包裹体。流体包裹体通过拉曼光谱分析，成矿早期及成矿期的流体包裹体中气体以 $CO_2$ 为主，含少量 $N_2$、$CH_4$。

对不同期次的包裹体进行了详细的显微测温工作（表 3-8，图 3-28）。成矿早阶段包裹体均一温度为 271 ~ 366℃，集中在 300 ~ 350℃；对应盐度为 1.4% ~ 3.9% NaCl equiv.；

成矿中阶段包裹体均一温度为 245~306℃，集中在 245~270℃；对应盐度为 0.9%~5.7% NaCl equiv.；成矿晚阶段包裹体均一温度为 161~231℃，集中在 175~220℃；对应盐度为 1.1%~5.4% NaCl equiv.。

表3-8　阿沙哇义金矿流体包裹体显微测温结果

| 成矿阶段 | 数量 | $T_{m,CO_2}$/℃ | $T_{m,cla}$/℃ | $T_{h,CO_2}$/℃ | $T_{m,ice}$/℃ | $T_{h,tot}$/℃ |
|---|---|---|---|---|---|---|
| 早 | 34 | -45.6 ~ -52.3 | 1.5 ~ 4.2 | 27.6 ~ 29.3 | -0.8 ~ -2.1 | 271 ~ 366 |
| 中 | 48 | -47.5 ~ -57.5 | 1.2 ~ 7.1 | 25.4 ~ 29.1 | -0.5 ~ -3.5 | 245 ~ 306 |
| 晚 | 47 | | | | -0.6 ~ -3.3 | 161 ~ 231 |

注：$T_{m,CO_2}$. $CO_2$ 固相熔化温度；$T_{m,cla}$. $CO_2$ 笼合物熔化温度；$T_{h,CO_2}$. $CO_2$ 部分均一温度；$T_{m,ice}$. 冰点温度；$T_{h,tot}$. 完全均一温度。空白表示无数据，下同。

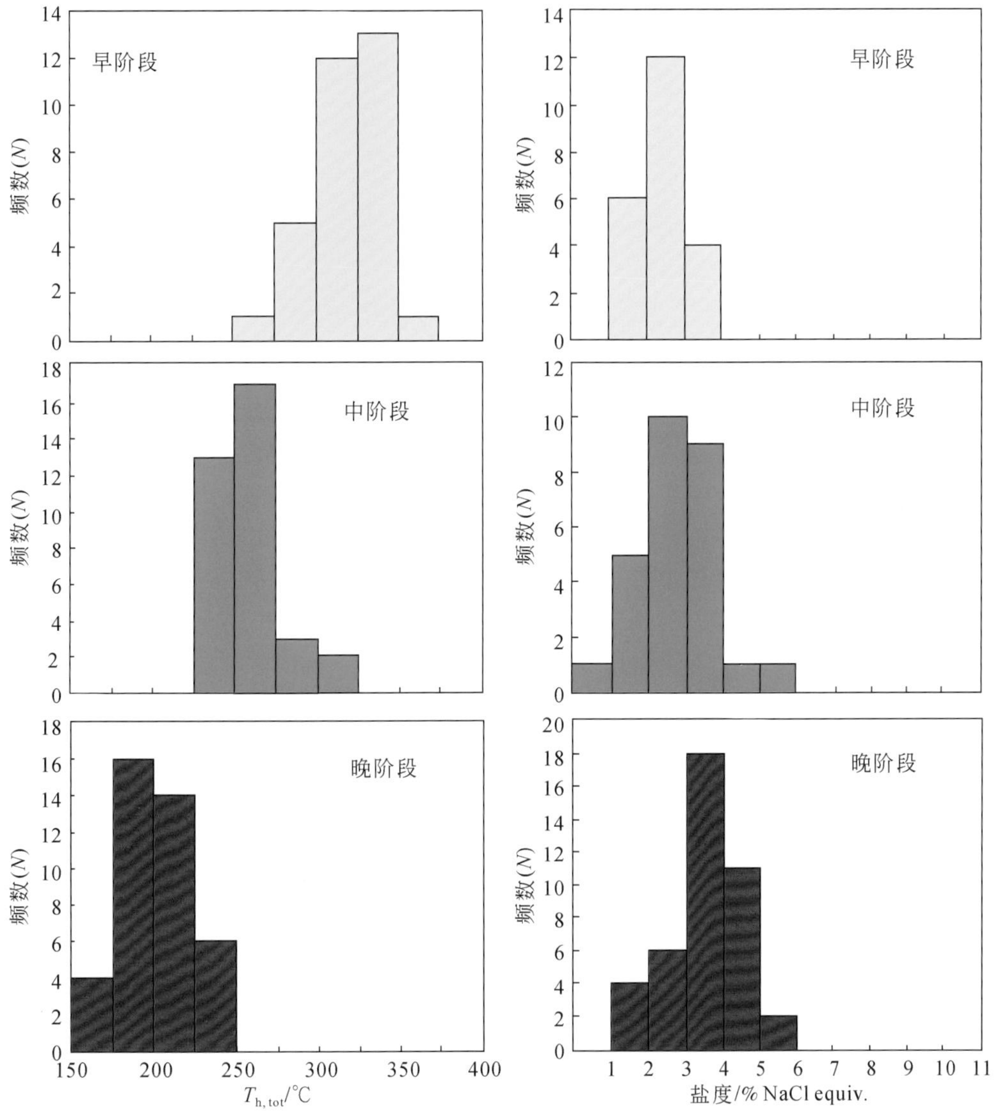

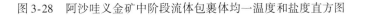

图3-28　阿沙哇义金矿中阶段流体包裹体均一温度和盐度直方图

### 10. 碳、氢、氧同位素地球化学

选取矿区中的石英进行碳、氢、氧同位素分析，结果见表 3-9。

**表 3-9　阿沙哇义金矿流体的 $\delta^{18}O$、$\delta D$ 和 $\delta^{13}C$**　　　　　（单位：‰）

| 编号 | 样品号 | 测试样品 | $\delta^{18}O_{矿物}$ | $\delta^{18}O_w$ | $\delta D_w$ | $T/℃$ | $\delta^{13}C_{CO_2}$ | 成矿阶段 |
|---|---|---|---|---|---|---|---|---|
| 1 | ZK1601-14 | 石英 | 20.0 | | −61.6 | | | 早 |
| 2 | K16137-11 | 石英 | 21.3 | | −69.3 | | | 早 |
| 3 | K16137-15 | 石英 | 20.3 | | −74.5 | | | 早 |
| 4 | K16140-1 | 石英 | 20.1 | | −65.2 | | | 早 |
| 5 | K16144-1C | 石英 | 21.8 | | −71.6 | | | 早 |
| 6 | ZK1602-3C | 石英 | 19.7 | 11.2 | −61.5 | 260 | | 中 |
| 7 | ZK0001-1 | 石英 | 19.6 | 11.1 | −68.7 | 260 | | 中 |
| 8 | K16137-4 | 石英 | 20.1 | 11.6 | −64.8 | 260 | | 中 |
| 9 | K16137-7 | 石英 | 20.8 | 12.3 | −66.3 | 260 | | 中 |
| 10 | K16138-1 | 石英 | 19.8 | 11.3 | −71.5 | 260 | | 中 |
| 11 | K16144-1A | 石英 | 21.6 | 13.1 | −69.7 | 260 | | 中 |
| 12 | U1540-3A | 石英 | 20.8 | 13.5 | −103 | 290 | −3.4 | 中 |
| 13 | U1540-3B | 石英 | 21.0 | 13.7 | −97 | 290 | | 中 |
| 14 | U1540-4A | 石英 | 20.7 | 13.4 | −88 | 290 | | 中 |
| 15 | U1541-1A | 石英 | 21.5 | 13.2 | −118 | 264 | | 中 |
| 16 | U1541-1B | 石英 | 21.6 | 13.3 | −111 | 264 | | 中 |
| 17 | U1541-1C | 石英 | 22.3 | 14.0 | −111 | 264 | | 中 |
| 18 | U1541-2A | 石英 | 21.2 | 13.9 | −96 | 290 | | 中 |
| 19 | U1541-2B | 石英 | 21.1 | 13.8 | −103 | 290 | −16 | 中 |
| 20 | U1541-2C | 石英 | 21.3 | 14.8 | −99 | 310 | −10.1 | 中 |
| 21 | K16138-5 | 石英 | 21.6 | | −61.0 | | | 晚 |
| 22 | K16139-1 | 石英 | 21.6 | | −63.9 | | | 晚 |
| 23 | ZK16901-3 | 石英 | 22.3 | | −66.2 | | | 晚 |
| 24 | K16140-2 | 石英 | 20.7 | | −68.6 | | | 晚 |
| 25 | K16140-4 | 石英 | 20.4 | | −69.4 | | | 晚 |

其中，$\delta^{18}O_w$ 是利用流体包裹体均一温度和石英–水之间的氧同位素平衡分馏方程 $1000\ln\alpha_{石英-水}=3.38\times10^6/T^2-3.40$ 计算所得，其余均为直接测试结果。从表 3-9 中可见，早、晚阶段石英的 $\delta^{18}O$ 值分别为 20.0‰ ~ 21.8‰、20.4‰ ~ 22.3‰；石英中流体包裹体的 $\delta D_w$ 值分别为 −74.5‰ ~ −61.6‰、−69.4‰ ~ −61.0‰。中阶段石英的 $\delta^{18}O$ 值为 19.6‰ ~ 22.3‰，计算其平衡水 $\delta^{18}O_w$ 值为 11.1‰ ~ 14.8‰；石英中流体包裹体的 $\delta D_w$ 值为 −111‰ ~ −61.5‰，从表 3-9 和图 3-29 可以看出，阿沙哇义金矿成矿流体的 $\delta^{18}O_w$ 投点

大多落在变质水以及变质水和岩浆水范围的右侧，类似 Alaska 的 Juneau 造山型金矿带，也可对比布隆金矿和萨瓦亚尔顿金矿（Yang et al.，2006；Chen et al.，2012a，2012b），表明成矿流体为变质流体。

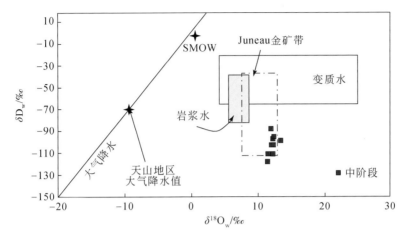

图 3-29　阿沙哇义金矿成矿流体的 $\delta^{18}O_w$-$\delta D_w$ 组成

底图据 Taylor，1997；Juneau 造山型金据 Goldfarb et al.，1991

阿沙哇义金矿流体包裹体的 $\delta^{13}C_{CO_2}$ 值为 $-3.4‰ \sim -16‰$，平均为 $-9.8‰$（表 3-9）落入典型造山型金矿范围，如澳大利亚 Bendigo、加拿大 Abitibi、中国小秦岭（$-27‰ \sim 4.4‰$）。

**11. 硫同位素地球化学**

关于矿床中硫的来源的讨论，必须依据硫化物沉淀期间热液的总硫同位素组成，而在矿物组合简单且缺乏硫酸盐矿物的情况下，硫化物的 $\delta^{34}S$ 平均值代表热液的总硫同位素组成（Ohmoto，1972）。阿沙哇义金矿床含硫矿物主要为黄铁矿、辉锑矿、黄铜矿等硫化物，因此，热液中总硫的 $\delta^{34}S$ 值大致相当于硫化物的 $\delta^{34}S$ 平均值。阿沙哇义金矿围岩辉锑矿 $\delta^{34}S$ 变化范围为 $15.4‰ \sim 16.3‰$，平均为 $15.9‰$（表 3-10）。围岩黄铁矿的 $\delta^{34}S$ 为 $9.4‰$。阿沙哇义金矿赋矿围岩岩性主要为千枚岩和变质砂岩，矿石 $\delta^{34}S$ 正异常可能与富 $^{34}S$ 围岩有关，由水岩反应所致，指示硫源可能为赋矿围岩。

表 3-10　阿沙哇义金矿及相关地质体 S 同位素组成

| 样品号 | 采样位置和岩性 | 矿物 | $\delta^{34}S/‰$ |
|---|---|---|---|
| K16143-1 | 围岩千枚岩 | 黄铁矿 | 9.4 |
| K16144-1A | 辉锑矿化石英脉 | 辉锑矿 | 16.3 |
| K16144-1B | 辉锑矿化石英脉 | 辉锑矿 | 15.4 |

综上所述，阿沙哇义金矿主要受断裂控制，矿体产状与断裂一致，矿体由一系列石英脉所组成，主要围岩蚀变为黄铁矿化、硅化和绢云母化，成矿流体具有中温、富 $CO_2$、低盐度的变质流体特征。这些特征与国内外典型造山型矿床一致（Chen et al.，2006），指示阿沙哇义金矿应为造山型金矿。

## 3.2.3　布隆金矿

### 1. 矿区地质特征

布隆金矿床位于新疆克孜勒苏克尔克孜自治州阿合奇县哈拉奇乡布隆村，距阿合奇县城西南 43km。矿床所在的大地构造属于西南天山造山带，位于区域北东向喀拉铁克大断裂的南东侧，该断裂是南天山晚古生代陆缘盆地与柯坪古生代前陆盆地的分界（图3-30）。

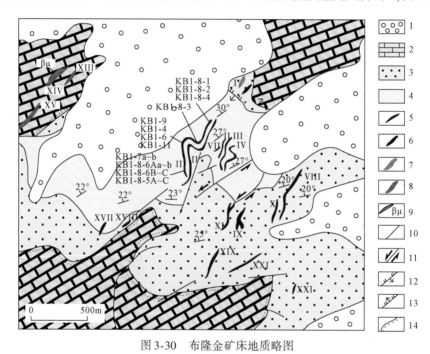

图 3-30　布隆金矿床地质略图

1. 第四系；2. 上石炭统康克林组灰岩；3. 上泥盆统克兹尔塔格组砖红色砂岩、粉砂岩；4. 下泥盆统依木干他乌组粉砂岩、细砂岩；5. 金矿体（夸大表示）；6. 石英脉；7. 重晶石脉；8. 破碎蚀变带；9. 辉绿岩脉；10. 性质不明断层；11. 平移断层；12. 逆断层；13. 正断层；14. 不整合界线

矿区出露地层有下泥盆统依木干他乌组和上泥盆统克兹尔塔格组、上石炭统康克林组（图3-30）。下泥盆统依木干他乌组出露于矿区中部，是石英重晶石复脉的主要容矿岩系，为一套紫红色、绛红色的薄层–中层石英粉砂岩、石英细砂岩、灰绿色薄层粉砂岩，夹泥岩和页岩，局部夹薄层砾岩，具类复理石建造特征。上泥盆统克兹尔塔格组为一套千枚岩化砖红色石英砂岩、粉砂岩夹白色石英砂岩，局部夹砂砾岩、页岩，发育斜层理和波痕。重晶石大脉和大部分石英大脉赋存于该组地层中。上石炭统康克林组为一套灰色、深灰色块状–厚层状灰岩，灰黑色薄–中层状灰岩，局部夹砂岩、粉砂岩和页岩。

矿区位于阿尔巴切依切克箱状背斜北西翼，次级褶皱不发育。断裂构造发育，区域喀拉铁克大断裂具有活动时间长、规模大、切割深等特点。矿区断层发育，但规模不大，以 NE 向、NNE 向为主，少数近 EW 向和 NNW 向，NE 向缓倾斜顺层断层控制着金矿脉产出。

矿区未见大侵入体，仅在矿区西部及外围见少量辉绿岩和辉绿玢岩脉，其规模一般为几米至数百米，宽几十厘米至数米。矿区西部的辉绿岩脉位于上石炭统康克林组灰岩的破碎带中，脉最宽处 1.5m，脉边部破碎，反映辉绿岩脉侵入时代与断层形成时代相同。

**2. 矿床地质特征**

矿区共发现 20 多条脉和破碎蚀变带（图 3-30），矿脉分为石英大脉、重晶石大脉和石英重晶石复脉三种类型。其中，Ⅰ号为重晶石大脉，产于矿区北部上泥盆统克兹尔塔格组的断裂破碎带中，NNE 向展布，与地层斜交，倾角陡，脉体破碎，硫化物少见，金平均品位为 0.45g/t。Ⅱ、Ⅲ、Ⅳ号为含金石英重晶石复脉（矿脉），三者平行分布，相距 20 ~ 50m，呈层状，倾向 320° ~ 10°，倾角 10° ~ 28°，与地层产状大体一致，平面上呈条带状沿 NE-SW 向波状弯曲延伸。Ⅲ号矿脉局部可见分支复合现象，分支为重晶石脉，厚 10 ~ 50cm，沿裂隙分布，明显切穿层理。矿脉与围岩界线清楚，主要由重晶石脉、石英重晶石脉、石英脉、局部含方解石石英重晶石脉组成。在垂向上，矿脉中部为重晶石脉，上部、下部为石英脉、石英重晶石脉，厚 5 ~ 40cm，金矿体主要赋存于石英脉和石英重晶石复脉中。矿体呈缓倾斜薄层状，规模明显小于赋存的复脉规模，金平均品位为 1.64 ~ 3.72g/t，最高为 18.03g/t。Ⅶ号矿体赋存于石英重晶石复脉中，呈不规则形态沿顺层断层产出。矿体破碎，呈碎裂状、角砾状，矿体规模最小。

Ⅷ-Ⅺ号、ⅩⅦ-ⅩⅪ号为石英大脉，分布于矿区南部克兹尔塔格组中，呈 NNE 向、NE 向展布，明显斜交地层，脉体陡倾，倾角大于 60°。石英大脉中发育少量黄铁矿，脉中含金量低，小于 0.5g/t，个别样品达 1.04 ~ 5.77g/t，且分布极不均匀，金矿化相对较好的有 Ⅹ号和Ⅺ号，但未圈出矿体。Ⅷ号脉规模最大，长 450m，厚 0.8 ~ 5.0m，近直立，局部黄铁矿化发育，分析金含量为 0.09 ~ 1.04g/t，个别样品金含量为 3.08g/t。Ⅺ号脉长 250m，厚 0.3 ~ 1.2m，金品位 0.1 ~ 0.48g/t，最高 0.96g/t。其他石英大脉，一般长 100 ~ 300m，厚 0.5 ~ 3.0m。

矿区内围岩矿化蚀变强烈，蚀变类型较多，主要有硅化、黄铁矿化、菱铁矿化、绢云母化、绿泥石化、方解石化、铁白云石化、泥化等。其中硅化、黄铁矿化与金矿化关系尤为密切。

矿石类型简单，以石英重晶石矿石为主，其次为石英脉型金矿石（图 3-31）。矿石构造主要有浸染状、细脉-网脉状、角砾状和脉状等。矿石结构主要有自形、半自形、他形粒状、骸晶、胶状等结构。金矿物以自然金形式产出，其赋存状态主要为粒间金、裂隙金和包体金。

根据矿脉的特征、穿插关系和矿物共生组合等特征，将流体成矿过程划分为四个阶段。

石英阶段：以发育石英大脉为特征，黄铁矿含量较少，可见铁白云石。

重晶石阶段：发育重晶石脉，分布于石英重晶石复脉的中间或形成单独的大脉，矿物组合简单，主要为重晶石，含少量黄铁矿、菱铁矿。该阶段重晶石呈白色，颗粒粗大，结晶程度高，多为自形晶。

图 3-31 布隆金矿矿石矿化特征

a. 黄铁矿化石英脉；b. 黄铁矿化、菱铁矿化石英重晶石脉；c. 黄铁矿化、菱铁矿化石英重晶石脉；
d. 黄铁矿化、菱铁矿化石英脉；e. 张性石英交界围岩角砾；f. 晚期张性方解石脉

重晶石-石英阶段：是成矿的主要阶段，进一步划分出菱铁矿-石英亚阶段和石英-重晶石-方解石亚阶段。菱铁矿-石英亚阶段以发育石英脉为特征，石英-重晶石-方解石亚阶段形成重晶石英脉和呈透镜状或团块状分布的方解石-重晶石-石英脉。在石英脉或重晶石-石英脉与重晶石脉接触处，可见前者的细脉穿插到后者中，也可见纯重晶石脉中有石英细脉或网脉分布。本阶段矿物组合主要为石英、重晶石、方解石、菱铁矿、铁白云石、黄铁矿和自然金。

碳酸盐阶段：以发育方解石细脉或石英-铁白云石细脉为特征，脉宽小于20mm，主要沿围岩裂隙分布切穿前期石英脉。

### 3. 典型剖面观测

布隆金矿赋存于下泥盆统依木干他乌组和上泥盆统克兹尔塔格组碎屑岩中，金矿体受层间缓倾斜破碎带控制。矿脉与围岩界线清楚，主要由纯重晶石、含石英重晶石、重晶石石英、局部含方解石石英重晶石脉组成。3 号矿体南侧可见厚层状重晶石脉，重晶石脉上边缘可见石英脉产出，石英脉内可见红褐色铁矿化、铁白云石化，依据产出关系，含金石英早于重晶石脉（图 3-32）。

图 3-32　布隆金矿矿脉剖面图

### 4. 围岩蚀变过程中物质组分迁移特征

本次选取 3 号矿体南侧的石英–黄铁矿化（KB1-8-1）、绿泥石–绢云母化粉砂岩（KB1-8-2）、铁白云石化粉砂岩（KB1-8-4）、含钾长石硅化粉砂岩（KB1-9）和较远距离弱蚀变的粉砂岩（图 3-32、图 3-33）进行了物质成分和组分分析（表 3-11、图 3-34）。

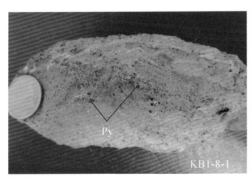
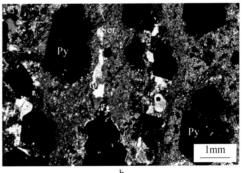

a　　　　　　　　　　　　　　　　　　　　　　b

图 3-33　布隆金矿围岩蚀变标本及镜下照片

a、b. 石英–黄铁矿化粉砂岩；c、d. 绿泥石–绢云母化粉砂岩；e、f. 铁白云石化粉砂岩；g、h. 含钾长石硅化粉砂岩。
Py. 黄铁矿；Qz. 石英；Ser. 绢云母；Chl. 绿泥石；Ank. 铁白云石；Kfs. 钾长石；Ab. 钠长石；Cal. 方解石；Brt. 重晶石

表 3-11　布隆金矿蚀变岩石主量元素和微量元素含量测试结果

| 元素 | KB1-8-1 | KB1-8-2 | KB1-8-4 | KB1-9 |
|---|---|---|---|---|
| $SiO_2$ | 50.36 | 74.72 | 67.72 | 64.19 |
| $Al_2O_3$ | 11.1 | 9.16 | 7.62 | 10.46 |
| CaO | 5.45 | 3.43 | 5.56 | 5.19 |
| $Fe_2O_3$ | 13.85 | 0.93 | 1.89 | 2.25 |
| FeO | 0.49 | 0.29 | 0.56 | 0.66 |

| 元素 | KB1-8-1 | KB1-8-2 | KB1-8-4 | KB1-9 |
|------|---------|---------|---------|-------|
| MgO | 2.72 | 2.43 | 1.66 | 2.26 |
| $Na_2O$ | 3.01 | 1.54 | 3.44 | 3.16 |
| $K_2O$ | 0.082 | 0.036 | 0.096 | 0.13 |
| MnO | 1.62 | 0.92 | 1.6 | 2.3 |
| $P_2O_5$ | 1.13 | 1.06 | 0.64 | 0.75 |
| $TiO_2$ | 0.66 | 0.51 | 0.38 | 0.65 |
| $CO_2$ | 6.08 | 3.44 | 7.85 | 6.34 |
| $H_2O$ | 3.69 | 2 | 1.96 | 2.23 |
| LOI | 8.92 | 4.59 | 8.58 | 7.99 |
| Li | 6.74 | 4.58 | 3.72 | 4.11 |
| Be | 1.33 | 1.12 | 0.73 | 1.39 |
| Cr | 70.4 | 55 | 39.7 | 71.2 |
| Mn | 598 | 297 | 720 | 1116 |
| Co | 108 | 15.4 | 9.65 | 8.9 |
| Ni | 127 | 22.2 | 29.1 | 32.2 |
| Cu | 6.98 | 7.46 | 9.37 | 6.12 |
| Zn | 8.83 | 17.5 | 7.58 | 16.2 |
| Ga | 25.9 | 18.5 | 12.4 | 18.1 |
| Rb | 72.3 | 59 | 40.7 | 65 |
| Sr | 229 | 413 | 315 | 289 |
| Mo | 2.65 | 0.77 | 1.27 | 2.71 |
| Cs | 1.73 | 1.2 | 1.02 | 1.68 |
| Ba | 334 | 220 | 167 | 334 |
| Tl | 0.28 | 0.21 | 0.16 | 0.27 |
| Pb | 3.31 | 3.2 | 2.25 | 3.27 |
| Bi | 1.1 | 0.14 | 0.06 | 0.14 |
| Th | 15.5 | 15.2 | 8.5 | 16.4 |
| U | 3.74 | 2.75 | 1.89 | 3.58 |
| Nb | 12.9 | 9.91 | 6.93 | 12.7 |
| Ta | 1.07 | 0.81 | 0.56 | 1.04 |
| Zr | 253 | 368 | 161 | 381 |
| Hf | 7.57 | 11 | 4.79 | 11.3 |
| Sn | 15.7 | 9.11 | 5.49 | 8.12 |
| Sb | 1.22 | 0.8 | 1.35 | 0.64 |
| Ti | 4077 | 3153 | 2171 | 4023 |

| 元素 | KB1-8-1 | KB1-8-2 | KB1-8-4 | KB1-9 |
|------|---------|---------|---------|-------|
| W | 13.3 | 13.7 | 8.86 | 8.9 |
| As | 10.7 | 22.9 | 20.3 | 3.07 |
| V | 146.0 | 87.3 | 63.7 | 109.0 |

注：主量元素含量单位为%；微量元素含量单位为 μg/g。

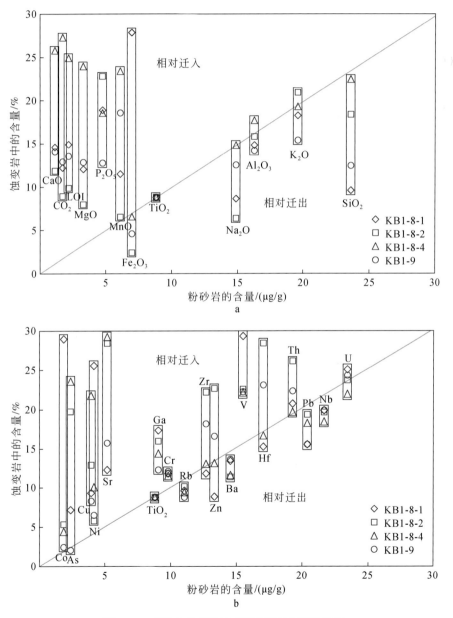

图 3-34　布隆金矿矿床蚀变带等质量标准化图解

图 3-34 阐明各组分强蚀变带中主量元素和微量元素较新鲜的粉砂岩的得失及各蚀变带的相对迁移情况；图中较粗的黑线指示以 $TiO_2$ 标准化的等质量线，斜线上方为迁入的元素，斜线下方为迁出的元素；投图中主元素为其氧化物质量分数（%）乘以比例系数（$f$），微量元素为其质量分数（$\mu g/g$）乘以比例系数（$f$）：$f(SiO_2) = 0.33$，$f(Al_2O_3) = 2$，$f(CaO) = 4$，$f(Fe_2O_3) = 2$，$f(K_2O) = 10$，$f(MgO) = 4$，$f(Na_2O) = 8$，$f(MnO) = 2$，$f(P_2O_5) = 25$，$f(TiO_2) = 20$，$f(CO_2) = 4$，$f(LOI) = 2$，$f(Cr) = 0.25$，$f(Co) = 0.4$，$f(Ni) = 0.3$，$f(Cu) = 3$，$f(Zn) = 1.5$，$f(Ga) = 1$，$f(Rb) = 0.5$，$f(Sr) = 0.08$，$f(Ba) = 0.06$，$f(Pb) = 7$，$f(Th) = 2$，$f(U) = 20$，$f(Nb) = 2.3$，$f(Zr) = 0.07$，$f(Hf) = 3$，$f(As) = 1$，$f(V) = 0.03$。

运用 Grant（1986）的计算方法来确定各蚀变带物质组分的相对迁移量：$\Delta C = (C_i^F / C_i^A)(C^A - C^F)$，式中，$\Delta C$ 为蚀变岩石相对于未蚀变岩石某组分迁移量；$C_i^A$ 和 $C_i^F$ 分别为蚀变岩石和未蚀变岩石不活泼组分含量；$C^A$ 和 $C^F$ 分别为蚀变岩石与未蚀变岩石某组分含量值。在计算出组分的相对迁移量后，再采用 Guo 等（2009）提出的标准化方法对不同蚀变带的组分迁移特征进行等质量标准化图解。对各蚀变带岩石全岩分析数据进行综合整理和分析，然后再进行逐个对比，发现 Ti 比值相对稳定，具有不活泼成分的性质。因此，我们选择 $TiO_2$ 作为不活泼组分，得出的等质量标准化图解见图 3-34。

4 个蚀变岩石组分迁移特征虽然有所不同（图 3-34），但总体规律相似：CaO、MgO、$P_2O_5$、MnO、$CO_2$、Co、Cu、Ni、Sr、Ga、Cr、V 和 Th 等组分在各蚀变岩中不同程度富集，$SiO_2$、$Na_2O$、Nb、Pb、Ba 和 Rb 等组分发生不同程度的组分迁出，但不同蚀变带中元素的迁移幅度具有差异性。$SiO_2$ 和 $Na_2O$ 总体表现迁出，这是在蚀变过程中硅酸盐流体强烈交代 $SiO_2$ 被淋滤造成的，如阳起石被绿泥石和碳酸盐交代、绿泥石被碳酸盐交代及钠长石被云母交代。其中钠长石被富钾的云母交代也导致了 $Na_2O$ 被淋滤导致含量降低。析出的 $SiO_2$ 随流体在剪切带中心形成石英脉。各蚀变岩 CaO 含量均表现为迁入，这与各蚀变带普遍发生碳酸盐化相关。碳酸盐化包括铁白云石化、方解石化及菱铁矿化。样品 KB1-8-4 具有最高的 CaO 含量，与手标本和镜下观察的强烈的铁白云石化一致（图 3-33e、f）。$CO_2$ 与 CaO 的迁移规律是一样的。$Fe_2O_3^T$ 与金矿化（黄铁矿化）的关系最为密切，在各蚀变岩中表现出较为复杂的迁移形式：除了黄铁矿化蚀变岩中（KB1-8-1）富集外，其他蚀变岩中均表现出不同程度的迁出。越靠近矿体中心（样品 KB1-8-2），Fe 迁出量越大。Cu 表现出不同程度的富集，这与镜下观察到的黄铜矿相吻合。Ba 在各蚀变岩中表现迁出，迁出的 Ba 随流体作用形成矿区重晶石脉（图 3-32、图 3-33g）。

## 5. 流体包裹体地球化学

本节主要对重晶石阶段以及金成矿期石英和重晶石样品进行了流体包裹体研究，而成矿后碳酸盐阶段矿物中的流体包裹体过于细小，无法进行流体包裹体相态观察及显微测温工作。

根据流体包裹体成分及其在室温和冷冻回温过程中的相态变化，可将流体包裹体划分为 PC 型、C 型、S 型和 W 型四种，现详述如下。

（1）PC 型包裹体：室温下表现为单相或两相（图 3-35a），单相包裹体冷冻过程中可出现 $CO_2$ 气相；包裹体呈椭圆形或不规则形，大小一般为 $4 \sim 20 \mu m$。

（2）C 型包裹体：室温下表现为两相（$L_{H_2O}$ + $I_{CO_2}$）或三相（$L_{H_2O}$ + $L_{CO_2}$ ± $V_{CO_2}$），$CO_2$ 相（$L_{CO_2}$ + $V_{CO_2}$）所占比例一般小于 30%（图 3-35c、d），少数可大于 60%。包裹体多呈圆形、椭圆形或不规则形产出，直径为 6 ~ 20μm。

（3）含子矿物多相（S 型）包裹体：以含子矿物为标志性特征，多数包裹体仅含立方体石盐（图 3-35b、c），个别包裹体除石盐外尚见透明或暗色粒状子矿物。该类包裹体多呈椭圆形或不规则形产出，直径为 4 ~ 25μm。其气相成分可以为 $CO_2$（图 3-35c）或 $H_2O$（图 3-35b），所占比例普遍较小（多数为 5% ~ 10%）。

（4）W 型包裹体：室温下表现为气、液两相（$L_{H_2O}$ + $V_{H_2O}$，图 3-35b、e），气液比一般为 5% ~ 30%；多呈椭圆形、长条形或不规则形产出，大小为 4 ~ 25μm。

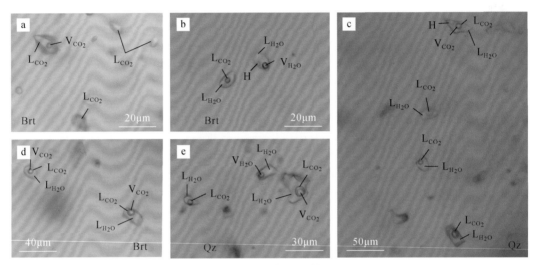

图 3-35　布隆金矿床流体包裹体岩相学特征

a. PC 型包裹体，含气相 $CO_2$ 和液相 $CO_2$；b. 共存的 W 型和 S 型包裹体，其中 S 型包裹体含石盐，气相成分为 $H_2O$；c. 共存的 C 型和 S 型包裹体，其中 S 型包裹体含石盐，气相成分为 $CO_2$；d. S 型包裹体；e. 共存的 C 型和 W 型包裹体。

Brt. 重晶石；Qz. 石英；H. 石盐；$L_{CO_2}$. 液相 $CO_2$；$L_{H_2O}$. 液相 $H_2O$；$V_{CO_2}$. 气相 $CO_2$；$V_{H_2O}$. 气相 $H_2O$

对布隆金矿重晶石阶段、含金石英和重晶石-石英阶段的流体包裹体进行了显微测温工作，共获得 131 个测试数据，结果见表 3-12 和图 3-36，现分述如下：①重晶石阶段发育 W 型包裹体，其冰点温度为 -4.6 ~ -0.2℃，对应盐度为 0.4% ~ 7.3% NaCl equiv.，包裹体在 206 ~ 366℃时向液相均一；②石英阶段中的 W 型包裹体，其冰点温度为 -3.8 ~ -0.2℃，相应盐度为 0.4% ~ 6.2% NaCl equiv.，通过气相消失达完全均一，均一温度为 204 ~ 365℃；③重晶石-石英阶段中的重晶石 W 型包裹体冰点温度为 -2.1 ~ -0.3℃，对应盐度为 0.5% ~ 3.6% NaCl equiv.，包裹体在 201 ~ 360℃时向液相均一，石英中的 W 型包裹体冰点温度为 -2.8 ~ -0.4℃，对应盐度为 0.7% ~ 4.7% NaCl equiv.，包裹体在 205 ~ 337℃时完全均一成液相。

表 3-12　布隆金矿流体包裹体显微测温结果

| 成矿阶段 | 矿物 | 类型 | 数量 | $T_{m,ice}$/℃ | $T_{h,tot}$/℃ | 盐度/% NaCl equiv. |
|---|---|---|---|---|---|---|
| 重晶石阶段 | 重晶石 | W | 31 | −4.6 ~ −0.2 | 206 ~ 366 | 0.4 ~ 7.3 |
| 石英阶段 | 石英 | W | 42 | −3.8 ~ −0.2 | 204 ~ 365 | 0.4 ~ 6.2 |
| 重晶石-石英阶段 | 重晶石 | W | 25 | −2.1 ~ −0.3 | 201 ~ 360 | 0.5 ~ 3.6 |
| | 石英 | W | 33 | −2.8 ~ −0.4 | 205 ~ 337 | 0.7 ~ 4.7 |

注：$T_{m,ice}$. 冰点温度；$T_{h,tot}$. 完全均一温度。

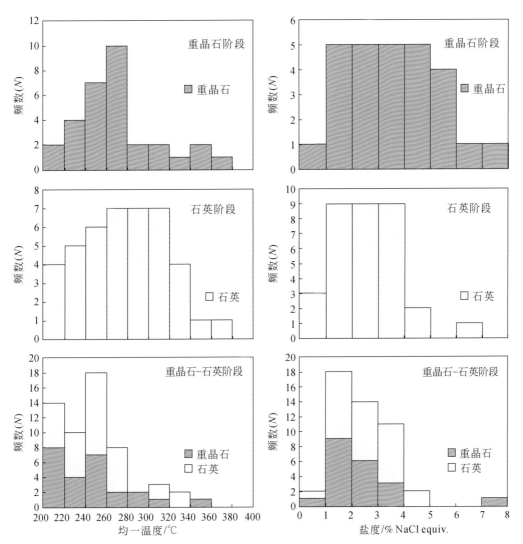

图 3-36　布隆金矿各阶段流体包裹体均一温度和盐度直方图

### 6. 石英石氢、氧同位素地球化学

布隆金矿石英的氢、氧同位素组成列于表 3-13。其中，$\delta^{18}O_w$ 是利用流体包裹体均一温度、石英–水之间的氧同位素平衡分馏方程 $1000\ln\alpha_{石英-水} = 3.38 \times 10^6/T^2 - 3.40$（Clayton et al., 1972）计算所得，其余均为直接测试结果。

表 3-13　布隆金矿石英的 $\delta^{18}O$ 和 $\delta D$

| 编号 | 样品号 | 测试样品 | $\delta^{18}O_{矿物}$/‰ | $\delta^{18}O_w$/‰ | $\delta D_w$/‰‰ | $T$/℃ | 成矿阶段 | 资料来源 |
|---|---|---|---|---|---|---|---|---|
| 1 | KB1-4 | 石英 | 20.8 | 10.8 | −108 | 265 | 中 | 本书 |
| 2 | KB1-6 | 石英 | 20.2 | 10.2 | −69 | 265 | 中 | 本书 |
| 3 | KB1-7a | 石英 | 21.0 | 11.0 | −107 | 265 | 中 | 本书 |
| 4 | KB1-7b | 石英 | 21.1 | 11.1 | −115 | 265 | 中 | 本书 |
| 5 | KB1-8-3 | 石英 | 21.2 | 11.2 | −105 | 265 | 中 | 本书 |
| 6 | KB1-8-6Aa | 石英 | 21.1 | 11.1 | −105 | 265 | 中 | 本书 |
| 7 | KB1-8-6Ab | 石英 | 20.9 | 10.9 | −106 | 265 | 中 | 本书 |
| 8 | KB1-8-6B | 石英 | 20.0 | 10.0 | −85 | 265 | 中 | 本书 |
| 9 | KB1-8-6C | 石英 | 19.0 | 9.0 | −114 | 265 | 中 | 本书 |
| 10 | KB1-9 | 石英 | 20.4 | 10.4 | −117 | 265 | 中 | 本书 |
| 11 | KB1-11 | 石英 | 22.1 | 12.1 | −88 | 265 | 中 | 本书 |
| 12 | BL-2-1 | 石英 | 18.5 | 8.8 | −70 | 271 | 中 | Yang et al., 2006 |
| 13 | BL-2-3 | 石英 | 17.6 | 7.2 | −64 | 258 | 中 | Yang et al., 2006 |
| 14 | BL-2-4 | 石英 | 20.4 | 10.7 | −64 | 271 | 中 | Yang et al., 2006 |
| 15 | BL-2-7 | 石英 | 17.2 | 6.8 | −61 | 258 | 中 | Yang et al., 2006 |
| 16 | BL-2-12 | 石英 | 19.9 | 9.8 | −63 | 262 | 中 | Yang et al., 2006 |
| 17 | BL-3-1 | 石英 | 17.9 | 9.5 | −70 | 298 | 中 | Yang et al., 2006 |
| 18 | BL-3-2 | 石英 | 18.6 | 10.8 | −63 | 312 | 中 | Yang et al., 2006 |
| 19 | BL-3-3 | 石英 | 18.7 | 7.4 | −63 | 242 | 中 | Yang et al., 2006 |
| 20 | BL-3-29 | 石英 | 17.2 | 4.5 | −66 | 220 | 中 | Yang et al., 2006 |
| 21 | BL-3-36 | 石英 | 19.6 | 10.4 | −58 | 281 | 中 | Yang et al., 2006 |
| 22 | BL-4-2 | 石英 | 20.6 | 10.0 | −63 | 254 | 中 | Yang et al., 2006 |
| 23 | BL-4-10 | 石英 | 21.1 | 13.3 | −60 | 313 | 中 | Yang et al., 2006 |
| 24 | BL-4-14 | 石英 | 20.4 | 9.5 | −68 | 248 | 中 | Yang et al., 2006 |
| 25 | BL-7-5 | 石英 | 19.6 | 10.4 | −55 | 281 | 中 | Yang et al., 2006 |
| | 平均 | | 19.8 | 9.9 | −80 | | | |

注：包裹体均一温度峰值引自 Yang 等（2006）。

从表 3-13 中可见，石英的 $\delta^{18}O$ 值为 17.2‰ ~ 22.1‰，计算其平衡水 $\delta^{18}O_w$ 值为 4.5‰ ~ 13.3‰，石英中流体包裹体的 $\delta D_w$ 值为 −117‰ ~ −55‰。从图 3-37 可以看出，布隆石英成

矿流体的 $\delta^{18}O_w$ 投点大多落入变质水和岩浆水范围的右侧，表明成矿流体可能主要为变质流体成因而非岩浆成因，理由如下：

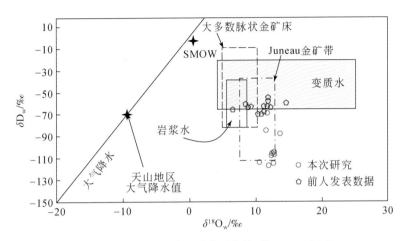

图 3-37　布隆金矿床石英的 $\delta^{18}O_w$-$\delta D_w$ 组成

底图据 Taylor，1997，其他矿床数据引用文献见正文

（1）石英的成矿流体的 $\delta D_w$ 为 -117‰ ~ -55‰，平均为 -80‰，大部分落入变质水范围，且与世界大多数脉状金矿类似（图 3-37）（Ridley and Diamond，2000）。

（2）主要发育低盐度 C 型、W 型、PC 型包裹体，同时可见少量含子矿物包裹体，包裹体中含少量的 $CH_4$（Yang et al.，2006），属变质流体的典型特征（陈衍景等，2007）。

因此，布隆金矿石英成矿流体 $\delta^{18}O_w$ 不可能是岩浆水，更不可能是大气降水，而可能是变质水，应起源于富 $^{18}O$ 和有机质的岩石建造的变质脱水。考虑到赋矿围岩由灰岩、石英砂岩、粉砂岩、页岩等组成，与氢、氧同位素研究所揭示的流体源区岩性一致，认为赋矿围岩是布隆成矿流体的来源之一。

**7. 重晶石同位素和稀土元素地球化学**

1）重晶石碳、氢、氧同位素特征

布隆金矿重晶石的氢、氧同位素组成列于表 3-14。其中，$\delta^{18}O_w$ 是利用流体包裹体均一温度及重晶石–水体系氧同位素平衡分馏方程 $1000\ln\alpha_{重晶石-水} = 3.01 \times 10^6/T^2 - 7.31$ 计算所得，其余均为直接测试结果。

从表 3-14 可见，重晶石的 $\delta^{18}O$ 值为 17.0‰ ~ 21.3‰，计算其平衡水 $\delta^{18}O_w$ 值为 12.1‰ ~ 15.4‰。重晶石中流体包裹体的 $\delta D_w$ 值为 -84‰ ~ -62‰。从表 3-14 和图 3-38 可以看出，除一个样品外，布隆重晶石脉流体的 $\delta^{18}O_w$ 投点均落入变质水范围内，表明重晶石的 $\delta^{18}O_w$ 是由富 $^{18}O$ 的岩石建造脱水形成。重晶石的 $\delta^{13}C$ 值为 -20.6‰ ~ -14.6‰，平均为 -18.4‰（表 3-14），其变化范围与沉积有机物的 $\delta^{13}C$ 组成相一致（-11‰ ~ -34‰），反映了组成重晶石碳的有机成因特点。

表 3-14　布隆金矿重晶石的 $\delta^{18}O$、$\delta D$ 和 $\delta^{13}C$

| 编号 | 样品号 | 测试样品 | $\delta^{18}O_{矿物}$/‰ | $\delta^{18}O_w$/‰ | $\delta D_w$/‰ | $\delta^{13}C_{CO_2}$/‰ | $T$/℃ |
|---|---|---|---|---|---|---|---|
| 1 | KB1-4 | 重晶石 | 18.2 | 12.6 | −62 | −14.6 | 245 |
| 2 | KB1-6 | 重晶石 | 21.3 | 15.4 | −72 | −19.2 | 240 |
| 3 | KB1-7b | 重晶石 | 17.0 | 12.1 | −66 | −15.6 | 260 |
| 4 | KB1-8-5 | 重晶石 | 17.9 | 13.5 | −72 | −19.8 | 270 |
| 5 | KB1-8-6Ab | 重晶石 | 20.3 | 13.8 | −64 | −17.6 | 230 |
| 6 | KB1-9 | 重晶石 | 19.4 | 12.3 | −76 | −20.1 | 220 |
| 7 | KB1-8-5A | 重晶石 | 19.7 | 14.8 | −84 | −19.1 | 260 |
| 8 | KB1-8-5B | 重晶石 | 17.9 | 13.0 | −68 | −20.6 | 260 |
| 9 | KB1-8-5C | 重晶石 | 19.3 | 14.7 | −70 | −19.4 | 265 |
| | 平均 | | 19.0 | 13.6 | −70 | −18.4 | |

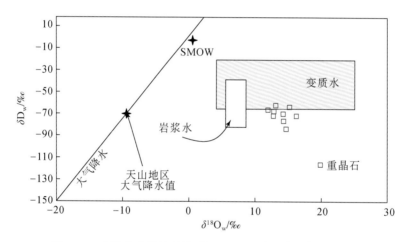

图 3-38　布隆金矿重晶石的 $\delta^{18}O_w$-$\delta D_w$ 组成（底图据 Taylor, 1997）

2）重晶石硫同位素特征

布隆金矿重晶石 $\delta^{34}S$ 值为 34.6‰～39.6‰，平均为 37.0‰（表 3-15）。重晶石硫同位素组成均一，$\delta^{34}S$ 值变化范围小，表明硫来源单一（图 3-39）。

表 3-15　布隆金矿重晶石硫同位素分析结果

| 序号 | 样品号 | 测定样品 | $\delta^{34}S$/‰ | 来源 |
|---|---|---|---|---|
| 1 | KB1-9 | 重晶石 | 36.5 | 本书 |
| 2 | KB1-8-6B | 重晶石 | 37.4 | 本书 |
| 3 | KB1-8-6Ab | 重晶石 | 36.6 | 本书 |
| 4 | KB1-8-5 | 重晶石 | 36.6 | 本书 |

| 序号 | 样品号 | 测定样品 | $\delta^{34}S/‰$ | 来源 |
|---|---|---|---|---|
| 5 | KB1-7b | 重晶石 | 34.6 | 本书 |
| 6 | KB1-6 | 重晶石 | 36.4 | 本书 |
| 7 | KB1-4 | 重晶石 | 37.5 | 本书 |
| 8 | BL-2-2 | 重晶石 | 37.5 | Yang et al., 2006 |
| 9 | BL-2-6 | 重晶石 | 37.8 | Yang et al., 2006 |
| 10 | BL-3-4 | 重晶石 | 38.8 | Yang et al., 2006 |
| 11 | BL-3-6 | 重晶石 | 35.8 | Yang et al., 2006 |
| 12 | BL-3-7 | 重晶石 | 35.0 | Yang et al., 2006 |
| 13 | BL-3-19 | 重晶石 | 39.6 | Yang et al., 2006 |
| 14 | BL-3-24 | 重晶石 | 35.4 | Yang et al., 2006 |
| 15 | BL-3-43 | 重晶石 | 39.1 | Yang et al., 2006 |
| 16 | BL-4-5 | 重晶石 | 36.8 | Yang et al., 2006 |
| 17 | BL-12 | 重晶石 | 36.8 | 郑明华等, 2000 |
|  |  | 平均 | 37.0 |  |

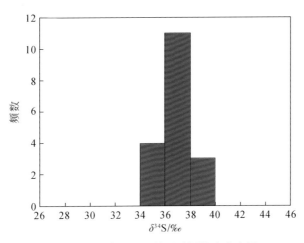

图 3-39　布隆金矿重晶石硫同位素直方图

重晶石 $\delta^{34}S$ 值大于同时代泥盆纪海相硫酸盐 $\delta^{34}S$ 值（约 25‰）（郑永飞和陈江峰，2000），以富集重硫为特征，与热水沉积形成的重晶石矿床（SEDEX）中重晶石 $\delta^{34}S$ 值相似（31.8‰~43.5‰）（车勤建，1995）。因此布隆金矿重晶石的硫可能来自海相硫酸盐，并且经历了强烈的有机质、细菌和生物活动的分馏作用。

3）重晶石稀土元素地球化学特征

稀土元素在化学性质上的相似性和系统差异，常作为一个整体出现在矿物和岩石中，且岩石中的稀土元素受成岩过程中和成岩期后改造作用的影响较小，故常被作为地球化学示踪剂。因而对稀土元素的组成和配分模式的研究，是探讨矿物和岩石成因的重要途径之一。布隆金矿重晶石稀土元素总量低，介于 $0.094\times10^{-6}\sim5.653\times10^{-6}$ 之间，平均为 $0.783\times10^{-6}$；轻稀土富集、重稀土亏损（LREE/HREE=1.54~32.36）；除样品 KB1-8-5D 具有 Eu 负异常（$\delta Eu=0.54$），其余样品 Eu 具有明显正异常（$\delta Eu=1.61\sim20.16$）；两个样品 Ce 具有负异常（$\delta Ce=0.57$ 和 $0.68$），其余具有 Ce 正异常（$\delta Ce=1.09\sim1.50$）（表 3-16）。通常海底高温热流体普遍具有轻稀土富集（La–Gd）、重稀土亏损、显著的 Eu 正异常特征（以此代表纯热液端元组分组成）。海水的稀土元素特征以 LREE 亏损、HREE 富集和显著的 Ce 负异常为标志。而海底热液沉积物作为热液流体和海水混合的产物，会兼有二者的一些特征。布隆金矿重晶石含有低的稀土元素总量，富集轻稀土、亏损重稀土，具有明显 Eu 正异常，与海底高温热流体的 REE 特征相似。两个样品具显著的 Ce 负异常，表明在重晶石形成过程中有海水的参与。以上这些特征说明布隆重晶石的形成有高温热液流体和海水的贡献。

前述表明，重晶石的 $\delta^{18}O_w$ 是由富 $^{18}O$ 的岩石建造脱水形成，碳具有有机物特点，硫可能来自海相硫酸盐，结合重晶石的 REE 特征，其形成过程可能是热液流体在上升过程中带来了丰富的 Ba 元素，而海水提供了大量的 $SO_4^{2-}$，在混合过程中产生了适合沉淀的物理化学条件，特别是在有机质、生物存在的有利环境下，$Ba^{2+}$ 与 $SO_4^{2-}$ 相互结合形成重晶石的预富集。重晶石除发育水溶液包裹体外，还发育 C 型包裹体和 PC 型包裹体，这与海底热液成矿流体特征差异较大。这些富/含 $CO_2$ 包裹体是重晶石形成后受到后期变质变形改造作用形成的。结合包裹体测温以及矿床地质特征，大规模重晶石的形成与西南天山碰撞造山事件相关。

表 3-16　布隆金矿重晶石稀土元素数据　　　　　　（单位：$10^{-6}$）

| 元素 | KB1-6 | KB1-7b | KB1-8-5 | KB1-8-6Ab | KB1-9 | KB1-8-5A | KB1-8-5B | KB1-8-5C | KB1-8-5D |
|---|---|---|---|---|---|---|---|---|---|
| La | 0.008 | 0.011 | 0.017 | 0.009 | 0.008 | 0.033 | 0.028 | 0.01 | 0.15 |
| Ce | 0.016 | 0.019 | 0.057 | 0.021 | 0.02 | 0.028 | 0.029 | 0.025 | 0.97 |
| Pr | 0.001 | 0.001 | 0.009 | 0.001 | 0.001 | 0.002 | 0.002 | 0.002 | 0.14 |
| Nd | 0.007 | 0.008 | 0.09 | 0.009 | 0.008 | 0.015 | 0.014 | 0.015 | 1.46 |
| Sm | 0.003 | 0.003 | 0.05 | 0.003 | 0.003 | 0.012 | 0.011 | 0.005 | 0.72 |
| Eu | 0.02 | 0.015 | 0.026 | 0.019 | 0.02 | 0.021 | 0.019 | 0.024 | 0.12 |
| Gd | 0.003 | 0.003 | 0.047 | 0.003 | 0.004 | 0.013 | 0.012 | 0.003 | 0.61 |
| Tb | <0.001 | <0.001 | 0.006 | <0.001 | <0.001 | <0.001 | 0.001 | <0.001 | 0.077 |
| Dy | 0.003 | 0.003 | 0.028 | 0.003 | 0.004 | 0.003 | 0.006 | 0.002 | 0.31 |
| Ho | 0.001 | 0.001 | 0.003 | 0.001 | 0.001 | 0.001 | 0.001 | <0.001 | 0.036 |
| Er | 0.003 | 0.004 | 0.007 | 0.003 | 0.003 | 0.004 | 0.006 | 0.003 | 0.049 |
| Tm | <0.001 | <0.001 | <0.001 | <0.001 | <0.001 | 0.002 | 0.002 | <0.001 | 0.003 |
| Yb | 0.004 | 0.004 | 0.007 | 0.004 | 0.003 | 0.048 | 0.044 | 0.006 | 0.044 |
| Lu | 0.001 | 0.001 | 0.002 | 0.001 | 0.001 | 0.017 | 0.015 | 0.002 | 0.014 |
| Y | 0.024 | 0.023 | 0.096 | 0.02 | 0.022 | 0.023 | 0.036 | 0.016 | 0.95 |
| ΣREE | 0.094 | 0.096 | 0.445 | 0.097 | 0.098 | 0.222 | 0.226 | 0.113 | 5.653 |

续表

| 元素 | KB1-6 | KB1-7b | KB1-8-5 | KB1-8-6Ab | KB1-9 | KB1-8-5A | KB1-8-5B | KB1-8-5C | KB1-8-5D |
|---|---|---|---|---|---|---|---|---|---|
| $\Sigma$LREE/$\Sigma$HREE | 6.88 | 6.33 | 15.56 | 7.75 | 8.57 | 1.56 | 1.54 | 7.36 | 32.36 |
| $\delta$Eu | 20.16 | 15.12 | 1.61 | 19.15 | 17.65 | 5.11 | 5.03 | 17.50 | 0.54 |
| $\delta$Ce | 1.18 | 1.09 | 1.12 | 1.41 | 1.48 | 0.57 | 0.68 | 1.29 | 1.50 |

## 3.2.4　卡拉脚古崖金锑矿

### 1. 区域地质

卡拉脚古崖金锑矿位于新疆阿克苏市乌什县雅满苏乡北山—阔克萨勒岭南坡，属中高山切割区，总体海拔较高，介于 3050～3200m。矿区山势陡峭，攀登困难，植被稀少，自然环境较差。矿区大地构造位置上处于西南天山造山带的秋木克克别勒断裂（矿区内为托什干断裂）北侧，库马力克复向斜西南缘库尔哈克褶皱束东南部（图 3-40）。

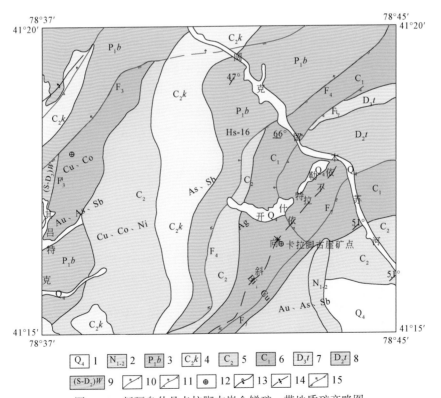

图 3-40　新疆乌什县卡拉脚古崖金锑矿一带地质矿产略图

1. 第四系；2. 新近系钙质砂岩、泥质粉砂岩；3. 下二叠统巴勒迪尔塔格组片岩、粉砂质页岩、钙质砂岩；4. 上石炭统康克林组生物灰岩、灰岩；5. 上石炭统砾状、块状灰岩、铝土矿；6. 下石炭统碳质页岩、粉砂质页岩、钙质砾岩、钙质砂岩；7. 上泥盆统坦盖塔尔组灰岩、泥灰岩、钙质粉砂岩夹石膏；8. 中泥盆统托格买提组灰岩、砾状灰岩、贝壳状灰岩；9. 志留系—泥盆系乌帕塔尔坎群千枚岩、细砂岩、中粒砂岩、粉砂质页岩；10. 逆断层；11. 高角度冲断层；12. 金矿点；13. 倒转背斜；14. 向斜；15. 逆掩断层

区域出露地层主要为古生界志留系—二叠系的浅变质碎屑岩及碳酸盐岩，其次为古近系和新近系、第四系。

乌帕塔尔坎群 $[(S-D_2)W]$：区内最老的一套浅变质复理石建造，仅在局部有少量出露，主要由浅灰色千枚岩、细-中粒砂岩及粉砂质页岩组成，厚 800~3000m。

泥盆系：中统托格买提组（$D_2t$），为一套深灰色灰岩、砾状灰岩、贝壳灰岩组合；上统坦盖塔尔组（$D_3t$），主要岩性为灰色灰岩、泥灰岩、钙质粉砂岩偶夹石膏，两者呈整合接触。

石炭系：下石炭统由深灰色-浅黄色碳质页岩、粉砂质页岩、钙质砂岩等组成，与下伏地层呈整合接触；上石炭统由灰色-灰黑色砾状、块状灰岩组成，产有铝土矿，上石炭统康克林组（$C_2k$）由深灰色生物灰岩、灰岩组成。

二叠系：仅出露下二叠统巴勒迪尔塔格组（$P_1b$），主要岩性为灰色-灰绿色片岩、粉砂质页岩、钙质砂岩等，与下伏地层呈整合接触。

古近系和新近系：中-上新统分布于山前凹陷中，由灰色-暗红色钙质砂岩、泥质粉砂岩、砂砾岩等组成。

第四系：出露较少，仅在河谷地带和山间盆地分布，下部为砂砾或砾石层，上部为亚砂土或腐殖土，厚 3~15m。

区内构造以断裂为主，褶皱次之。其中，NNE 向的区域深大断裂构成区内主干断裂，走向 NE30°，倾向北西，倾角 47°~55°，具有长期继承活动性，形成 NNE-NE 向展布的构造格局，是区域上的主要控矿构造。褶皱主要由一系列轴向 NE30°~40° 的背、向斜组成库尔哈克褶皱束，矿区处于依不拉依向斜南翼。依不拉依向斜东起阔克留木苏河下游东岸，西止别迭里河西岸，延长约 15km，向 NE 翘起。核部由上石炭统灰色-浅灰色厚-巨厚层状灰岩组成，两翼则由下石炭统灰色-浅灰色灰岩、白云岩、砂岩、板岩、千枚岩等组成，北翼地层产状 150°∠50°，南翼地层产状 330°∠40°。区域岩浆活动微弱，岩浆岩不发育，仅见有零星出露的海西晚期侵入的基性岩、酸性岩，岩性为辉绿岩、辉绿玢岩及石英二长岩。

**2. 矿区地质特征**

矿区内主要出露下石炭统、古近系和新近系上新统阿图什组及第四系（图 3-40）。

1）下石炭统

下石炭统为一套滨海-浅海相碎屑岩及碳酸盐岩沉积，细碎屑岩已普遍发生变质。按岩性及岩相组合特征，可划分为三个岩性段：

（1）下石炭统第一岩性段分布在矿区的西北部，主要岩性为白云岩夹白云质板岩。岩石新鲜面为灰色，风化面为砖红色，与下伏第二岩性段为整合接触，上界不详。

（2）下石炭统第二岩性段出露在矿区北部。主要岩性为褐黄色-青灰色千枚岩夹板岩，偶夹灰岩透镜体。与下伏第三岩性段为整合接触。

（3）下石炭统第三岩性段在矿区南部出露。主要岩性为青灰色板岩夹千枚岩，偶夹灰岩透镜体。金、锑矿体及锑矿体均产于第二岩性段与第三岩性段的接触部位。

2）古近系和新近系上新统阿图什组

阿图什组（$N_2a$）为一套类磨拉石建造，主要岩性为陆相砖红色砂砾岩，砾石成分以灰岩、粉砂岩、白云岩、千枚岩为主，为泥质及钙质胶结。

3）第四系全新统

该地层可分为两类：一为残坡积物；二为冲洪积物。

区内构造相对简单，岩层表现为倾向北西的单斜构造，总体上构成依不拉依向斜南翼。受区域大断裂的影响，区内小规模层间断裂较发育。矿体的展布形态均受一系列层间小断裂控制（图3-41）。

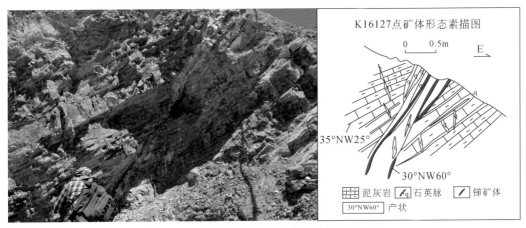

图 3-41　卡拉脚古崖金锑矿典型矿体产出特征

矿区岩浆岩不发育，仅见数处零星分布的规模较小、侵位于碳质灰岩层中的蚀变辉绿玢岩。辉绿玢岩呈灰色，斑状结构，块状构造。斑晶主要由长石、辉石等组成。

区内岩层均受构造动力作用，普遍发生不同程度的变质作用，主要可分为动力变质作用及区域变质作用。其中，动力变质作用主要沿构造断裂带发育，岩石明显碎裂化、糜棱岩化，形成一定宽度的破碎带。变质作用强度与离构造带的距离呈正相关。区域变质作用主要因区域构造应力作用，沿主要构造带两侧，使受其改造的一定范围内的岩层产生区域性浅变质现象及退色现象，形成黄褐色-青灰色板岩、千枚岩带。

受热液作用影响，矿区围岩蚀变发育，蚀变类型主要有硅化、绢云母化、黄铁矿化、铁白云石化、碳酸盐化等。

矿区内矿体可分为金、锑共生矿体和锑矿体。

金、锑共生矿体：矿体产于下石炭统第二岩性段与第三岩性段的接触部位，含矿原岩主要为褐铁矿化千枚岩、板岩。矿体呈似层状、透镜状，沿 NE-SW 向展布，总体倾向338°，倾角较陡，为54°~56°。沿走向长约177.5m，沿倾向延深约20m，地表宽约1m，真厚0.8~0.99m，平均0.87m。矿体沿走向延伸较稳定，厚度变化不大，受构造影响小。Au 品位为 $2.36×10^{-6}$~$6.67×10^{-6}$，平均为 $4.51×10^{-6}$，Sb 品位为 $1.46×10^{-2}$~$27.88×10^{-2}$，平均为 $12.67×10^{-2}$，Sb 与 Au 关系密切。Au 含量高时，Sb 含量相应也较高。

锑矿体：矿体产于金、锑共生矿体之上，呈透镜状。矿体产状与金、锑共生矿体一致，走向 NE-SW，总体倾向 338°，倾角 55°~56°，沿走向长约 75m，沿倾向延深约 20m，地表宽 1~3m，真厚 0.99~2.58m，平均为 1.79m。矿体厚度变化较大。Sb 品位为 $1.52\times10^{-2}$~$52.66\times10^{-2}$，平均为 $19.72\times10^{-2}$。

矿石特征：矿石类型较为简单，主要为石英脉型矿石，以原生矿石为主。矿石主要发育于破碎的石英条带中，矿化程度越高的地方，石英破碎越强烈，与矿化密切相关的石英多呈烟灰色，透明度不高（图 3-42）。

图 3-42　卡拉脚古崖金锑矿矿石标本
a. 碎裂石英脉型锑矿石；b. 网脉状锑矿石；c. 块状锑矿石；d. 沿破碎石英脉发育的锑矿石

矿石结构主要为粒状结构，构造主要为条带状、块状、浸染状等。初步矿相学观察发现：辉锑矿以粒状、长柱状集合体及块状为主；发育聚片双晶，成矿之后受应力作用，矿物碎裂、变形普遍，发育揉皱结构；后经热液充填，沿矿物裂隙发育他形的雌黄、雄黄；共生金属矿物组合为辉锑矿+闪锌矿+雄黄+雌黄（图 3-43）。

### 3. 流体包裹体地球化学

本节主要对成矿期石英中包裹体进行了详细的岩相学观察，以 C 型包裹体为主，少量 PC 型和 W 型包裹体（图 3-44）。

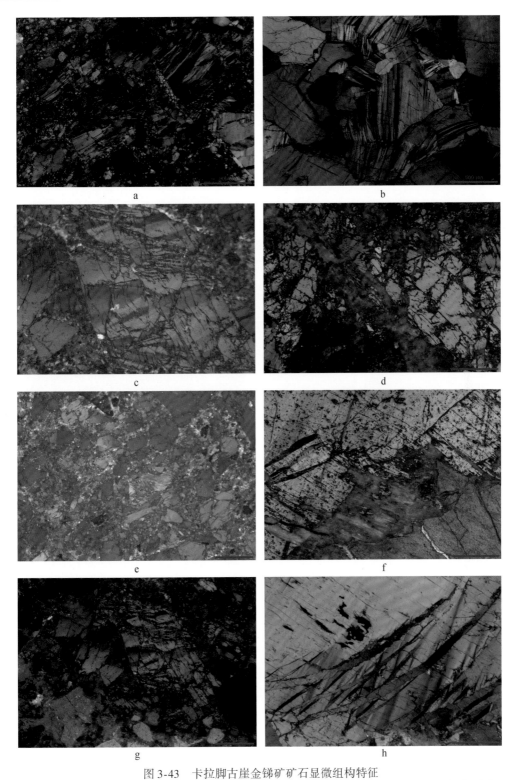

图 3-43　卡拉脚古崖金锑矿矿石显微组构特征

a. 碎裂辉锑矿；b. 块状辉锑矿，具花岗变晶结构；c. 碎裂辉锑矿，发育聚片双晶，裂隙中充填雄黄–雌黄；
d. 碎裂辉锑矿；e. 碎裂辉锑矿；f. 辉锑矿+闪锌矿+雄黄；g. 碎裂辉锑矿；h. 发育揉皱结构的辉锑矿

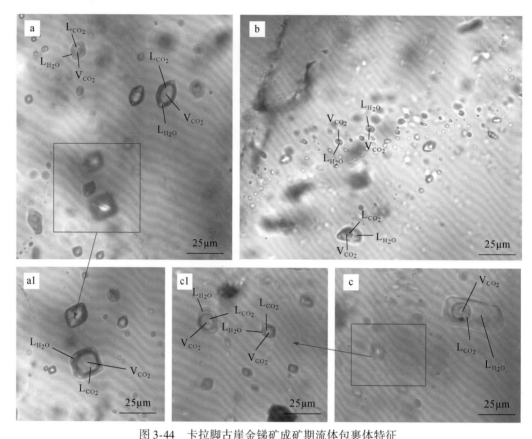

图 3-44　卡拉脚古崖金锑矿成矿期流体包裹体特征

a、a1. 中阶段富气相的 C1 型包裹体；b. 中阶段富液相的 C2 型包裹体；c、c1. 中阶段不同气液比的 C 型包裹体。
$V_{H_2O}$. 气相 $H_2O$；$L_{H_2O}$. 液相 $H_2O$；$V_{CO_2}$. 气相 $CO_2$；$L_{CO_2}$. 液相 $CO_2$

（1）C 型包裹体：室温下表现为两相（$L_{H_2O}+L_{CO_2}$）或三相（$L_{H_2O}+L_{CO_2}\pm V_{CO_2}$）（图 3-44），据 $CO_2$ 相（$V_{CO_2}+L_{CO_2}$）占包裹体总体积的比例，可进一步划分为富 $CO_2$ 包裹体（C1型，图 43a，a1，c1）和贫 $CO_2$ 包裹体（C2 型，图 3-44b，c）。其中前者 $CO_2$ 相（$V_{CO_2}+L_{CO_2}$）占包裹体总体积的 50%～95%，后者 $CO_2$ 相占总体积的 10%～50%。包裹体多呈圆形、椭圆形或负晶形产出，直径为 3～25μm。

（2）PC 型包裹体：室温下表现为单相或两相，前者冷冻过程中出现 $CO_2$ 气相；多为长条形或不规则形，大小为 3～20μm。

（3）W 型包裹体：室温下表现为气、液两相（$L_{H_2O}+V_{H_2O}$），气液比一般为 10%～80%；多为长条形、椭圆形或不规则形，大小为 4～22μm。原生 W 型包裹体成群或孤立分布，而次生的 W 型包裹体则多为不规则形并沿裂隙分布。

对主成矿阶段石英中的 W 型包裹体和 C 型包裹体进行显微测温（表 3-17，图 3-45）。其中，原生 W 型包裹体冰点温度为 -4.2～-3.2℃，对应盐度为 5.3%～6.7% NaCl equiv.；包裹体在 210～227℃时向液相均一。C 型包裹体初熔温度为 -60.1～-56.6℃，略低于纯 $CO_2$ 固相初熔温度值，表明有其他气体；其笼合物熔化温度为 4.6～9.1℃，相应盐度为

1.6%~9.6% NaCl equiv.；$CO_2$ 部分均一温度为 13.6~26.5℃，均向液相均一；完全均一温度为 180~320℃，全部向液相均一。次生 W 型包裹体，气液比为 5%~25%，冰点温度变化于 −3.6~−0.9℃，相应的盐度为 1.6%~5.9% NaCl equiv.；包裹体向液相均一，均一温度为 117~173℃。

表 3-17　卡拉脚古崖金锑矿流体包裹体显微测温结果

| 样品号 | 产状 | 类型 | 数量 | $T_{m,CO_2}$/℃ | $T_{m,cla}$/℃ | $T_{h,CO_2}$/℃ | $T_{m,ice}$/℃ | $T_{h,tot}$/℃ |
|---|---|---|---|---|---|---|---|---|
| K16125-2B | 原生 | C | 14 | −60.1~−56.6 | 4.6~9.1 | 13.6~25.2 | | 242~320 |
| K16125-2B | 原生 | W | 2 | | | | −4.2~−3.2 | 210~227 |
| K16125-3B | 原生 | C | 6 | −59.1~−56.6 | 8.0~8.9 | 14~26.5 | | 180~261 |
| K16125-3B | 次生 | W | 13 | | | | −3.6~−0.9 | 117~173 |

注：$T_{m,CO_2}$. $CO_2$ 固相熔化温度；$T_{m,cla}$. $CO_2$ 笼合物熔化温度；$T_{h,CO_2}$. $CO_2$ 部分均一温度；$T_{m,ice}$. 冰点温度；$T_{h,tot}$. 完全均一温度。

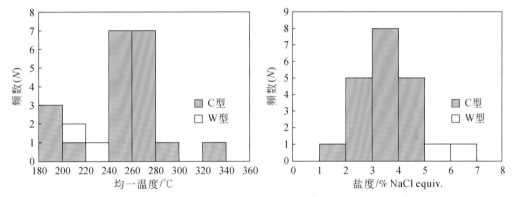

图 3-45　卡拉脚古崖金锑矿中阶段流体包裹体均一温度和盐度直方图

### 4. 氢、氧同位素地球化学

选取矿区中的石英进行氢、氧同位素分析，结果见表 3-18。成矿阶段石英的 $\delta^{18}O$ 值为 19.3‰~21.7‰，利用流体包裹体均一温度和石英−水之间的氧同位素平衡分馏方程 $1000\ln\alpha_{石英-水}=3.38\times10^6/T^2-3.40$ 计算其平衡水 $\delta^{18}O_w$ 值为 9.0‰~11.6‰。石英中流体包裹体的 $\delta D_w$ 值为 −106‰~−78‰，$\delta^{13}C_{CO_2}$ 值为 −16.9‰~−4.0‰。卡拉脚古崖金锑矿石英 $\delta^{18}O$ 值高于大多数脉状金矿（$\delta^{18}O=10‰~18‰$）（图 3-46），但可对比西南天山布隆金矿、萨瓦亚尔顿金矿和阿沙哇义金矿（图 3-46）。石英具有高的 $\delta^{18}O$ 值可能是低的成矿温度造成的。包裹体中水的 $\delta D_w$ 值为 −106‰~−99‰，落入 Juneau 造山型金矿范围（图 3-47），具变质流体特征，低的 $\delta D_w$ 值（<−80‰）指示成矿过程中可能有大气降水加入。

**表 3-18　卡拉脚古崖金锑矿碳、氢、氧同位素测试数据结果**

| 序号 | 样号 | 测试矿物 | $\delta^{18}O_{矿物}/‰$ | $\delta^{18}O_w/‰$ | $\delta D_w/‰$ | $T/℃$ | $\delta^{13}C_{CO_2}/‰$ |
|---|---|---|---|---|---|---|---|
| 1 | K16125-1A | 石英 | 21.0 | 9.6 | −106 | 240 | −16.0 |
| 2 | K16125-1B | 石英 | 20.5 | 9.4 | −99 | 245 | −10.2 |
| 3 | K16125-1C | 石英 | 21.0 | 10.2 | −105 | 250 | −12.7 |
| 4 | K16125-1D | 石英 | 20.5 | 10.2 | −103 | 260 | −10.3 |
| 5 | K16125-1E | 石英 | 20.0 | 9.7 | −97 | 260 | −16.9 |
| 6 | K16125-2A | 石英 | 21.1 | 10.8 | −87 | 260 | −4.0 |
| 7 | K16125-2B | 石英 | 19.3 | 9.0 | −84 | 260 | −6.1 |
| 8 | K16125-2C | 石英 | 20.5 | 10.2 | −82 | 260 | −6.7 |
| 9 | K16125-2D | 石英 | 21.6 | 11.3 | −78 | 260 | −4.9 |
| 10 | K16125-2E | 石英 | 19.3 | 9.0 | −91 | 260 | −4.7 |
| 11 | K16125-3C | 石英 | 20.8 | 11.6 | −94 | 280 | −4.8 |
| 12 | K16125-3D | 石英 | 20.7 | 10.7 | −94 | 265 | −5.6 |
| 13 | K16127-1 | 石英 | 20.9 | 10.1 | −94 | 250 | −9.1 |
| 14 | K16127-3 | 石英 | 20.1 | 9.6 | −90 | 255 | −13.2 |
| 15 | K16129-1 | 石英 | 21.7 | 11.2 | −99 | 255 | −12.0 |
| 16 | K16125-3A | 方解石 | 19.8 | | −87 | | −0.8 |

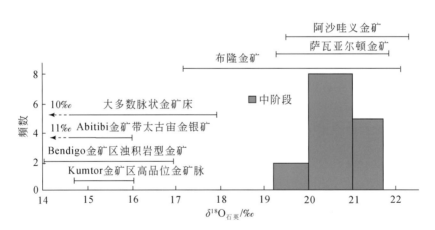

图 3-46　卡拉脚古崖金锑矿石英氧同位素组成（其他矿床数据引用文献见正文）

### 5. 硫同位素地球化学

卡拉脚古崖金锑矿的硫同位素组成列于表 3-19，数据范围为 4.5‰～10.3‰，其中早阶段黄铁矿 $\delta^{34}S$ 值最高，为 10.3‰；中阶段硫化物 $\delta^{34}S$ 值为 4.5‰～9.0‰，平均为 6.7‰；晚阶段黄铁矿 $\delta^{34}S$ 值为 8.6‰。卡拉脚古崖金锑矿 $\delta^{34}S$ 值为正值，具海相硫酸盐的硫同位素特征（图 3-48）。卡拉脚古崖金锑矿可见重晶石分布，据此推测矿石的 S 源主要来自赋矿地层。

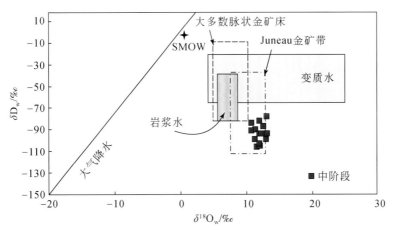

图 3-47　卡拉脚古崖金锑矿金矿成矿流体的 $\delta^{18}O_w$-$\delta D_w$ 组成

底图据 Taylor，1997，其他矿床数引自 Ridley and Diamond，2000

**表 3-19　卡拉脚古崖金锑矿硫同位素组成**

| 序号 | 样号 | 测试矿物 | $\delta^{34}S$/‰ | 成矿阶段 |
|---|---|---|---|---|
| 1 | K16125-4-1B | 黄铁矿 | 10.3 | 早 |
| 2 | K16125-1A | 辉锑矿 | 5.2 | 中 |
| 3 | K16125-1B | 辉锑矿 | 5.6 | 中 |
| 4 | K16125-1C | 辉锑矿 | 4.9 | 中 |
| 5 | K16125-1D | 辉锑矿 | 4.5 | 中 |
| 6 | K16125-1E | 辉锑矿 | 6.0 | 中 |
| 7 | K16125-1F | 辉锑矿 | 5.9 | 中 |
| 8 | K16125-2E | 辉锑矿 | 7.5 | 中 |
| 9 | K16125-3A | 辉锑矿 | 7.0 | 中 |
| 10 | K16125-3B | 辉锑矿 | 7.4 | 中 |
| 11 | K16127-1 | 辉锑矿 | 9.0 | 中 |
| 12 | K16127-2 | 辉锑矿 | 8.0 | 中 |
| 13 | K16127-3 | 辉锑矿 | 8.8 | 中 |
| 14 | K16128-1 | 黄铁矿 | 8.5 | 中 |
| 15 | K16129-1 | 辉锑矿 | 6.0 | 中 |
| 16 | K16125-4-1A | 黄铁矿 | 8.6 | 晚 |

综上所述，卡拉脚古崖金锑矿主要受断裂控制，矿体由一系列石英脉组成，主要围岩蚀变为黄铁矿化、硅化、绢云母化、铁白云石化和碳酸盐化，成矿流体具有中温、富 $CO_2$、低盐度的变质流体特征，与国内外典型造山型矿床一致，初步确定其为造山型金锑矿。

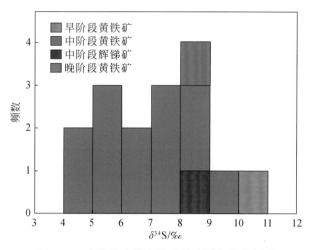

图 3-48　卡拉脚古崖金锑矿的硫同位素直方图

## 3.2.5　阿特巴约锑矿

### 1. 区域地质特征

阿特巴约锑矿区位于南天山造山带东部（图 3-49）。本区出露的地层主要是元古宙和古生代地层（图 3-49）。元古宙地层由变质的片岩和大理岩组成。本区志留系主要为一套碎屑岩-碳酸盐岩沉积建造，岩性主要为灰岩、砂岩、页岩、大理岩和泥岩，此外可见凝灰岩。志留系—泥盆系由灰岩组成。泥盆系岩性主要为灰岩、页岩、砂岩。石炭系—二叠系岩性主要为砂岩、粉砂岩、灰岩；二叠系主要由砾岩、泥岩、灰岩组成。

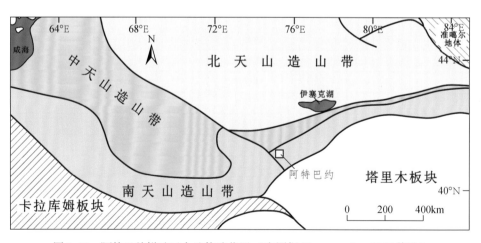

图 3-49　阿特巴约锑矿区大地构造位置（底图据 Zhang et al.，2017 修改）

本区断裂与褶皱发育，按其走向可分为 3 组，NE 向、NEE 向和 EW 向。NE-EW 向的阿特巴约-那拉提南缘断裂是左旋走滑断裂，长度超过 500km（图 3-50），其次生断裂是矿区主要的控矿构造。本区岩浆活动不发育，仅见少量北东东向的石炭纪辉长-辉绿岩脉出露在矿区的东部和南部。

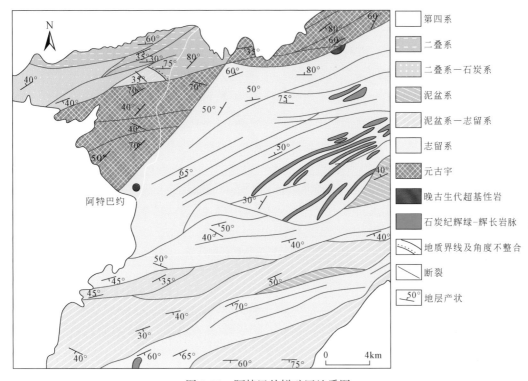

图 3-50　阿特巴约锑矿区地质图

(本图所示区域为阿特巴什矿区，位于吉尔吉斯斯坦纳伦州纳伦市南阿特巴什一带)

**2. 矿床地质特征**

矿区范围内出露的地层主要是元古宇、志留系和第四系。元古宇主要由结晶片岩和大理岩组成。下志留统鲁德诺夫（Ludebuofu）组为一套低变质碎屑岩，岩性主要为片岩、变质的泥灰岩、粉砂岩、砂岩和大理岩，同时可见凝灰岩。NNE 向的阿特巴约断裂和其次生断裂是矿区内主要的控矿构造（图 3-51、图 3-52）。该矿床研究历史短，缺乏详细的矿体资料。根据探槽和野外实地观测，矿体主要产于 NNE 走向断裂的上盘次级断裂带内。

矿体由 4~6 条组成，主要呈 NE（45°~50°）走向，部分矿体呈 NEE（65°~70°）或NNE（20°~30°）走向，总体倾向 SE，倾角陡（80°~90°）。矿体规模不大，一般厚度为1~2m，长度断续延伸 100~200m。矿石类型主要为角砾岩化含辉锑矿石英脉（图 3-53）。主要金属矿物为辉锑矿及少量黄铁矿和白铁矿等；脉石矿物主要为石英、方解石和黏土矿物（图 3-53）。

根据矿石组构和矿物组合，可以将辉锑矿划分为两种类型（图 3-53a）。早期辉锑矿（Sti1），多呈半自形至他形，粒径较粗，为 0.2~0.8mm，呈柱状、碎裂或角砾状（图 3-53b~d），与黄铁矿和白铁矿共生（图 3-53e）。黄铁矿呈半自形至他形，粒径为 0.01~

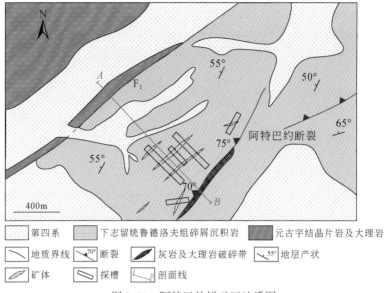

图 3-51　阿特巴约锑矿区地质图

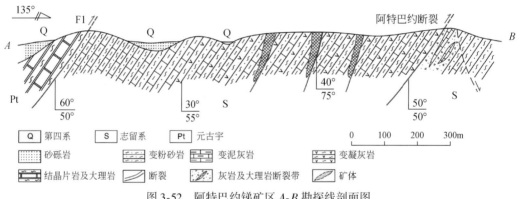

图 3-52　阿特巴约锑矿区 *A-B* 勘探线剖面图

0.08mm（图 3-53f）。白铁矿为自形至半自形，呈放射状（图 3-53e）。晚期辉锑矿多呈自形至半自形，粒径较细，为 0.02～0.1mm，呈细脉（图 3-53g），网脉状，偶见韵律条带状（图 3-53h）或揉皱状（图 3-53i）。矿石构造主要有浸染状、网脉状、晶洞、充填条带状构造。矿石结构主要有自形–半自形结构、他形晶结构、碎裂结构、网脉状结构、充填结构、交代结构、揉皱结构等（图 3-53e，h，i）。围岩蚀变主要为硅化、黄铁矿化，其次为碳酸盐化。

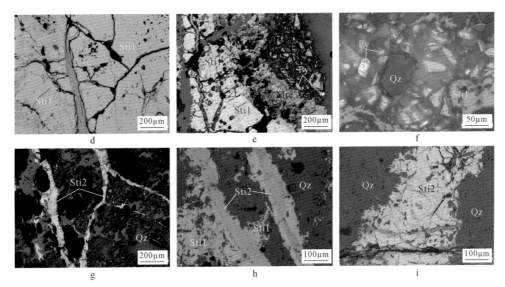

图 3-53　阿特巴约金矿矿石特征

a. 石英中的两期辉锑矿；b. 半自形至他形辉锑矿；c. 柱状辉锑矿；d. 碎裂的辉锑矿；e. 辉锑矿与黄铁矿，放射状白铁矿；f. 半自形-他形黄铁矿；g. 细脉状辉锑矿；h. 辉锑矿呈韵律条带状；i. 辉锑矿呈揉皱状。Sti. 辉锑矿；Py. 黄铁矿；Mrc. 白铁矿；Qz. 石英

### 3. 流体包裹体地球化学

#### 1）流体包裹体显微测温

根据室温下（21℃）流体包裹体的岩相学特征、升温或降温过程中（$-196 \sim +600$℃）的相变行为以及激光拉曼光谱分析（图 3-54、图 3-55），阿特巴约锑矿仅发育水溶液包裹

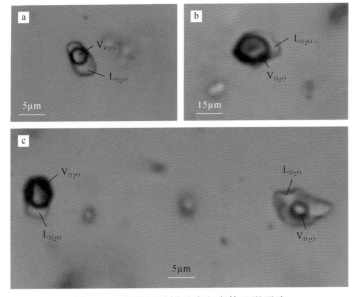

图 3-54　阿特巴约锑矿床包裹体显微照片

a. 石英中富液相水溶液包裹体；b. 石英中富气相水溶液包裹体；c. 石英中不同气液比的水溶液包裹体。$V_{H_2O}$. 气相 $H_2O$；$L_{H_2O}$. 液相 $H_2O$

体（W 型），这些包裹体多呈次圆形、椭圆形或不规则形，大小为 2 ~ 15μm；室温下表现为气液两相（$L_{H_2O}+V_{H_2O}$），气液比为 5% ~ 90%，以富液相包裹体为主（图 3-54a），较少出现富气相包裹体（图 3-54b，c）。原生水溶液包裹体成群或孤立分布，而次生的水溶液包裹体多为不规则状并沿裂隙分布。原生水溶液包裹体冰点温度为 -2.0 ~ -4.3℃（表 3-20），对应盐度为 3.4% ~ 6.9% NaCl equiv.（图 3-56）；包裹体在 204 ~ 336℃（峰值 260 ~ 300℃）时向液相均一（图 3-57）。综上所述，阿特巴约锑矿的成矿流体具低温、低盐度的特点。阿特巴约锑矿发育水溶液包裹体，因此可以利用 Bodnar（1993）的实验数据在 $NaCl-H_2O$ 体系相图上投影而得出成矿的压力及深度。估算结果显示（图 3-58），阿特巴约锑矿包裹体最小压力为 9 ~ 14MPa。流体系统为静水压力，则相应的成矿深度为 0.9 ~ 1.4km，这一成矿深度相对较浅，与世界 Hg-Sb 矿床成矿深度（0.7 ~ 6km）相一致（Chen et al.，2006；Groves et al.，1998）。

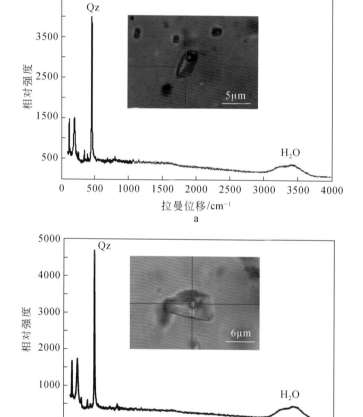

图 3-55　阿特巴约锑矿流体包裹体拉曼图谱

a. 水溶液包裹体液相中的 $H_2O$；b. 水溶液包裹体气相中的 $H_2O$

表 3-20 阿特巴约锑矿流体包裹体显微测温结果

| 样品 | 类型 | 编号 | 大小/μm | 水蒸气/% | $T_{m,ice}$ /℃ | $T_{h,tot}$ /℃ | 盐度 /% NaCl equiv. |
|------|------|------|---------|----------|-----------------|-----------------|----------------------|
| KG1302-1F | W | 21 | 4 ~ 10 | 5 ~ 65 | −2.0 ~ −4.1 | 204 ~ 336 | 3.4 ~ 6.6 |
| KG1302-2B | W | 9 | 4 ~ 6 | 10 ~ 40 | −2.4 ~ −4.1 | 273 ~ 310 | 4.0 ~ 6.6 |
| KG1302-2C | W | 11 | 4 ~ 6 | 5 ~ 60 | −2.5 ~ −3.8 | 235 ~ 295 | 4.2 ~ 6.2 |
| KG1302-2D | W | 15 | 4 ~ 8 | 5 ~ 70 | −2.3 ~ −4.1 | 241 ~ 290 | 3.9 ~ 6.6 |
| KG1302-1D | W | 16 | 4 ~ 12 | 10 ~ 90 | −2.2 ~ −4.3 | 243 ~ 294 | 3.7 ~ 6.9 |

注：$T_{m,ice}$. 冰点温度；$T_{h,tot}$. 完全均一温度。

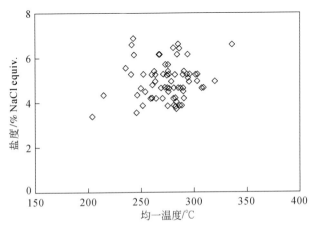

图 3-56 阿特巴约锑矿流体包裹体均一温度和盐度相关图

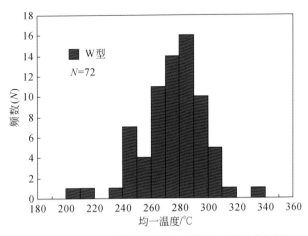

图 3-57 阿特巴约锑矿流体包裹体均一温度直方图

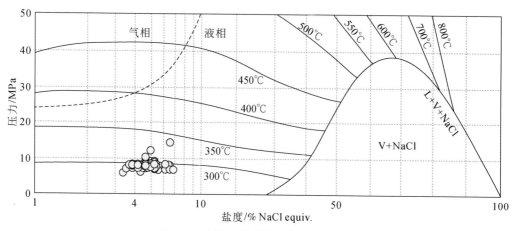

图 3-58　阿特巴约锑矿流体包裹体压力

### 2）流体包裹体成分分析

阿特巴约锑矿石英中的流体包裹体气相和液相成分列于表 3-21。除了 $O_2$ 和 $H_2S$ 外，$H_2O$、$N_2$、$Ar$、$CO_2$ 和 $CH_4$ 出现在所有样品中，其中 $C_2H_6$ 出现在样品 KG1302-1A、KG1302-1C、KG1302-1E 和 KG1302-1F 中。KG1302-1A 样品中的 $CO_2$、$N_2$ 和 $C_2H_6$ 含量最高。成矿流体以 $H_2O$ 为主。此结果与激光拉曼光谱分析和冷热台研究结果一致。流体的液相成分中，阴离子以 $SO_4^{2-}$ 和 $Cl^-$ 为主，阳离子为 $Na^+$、$K^+$ 和 $Ca^{2+}$。流体中 $Cl^-$、$Na^+$ 和 $Ca^{2+}$ 含量高于 $SO_4^{2-}$ 和 $K^+$。所有样品并未检测到 $F^-$ 和 $Mg^{2+}$。流体包裹体气液相成分结果显示，成矿流体并不是一个简单"$H_2O + NaCl$"体系。

表 3-21　阿特巴约锑矿石英中的流体包裹体气相和液相成分

| 成分 | KG1302-1A | KG1302-1B | KG1302-1C | KG1302-1D | KG1302-1E | KG1302-1F | KG1302-2A | KG1302-2B | KG1302-2C | KG1302-2D |
|---|---|---|---|---|---|---|---|---|---|---|
| $H_2O$ | 75.81 | 96.11 | 98.02 | 96.53 | 94.98 | 98.42 | 98.45 | 99.01 | 98.10 | 99.24 |
| $N_2$ | 0.35 | 0.11 | 0.06 | 0.09 | 0.10 | 0.04 | 0.08 | 0.09 | 0.10 | 0.07 |
| $Ar$ | 0.02 | 0.02 | 0.01 | 0.01 | 0.01 | 0.01 | 0.02 | 0.03 | 0.02 | 0.02 |
| $O_2$ | — | — | — | — | — | — | — | — | — | — |
| $CO_2$ | 23.55 | 3.64 | 1.81 | 3.30 | 4.78 | 1.46 | 1.35 | 0.68 | 1.65 | 0.56 |
| $CH_4$ | 0.09 | 0.13 | 0.08 | 0.08 | 0.09 | 0.06 | 0.11 | 0.19 | 0.14 | 0.12 |
| $C_2H_6$ | 0.16 | 0.00 | 0.02 | 0.00 | 0.04 | 0.01 | 0.00 | 0.00 | 0.00 | 0.00 |
| $H_2S$ | — | — | — | — | — | — | — | — | — | — |
| $F^-$ | — | — | — | — | — | — | — | — | — | — |
| $Cl^-$ | 0.60 | 0.53 | 1.99 | 0.90 | 0.53 | 2.55 | 1.20 | 0.53 | 0.54 | 0.42 |
| $SO_4^{2-}$ | — | 1.74 | — | — | 1.58 | — | — | — | — | 0.49 |
| $Na^+$ | 0.32 | 0.69 | 1.24 | 1.28 | 0.56 | 1.58 | 0.93 | 0.92 | 0.41 | 0.44 |
| $K^+$ | — | — | — | — | — | — | — | — | — | 0.37 |
| $Mg^{2+}$ | — | — | — | — | — | — | — | — | — | — |
| $Ca^{2+}$ | 0.57 | 0.48 | 0.46 | 0.34 | 0.51 | 0.46 | 0.40 | 0.34 | 0.46 | 0.30 |

注：气相单位为 mol%，液相单位为 μg/g。

## 4. 硫同位素

阿特巴约锑矿硫同位素组成见表 3-22 和图 3-59。阿特巴约矿石辉锑矿 $\delta^{34}$S 值为 −0.6‰ ~ 6.2‰，数据范围较集中，类似于南天山其他汞锑矿（$\delta^{34}$S = −9‰ ~ 10‰）（姚文光等，2015），也可对比南秦岭汞锑矿床，如旬阳矿带（$\delta^{34}$S = −9‰ ~ 10‰；Zhang et al.，2014），这些矿石硫主要来自其赋矿地层。阿特巴约锑矿高的 $\delta^{34}$S 值（6.2‰），可能主要源于赋矿地层，低的 $\delta^{34}$S 值（−0.6‰ ~ −0.4‰）具岩浆硫的特征。

表 3-22　阿特巴约锑矿硫同位素分析结果

| 编号 | 样品类型 | 样品编号 | 矿物 | $\delta^{34}$S/‰ |
|---|---|---|---|---|
| 1 | 矿石 | KG1302-1A | 辉锑矿 | −0.4 |
| 2 | 矿石 | KG1302-1B | 辉锑矿 | −0.5 |
| 3 | 矿石 | KG1302-1C | 辉锑矿 | −0.6 |
| 4 | 矿石 | KG1302-1D | 辉锑矿 | 3.6 |
| 5 | 矿石 | KG1302-1E | 辉锑矿 | 5.4 |
| 6 | 矿石 | KG1302-1F | 辉锑矿 | 6.2 |
| | | 平均 | | 2.3 |

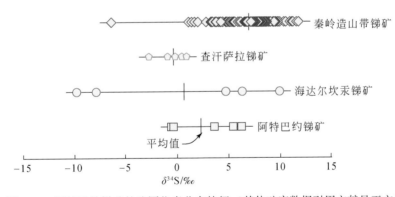

图 3-59　阿特巴约锑矿的硫同位素分布特征（其他矿床数据引用文献见正文）

## 5. 铅同位素

阿特巴约锑矿铅同位素组成见表 3-23 和图 3-60。阿特巴约矿石辉锑矿的 $^{206}$Pb/$^{204}$Pb、$^{207}$Pb/$^{204}$Pb、$^{208}$Pb/$^{204}$Pb 值分别为 18.049 ~ 18.173、15.561 ~ 15.599、37.994 ~ 38.167，平均值分别为 18.112、15.574、38.064（表 3-23）。在阿特巴约锑矿床铅同位素构造模式图中（图 3-60），阿特巴约矿石中的辉锑矿铅同位素靠近造山带演化线，表明矿石铅来源较复杂。铅同位素两阶段模式年龄（$T_{DM2}$）为 337 ~ 381Ma，表明矿石铅可能来源于古生代地层。

表 3-23　阿特巴约锑矿铅同位素组成

| 编号 | 样品描述 | 样品 | 矿物 | $^{206}Pb/^{204}Pb$ | $^{207}Pb/^{204}Pb$ | $^{208}Pb/^{204}Pb$ |
|---|---|---|---|---|---|---|
| 1 | 矿石 | KG1302-1A | 辉锑矿 | 18.097 | 15.571 | 38.079 |
| 2 | 矿石 | KG1302-1B | 辉锑矿 | 18.173 | 15.599 | 38.167 |
| 3 | 矿石 | KG1302-1C | 辉锑矿 | 18.094 | 15.567 | 37.996 |
| 4 | 矿石 | KG1302-1D | 辉锑矿 | 18.116 | 15.568 | 38.054 |
| 5 | 矿石 | KG1302-1E | 辉锑矿 | 18.141 | 15.579 | 38.091 |
| 6 | 矿石 | KG1302-1F | 辉锑矿 | 18.049 | 15.561 | 37.994 |
|  |  | 平均 |  | 18.112 | 15.574 | 38.064 |

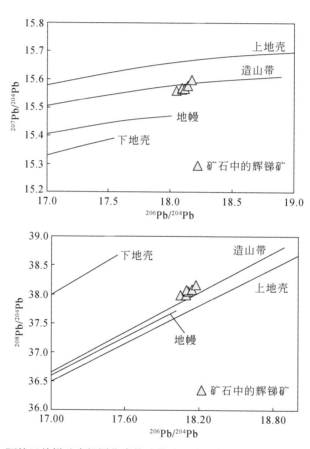

图 3-60　阿特巴约锑矿床铅同位素构造模式（底图据 Zartman and Doe，1981）

## 6. 讨论

### 1）矿床成因类型

综合矿床地质特征、流体包裹体以及同位素地球化学研究，阿特巴约锑矿具有如下基本特征：

（1）赋矿围岩为志留纪地层，遭受构造变形（轻微褶皱）作用，局部达到了低绿片岩相。

（2）石英脉矿体直接受脆性断裂控制，表明其形成深度较浅（<10km），与上述流体包裹体研究一致（<2km）。

（3）矿区远离岩浆岩，特别是花岗岩类（图3-50），但是与南天山其他低温成矿热液体系共存，如重晶石（Yang et al.，2006）、砂岩型铀矿（陈正乐等，2012）、类卡林型和MVT铅锌矿（薛春纪等，2014a，2014b；祝新友等，2010）。

（4）主要围岩蚀变为硅化、黄铁矿化、碳酸盐化。

（5）矿石矿物主要为辉锑矿，其次为黄铁矿、白铁矿等，矿石主要构造类型是充填作用形成的浸染状、角砾状、网脉状、充填条带状、晶洞状构造等。上述矿石组构显示成矿过程为浅成低温的环境。

（6）成矿流体属 $H_2O$-NaCl 体系，含少量 $CO_2$、$CH_4$、$N_2$ 和 $Ca^{2+}$，以及微量 $C_2H_6$、$SO_4^{2-}$ 和 $K^+$；成矿流体温度范围为 $215 \sim 336℃$，盐度为 $3.4\% \sim 6.9\%$ NaCl equiv.，成矿压力范围为 $9 \sim 14MPa$，成矿深度为 $0.9 \sim 1.4km$，属于典型的浅成热液矿床（陈衍景，2006，2013）。

（7）硫和铅同位素研究表明成矿物质主要来源于古生代地层。

上述特征与典型的浅成热液型矿床（陈衍景，2006，2013；Pirajno，2009；Zhang et al.，2014）一致，指示阿特巴约锑矿应为浅成热液矿床。

**2）成矿构造背景及模式**

南天山汞锑矿的出现往往伴随着 Au、Ba、Ag、Pb-Zn 矿化，如萨瓦亚尔顿金矿（石英 Rb-Sr 年龄为 241 ~ 231Ma）（陈富文和李华芹，2003；叶锦华等，1999a，1999b）和卡拉脚古崖金锑矿（倪守斌等，2004），布隆金矿（石英 Rb-Sr 年龄为 258±15Ma）（赵仁夫等，2002；Yang et al.，2006），查汗萨拉锑矿（叶庆同等，1999；杨富全等，2002）和霍什布拉克铅锌矿（Rb-Sr 年龄为 265±12Ma）（李华芹和陈富文，2004；叶庆同等，1999）。海达尔坎汞锑矿矿石中绢云母 K-Ar 年龄测定值分别为 244 ~ 268Ma、230 ~ 236Ma（姚文光等，2015）。综上所述，区域锑多金属矿化主要出现在早二叠世—中三叠世（Yang et al.，2006；Chen et al.，2012a，2012b；姚文光等，2015）的塔里木和哈萨克斯坦板块碰撞阶段。在增生或碰撞造山作用过程中，地壳连续模式广泛地被用来解释断裂控制的脉状矿床的成因及分布特征（图3-60）（Groves et al.，1998；陈衍景，2013）。综上所述，阿特巴约锑矿主要受到阿特巴约断裂和其次生断裂控制，成矿深度小于2km，成矿流体沿着该断裂进入下志留统 Ludebuofu 组沉淀成矿（图3-61）。

**3）对比其他 Hg-Sb 成矿带**

阿特巴约锑矿是南天山具代表性的矿床，类似于秦岭汞锑矿床，如公馆-青铜沟（Zhang et al.，2014）。南天山-秦岭是仅次于环太平洋和地中海的第三大 Hg-Sb 成矿省。通过对比其他两个成矿省，南天山-秦岭汞锑矿床具有以下特征（Zhang et al.，2014）：①矿床发育在陆陆碰撞造山带内，而不是板块边界；②成矿出现在晚古生代到早中生代，而不是新生代；③矿体赋存在沉积岩建造中，具典型的层控特征；④矿床主要受脆性断裂

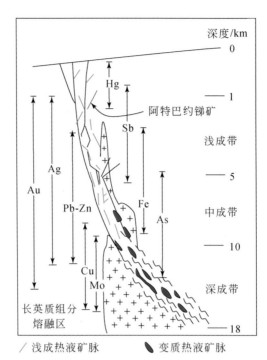

图 3-61 受断裂控制的脉状矿床地壳连续模式（底图据陈衍景，2006，2013）

右侧刻度仅示意

控制；⑤Hg-Sb 矿化常常伴随 Au 矿化，如吉尔吉斯斯坦的 Nichkesu、Severny Aktash 和 Savoyardy Sb-Au 矿床（姚文光等，2015），以及中国新疆的萨瓦亚尔顿、卡拉脚古崖金锑矿床（叶庆同等，1999；杨富全等，2004a，2004c；Chen et al.，2012a，2012b）。

4）找矿潜力

除了发育大量 Hg-Sb 矿床，南天山西部还发育世界级的造山型金矿，如世界第二大造山型金矿——穆龙套金矿（>5200t Au）。然而，在南天山东部仅发现少量的造山型金矿（如 Tuoguoluoke 和 Jiangjiaerte）。根据陈衍景（2006，2013）的地壳连续模式，南天山东部的深部区域可能存在类似于西部同成因和同时代的金矿。

## 3.2.6 讨论

### 1. 矿床成因

综合矿床地质特征、流体包裹体以及同位素地球化学研究，西南天山金锑矿具有如下基本特征：

（1）早二叠世，塔里木和哈萨克斯坦板块发生碰撞，在碰撞期间，西南天山地区构造–热液活动强烈，发育了各类成矿系统，根据大地构造相分析，显然金锑矿床位于古生代碰撞造山带的范围内（刘本培等，1996；叶庆同等，1999）。

（2）矿床主要受脆韧性剪切带或脆性断裂控制，矿体产状与断裂构造一致，属于十分典型的断控脉状矿床。

（3）成矿早阶段矿物组合以石英-黄铁矿为特征，中阶段以多金属硫化物和自然金为标志，晚阶段为几乎不含矿的石英-碳酸盐细脉。早阶段含黄铁矿的石英脉多受构造变形破碎成角砾或团块状，石英颗粒具有波状消光、边缘细粒化现象；中阶段多金属硫化物组合充填胶结石英脉角砾，或呈网脉状充填于石英脉中；晚阶段石英-碳酸盐脉具有梳状或晶簇构造。上述矿化特征和矿石组构显示成矿过程具有多阶段性，并表现出早、中阶段为挤压构造环境，晚阶段为伸展环境。

（4）主要围岩蚀变为黄铁矿化、硅化、铁白云石化、碳酸盐化和绢云母化等，垂向蚀变分带不清楚，但侧向蚀变分带明显。

（5）成矿流体属 $H_2O\text{-}CO_2\text{-}NaCl$ 体系，含少量 $CH_4$、$N_2$ 等；成矿流体温度主要分布在 $200 \sim 380\text{℃}$，成矿深度 $\leqslant 7km$，属于典型的中浅成矿床，且从早到晚温度、压力降低。

（6）早、中阶段的成矿流体具有低盐度、富 $CO_2$ 特点，而晚阶段成矿流体以水溶液为主，基本不含 $CO_2$。

（7）氢、氧同位素研究表明，成矿流体主要为变质水，随着流体演化大气降水增加。

上述特征与国内外典型造山型矿床（Groves et al.，1998；陈衍景，2006，2013）完全一致，指示西南天山地区金锑矿床应为造山型矿床。

**2. 成矿动力学背景及成矿模式**

在所收集的萨瓦亚尔顿金矿年龄数据中（表3-24），含金石英脉中石英流体包裹体的 Rb-Sr 等时线年龄（叶锦华等，1999a；陈富文和李华芹，2003；Liu et al.，2007），含金石英脉的石英流体 $^{40}Ar/^{39}Ar$ 坪年龄（刘家军等，2002a），含金石英脉中的黄铁矿 Re-Os 年龄（Zhang et al.，2017），表明金成矿主要在早二叠世—中三叠世。此外，布隆金矿石英流体包裹体的 Rb-Sr 等时线年龄为 $258\pm15Ma$（赵仁夫等，2002；Yang et al.，2006），穆龙套金矿毒砂 Re-Os 等时线年龄为约 290Ma（Morelli et al.，2007），海达尔坎汞锑矿矿石中绢云母 K-Ar 年龄为 $244 \sim 268Ma$、$230 \sim 236Ma$（姚文光等，2015），霍什布拉克铅锌矿 Rb-Sr 等时线年龄为 $265\pm12Ma$（李华芹和陈富文，2004；叶庆同等，1999）。以上研究表明，西南天山地区在古生代曾发生重要的成矿事件（Yang et al.，2006；Chen et al.，2012a，2012b；姚文光等，2015），其成矿动力学背景与塔里木和哈萨克斯坦板块（含伊犁地块）的陆陆碰撞造山事件相联系（刘本培等，1996）。

造山型矿床的形成与造山作用密不可分，原因之一是只有大规模的造山作用才能导致区域变质作用，进而派生区域变质流体，形成变质热液矿床。在全球构造框架中，造山作用主要分为大洋俯冲-增生型和大陆碰撞型两类。相应地，Groves 等（1998）建立了大洋俯冲-增生型造山带的造山型金矿床成矿模式，Chen 等（2004）建立了大陆碰撞造山带的造山型矿床的成矿模式（即 Chen's CMF 模型）（Pirajno，2009）。因此，西南天山金矿的形成无法用 Groves 等（1998）模型解释，而适用于 CMF 碰撞造山成矿模式。在古生代晚期，塔里木和哈萨克斯坦板块随着南天山洋的俯冲消减、洋盆逐渐闭合，塔里木板块与哈萨克斯坦（含伊犁地块）板块在晚石炭世开始碰撞，南天山地区地壳挤压、缩短、增厚、隆升。在挤压隆升过程中，金矿赋矿围岩等岩石和地层发生变形、断裂破碎和变质，变质脱水产生了大量富 $CO_2$ 成矿流体（图 3-62a、c），流体沿断裂构造和渗透性强的岩层向低温低压的浅部构造带运移而形成早阶段的无矿石英脉（图 3-62c）。伴随造山带隆升和剥蚀，早阶段石英脉及含矿构造带埋藏变浅，围岩压力和构造附加压力降低（图 3-62b），断裂作用发生，流体压力由静岩压力转化为静水压力，发生不混溶作用或减压沸腾，流体减压沸腾导致岩体裂隙系统与地表贯通，使大量浅源大气降水涌入流体成矿系统，深源变质热液与浅源大气降水热液发生混合，导致大量成矿物质沉淀（图 3-62c）。显然，上述理论推导的特点与金矿中阶段的矿化实际情况完全对应（如含金、锑多金属–石英矿物组合、硫化物粒度细、自形程度低，杂质含量高），互为验证。晚阶段，随着大气降水不断加入（图 3-62c）流体成矿作用逐渐停止，只发育少量具明显的张性组构的碳酸盐–石英细脉，该阶段仅见低盐度水溶液包裹体，均一温度基本小于 200℃。

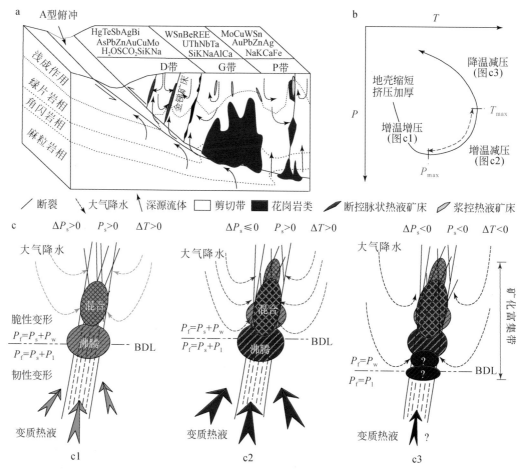

图 3-62　西南天山金锑矿成矿模式图（据陈衍景，2013）

$P_f$. 流体压力；$P_s$. 构造附加压力；$P_l$. 静岩压力；$P_w$. 静水压力；BDL. 脆韧性转变带

表 3-24　萨瓦亚尔顿金矿成矿时代统计

| 序号 | 样品描述 | 测试矿物 | 测试方法 | 成矿时代/Ma | 参考文献 |
|---|---|---|---|---|---|
| 1 | 顺地层产出的石英–碳酸岩脉 | 石英 | 流体包裹体 Rb-Sr 等时线 | 389±42 | 叶庆同等，1999 |
| 2 | 主成矿期含金石英脉 | 石英 | 流体包裹体 Rb-Sr 等时线 | 231±10 | 叶庆同等，1999 |
| 3 | 矿石中共生石英 | 石英 | 流体包裹体 Rb-Sr 等时线 | 231±10 | 叶锦华等，1999b |
| 4 | 无矿石英脉 | 石英 | 流体包裹体 Rb-Sr 等时线 | 389±42 | 叶锦华等，1999b |
| 5 | 含金石英脉 | 石英 | Ar-Ar 坪年龄 | 210.59±0.99 | 刘家军等，2002a |
| 6 | 多金属硫化物含金石英脉 | 石英 | 流体包裹体 Rb-Sr 等时线 | 342±27 | 陈富文和李华芹，2003 |
| 7 | 少金属硫化物含金石英脉 | 石英 | 流体包裹体 Rb-Sr 等时线 | 246±16 | 陈富文和李华芹，2003 |
| 8 | 含金石英脉 | 石英 | 流体包裹体 Rb-Sr 等时线 | 288±50 | Liu et al.，2007 |
| 9 | 含金石英脉中的他形黄铁矿 | 黄铁矿 | Re-Os 等时线 | 324±4.8 | Zhang et al.，2017 |
| 10 | 含金石英脉中自形–半自形黄铁矿 | 黄铁矿 | Re-Os 等时线 | 282±12 | Zhang et al.，2017 |

## 3.2.7　小结

西南天山地区的金锑矿床均形成于碰撞造山体制，矿床的产出严格受断裂构造控制，成矿流体以变质流体为主，具低盐度、富 $CO_2$ 的特征。境内西南天山的金矿床以中低温造山型金锑矿为主，同时分布一些中小型汞锑、铅锌、重晶石、铀等中低温热液矿床，而境外天山的金矿床以造山型为主，成矿温度较高，变形程度较强，同时可见大型的汞锑、铅锌、铜金矿床。境内西南天山花岗岩类规模较小，而境外天山的花岗岩、闪长岩等规模较大。以上表明，境内西南天山地区遭受的剥蚀程度小于境外，因此没有像境外在浅表发现大量的内生金属矿床。因此，境内西南天山超浅成低温热液矿床的成矿远景和深部的中高温金属矿床具有很好的找矿潜力。

# 3.3　柯坪断隆铅锌、铁矿床

柯坪陆缘隆起带成矿以与岩浆活动有关的钒钛磁铁矿为主，典型矿床有阿图什市普昌钒钛磁铁矿和巴楚县瓦吉里塔格铁矿，其成因可能与塔里木二叠纪大火成岩省有关。此外，上叠盆地中沉积岩容矿的铅锌、铁、铜、铀、磷矿化特色明显：上叠于下古生界被动陆缘沉积之上的泥盆纪—石炭纪残留海碎屑岩–碳酸盐岩沉积盆地，形成热液充填交代蚀变型铅锌矿等，如坎岭铅锌矿；上叠于古生界造山带之上的中生代、新生代陆相碎屑沉积盆地，形成砂岩型铜铅锌铀矿。

本次工作以坎岭铅锌矿和普昌钒钛磁铁矿为重点，详细研究了不同尺度、序次的控矿、容矿构造成生关系，分析了区域铅锌矿、铁矿成矿机制和规律，总结了柯坪陆缘隆起带区域控矿、成矿因素。

## 3.3.1　坎岭铅锌矿

南天山造山带位于我国新疆西南一带，属中亚内陆地区，是我国重要的铅锌成矿带之一（李博泉和王京彬，2006；张志斌，2007），被称为"南天山铅锌省"（何国琦等，1995）。从区域上看，南天山铅锌成矿带内晚古生代地层发育良好，同时期构造岩浆活动较为频繁，具有优越的铅锌矿床成矿条件。目前，在该成矿带上发现有诸如乌拉根、萨里塔什、霍什布拉克和坎岭等一系列大、中型铅锌矿床。

坎岭铅锌矿床地理位置处于新疆乌什县东南约58km处。前人研究显示，南天山内主要铅锌矿床的形成多与盆地内热卤水相关，如乌拉根铅锌矿床（祝新友等，2010；张舒，2010；韩凤彬等，2012；李志丹等，2013）、萨里塔什铅锌矿床（张舒，2010）和霍什布拉克铅锌矿床（李志丹等，2010a，2010b；张舒，2010），成因类型均与MVT铅锌矿床类似，而坎岭铅锌矿床的产出主要受断裂构造的控制，成矿作用与岩浆热液活动有关（叶庆同等，1999），为此，该矿床的成矿作用以及成因类型有待进一步研究（图3-63）。

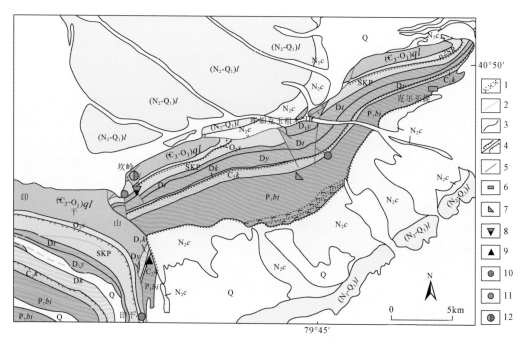

图3-63　乌什地区区域地质矿产图

Q. 第四系；（N₂-Q₁）l. 上新统—更新统砾岩组；N₂c. 上新统苍棕色组；P₁bi. 下二叠统比尤列提组；C₂k. 上石炭统康克林组；Dk. 泥盆系克兹尔塔格组；D₁y. 下泥盆统依杆他乌组；Dt. 泥盆系塔塔埃尔塔格组；S₁k. 下志留统柯坪塔格组；O₂s. 中奥陶统萨尔干组；Q₁q. 下奥陶统丘里塔格组；1. 基性岩盖、岩床；2. 基性岩墙；3. 地质界线；4. 角度不整合/平行不整合界线；5. 断层；6. 煤矿点；7. 冰洲石矿点；8. 磷块岩矿床；9. 黄铁矿矿点；10. 铜矿点；11. 铅矿点；12. 坎岭铅锌矿床

坎岭铅锌矿床位于塔里木地台西北缘柯坪断隆之北塔里木带内阿克苏鼻状隆起南部西端。区域内曾发生过加里东期和海西期构造运动，从古近纪开始，喜马拉雅运动特别明显，新构造运动很强烈。

区域上总体表现为一大的单斜构造，但实际上是近 EW-NEE 向大背斜的南翼，褶皱轴部被断层破坏而下陷，北翼被新生代盆地覆盖。单斜构造称为坎岭塔格大单斜，地层总体呈近 EW-NEE 走向，倾向 SSE-S（180°~150°），倾角 20°~50°，从北向南由老至新分布上寒武统—二叠系。坎岭塔格大单斜中存在数个次一级褶皱构造，如库希塔格背斜，为一平缓短轴背斜；厄其格向斜为库希塔格背斜北西侧的一短轴向斜；印干向斜位于印干断层东侧，并且西翼被破坏，只留有北西围斜部分；印干背斜位于印干断层之西，被其破坏了东翼，轴向与印干断层平行。褶皱轴向近东西向，由于扭力作用各褶皱构造之间常使轴向转变或以脱顶构造的形式转化。

区域断裂构造主要为近东西向主干断裂和北东向压扭性分支断裂，两者之间交角为 20°~35°，形成"人"字形、树枝状构造。构造体系东西长约 20km，南北宽约 6km，展布面积达 120km$^2$。

区域内近东西向大断裂以库如克玉祖木断层为代表，该断层分布于工作区以北，以断层组形式出现，断层从工作区北部古近系和新近系之下通过，切割上寒武统阿瓦塔格群并使北翼倒转。该断层近东西延伸，长 70~80km，形成的断层破碎带较宽，其中可见碎裂岩和糜棱岩。断层性质为逆断层，断层面倾向南，倾角 45°~75°。该断层具有长期活动迹象，从海西期到阿尔卑斯期均有活动，直至更新世活动仍很剧烈。东西向断裂构造为区内主导构造，多期次活动不但派生了东西向次一级断层，而且派生了北东向断裂构造带。

区域内近南北向大断层以印干断层为代表，该断层分布于工作区以南，印干断层是区域上较大的横断层，出露长大于 20km，其南北两端均为第四系覆盖。断层面上可见大量擦痕，性质为压扭性断层，近 SN 走向，断层面倾向西，倾角 45°~70°，断距超过 500m，形成较宽的破碎带，于地表处宽度可达 6m，断层面上见大量断层泥，并见石膏充填其内，宽 0.5~1cm。它伴随东西向构造，库如克玉祖木断层具有多次构造活动，由张性断裂变为压扭性断裂，并且形态、位置、规模随印支、燕山、喜马拉雅等多次构造运动而变化，最终形成了现今规模。

次一级的南北向大断层也很发育，规模在 3~5km 的有数十条。尤其靠近东西向与南北向主断层复合部位分布的坎岭西断层与坎岭断层，都为张扭性断层，彼此近于平行，产状相向，对应的断层盘均为下降盘。两条断层之间及东西方向还伴随有几百米至上千米的小断层密集分布。坎岭断层的北段形成了较富的铅锌矿体，为坎岭铅锌多金属矿床的主要容矿构造。坎岭西断层北端也有铅锌矿苗和大量的孔雀石分布，是开展坎岭矿床外围找矿最有利的地区。

区内岩浆岩不甚发育，以基性喷发岩为主，另有少量辉绿岩脉分布。其中，基性喷发岩分布于南部印干至沙井子四石厂一带二叠系第二段以及上二叠统五石厂组中，总体呈层状产出，出露厚度达 627m，长达 22~30km，向东为古近系和新近系超覆，属海西晚期喷发的产物。喷发岩以玄武熔岩为主，具有间隔式多次喷发形成的现象。通常下部（早期）

喷发物偏基性，结构为隐晶-玻璃质，气孔、杏仁状构造发育普遍；上部（晚期）喷发物偏向中基性，为中粒的斑状结构，气孔、杏仁状构造不发育。喷发玄武岩按岩性划分为黑色普通玄武岩、杂色杏仁状玻质玄武岩、黑色粗玄岩和拉斑玄武岩四种。辉绿岩脉分布于工作区以南印干一带，多沿断层侵入呈岩墙状与沉积岩层斜交，长 1～3km，厚 1～3m，呈近东西走向，倾角在 55°～60° 之间，与围岩接触界线清晰，围岩蚀变较弱，具有 0.5～1m 的蚀变带。辉绿岩呈黑色-深绿色，全晶质结构，主要矿物成分为辉石和斜长石，风化后为褐黄色。

区域内矿产分布较多，主要有铅、锌、铜多金属和黄铁矿等矿产，但形成规模通常较小，多为矿化点，个别达小型规模。例如，发现铅锌多金属矿床 1 个，即坎岭铅锌矿床（小型）；发现铅矿（化）点两处，分别是位于区域南部的印干铅矿化点和库如克玉祖木村东南方向约 3km 的铅矿化点。区内铅锌矿床（点）以碳酸盐岩型为主，形成矿体通常较富，大小不一，品位变化较大，多呈脉状、透镜状、豆荚状，具有一定的开采利用价值；次为碎屑岩型，较碳酸盐岩型形成矿体较小、品位较贫，不利于开采，利用价值小。发现黄铁矿 1 处，位于印干村北约 4km 处，称为印干黄铁矿点，黄铁矿受断层控制明显，其形成与断层关系密切，该矿点曾被开采，但规模较小，其利用价值较小。发现铁矿化点 1 处，即印干铁矿化点，位于印干村北 1km 的上二叠统五石厂组中，为火山喷发作用形成，因规模小而无利用价值。本次调查过程中在坎岭铅锌矿床西南侧的硝尔布拉克一带还发现有铜矿，矿体多产在断层裂隙带中，其形成与断层关系密切，地表多见孔雀石化，矿产规模较小，开采利用价值小。

除上述金属矿产外，区内还分布有磷块岩、冰洲石和煤矿等非金属矿产（图 3-63）。其中，磷块岩矿产可达小型规模，矿床分布于坎岭铅锌矿床南侧约 1km 处；冰洲石和煤矿化点分别位于库如克玉祖木村东南方向约 4km 处和克尔买提村以东约 0.5km 处。此外，上寒武统的白云岩矿可以制作钙镁磷肥、熔剂和耐火材料。上二叠统五石厂组的玄武岩可用作建筑材料，塔塔埃尔塔格组中的石英砂岩可作为建筑材料。此类沉积型矿产具有规模大、利用方便、易露天开采等优越条件。

**1. 矿床地质特征**

1）矿区地层特征

矿区地层由老至新依次出露上寒武统阿瓦塔格群第四段（$\text{\Euro}_3AW^4$），下奥陶统丘里塔格组一段（$O_1q^1$）、二段（$O_1q^2$）、三段（$O_1q^3$）、四段（$O_1q^4$），中奥陶统萨尔干组一段（$O_2s^1$）、二段（$O_2s^2$），上奥陶统印干组一段（$O_3y^1$）、二段（$O_3y^2$），下志留统柯坪塔格组一段（$S_1k^1$）、二段（$S_1k^2$）、三段（$S_1k^3$）、四段（$S_1k^4$），中上志留统吉布代布拉克群（$S_{2\text{-}3}JG$），泥盆系塔塔埃尔塔格组（$Dt$），上新统—更新统砾岩组 $[(N_2\text{-}Q_1)l]$，第四系（Q）（图 3-63）。古生界岩性以碳酸盐岩（灰岩和白云岩）和砂岩为主，新生界主要由砂砾岩组成。

2）矿区构造特征

矿区内构造极为发育，表现为不同期次和阶段所产生的褶皱和断裂相叠加。其中，褶皱构造主要为坎岭塔格大单斜中的次一级褶皱，分布在坎岭倒转背斜西段，东西长约 12km，南北宽约 1km，核部地层为上寒武统阿瓦塔格群第四段（$\in_3 AW^4$），轴向为 NEE（70°左右），两翼地层为下奥陶统丘里塔格组一段至四段（$O_1q^1$—$O_1q^4$）、中奥陶统萨尔干组一段至二段（$O_2s^1$—$O_2s^2$）、上奥陶统印干组一段至二段（$O_3y^1$—$O_3y^2$）、下志留统柯坪塔格组一段至四段（$S_1k^1$—$S_1k^4$）等。北西翼为库如克玉祖木断层破坏发生倒转，近核部地层产状 300°~320°∠45°~70°，向北倒转地层产状为 120°~140°∠40°~68°；南翼地层依次由老至新为正常沉积，地层产状为 150°~220°∠10°~40°。另外还有北东向小背斜，分布于矿区中部西侧，由上奥陶统印干组泥质灰岩组成，是一个向南西倾伏的不对称小背斜，轴向北东 45°延长 240m，北东端被断层所破坏而终止。南东翼产状平缓，倾向 150°，倾角 45°；北西翼倾向 300°，倾角 70°~75°，局部倒转或直立。转折端呈圆滑弧形轴面倾向南东，倾角 70°。

此外，矿区内的断裂构造极其发育，大小断层有几十条。矿区中除分布有近东西、北东东走向的库如克玉祖木压扭性逆断层外，主要发育有总体近南北走向的坎岭断层及其分支系列断层、大致平行坎岭断层的系列断层，零星发育有近东西走向的系列断层。断层性质有压性、压扭性的逆断层，张性、张扭性、扭性的正断层，平推断层和性质不明断层等。断裂构造主要可分为四个期次，第一期次形成了近东西向库如克玉祖木压扭性逆断裂，近南北向坎岭及坎岭西断层等；第二期次形成了北东东向压扭性斜冲逆断层、北西向与北东向 X 形张扭性正断层、北西向扭性平推断层、北东向张性正断层；第三期次为第二期次所派生的小断层，与主断层复合；第四期次形成了少量的北东向压扭性、压性正断层。构造活动具有长期性、多期性、复杂性，至上新世以后的喜马拉雅运动时期仍有活动迹象。此外，受断裂影响，区内派生节理裂隙也较发育，各期次的节理裂隙相互叠加，只能大致确定其相对早晚顺序，而难以区分出具体是第几期次的产物。现将与成矿作用关系密切的主要断裂带叙述如下：

（1）坎岭断层。该断层的性质为张扭性正断层，与库如克玉祖木压扭性逆断层构成典型的"人"字形断裂特征，地貌上形成近南北向水系冲沟（图 3-64），两盘地形陡峭。该断层长大于 5km，断距达 700m，水平扭矩约 500m，南北走向，倾向西（250°~285°）、倾角 75°~87°，北端弧形转向北东，倾向北西，倾角 50°~70°。沿该断层南段局部形成有构造破碎岩带，宽 1~3m，并充填有方解石脉，零星见有呈星点状、细脉稀疏浸染状的黄铁矿。

（2）坎岭断层的分支断裂带。分支断裂带主要由坎岭断层分支的系列及网络状小断层构成，与坎岭断层构成"人"字形，主要为正断层，次为逆断层和平移断层。系列分支断层一般长 200~1000m，一组走向为 SE-SSE，另一组走向为 NE-NNE，总体倾向西，个别倾向东，倾角多在 60°以上，多与坎岭断层复合，并又派生了帚状滑动节理、裂隙。主次之间又构成一个系列，如树的干、枝、条、叶。分支断层系列局部形成有构造碎裂岩带，宽 1~2m，并充填有方解石脉，零星见有呈星点状、细脉浸染状的黄铁矿。

（3）平行坎岭断层的系列断层。由大致平行坎岭断层的一系列断层组成，主要为正断层，次为平推断层和性质不明断层。系列断层一般长 0.5~1km，走向总体为南北向，次为北北西及北北东向，总体倾向西，个别倾向东，倾角多在 70°以上，向北与走向北东、北西西的系列断层复合。平推断层错断了地层，位移一般小于10m。沿该系列断层零星充填有方解石细脉，偶见有呈星点状、细脉浸染状的黄铁矿。

（4）近东西走向的系列断层。零星发育有走向近东西、北北西、北北东的逆断层，由多条断裂复合而成。除库如克玉祖木断层外，断层一般长0.3~1.2km，总体倾向南，倾角多在47°以上。该系列的断层未控制有矿体，总体与南北向系列的断层复合。

**3）构造与成矿的关系**

如前所述，矿床存在多期次构造叠加。其中，第一期次为成矿前的构造，主要形成的是区域性的大断裂，如库如克玉祖木大断裂；第二、三期次为成矿期构造，以第三期次为主成矿期；第四期次为成矿后的构造，该期次形成的构造对先成矿体多起破坏性作用。北北西向和南北向张性、张扭性断层控制了矿体，与该方向近一致的节理裂隙控制了矿脉，并且还决定着矿体的产状，沿走向、倾向上矿体与断层产状一致。其中，坎岭断层控制着矿带的分布，既是导矿构造又是容矿构造。

值得指出的是：区内受断裂构造的作用，仅见有方解石脉沿断层面分布，未见有岩浆岩出露（图3-64）。

**2. 矿体特征**

坎岭铅锌矿床南北长1.5km，东西宽约0.5km，按矿化和矿体的分布、产状等特征，将矿床划分为5个矿段（带），共有主要矿（化）体37个（包括钻孔中发现的盲矿体）。

坎岭铅锌矿床矿体总体分布于南北走向的坎岭冲沟及其旁侧一带，产于上寒武统—奥陶系碳酸盐岩石中，部分铅、铜矿化（孔雀石）产于志留系、泥盆系砂岩内，严格受坎岭断层及其旁侧分支的系列断层、大致平行坎岭断层的系列断层控制（图3-64）。

（1）矿体沿着控矿断裂呈线状分布，二者的产状一致。

绝大部分矿体走向北北西、北、北北东，个别矿体或矿段走向近东西，多数矿体向西倾斜，倾角65°~84°，少数矿体向东倾斜，倾角36°~61°。受"人"字形构造的制约，向西倾的矿体为主矿体，延长和延伸较大，而向东倾的矿体在产状上虽成独立的系统，实际上是主矿体的分支，二者在平面和剖面上都构成了"Y"字形交接（图3-65）。

（2）控矿断裂多为张性-张扭性断层，随着断裂性质的转化，所形成的矿体在分布和形态上也相应变化。

在以张性为主的地段，断层具有追踪发育特征，断层面单纯，角砾岩很少，所形成的矿体薄、品位低，以网脉状矿石为主，矿体分布也呈追踪状、分支、羽侧，矿体沿着矿带尖灭出现，断裂分布；在张扭性地段，断裂的特点是在平面上呈弧形，在剖面上呈直线，断层两盘之间具有数米宽稳定的分带角砾岩，所形成的矿体厚度大，品位富，较稳定，以块状和稠密浸染状矿石为主，矿体形态近似板状。

（3）矿体沿走向变化较大，沿倾向变化较小，这种特征表现在厚度、品位、延长和延伸等方面。矿体长度同深度的比例为1:1~1:3，这种空间分布的特点在小矿体上表现得尤为明显。对主要矿体而言，由于矿体长度大，相比下钻探深度较小，没有资料证明矿体

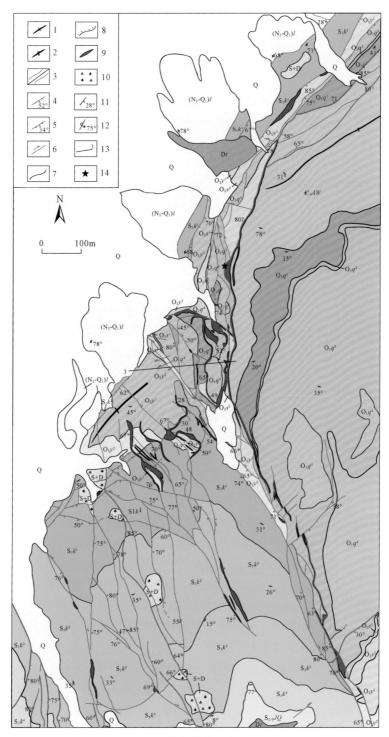

图 3-64 坎岭铅锌矿床地质图

Q. 第四系；(N₂-Q₁) *l*. 上新统—更新统砾岩组；D*t*. 塔塔埃尔塔格组；S+D. 志留系和泥盆系；S₂₋₃ *JG*. 中上志留统古布代布拉克群；S₁*k*¹. 下志留统柯坪塔格组一段；S₁*k*². 下志留统柯坪塔格组二段；S₁*k*³. 下志留统柯坪塔格组三段；S₁*k*⁴. 下志留统柯坪塔格组四段；O₃*y*¹. 上奥陶统印干组一段；O₃*y*². 上奥陶统印干组二段；O₂*s*¹. 中奥陶统萨尔干组一段；O₂*s*². 中奥陶统萨尔干组二段；O₁*q*¹. 下奥陶统丘里塔格组一段；O₁*q*². 下奥陶统丘里塔格组二段；O₁*q*³. 下奥陶统丘里塔格组三段；O₁*q*⁴. 下奥陶统丘里塔格组四段；Є₃*AW*. 上寒武统阿瓦塔格群；1. 背斜轴；2. 倒转背斜轴；3. 实测/推测断层；4. 张性正断层；5. 压性逆断层；6. 平移断层；7. 地质界线；8. 平行不整合；9. 铅锌矿体；10. 碎裂角砾岩；11. 正常岩层产状；12. 倒转岩层产状；13. 3 号地质剖面；14. 采样位置

延伸大于其长度，但从厚度和品位在走向、倾向上的变化情况来看，也具有上述的趋势。

（4）矿体围岩以碳酸盐类为主，次为泥岩、砂岩及粉砂岩类，成矿层位较多，由老至新有上寒武统阿瓦塔格群白云岩、灰质白云岩；下奥陶统丘里塔格组灰岩；中奥陶统萨尔干组、上奥陶统印干组泥灰岩钙质泥岩；下志留统柯坪塔克组中细粒砂岩及粉砂岩。主要矿体和少数小矿体产在寒武系—奥陶系的碳酸盐岩中。志留系砂岩中仅有少数小矿体，其中的泥岩未见成矿，但对下部碳酸盐岩的成矿起到了必要的封闭作用。不同岩性除对矿体空间分布有制约作用外，对矿石种类的分布也有一定的影响；铅矿石和铅锌矿石多分布在白云岩、灰岩、泥灰岩中，在平面图上与位于矿床东部及东侧碳酸盐岩的分布相吻合，在剖面上也是如此。铅锌铜矿石多分布在泥灰岩、砂岩、粉砂岩中，在平面上多位于矿床的西侧，在剖面上多位于上部。

矿体的产出受断裂构造和赋矿围岩岩性控制，总体分布于近南北向的坎岭断层及其派生断层中，赋矿围岩主要为上寒武统和奥陶系碳酸盐岩（图3-64）。矿体多沿断层呈脉状侵入围岩中，二者接触界线明显，具热液充填成矿特征。通常石灰岩、白云岩中容易形成富大块状矿石，而泥灰岩、砂岩中则形成浸染状矿石，矿体多沿断层呈脉状侵入围岩中，二者接触界线明显，具热液充填成矿特征。因矿体多沿断层分布，二者具有相同的产状。因此，受断层构造影响，矿体总体产状较陡，剖面上主矿体与其分支矿体常形成"Y"字形构造。单个矿体呈脉状、似层状、透镜状、囊状和不规则状产出，局部可见分支再现或尖灭现象。坎岭铅锌矿床是以铅、锌为主的多金属矿床，方铅矿和闪锌矿常共生产出，此外，矿床还伴有铜矿化，通常铅矿体产于深部，而铜矿化多出露于浅地表。

坎岭铅锌矿床矿体主要产于碳酸盐岩和砂岩中，矿石类型主要有：①角砾岩型网脉状矿石（图3-66a，b），矿石主要结构类型有交代溶蚀结构（图3-66e）、环边结构（图3-66f）、交代假象结构和胶结结构等，胶状物为方铅矿和闪锌矿，多呈细脉状、网脉状沿灰岩构造裂隙充填，形成胶状、细脉状、角砾状（图3-66a）和网脉状构造（图3-66b），含矿流体沿围岩裂隙充填并胶结脆性碎裂的碳酸盐岩角砾，显示出后生成矿特征；②碎屑岩型浸染状矿石（图3-66c），矿石结构以中-细粒结构为主，浸染状构造，金属硫化物主要为方铅矿、闪锌矿、黄铜矿和黄铁矿，呈浸染状均匀散布于围岩中。

通过野外矿床地质特征和矿石手标本及镜下特征可以得知，坎岭铅锌矿床存在热液成矿期和表生氧化成矿期两个期次。其中，热液成矿期形成的矿石矿物组合简单，主要金属矿物有方铅矿、闪锌矿、黄铜矿、黄铁矿等（图3-66d），非金属矿物主要为方解石和石英，矿石具有粒状、交代溶蚀和包含结构等，块状、网脉状、浸染状和角砾状构造；表生氧化成矿期常形成孔雀石、蓝铜矿、辉铜矿、菱锌矿和石膏等，矿石以土状和皮壳状构造为主。

据镜下矿相学观察，闪锌矿具粒状、胶状结构，正交偏光镜下可见环带结构，其中常见放射状、乳滴状、蠕虫状方铅矿（图3-66g）和乳滴状黄铜矿出溶形成固溶体分离结构（图3-66h）；方铅矿形态多样，主要呈胶状形式产出，常穿插、交代先形成的闪锌矿形成包含结构，也有半自形-自形粒状或不规则棱角状产出于闪锌矿中，方铅矿三组解理切割常形成黑三角脱落孔隙；黄铜矿呈不规则粒状、集合体呈团块状产于闪锌矿中，有时见黄铜矿呈胶状沿闪锌矿裂隙分布；黄铁矿呈半自形-自形或不规则状产出，也可见胶状交代

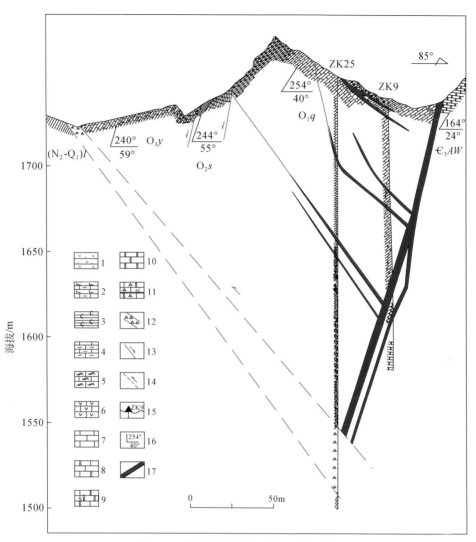

图 3-65　坎岭铅锌矿床 3 号地质剖面图

（$N_2$-$Q_1$）$l$. 上新统—更新统砾岩组；$O_3y$. 上奥陶统印干组；$O_2s$. 中奥陶统萨尔干组；$O_1q$. 下奥陶统丘里塔格组；$\in_3AW$. 上寒武统阿瓦塔格群；1. 砾岩；2. 灰绿色薄层钙质泥岩与泥质灰岩互层；3. 黑色碳质页岩；4. 灰褐色薄层泥质灰岩；5. 灰色薄层燧石条带灰岩；6. 灰色薄层海绿石灰岩；7. 浅灰色厚层灰岩；8. 浅灰色中厚层（含）白云质灰岩；9. 浅灰色中厚层含白云质硅质灰岩；10. 暗灰色中厚层白云岩；11. 碎裂含白云质硅质灰岩；12. 构造破碎带；13. 正断层；14. 推测逆断层；15. 钻孔及编号；16. 地层产状；17. 矿体

方铅矿产出。矿石中见成矿晚期乳白色方解石呈细脉状、网脉状及不规则状穿插于先成矿物或围岩之中。

　　矿区地层主要有构造活动引起的中–低温热液变质作用发生，其规模受断层控制。通常沿断层形成角砾岩带、压碎岩带，伴随碳酸盐化，沿带形成巨晶方解石脉，呈窝状、短脉状、细脉状等分布，大部分对围岩角砾进行胶结，靠近断层两侧围岩有重结晶现象。

图 3-66　坎岭铅锌矿床矿石特征

Gn. 方铅矿；Sp. 闪锌矿；Ccp. 黄铜矿；Py. 黄铁矿；Dg. 蓝辉铜矿；Cal. 方解石；a. 角砾状矿石，方铅矿呈胶状胶结围岩角砾；b. 网脉状矿石，方铅矿、闪锌矿呈网脉状沿围岩裂隙胶结；c. 浸染状矿石，方铅矿、闪锌矿呈浸染状散布于砂岩中；d. 矿石金属矿物组合，黄铁矿晶体被热液交代形成骸晶结构；e. 方铅矿交代闪锌矿形成交代溶蚀结构；f. 方铅矿沿闪锌矿外围进行交代形成环边结构；g. 闪锌矿中方铅矿呈蠕虫状出溶，形似文象结构；h. 黄铜矿沿闪锌矿晶格裂隙呈乳滴状出溶形成格状固溶体分离结构

　　围岩蚀变主要为中低温热液蚀变，如碳酸盐化、硅化及泥化等，蚀变主要沿断层带及两侧的岩石分布较明显。碳酸盐化主要形成脉状、不规则脉状的方解石脉，宽 1～3cm，局部形成 0.5～1m 宽的透镜体，一般在灰岩、白云岩及泥灰岩等围岩中表现较强；硅化主要在砂岩中较明显，热液中的硅质使围岩发生褪色和重结晶现象，部分变成次生石英岩；在灰岩中因硅质的渗透与浸染作用变为硅质灰岩，远离矿体形成石英脉；泥化是与成矿有关的较强的围岩蚀变，沿围岩裂隙有网脉状泥质物充填，沿矿体两侧数米至十余米范围最强烈。

### 3. 矿床地球化学特征

1）闪锌矿微量元素地球化学

　　矿石中的微量元素参与了成矿的全过程，包含了矿床的元素地球化学信息，能够很好地反映矿床成矿物质来源。研究闪锌矿中的微量元素和稀土元素，不仅能够揭示矿床元素地球化学信息，指示矿床成矿物质来源，还能估算矿床成矿温度（刘英俊等，1984；朱赖民等，1995），对矿床成因类型有一定的指示作用（Song，1984；李徽；1986；Zhang，1987；Ye et al.，2011；曹华文等，2014）。

　　A. 样品选取、制备及测试

　　本次微量元素测试选取矿石中的闪锌矿进行，样品均采自正在施工中的 4 号平硐内，保证样品新鲜，无次生污染和风化。测试前先将挑选好的单矿物样品人工破碎至 60～80 目，再放置双目镜下剔除杂质，使其纯度尽可能达到 99% 以上，最后将提纯的样品用玛瑙钵碾磨至 200 目。微量元素和稀土元素测试在原国土资源部国家地质测试中心完成。实验称取 50mg 样品于封闭溶样器装置中，加入 1mL HF 和 0.5mL $HNO_3$，在低温电热板上蒸干冷却加入 1mL HF、1mL $HNO_3$，加盖密闭放入已升温至 200℃ 的烘箱中，加热 12h 以上，取出，冷却，去盖，加入 0.5mL 1μg/mL 的 Rh 内标溶液，在电热板上蒸干，加入 1mL $HNO_3$ 再蒸干，重复一次。最后残渣用 6mL 40% $HNO_3$ 在 140℃ 封闭溶解 3h，取出，冷却，将溶液转移至 50mL 塑料试管中，摇匀，待测。空白溶液与样品同样操作处理。采用等离子体质谱仪测定，对微量元素和稀土元素的检测下限为 $(0.n～n)×10^{-9}$，分析误差一般小于 5%。闪锌矿微量元素数据列于表 3-25，稀土元素数据及其相关参数列于表 3-26。

　　B. 闪锌矿微量元素特征

　　由表 3-25 可知，12 件闪锌矿样品微量元素总体富集 Zn、Pb、Ti、Mn、Co、Cu、Ga、As、Sr、Mo、Cd、Sb、Ba 和 Tl，相对亏损 In、Sn 元素。其中，除 Pb、Zn 含量较高外，Cd、Cu、As、Mn 等元素也较为富集，尤其富集 Cd、Cu 元素，由此可见，坎岭铅锌矿床是多元素共生的铅锌多金属矿床。这在矿区野外地质调查中得以证实，矿区浅地表可见孔雀石出露，往深部多与方铅矿和闪锌矿共生。

　　（1）闪锌矿微量元素中 Sr 和 Ba 含量较高（Sr 含量为 $4.10×10^{-6}～110.34×10^{-6}$，平均为 $27.56×10^{-6}$，Ba 含量为 $2.67×10^{-6}～1728.33×10^{-6}$，平均为 $224.46×10^{-6}$），变化范围较大。何宏等（2004）对与该区域具有相同构造地质背景和沉积环境的巴楚地区早古生代时期不同相带的寒武系—奥陶系碳酸盐岩进行微量元素分析发现，其 Sr 和 Ba 具有较高的

表 3-25　坎岭铅锌矿床闪锌矿微量元素含量表

| 含量 | U1524-1B1 | U1527-1A1 | U1527-1B1 | U1527-1C1 | U1527-1D1 | U1527-1E1 | U1527-1F1 | U1527-2A1 | U1527-2C1 | U1527-2D1 | U1527-2E1 | U1527-2F1 |
|---|---|---|---|---|---|---|---|---|---|---|---|---|
| Ti/$10^{-6}$ | 51.29 | 33.86 | 39.07 | 67.77 | 47.34 | 16.96 | 13.96 | 14.16 | 27.24 | 1.38 | 24.67 | 15.28 |
| Mn/$10^{-6}$ | 723.00 | 488.73 | 540.48 | 563.12 | 628.48 | 576.55 | 594.56 | 147.37 | 630.88 | 117.84 | 332.10 | 518.36 |
| Co/$10^{-6}$ | 98.04 | 28.07 | 34.25 | 32.79 | 32.05 | 41.81 | 50.95 | 21.14 | 36.47 | 19.60 | 25.15 | 24.94 |
| Ni/$10^{-6}$ | 3.17 | 2.84 | 3.08 | 6.61 | 4.04 | 2.58 | 1.76 | 2.83 | 1.19 | 1.58 | 2.74 | 1.90 |
| Cu/% | 0.87 | 0.30 | 0.83 | 1.92 | 0.33 | 0.43 | 0.49 | 0.21 | 0.14 | 0.20 | 0.24 | 0.31 |
| Ga/$10^{-6}$ | 7.91 | 11.36 | 18.21 | 11.52 | 11.49 | 21.75 | 25.96 | 10.02 | 5.12 | 9.64 | 7.96 | 10.57 |
| As/$10^{-6}$ | 570.73 | 555.04 | 567.97 | 582.18 | 678.04 | 555.59 | 647.17 | 333.22 | 278.22 | 323.52 | 424.56 | 632.39 |
| Sr/$10^{-6}$ | 21.61 | 6.57 | 5.67 | 5.25 | 30.87 | 6.18 | 4.10 | 46.15 | 18.60 | 31.10 | 110.34 | 44.31 |
| Mo/$10^{-6}$ | 25.61 | 23.88 | 33.16 | 45.76 | 28.04 | 30.94 | 37.57 | 40.47 | 21.09 | 19.03 | 30.45 | 24.43 |
| Cd/% | 1.28 | 2.23 | 2.12 | 1.83 | 1.48 | 1.68 | 1.50 | 3.39 | 1.79 | 3.68 | 2.50 | 2.12 |
| In/$10^{-6}$ | 0.04 | 0.06 | 0.06 | 0.06 | 0.05 | 0.04 | 0.04 | 0.06 | 0.04 | 0.07 | 0.08 | 0.05 |
| Sn/$10^{-6}$ | 2.99 | 2.28 | 3.58 | 2.83 | 2.19 | 1.89 | 1.92 | 2.42 | 1.96 | 1.48 | 17.50 | 2.24 |
| Ba/$10^{-6}$ | 153.22 | 7.86 | 5.64 | 10.1 | 3.84 | 3.42 | 9.30 | 2.67 | 2.74 | 460.15 | 306.22 | 1728.33 |
| Tl/$10^{-6}$ | 8.93 | 5.95 | 7.32 | 7.15 | 8.13 | 8.27 | 8.84 | 1.67 | 6.74 | 1.74 | 3.21 | 7.26 |
| Pb/$10^{-6}$ | 8.33 | 13.54 | 16.54 | 23.51 | 19.12 | 25.04 | 16.49 | 18.99 | 12.44 | 6.87 | 30.60 | 21.22 |
| Zn/% | 82.71 | 78.52 | 79.28 | 73.49 | 78.17 | 73.73 | 75.47 | 77.16 | 80.66 | 83.95 | 72.07 | 75.62 |

表3-26 坎岭铅锌矿床闪锌矿稀土元素含量表

（单位:10⁻⁶）

| 含量 | U1524-1B1 | U1527-1A1 | U1527-1B1 | U1527-1C1 | U1527-1D1 | U1527-1E1 | U1527-1F1 | U1527-2A1 | U1527-2C1 | U1527-2D1 | U1527-2E1 | U1527-2F1 |
|---|---|---|---|---|---|---|---|---|---|---|---|---|
| La | 0.41 | 0.18 | 0.58 | 0.42 | 0.33 | 0.14 | 0.21 | 0.43 | 0.18 | 0.35 | 0.77 | 0.32 |
| Ce | 0.62 | 0.26 | 1.22 | 0.86 | 0.72 | 0.26 | 0.29 | 0.81 | 0.33 | 0.60 | 1.38 | 0.39 |
| Pr | 0.08 | 0.03 | 0.14 | 0.10 | 0.08 | 0.02 | 0.01 | 0.08 | 0.04 | 0.06 | 0.16 | 0.06 |
| Nd | 0.35 | 0.16 | 0.57 | 0.42 | 0.32 | 0.11 | 0.12 | 0.47 | 0.20 | 0.26 | 0.72 | 0.17 |
| Sm | 0.17 | 0.13 | 0.21 | 0.18 | 0.16 | 0.06 | 0.13 | 0.15 | 0.09 | 0.57 | 0.49 | 1.18 |
| Eu | 0.02 | 0.03 | 0.02 | 0.04 | 0.03 | 0.03 | 0.02 | 0.03 | 0.01 | 0.10 | 0.14 | — |
| Gd | 0.02 | 0.01 | 0.10 | 0.18 | 0.07 | 0.03 | 0.02 | 0.10 | — | 0.03 | 0.08 | 0.04 |
| Tb | — | — | 0.01 | 0.01 | 0.01 | — | — | 0.01 | — | — | 0.02 | 0.00 |
| Dy | 0.03 | 0.03 | 0.09 | 0.10 | 0.06 | 0.01 | 0.02 | 0.04 | 0.02 | 0.01 | 0.09 | — |
| Ho | 0.02 | 0.01 | 0.01 | 0.02 | 0.02 | 0.01 | — | 0.01 | — | — | 0.01 | 0.01 |
| Er | 0.03 | 0.03 | 0.03 | 0.05 | 0.05 | — | 0.02 | 0.04 | 0.01 | 0.02 | 0.06 | 0.02 |
| Tm | — | — | — | 0.01 | — | — | — | — | — | — | 0.01 | — |
| Yb | 0.01 | 0.01 | 0.02 | 0.05 | 0.05 | — | 0.02 | 0.01 | 0.02 | — | 0.02 | 0.02 |
| Lu | — | — | 0.01 | 0.01 | — | — | — | — | — | — | 0.01 | — |
| Y | 0.30 | 0.15 | 0.56 | 0.82 | 0.33 | 0.14 | 0.20 | 0.47 | 0.17 | 0.05 | 0.87 | 0.16 |
| ΣREE | 1.75 | 0.86 | 3.00 | 2.44 | 1.90 | 0.67 | 0.87 | 2.21 | 0.89 | 2.01 | 3.94 | 2.21 |
| LREE | 1.65 | 0.78 | 2.74 | 2.02 | 1.64 | 0.63 | 0.78 | 1.99 | 0.85 | 1.94 | 3.65 | 2.13 |
| HREE | 0.10 | 0.08 | 0.26 | 0.43 | 0.25 | 0.05 | 0.09 | 0.22 | 0.04 | 0.07 | 0.29 | 0.09 |
| LREE/HREE | 16.91 | 10.34 | 10.53 | 4.69 | 6.47 | 13.33 | 8.78 | 9.17 | 19.53 | 27.81 | 12.51 | 24.4 |
| (La/Yb)$_N$ | 24.77 | 11.06 | 17.46 | 5.43 | 4.73 | — | 6.02 | 24.88 | 7.06 | — | 22.00 | 8.99 |
| δEu | 0.71 | 1.21 | 0.39 | 0.63 | 0.86 | 2.19 | 0.71 | 0.74 | 0.44 | 0.86 | 1.30 | 0.30 |
| δCe | 0.74 | 0.77 | 0.95 | 0.90 | 0.97 | 0.98 | 0.89 | 0.92 | 0.86 | 0.84 | 0.85 | 0.60 |

注:表中"—"为低于实验仪器检测下限。

背景含量值（Sr 含量为 $155.15×10^{-6}$ ~ $280.52×10^{-6}$，平均为 $207.22×10^{-6}$，Ba 含量为 $48.65×10^{-6}$ ~ $363.7×10^{-6}$，平均为 $164.13×10^{-6}$），且 Sr 含量高于坎岭铅锌矿床闪锌矿中的 Sr 含量，而部分闪锌矿样品中的 Ba 含量大于围岩地层中的背景值，说明坎岭铅锌矿床成矿流体在与围岩地层发生水岩反应时，围岩地层提供了一定的物质来源，除了碳酸盐岩之外，可能还有重晶石等硫酸盐物质也参与了成矿作用，提供了部分成矿物质来源。

（2）已有研究表明，闪锌矿某些元素的含量在一定程度上可反映矿床成矿温度（Zhang et al.，1998）。通常高温条件下形成的闪锌矿容易富集 In、Fe、Mn 等元素，常与磁铁矿共生；而低温条件下形成的闪锌矿则易富集 Ga、Ge 和 Cd 等元素，常与铅锌矿共生（刘英俊等，1984；韩照信，1994）。坎岭铅锌矿床闪锌矿微量元素组成中具有较高的 Ga（$5.12×10^{-6}$ ~ $25.96×10^{-6}$，平均为 $12.63×10^{-6}$）、Cd（$1.28×10^{-2}$ ~ $3.68×10^{-2}$，平均为 $2.14×10^{-2}$）含量值和相对低的 In（$0.04×10^{-6}$ ~ $0.08×10^{-6}$，平均为 $0.06×10^{-6}$）含量值，表明闪锌矿形成于低温条件下。此外，张乾等（2004）在研究内蒙古孟恩陶勒盖银铅锌铟矿床时发现，闪锌矿中 In 的含量与矿床成矿温度存在明显的正相关关系，坎岭铅锌矿床闪锌矿相对低的 In 含量值同样指示矿床形成于低温环境，这与上述高温条件下的闪锌矿富 In 而贫 Ga、Cd 的结果是一致的。

韩照信（1994）提出利用闪锌矿 Ga/In 值可大致判断成矿流体的温度，通常高温条件下形成的闪锌矿 Ga/In 为 0.001 ~ 0.05（平均为 0.015）；中温条件下形成的闪锌矿 Ga/In 为 0.01 ~ 5.0（平均为 0.10）；低温条件下形成的闪锌矿 Ga/In 为 1 ~ 100（平均为 11.0）。坎岭铅锌矿床闪锌矿 Ga/In 为 94.07 ~ 724.60，平均为 259.27，由此可见，闪锌矿为低温成矿。此外，闪锌矿 Zn/Cd 值也可指示矿物形成时的温度（刘英俊等，1984），通常，当 Zn/Cd≥500 时，指示闪锌矿形成于高温条件下；当 100<Zn/Cd<500 时，指示闪锌矿形成于中温条件下，当 Zn/Cd≤100 时，指示闪锌矿形成于低温条件下。坎岭铅锌矿床闪锌矿 Zn/Cd 为 22.74 ~ 64.39，平均为 39.92，同样指示闪锌矿形成于低温条件下。

（3）前人对华南众多金属矿床进行分析研究时发现，不同矿床成因类型的闪锌矿具有不同的微量元素特征（Ye et al.，2011）。如夕卡岩型矿床中的闪锌矿通常富集 Co 和 Mn，而相对亏损 In；块状硫化物型（VMS）矿床中的闪锌矿常富集 In、Sn 和 Ga；密西西比河谷型（MVT）矿床则容易富集 Ge、Co、Tl 和 As 元素。坎岭铅锌矿床闪锌矿总体富集 As（$278.22×10^{-6}$ ~ $678.04×10^{-6}$，平均为 $512.39×10^{-6}$）、Co（$19.60×10^{-6}$ ~ $98.04×10^{-6}$，平均为 $37.10×10^{-6}$）和 Tl（$1.67×10^{-6}$ ~ $8.93×10^{-6}$，平均为 $6.27×10^{-6}$）而亏损 In 的特征与 MVT 矿床相似。此外，Schwartz（2000）按照矿床类型对世界上 480 个矿床的闪锌矿中的 Cd 含量进行了统计，结果表明 MVT 和白云岩、灰岩中脉状矿床中闪锌矿的 Cd 含量明显较沉积喷流型（SEDEX）、夕卡岩型及与火山有关的块状硫化物矿床高。如张家口梁家沟铅锌银多金属矿床和陕西南郑县马元铅锌矿床皆被确定为典型的 MVT 多金属矿床，其闪锌矿中的 Cd 元素含量分别为 $1218×10^{-6}$ ~ $13022×10^{-6}$ 和 $1304×10^{-6}$ ~ $5023×10^{-6}$，Cd 含量值普遍较高。坎岭铅锌矿床 Cd 含量为 $1.28×10^{-2}$ ~ $3.68×10^{-2}$，平均为 $2.14×10^{-2}$，超出边界品位 100 倍以上。

张乾（1987）认为不同成因类型的铅锌矿床具有不同的成矿条件，不同的成矿条件则会影响微量元素在主矿物中的含量分配，据此提出利用闪锌矿的微量元素图解法判断铅锌矿床的成因类型。根据表 3-24 数据作 ln Ga-ln In 图（图 3-67），图中 Ga/In＝1 是岩浆热液型矿床与沉积改造型矿床的分界线，其中，岩浆热液型矿床位于 Ga/In<1 的 I 区，即具有相对富集 In 而亏损 Ga 的特征，与岩浆热液型矿床相反，沉积改造型矿床位于 Ga/In>1 的 III 区，具有相对富集 Ga 而亏损 In 的特征，火山岩型矿床沿 Ga/In＝1 线两侧分布，集中分布于 II 区范围内，坎岭铅锌矿床闪锌矿 Ga/In 值在 94.07 ～ 724.60 之间，平均值为 259.27，远远大于 1，故所投样品点均落于 Ga/In>1 的 III 区范围内，指示矿床属于沉积改造型矿床。然而，邹志超等（2012）在综合众多铅锌矿床进行闪锌矿微量元素分析时，发现 MVT 铅锌矿床存在相类似的特征，即具有样品点均落入沉积改造型矿床范围内的 III 区，且 Ga/In 值较大的特点，说明坎岭铅锌矿床与 MVT 矿床相类似。

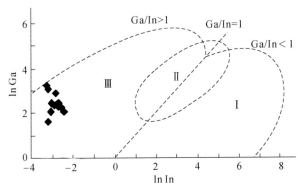

图 3-67　坎岭铅锌矿床闪锌矿 ln Ga-ln In 关系图（底图据 Zhang，1987）

I. 岩浆热液型矿床；II. 火山岩型矿床；III. 沉积改造型矿床

C. 闪锌矿稀土元素特征

由表 3-26 数据可知，闪锌矿稀土元素 $\Sigma REE$ 为 $0.67 \times 10^{-6}$ ～ $3.94 \times 10^{-6}$，总体含量较低，其中相对富集 La、Ce、Pr、Nd 和 Sm 元素，部分元素含量值过低，严重亏损 Tb、Ho、Tm 和 Lu 元素，轻重稀土分馏明显，LREE/HREE 为 4.69 ～ 27.81，$(La/Yb)_N$ 为 4.73 ～ 24.88，$\delta Eu$ 为 0.30 ～ 2.19，$\delta Ce$ 为 0.60 ～ 0.98，由此可见，坎岭铅锌矿床闪锌矿稀土元素总体呈现轻稀土富集而重稀土亏损现象。

2）稳定同位素地球化学

由表 3-27 数据可知，坎岭铅锌矿床矿石硫化物硫同位素组成变化范围较大（$\delta^{34}S$ 为 $-1.0‰$ ～ $12.2‰$），极差达 13.2‰，且明显富集重硫。其中，除 U1527-3A、U1527-3D、U1527-4A 和 U1527-4B 四个样品外，硫化物的 $\delta^{34}S$ 值变化不大，主要集中于 $-1‰$ ～ $2‰$，其中方铅矿 $\delta^{34}S$ 为 $-1.0‰$ ～ $2.3‰$，平均值为 0.5‰；闪锌矿 $\delta^{34}S$ 为 $-0.3‰$ ～ $2.7‰$，平均值为 0.8‰。由此可见，矿石硫化物的 $\delta^{34}S$ 值总体具有方铅矿 $\delta^{34}S$<闪锌矿 $\delta^{34}S$ 的特征，但部分样品存在同一样品中的闪锌矿 $\delta^{34}S$<方铅矿 $\delta^{34}S$ 的现象，表明坎岭铅锌矿床主要金属硫化物从成矿流体中沉淀出来时硫同位素分馏未达到平衡（Ohmoto，1986；郑永飞和陈江峰，2000；韩吟文等，2003；陕亮等，2009）。主要赋矿围岩（灰岩和砂岩）的硫同位素组成为 16.3‰ ～ 28.6‰，平均值为 21.6‰，总体 $\delta^{34}S$ 值较大。

表 3-27　坎岭铅锌矿床硫同位素组成

| 序号 | 样品特征 | 样品号 | 测定对象 | $\delta^{34}S/‰$ | 测定对象 | $\delta^{34}S/‰$ |
|---|---|---|---|---|---|---|
| 1 | 脉状矿石 | U1524-1B | 方铅矿 | 0.2 | 闪锌矿 | 1.0 |
| 2 | 块状矿石 | U1527-1A | 方铅矿 | 1.5 | 闪锌矿 | 0.6 |
| 3 | 块状矿石 | U1527-1B | 方铅矿 | 1.8 | 闪锌矿 | 1.0 |
| 4 | 块状矿石 | U1527-1C | 方铅矿 | 2.3 | 闪锌矿 | 0.6 |
| 5 | 块状矿石 | U1527-1D | 方铅矿 | 2.0 | 闪锌矿 | −0.1 |
| 6 | 块状矿石 | U1527-1E | 方铅矿 | −0.7 | 闪锌矿 | −0.3 |
| 7 | 块状矿石 | U1527-1F | 方铅矿 | −0.4 | 闪锌矿 | −0.3 |
| 8 | 脉状矿石 | U1527-2A | 方铅矿 | 0.8 | 闪锌矿 | 2.7 |
| 9 | 脉状矿石 | U1527-2C | 方铅矿 | −0.6 | 闪锌矿 | 0.2 |
| 10 | 脉状矿石 | U1527-2D | 方铅矿 | 0.1 | 闪锌矿 | 1.7 |
| 11 | 脉状矿石 | U1527-2E | 方铅矿 | −1.0 | 闪锌矿 | 1.7 |
| 12 | 块状矿石 | U1527-2F | 方铅矿 | 0.1 | 闪锌矿 | 1.2 |
| 13 | 脉状矿石 | U1527-3A | 方铅矿 | 12.2 | | |
| 14 | 脉状矿石 | U1527-3D | 方铅矿 | 8.6 | | |
| 15 | 脉状矿石 | U1527-4A | 方铅矿 | 5.0 | | |
| 16 | 角砾状矿石 | U1527-4B | 方铅矿 | 10.5 | | |
| 17 | 灰岩 | K16102-2 | 全岩 | 21.1 | | |
| 18 | 灰岩 | K16102-4 | 全岩 | 23.3 | | |
| 19 | 灰岩 | K16103-2 | 全岩 | 18.5 | | |
| 20 | 砂岩 | K16104-1A | 全岩 | 16.3 | | |
| 21 | 砂岩 | K16104-1C | 全岩 | 28.6 | | |

注：矿石硫同位素组成在中国科学院地球化学研究所矿床地球化学国家重点实验室完成，地层硫同位素组成在核工业北京地质研究院分析测试研究中心完成。

由表 3-28 数据可知，坎岭铅锌矿床 24 件矿石硫化物样品的铅同位素组成相对均一，且同一矿石样品中方铅矿和闪锌矿铅同位素组成变化较小。矿石硫化物 $^{206}Pb/^{204}Pb$ 为 17.262 ~ 17.779，平均为 17.698，$^{207}Pb/^{204}Pb$ 为 15.571 ~ 15.675，平均为 15.620，$^{208}Pb/^{204}Pb$ 为 38.062 ~ 38.396，平均为 38.229。其中，方铅矿 $^{206}Pb/^{204}Pb$、$^{207}Pb/^{204}Pb$、$^{208}Pb/^{204}Pb$ 分别为 17.262 ~ 17.779、15.571 ~ 15.675、38.062 ~ 38.396，平均值分别为 17.677、15.629、38.257；闪锌矿 $^{206}Pb/^{204}Pb$、$^{207}Pb/^{204}Pb$、$^{208}Pb/^{204}Pb$ 分别为 17.704 ~ 17.752、15.578 ~ 15.637、38.090 ~ 38.284，平均值分别为 17.728、15.608、38.189。5 件围岩样品的 $^{206}Pb/^{204}Pb$ 为 17.735 ~ 19.450，平均为 18.319，$^{207}Pb/^{204}Pb$ 为 15.557 ~ 15.638，平均为 15.602，$^{208}Pb/^{204}Pb$ 为 38.009 ~ 38.371，平均为 38.164。其中，K16102-4 和 K16103-2 两个样品的 $^{206}Pb/^{204}Pb$ 值较大，与其余样品偏差较大，导致这种现象的原因可能是样品中含有较多的放射性成因铅。

表 3-28　坎岭铅锌矿床铅同位素组成

| 序号 | 样品号 | 名称 | $^{206}Pb/^{204}Pb$ | $^{207}Pb/^{204}Pb$ | $^{208}Pb/^{204}Pb$ | $\mu$ | $\Delta\beta$ | $\Delta\gamma$ |
|---|---|---|---|---|---|---|---|---|
| 1 | U1524-1B | 方铅矿 | 17.746 | 15.631 | 38.268 | 9.61 | 22.95 | 51.30 |
| 2 | U1527-1A | 方铅矿 | 17.740 | 15.623 | 38.240 | 9.60 | 22.40 | 50.32 |
| 3 | U1527-1B | 方铅矿 | 17.746 | 15.630 | 38.267 | 9.61 | 22.88 | 51.22 |
| 4 | U1527-1C | 方铅矿 | 17.317 | 15.655 | 38.338 | 9.75 | 27.24 | 68.38 |
| 5 | U1527-1D | 方铅矿 | 17.748 | 15.635 | 38.281 | 9.62 | 23.24 | 51.80 |
| 6 | U1527-1E | 方铅矿 | 17.748 | 15.652 | 38.340 | 9.66 | 24.49 | 54.29 |
| 7 | U1527-1F | 方铅矿 | 17.748 | 15.635 | 38.282 | 9.62 | 23.24 | 51.83 |
| 8 | U1527-2A | 方铅矿 | 17.697 | 15.571 | 38.062 | 9.50 | 18.80 | 44.16 |
| 9 | U1527-2E | 方铅矿 | 17.740 | 15.626 | 38.241 | 9.60 | 22.62 | 50.50 |
| 10 | U1527-2F | 方铅矿 | 17.750 | 15.634 | 38.279 | 9.62 | 23.15 | 51.63 |
| 11 | U1527-3A | 方铅矿 | 17.262 | 15.636 | 38.277 | 9.72 | 26.17 | 67.55 |
| 12 | U1527-3D | 方铅矿 | 17.736 | 15.609 | 38.193 | 9.57 | 21.39 | 48.44 |
| 13 | U1527-4A | 方铅矿 | 17.725 | 15.590 | 38.137 | 9.53 | 20.05 | 46.29 |
| 14 | U1527-4B | 方铅矿 | 17.779 | 15.675 | 38.396 | 9.70 | 26.02 | 55.99 |
| 15 | U1527-1A1 | 闪锌矿 | 17.741 | 15.628 | 38.249 | 9.61 | 22.76 | 50.79 |
| 16 | U1527-1B1 | 闪锌矿 | 17.722 | 15.601 | 38.167 | 9.56 | 20.87 | 47.77 |
| 17 | U1527-1C1 | 闪锌矿 | 17.707 | 15.581 | 38.099 | 9.52 | 19.48 | 45.37 |
| 18 | U1527-1D1 | 闪锌矿 | 17.752 | 15.637 | 38.284 | 9.63 | 23.36 | 51.85 |
| 19 | U1527-1E1 | 闪锌矿 | 17.739 | 15.622 | 38.236 | 9.60 | 22.33 | 50.19 |
| 20 | U1527-1F1 | 闪锌矿 | 17.718 | 15.596 | 38.149 | 9.55 | 20.53 | 47.15 |
| 21 | U1527-2A1 | 闪锌矿 | 17.720 | 15.599 | 38.167 | 9.55 | 20.74 | 47.74 |
| 22 | U1527-2C1 | 闪锌矿 | 17.735 | 15.620 | 38.226 | 9.59 | 22.20 | 49.95 |
| 23 | U1527-2E1 | 闪锌矿 | 17.737 | 15.618 | 38.221 | 9.59 | 22.04 | 49.64 |
| 24 | U1527-2F1 | 闪锌矿 | 17.704 | 15.578 | 38.090 | 9.51 | 19.28 | 45.06 |
| 25 | K16102-2 | 灰岩 | 17.739 | 15.587 | 38.121 | 9.52 | 19.76 | 45.24 |
| 26 | K16102-4 | 灰岩 | 18.923 | 15.638 | 38.371 | 9.49 | 19.85 | 24.03 |
| 27 | K16103-2 | 灰岩 | 19.450 | 15.635 | 38.154 | 9.45 | 19.65 | 18.24 |
| 28 | K16104-1A | 砂岩 | 17.747 | 15.594 | 38.167 | 9.54 | 20.24 | 46.61 |
| 29 | K16104-1C | 砂岩 | 17.735 | 15.557 | 38.009 | 9.46 | 17.59 | 40.76 |

注：铅同位素组成分析在核工业北京地质研究院分析测试研究中心完成。

### 4. 成矿时代与成矿构造背景

受实际条件和测试技术条件的限制，对于该类铅锌矿床年代学的研究一直进展缓慢，利用现有测试技术和方法很难得到精确的地质年龄（张长青等，2009）。尽管如此，研究发现 Rb-Sr 等时线法是对矿石矿物以方铅矿、闪锌矿以及黄铁矿等为主的硫化物矿床定年的首选（杨红梅等，2012），并被证明是直接测定 MVT 铅锌矿床年龄的有效方法（Nakai et al.，1990，1993；Brannon et al.，1992；Christensen et al.，1993，1995a，1995b），而闪锌矿 Rb-Sr 同位素定年是铅锌矿床较为理想且直接有效的方法（李文博等，2002）。

1）样品选取、制备及测试

本次用于 Rb-Sr 同位素定年的 3 件样品均采自坎岭铅锌矿床正在施工的 4 号主平硐内，保证样品新鲜，未受次生污染和风化。矿石矿物主要为闪锌矿、方铅矿，少量黄铁矿，脉石矿物为乳白色方解石。本次样品测试均选取矿床成矿早阶段的闪锌矿进行，保证样品的"同时性"和"同源性"。闪锌矿呈黄褐色，常呈致密块状或脉状产出，为矿床成矿早阶段的产物。

闪锌矿 Rb-Sr 同位素定年在中国地质调查局天津地质调查中心同位素超净实验室完成。测试前先将挑选好的单矿物样品人工破碎至 60~80 目，再放置于双目镜下剔除杂质，使其纯度尽可能达到 99% 以上。将样品倒入烧杯中，分别加入稀盐酸和纯净水用超声波各清洗一次，自然晾干。样品的化学制样工作在百级空气净化实验室中进行。各种高纯试剂在空气净化实验室里利用亚沸蒸馏法进行纯化处理之后才使用；实验室用水为高纯水；实验用具和器皿分别用石英或 Teflon 材料制作，且经过严格的排除叠加干扰的处理。Rb-Sr 法同位素测年采用双流程的分析测试工艺。I. D.（Isotopt Dilution）流程的用样量在 0.15g 左右；I. C.（Isotope Concentration）流程的用样量以估计可取得 1.0μg 以上的纯 Nd 为标准。样品粉末用 HF+HClO_4+HNO_3 溶解，在密闭的 Teflon 溶样器中 160℃ 条件下反应 7 天。利用 AG50W×12 强酸性阳离子交换树脂分离 Rb、Sr 得到总稀土。I. C. 流程得到的 Sr，经过二次纯化处理。I. C 流程及其子流程（纯化 Sr）的设置，从根本上排除了 $^{87}$Rb 对 $^{87}$Sr 的干扰，为得到高精度、高准确度的 Sr 同位素比值奠定了可靠的基础。全流程空白本底稳定在 Rb=5.6×10$^{-10}$g；Sr=3.8×10$^{-10}$g。全程采用国际标准岩石样品 BCR-2 进行监测，BCR-2 的 Rb、Sr 含量和 $^{87}$Sr/$^{86}$Sr 值分别为 48±2μg/g、346.00±14μg/g 和 0.704958±30。Sr 分馏的内校正因子采用 $^{88}$Sr/$^{86}$Sr=8.375209。Rb、Sr 含量测定和同位素比值测定均由 Triton 热电离质谱仪（型号 08-100016sb）承担，用平行双灯丝构件的离子源测试。Sr 的质谱标准样 NBS9，$^{87}$Sr 的结果为 $^{87}$Sr/$^{86}$Sr=0.710245±30（2δ）。

实验采用全溶方法进行 Rb、Sr 同位素测定，分析方法和技术流程参见杜国民等（2012），等时线拟合计算采用 Isoplot 软件（Ludwig，2001）标准程序，Rb-Sr 同位素分析结果见表 3-29。

表 3-29　坎岭铅锌矿床闪锌矿 Rb-Sr 同位素分析结果

| 样品编号 | 样品名称 | Rb/10$^{-6}$ | Sr/10$^{-6}$ | $^{87}$Rb/$^{86}$Sr | $^{87}$Sr/$^{86}$Sr | 误差（±2δ） |
|---|---|---|---|---|---|---|
| U1527-1A | 闪锌矿 | 0.5569 | 6.7181 | 0.2399 | 0.711791 | ±0.000009 |
| U1527-1C | 闪锌矿 | 0.9420 | 3.9432 | 0.6912 | 0.713937 | ±0.000006 |
| U1527-2E | 闪锌矿 | 0.2679 | 64.2127 | 0.0121 | 0.710695 | ±0.000009 |

2）矿床成矿时代

由表 3-29 可知，坎岭铅锌矿床的 Rb、Sr 含量分别为 0.2679×10$^{-6}$ ~ 0.9420×10$^{-6}$ 和

$3.0136\times10^{-6}\sim64.2127\times10^{-6}$，Rb 含量值较低，Sr 含量值变化较大，Rb/Sr 值为 $0.004345\sim$ 0.238889，区间跨度较大，$^{87}Rb/^{86}Sr$ 值和 $^{87}Sr/^{86}Sr$ 值分别为 $0.0121\sim0.6912$ 和 $0.710695\sim$ 0.713937。利用 $^{87}Rb/^{86}Sr$ 和 $^{87}Sr/^{86}Sr$ 作 Rb-Sr 同位素等时线图（图 3-68），经等时线拟合计算所获得的年龄值为 $335.7\pm1.9Ma$（MSWD=1.7），Sr 初始值（$^{87}Sr/^{86}Sr$）$_i$ 为 $0.7106396\pm$ 0.0000077，该年龄所对应的地质时代为晚石炭世。

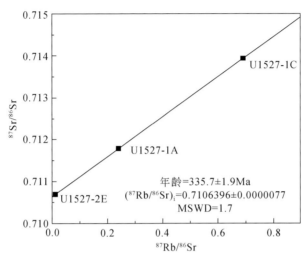

图 3-68　坎岭铅锌矿床闪锌矿 Rb-Sr 同位素等时线图

3）成矿构造背景

坎岭铅锌矿床产于南天山早古生代沉积地层中，构造位置处于南天山造山带柯坪隆起带内，可见矿床的形成与南天山造山带的演化息息相关。南天山造山带是古南天山洋闭合后中天山岛弧与塔里木板块碰撞的产物。随着新元古代时期 Rodinia（罗迪尼亚）超级大陆的裂解，塔里木古板块从中逐步分离出来，在随后的演化过程中，塔里木古板块继而裂解，与伊宁地块逐步分离，形成古南天山洋雏形，之后古南天山洋大致经历了早古生代的逐步形成与生长扩张，早古生代末期的俯冲消减过程，直至二叠纪末才最终闭合（蔡东升等，1995），由此开始，中天山岛弧与塔里木板块开启了陆陆碰撞造山作用，进入中-新生代时期，由板块碰撞造山逐步转向前陆盆地演化阶段，新生代晚期开启了陆内造山作用，并逐步转向陆内前陆盆地演化阶段（李曰俊等，2009），最终形成现今南天山造山带构造格局。

前人研究显示，柯坪地区寒武纪—早中奥陶世为古塔里木板块的组成部分，属被动大陆边缘陆棚相沉积。奥陶纪末期受古南天山洋俯冲消减作用影响，塔里木板块、准噶尔板块与哈萨克斯坦板块相互碰撞导致柯坪地区普遍遭受隆起，自志留纪开始直至中泥盆世时期接受内陆架碎屑沉积，此后，柯坪地区开始抬升为陆，并缺失上泥盆统—下石炭统和部分上石炭统沉积（张臣等，2001）。

大量研究表明，中天山岛弧与塔里木板块斜向碰撞在时间上存在差异性，由东向西总体呈现"剪刀式"闭合的过程（蔡东升等，1995）。然而，沉积特征和物源分析结果表明，南天山造山带开始碰撞的时间可以限定在早泥盆世末—中泥盆世时期，而区域初步隆起时间发生在石炭纪（王松，2014）。结合坎岭铅锌矿床同位素地质年代学研究结果，最终将矿床成矿时代限定为 335.7Ma 的晚石炭世，据此推测矿床形成于古南天山洋消亡后的南天山造山带形成初期。

Leach 等（2001）通过对全球 MVT 铅锌矿床成矿时代进行统计发现，矿床主要形成于泥盆纪—二叠纪和白垩纪—古近纪两个时期，其中前者对应于 Pangea（潘吉亚）大陆的汇聚期，后者与 Apine-Laramide 汇聚造山运动相关，据此认为 MVT 铅锌矿床形成于全球板块汇聚构造背景之下。坎岭铅锌矿床形成于南天山洋消亡后的柯坪隆起前陆逆冲推覆带内，为塔里木板块与中天山地块的碰撞期，此时正处于全球 Pangea 超级大陆的汇聚期（图 3-69），这与 MVT 铅锌矿床形成于板块汇聚背景下造山带前陆盆地或是前陆逆冲褶皱带内的研究结果是一致的。

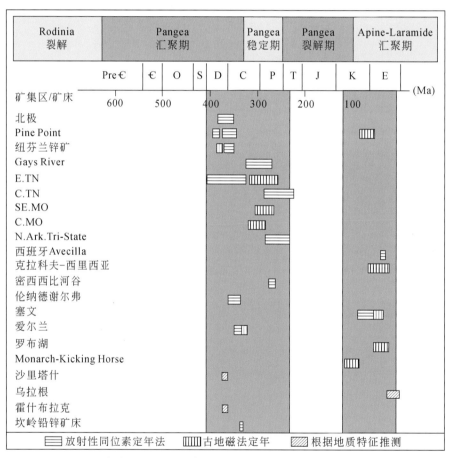

图 3-69　全球主要 MVT 矿床成矿时代分布图（底图据张舒，2010）

### 5. 矿床成因

#### 1）成矿条件

坎岭铅锌矿床矿体受断裂构造和围岩控制明显，总体分布于近南北向的坎岭断层及其派生断层中，赋矿围岩主要为上寒武统和奥陶系碳酸盐岩。

A. 地层及岩性条件

坎岭铅锌矿床矿体主要产于上寒武统—奥陶系的碳酸盐岩中，次产于上奥陶统泥灰岩与泥岩和下志留统砂岩中（含铅、铜矿化）。矿体产于特定的地层和层位表明其中可能存在与矿质有关的物质成分，赋矿围岩（碳酸盐岩）为成矿提供了一定的物质来源，这在前面的研究中得以佐证。据野外地质调查发现，碳酸盐岩地层较碎屑岩地层易于成矿，白云岩、灰岩中成矿物质相对富集，形成的矿体规模较大，通常形成交代型和充填型块状矿石，而在薄层泥灰岩、钙质泥岩和砂岩中矿质难于富集，主要形成浸染状矿石，说明成矿物质的富集对围岩具有一定的选择性。通常碳酸盐岩地层受构造挤压容易产生脆性裂隙，成矿流体沿碳酸盐岩中的裂隙贯入，交代并萃取其中的 Pb、Zn 成矿物质沉淀成矿，形成块状厚大矿体；碎屑岩普遍具有孔隙度较高、渗透性较好等特点，有利于流体的运移，但因其不具备良好的封闭条件导致其中矿质较为分散，因而常形成浸染状矿石。

张鹏等（2011）曾通过对该区域的四种碳酸盐岩构造裂隙发育情况进行统计分析后发现，在相同构造环境下，白云岩、灰岩较泥灰岩更容易产生构造裂隙，说明坎岭铅锌矿床中上寒武统—奥陶系的白云岩和灰岩的脆性构造裂隙为成矿热液的运移和成矿物质的进入提供了通道和空间，更有利于矿质的富集和沉淀。

B. 构造条件

前已述及，区内构造特别是断层发育，矿体严格受总体为南北走向的断层控制，这些断层交织在一起在空间上形成一张相互贯通的"网"，为深部成矿热液的向上运移提供了通道，且为后期成矿物质的富集沉淀提供了空间。

坎岭铅锌矿床上寒武统—奥陶系的碳酸盐岩与下志留统碎屑岩接触部位中，发育有坎岭断层及其"入"字形密集分支断层，加上区内南北走向的系列密集断裂带地段，多见有矿体产出，且矿体规模较大，品位较高，可见这些断层均为成矿流体的运移和成矿物质的富集提供了通道和沉淀场所。坎岭断层及其"入"字形分支断层控制着主矿体及分支矿体的分布，主次之间构成"树枝状"的一系列断层，其所控制的矿体如主干矿体、分支矿体及边缘矿脉总体呈"树枝状"分布。区域性的纬向断裂是区域性导矿构造，而其南北向的派生断裂则为导-容矿构造，直接控制着矿体的分布、规模、形态和产状等。多期次构造叠加、复合部位常常是成矿的主要空间。

2）成矿物质来源

确定成矿物质来源是探讨矿床成因的主要依据之一，前人运用同位素探讨成矿物质来源的先例屡见不鲜，本书通过对比坎岭铅锌矿床矿石与主要赋矿围岩的硫、铅同位素组成，进而揭示矿床成矿物质来源。

A. 硫的来源

硫同位素在自然界中分布广泛，分馏效应明显，在热液成矿研究中发挥着重要作用。前人（Chaussidon and Lorand，1990；温春齐和多吉，2009；陕亮等，2009）研究发现：硫化物矿床中 S 的来源主要有三种：①地幔或岩浆硫，其 $\delta^{34}S$ 值在 0 附近，变化范围较小，与陨石硫类似；②地壳硫，在沉积、变质和岩浆作用过程中，地壳物质的硫同位素具有很大的变化范围，通常海水或海相硫酸盐的硫化物 $\delta^{34}S$ 为正值，而生物成因的硫化物

$\delta^{34}S$ 为负值；③混合硫，岩浆自地幔上升侵位过程中混染了周围地壳物质，具有多种不同硫源的混合特征。因此，通过测定硫化物中 $\delta^{34}S$ 值能够有效地示踪成矿物质来源、成矿流体搬运及成矿机制等，进而预测矿床成因。

坎岭铅锌矿床矿石硫化物的 $\delta^{34}S$ 值分布范围较宽，同时富集轻硫和重硫，但矿石硫化物的 $\delta^{34}S$ 值多数显示为正值，具有相对富集重硫的特征。由图 3-70 可知，矿石硫化物的 $\delta^{34}S$ 峰值集中在 $-1‰ \sim 3‰$，只有少数样品 $\delta^{34}S$ 值较大，偏离主体范围，表现出具有地幔或岩浆硫特征，推测为深部流体经去气作用后 $SO_2$ 等气体沿断裂上升至浅部的结果。此外，由表 3-27 可知，坎岭铅锌矿床主要赋矿围岩的 $\delta^{34}S$ 值较大，分布在 $16.3 \sim 28.6$ 之间，平均值为 21.56，加上矿床周围的上寒武统阿瓦塔格群具有膏盐层分布（张臣等，2001；吕修祥等，2014），这些均可为铅锌成矿提供潜在的硫源，据此推测矿石的硫源可能还有地层硫的加入（图 3-71）。

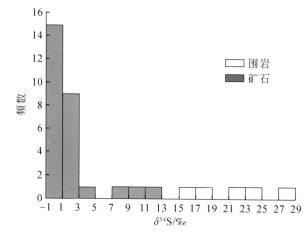

图 3-70　坎岭铅锌矿床硫同位素组成频数直方图

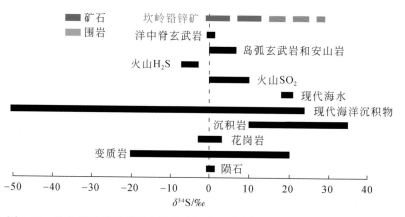

图 3-71　坎岭铅锌矿床矿石硫同位素组成（底图据 Rye and Ohomoto，1974）

B. 成矿金属来源

矿石铅同位素组成能够准确提供矿床成矿物质来源信息（Zartman and Doe，1981；吴开兴等，2002），进而为探讨矿床成因提供依据。这使得对铅同位素的研究尤为重要，并在矿床研究中得以广泛应用。

坎岭铅锌矿床铅同位素比值变化范围较小，说明矿床成矿物质铅的来源单一或为混合来源，但在沉淀成矿时已达均一状态（李文博等，2006）。将坎岭铅锌矿床 29 件矿石硫化物和围岩样品的铅同位素组成投入铅构造模式图中（图 3-72），图解显示，除 U1527-1C 和 U1527-3A 两个样品外，其余矿石硫化物样品投点之间存在明显的大斜率线性关系，这种线性变化趋势可以解释为矿石铅具有混合来源（Canals and Carrlellach，1997；李文博等，2006；蒋少涌等，2006；马圣钞等，2012；任鹏等，2014），说明矿石铅可能来源于上地壳和造山带。一般认为造山带铅来源复杂，铅同位素组成通常具有不均一性，而矿石硫化物铅同位素组成均一，暗示矿床可能具有多种铅来源（Stacey and Hedlund，1983），但在成矿时已均一完全。由图 3-72 可知，除 K16102-4 和 K16103-2 两个围岩样品的 $^{206}Pb/^{204}Pb$ 值较大，与其余样品偏离较大，导致这种现象的原因可能是样品中含有较多的放射性成因铅。除此之外，其余样品铅同位素组成均十分均一，总体落入造山带与上地壳之间或附近和造山带与下地壳演化线之间（图 3-72），表现出矿石硫化物与围岩铅同位素组成具有一致性，且两者存在良好的线性关系，暗示两者之间具有亲缘性，围岩地层提供了一定的成矿物质。

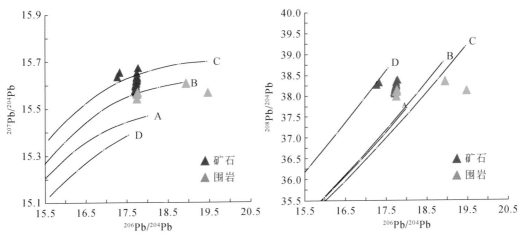

图 3-72　坎岭铅锌矿床矿石铅同位素构造模式图（底图据 Zartman and Doe，1981）
A. 地幔；B. 造山带；C. 上地壳；D. 下地壳

一般认为，铅同位素源区特征值 $\mu$ 值能够提供地质体经历地质作用的信息，反映铅的来源（刘婷婷等，2011）。高 $\mu$ 值（大于 9.58）的铅通常被解释为来源于上地壳（吴开兴等，2002）。从表 3-27 可知，矿石铅同位素特征值 $\mu$ 值为 9.50～9.75，平均值为 9.60，且大部分 $\mu$ 值高于 9.58，显示矿石铅源具有上地壳物质特征，但也存在少数样品 $\mu$ 值小于 9.58，反映矿石 Pb 主要来源于上地壳，同时具有深源 Pb 混入。

朱炳泉等通过搜集不同地方、不同时代的 Pb 同位素组成资料发现，$^{207}Pb/^{204}Pb$ 和 $^{208}Pb/^{204}Pb$ 能够很好地反映成矿物质 Pb 的源区特征，并以此构建了矿石铅同位素的 $\Delta\beta$-$\Delta\gamma$ 图解，为矿床成因分类提供了方便可行的划分方案（朱炳泉和李献华，1998）。从坎岭铅锌矿床矿石 Pb 同位素组成 $\Delta\beta$-$\Delta\gamma$ 图解（图 3-73）中可见：24 件矿石硫化物样品全部落在上地壳铅范围内，且靠近造山带铅和上地壳与地幔混合的俯冲带铅附近，表明坎岭铅锌矿床矿石 Pb 主要来源于上地壳，同时可能混有部分地幔铅来源。

通常认为硫化物中基本不含 U、Th 等放射性成因铅的母体放射性元素（张乾等，2000），硫化物一旦结晶形成，其铅同位素比值基本保持不变，因此矿石铅同位素比值的高低主要取决于成矿流体系统，即取决于提供成矿流体的铅源、参与水岩相互作用的赋矿围岩和流体运移通道。综上所述，坎岭铅锌矿床矿石 Pb 同位素特征指示 Pb 具有混合来源特征，但主要来源于上地壳，矿石与围岩 Pb 同位素特征显示二者之间存在亲缘性，说明成矿元素主要来源于具有高 Pb、Zn 背景值的围岩地层。

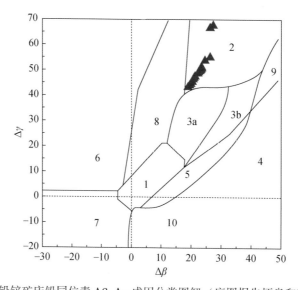

图 3-73　坎岭铅锌矿床铅同位素 $\Delta\beta$–$\Delta\gamma$ 成因分类图解（底图据朱炳泉和李献华，1998）

1. 地幔源铅；2. 上地壳铅；3. 上地壳与地幔混合的俯冲带铅（3a. 岩浆作用；3b. 沉积作用）；4. 化学沉积型铅；
5. 海底热水作用铅；6. 中深变质作用铅；7. 深变质下地壳铅；8. 造山带铅；9. 古老页岩上地壳铅；10. 退变质铅

3）矿床成因探讨

前人对坎岭铅锌矿床的研究多停留在矿床基本地质特征上，而对成矿物质来源缺乏研究，尚无法确定矿床成因。叶庆同等（1999）根据矿体多沿断层面分布，呈脉状穿切围岩地层，具有后生成矿特征，加上矿区南部 15km 处的下二叠统比尤列提组中见基性火山岩出露，据此认为矿床受断裂构造控制明显，地层层位影响不大，推测矿床成矿作用与岩浆热液活动有关，为岩浆热液型矿床。也有人根据矿床分布于沉积岩中，周围无岩浆活动迹象，未发现岩浆岩出露，认为矿床形成与岩浆活动无关，据此将坎岭铅锌矿床划归为沉积–改造型层控铅锌矿床（彭守晋等，1985）。

坎岭铅锌矿床是南天山造山带内赋存于沉积岩中的典型矿床之一。矿床成矿方式为后生充填交代成矿，围岩蚀变较弱，矿体严格受断裂构造控制，多呈脉状、透镜状和网脉状产出，且对围岩具有一定的选择性，矿石矿物组合简单，以方铅矿、闪锌矿为主，少量黄铜矿和黄铁矿，矿石构造主要有胶状、块状、角砾状和浸染状，围岩交代蚀变较弱。

前人根据赋矿围岩、成矿元素组合、成矿流体性质的不同以及成矿作用过程的差异，将沉积岩型铅锌矿床具体细分为密西西比河谷型（MVT）、沉积喷流型（SEDEX）和砂岩型（SST）三种类型（杨永强等，2006；刘英超等，2008）。Leach 等（2005）将产于沉积岩中的铅锌矿床分为 MVT 和 SEDEX 两种类型。坎岭铅锌矿床与 MVT 和 SEDEX 铅锌矿床基本地质特征对比见表 3-30。

**表 3-30　坎岭铅锌矿床与 MVT 和 SEDEX 型铅锌矿床基本地质特征对比**

| 矿床类型 | SEDEX | MVT | 坎岭铅锌矿床 |
|---|---|---|---|
| 构造背景 | 克拉通内部裂谷或被动大陆边缘裂陷盆地 | 造山带内侧的前陆盆地和前陆逆冲褶皱带内 | 南天山晚古生代前陆逆冲推覆带 |
| 与岩浆活动关系 | 基本无关 | 无关 | 基本无关 |
| 成矿方式 | 同生成矿 | 后生成矿 | 后生成矿 |
| 矿体形态 | 层状、似层状、网脉状 | 似层状、透镜状、筒状、脉状 | 脉状、透镜状、网脉状 |
| 赋矿围岩 | 主要为碎屑岩，其次为碳酸盐岩 | 主要为碳酸盐岩，其次为碎屑岩 | 主要为碳酸盐岩，其次为砂岩 |
| 矿石矿物组合 | 黄铁矿、磁黄铁矿、方铅矿、闪锌矿、黄铜矿、毒砂 | 闪锌矿、方铅矿、黄铁矿、白铁矿 | 方铅矿、闪锌矿、黄铜矿、黄铁矿 |
| 矿石构造 | 条带状、纹层状、角砾状 | 块状、浸染状、胶状、角砾状 | 块状、胶状、角砾状、浸染状 |
| 围岩蚀变 | 白云岩化、云英岩化、绿泥石化、绢云母化 | 碳酸盐化、有机质化；少量硅化；偶见黏土化、云母化 | 碳酸盐化、硅化、重晶石化及泥化 |
| 硫同位素特征 | 分布范围较广，主要来源于海相硫酸盐 | 主要来源于沉积地层中的蒸发岩及海水中的硫酸盐 | 主要来源于沉积地层以及海相硫酸盐 |
| 铅同位素特征 | 来源多样，主要来源于地壳 | 主要来源于（地壳）沉积地层中 | 来源多样，主要来源于上地壳 |

注：MVT 和 SEDEX 型铅锌矿床基本地质特征据参考文献（Leach et al., 2005；Leach and Sangster, 1993；韩发和孙海田，1999）。

由表 3-30 可知，坎岭铅锌矿床在构造背景、成矿方式、矿体形态、赋矿围岩、矿石矿物组合、矿石组构以及围岩蚀变等基本地质特征方面均显示与 MVT 铅锌矿床具有相似的特征，而与 SEDEX 铅锌矿床相差较大。

此外，硫、铅同位素地球化学特征也显示矿床成矿物质主要来源于赋矿围岩，成矿与岩浆活动基本无关，前人（吕修祥等，2014）对柯坪地区油气勘探前景评价显示，区域内具有良好的生油、储油条件，柯坪冲断带青松采石场奥陶系可见油苗渗流，据此推测成矿流体可能与热卤水有关，热卤水流体参与了坎岭铅锌矿床的成矿作用。加之前面述及闪锌矿微量元素中高 Cd、Ga，低 In 的含量值以及高 Ga/In，低 Zn/Cd 值特征指示矿床形成于低温环境，且闪锌矿高 As、Co 和 Tl，低 In 的含量值以及高 Ga/In 值均显示与 MVT 铅锌矿床具有相似的特征。因此，综合矿床地质、地球化学特征，初步认为坎岭铅锌矿床为 MVT 铅锌矿床。

4）成矿过程分析

MVT 铅锌矿床是指矿体赋存于碳酸盐台地中，矿床成因与岩浆活动无关，而与盆地热卤水密切相关的浅成后生层状铅锌矿床（Leach et al., 1993）。坎岭铅锌矿床成矿作用过程大致可分为矿源层的预富集、成矿流体的形成和成矿物质沉淀成矿三个阶段，本书根据全球 MVT 铅锌矿床的研究现状结合坎岭铅锌矿床成矿地质背景构建矿床成矿模型。

随着新元古代时期 Rodinia 超级大陆的裂解，塔里木古板块逐步从中分离出来并继而发生裂解，形成南天山裂谷带，早古生代早期地壳拉伸速率增大，哈萨克斯坦板块与塔里木板块进一步分离形成古南天山大洋，此时塔里木板块北缘处于稳定大陆边缘环境，此后南天山地区接受了稳定的碳酸盐岩–碎屑岩相的陆棚海相沉积，其中含有较高的 Pb、Zn 含量，这为矿床的形成提供了物质基础，在海水的作用下，成矿物质初步富集形成矿源层。

晚古生代早期塔里木板块与中天山岛弧之间的陆陆碰撞造山作用使南天山地区处于强烈的挤压状态，导致盆地内沉积地层受挤压作用后释放出大量的层间水，在地热影响下，层间水逐步升温，并在压力驱动下沿构造裂隙运移，溶解沉积地层中的蒸发岩形成热卤水在盆地内循环往复；大规模陆陆碰撞造山作用的同时可形成大量的断裂构造，海水灌入断裂之中向盆地深部渗透，受地热和地温梯度影响，流体升温交代碳酸盐岩并溶解沉积地层中的蒸发岩形成盆地热卤水；此外，大规模的陆陆碰撞造山作用还容易造成基底断裂的活化，使深部含矿流体在挤压应力作用下向构造薄弱处运移，沿断裂上升与盆地内热卤水一起成为成矿流体的一部分。上述流体在运移过程中，携带盆地内油气物质一起萃取地层中的成矿物质参与成矿作用过程。

大规模的陆陆碰撞造山作用所形成的断裂构造为盆地流体的运移与矿质的沉淀提供了良好的通道和空间，盆地热卤水在压力和重力双重驱动力作用下溶解并萃取围岩中的成矿物质于构造有利部位（如次级断裂、层间转换面等）富集并沉淀成矿。碳酸盐岩受构造作用影响，产生大量的构造裂隙，成矿流体沿碳酸盐岩裂隙运移溶解其中的 $Ca^{2+}$ 形成溶蚀空洞，同时交代并萃取其中的成矿物质形成细脉状、网脉状和角砾状矿石；砂岩具有孔隙度高、渗透性好的特点，成矿流体沿砂岩地层中的孔隙运移过程中，活化并萃取其中的成矿物质于砂岩中的孔隙内沉淀成矿，形成浸染状矿石。

### 6. 构造控矿模式

研究表明，坎岭铅锌矿直接受构造控制（图 3-74）：坎岭铅锌矿的主体赋存于由奥陶系泥质灰岩、泥质白云岩组成的坎岭走滑断层（撕裂断层）的破碎带内（图 3-75a）。断面见摩擦镜面，平直致密（图 3-75b），面上发育近水平擦痕（图 3-75c）。擦痕宽度和深度变化以及平行主断面的裂隙中发育的石膏纤维的牵引拖曳（图 3-75d）指示其为一右行走滑（撕裂）断层。带中矿体或为脉状（图 3-76a），或为团块、透镜状（图 3-76b），或为带状、似层状（图 3-76c、d）。靠近主断面，带状、脉状矿体与断面产状协调一致并见有次级羽状裂隙发育（为矿脉充填，图 3-76c）。矿脉内铅锌矿具明显的流动特征；围岩组成的角砾呈棱角状、鲜有磨圆，与矿体共生（图 3-76b）。

主矿体西侧，志留系—奥陶系碎屑岩（砂岩、页岩）见有高角度北倾断层（图 3-77a），止于坎岭走滑（撕裂）断层。断层面上倾向滑动擦痕发育，其指向指示上盘向南的逆冲（图 3-77b），为柯坪冲褶带的标志性构造要素。沿该断裂见有零星透镜状矿体及矿化发育（图 3-77c、d）。其产状与断层面协调一致，与坎岭主矿相比，其成矿规模有限。

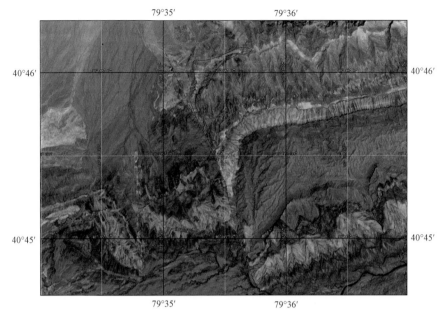

图 3-74　区域左行走滑系统内次级右行撕裂（走滑）断层遥感影像

图 3-75　坎岭铅锌矿区右行控矿主断裂特征

图 3-76　坎岭铅锌矿区主控矿断裂中的矿化和矿石

a. 铅锌矿石；b. 破碎带中的围岩角砾与铅锌矿化；c、d. 主控矿断裂及矿化

图 3-77　坎岭铅锌矿区次级控矿逆冲断裂及矿石特征

a. 次级控矿逆冲断裂；b. 次级控矿逆冲断面擦痕；c、d. 次级控矿逆冲断裂铅锌矿石

以上观测表明，坎岭铅锌矿为一典型的构造-岩性（孔隙度、渗透率）控矿、成矿作用的产物。成矿流体选择性地以志留系—奥陶系碎屑岩（高孔隙度、高渗透率）和逆冲断层（高构造孔隙度、渗透率）为通道，侯至坎岭走滑断层，断层摩擦镜面和致密的碳酸盐表现为天然的阻挡层（低孔隙度、低渗透率）；至此，成矿流体无法迁移，充填、沉淀于坎岭走滑断层的破碎带内，富集成矿。上述过程或可合理解释主矿体尖灭于坎岭走滑断层南端的观测，或与断层的旋转有关，坎岭走滑断层破碎带向南尖灭。紧密接触的断层两盘无法再为成矿流体提供有效的成矿空间。此外，坎岭铅锌矿主矿体的分布不超过断层西侧碎屑岩的分布范围。其暗示成矿流体不仅以坎岭逆冲断层为通道，志留系—奥陶系碎屑岩本身也为成矿流体提供通道。超出其分布范围，流体来源不复存在，矿床也不存在。

同位素分析表明，坎岭铅锌矿的来源以低温岩浆热液为主。构造分析显示，成矿热液或来自志留系—奥陶系碎屑岩及发育其中的逆冲断层，即成矿流体源自坎岭走滑断层的西侧。然而，坎岭周围并无岩体出露。因此，一个自然而然的问题就此而生：坎岭铅锌矿的源地何在？其时代和成因类型是什么？这不仅是困扰坎岭、柯坪地区找矿方向和找矿预测的问题，也是制约、影响整个西南天山找矿的普遍问题。比如，在西南天山的北部见有相当规模的、与岩浆活动相关的金、铁、铜、铅、锌矿。然而并无与之相当的岩体在相关地区出露。是其已被剥蚀殆尽？还是藏于山带深部未曾出露？就目前的研究结果而言，西南天山的多数金属矿床大都赋存于浅表构造（如坎岭走滑破碎带），其形成的构造深度不会超过5km。据此，我们可以做出以下判断：西南天山找矿大有可为，加强深部构造的解析、探测，不仅是深化西南天山乃至中亚造山带演化认识的需要，也是本区矿产资源开发的需要。

## 3.3.2　普昌钒钛磁铁矿

普昌钒钛磁铁矿位于阿图什市北东约120km处沙雷托克沟上游。地理坐标为77°38′20″E、40°26′20″N。皮羌-普昌断裂呈近南北向切过矿体（图3-78）。

### 1. 矿区地质特征

矿区出露的地层主要为上石炭统康克林组，岩性为硅质板岩、大理岩及夕卡岩化板岩等。地层呈单斜构造，倾向北西，倾角50°~60°。区内岩浆岩主要为普昌基性杂岩体，出露面积约17km²，为多期侵位的复式岩体。岩性主要为中-粗粒辉长岩，其次为斜长岩，并有少量辉石岩、辉石橄榄岩、橄榄辉长岩及花岗岩等。其中第三期侵位的中粒含铁辉长岩是矿体的直接含矿围岩。除此之外，区域内尚有一些海西晚期及喜马拉雅期酸性及碱性脉岩，前者岩性为石英正长斑岩、碱性花岗斑岩及斜长花岗斑岩等，后者为粗玄岩、辉绿岩、方沸碱煌岩、霞斜岩等，呈岩床或岩墙状产出，长几米到几百米不等。

### 2. 矿化特征

钒钛磁铁矿化主要产于中粒含铁辉长岩中。经工程揭露评价，地表共圈定矿体14个。其中有五个较大的矿体，出露长从几百米至1400m左右，宽几十米至300m，控制最大埋

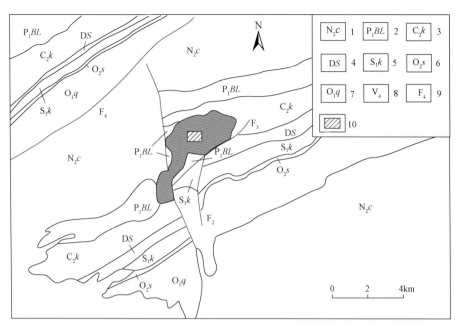

图 3-78　普昌钒钛磁铁矿床地质简图

1. 上新统苍棕色组；2. 下二叠统别良金群；3. 上石炭统康克林组；4. 泥盆系沙拉依姆群；5. 下志留统柯坪塔格组；6. 中奥陶统萨尔干组；7. 下奥陶统丘里塔格组；8. 普昌岩体；9. 断层；10. 研究区

深 100 余米。矿体一般呈似层状和囊状，倾向南西，倾角 30°~50°（图 3-79）。因矿石类型不同，矿体与围岩或呈渐变过渡，或具截然的接触界线。矿石矿物主要为磁铁矿、钛铁矿，其次有磁赤铁矿、假象赤铁矿、黄铁矿、黄铜矿等，脉石矿物有方解石、绿帘石、黑云母等。

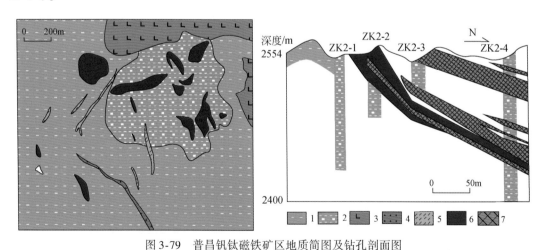

图 3-79　普昌钒钛磁铁矿区地质简图及钻孔剖面图

1. 中粒辉长岩；2. 含磁铁矿中粒辉长岩；3. 粗粒辉长岩；4. 花岗岩脉体；5. 细粒辉长岩脉；
6. 矿体及编号；7. 矿化体

经储量计算求得 C2 级铁矿石储量 44508.1t，钛 2230.4t。以地表出露矿体面积估算该矿床远景储量为铁矿石 $4394 \times 10^4 t$，二氧化钛 $182.6 \times 10^4 t$，五氧化二钒 $5.65 \times 10^4 t$，铁钒可达中型，钛可达特大型。

矿石的主要金属矿物有钛磁铁矿、钛磁赤铁矿、钛铁矿、褐铁矿、磁黄铁矿、黄铜矿、黄铁矿等。脉石矿物有普通辉石、斜长石、橄榄石、角闪石、伊丁石、绿泥石、黑云母、蛇纹石、磷灰石。

钛磁铁矿是矿石中主要的有用矿物，见于各种类型矿石中。主要呈半自形晶紧密堆集成块状矿石或稠密浸染状矿石，少数呈他形晶充填于自形程度较高的脉石矿物粒间，生成具海绵陨铁结构的稀疏浸染状矿石。

### 3. 铁同位素特征

普昌钒钛磁铁矿铁同位素测试结果显示（表 3-31），磁铁矿 $\delta^{56} Fe$ 值为 $0.142‰ \sim 0.460‰$，平均为 $0.281‰$，$\delta^{57} Fe$ 值为 $0.217‰ \sim 0.752‰$，平均为 $0.451‰$。通常，玄武岩、地幔岩及岩浆型铁矿床的铁同位素组成与标准物质 IRMM-014 相近，即 $\delta^{57} Fe$ 值在 0 附近，并且铁同位素组成变化范围很小，显示出均一性的特点（Zhu et al.，2001）。普昌钒钛磁铁矿的铁同位素组成变化较大（表 3-31，图 3-80），类似攀枝花钒钛磁铁矿（$\delta^{57} Fe$ 值为 $0.20‰ \sim 0.61‰$），表明岩浆演化过程中，单矿物磁铁矿结晶同时也与岩浆之间发生了瑞利分馏。

表 3-31　普昌钒钛磁铁矿铁同位素分析结果

| 编号 | 样品 | 矿物 | $\delta^{56} Fe/‰$ | 2SD | $\delta^{57} Fe/‰$ | 2SD |
|---|---|---|---|---|---|---|
| 1 | YK16214-2 | 磁铁矿 | 0.237 | 0.048 | 0.378 | 0.063 |
| 2 | YK16214-3 | 磁铁矿 | 0.296 | 0.045 | 0.479 | 0.070 |
| 3 | YK16215-1 | 磁铁矿 | 0.268 | 0.062 | 0.431 | 0.064 |
| 4 | YK16215-2 | 磁铁矿 | 0.460 | 0.052 | 0.752 | 0.074 |
| 5 | YK16216-1 | 磁铁矿 | 0.142 | 0.046 | 0.217 | 0.050 |

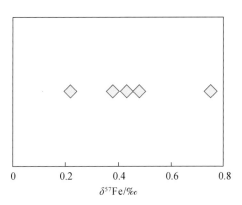

图 3-80　普昌钒钛磁铁矿的铁同位素分布特征

**4. 矿床成因认识**

普昌钒钛磁铁矿床赋存于具多次侵位的基性杂岩中，该岩体侵入中上石炭统中，在地表呈形态不规则的面状分布，岩体略具分异。矿体呈似层状或囊状整合产于层状杂岩体各韵律层下部的含铁辉长岩中，显示本区的含矿基性岩体和不含矿的超基性–基性岩体为两期岩浆的活动产物。矿石矿物主要为磁铁矿和钛铁矿，矿石中主要有用矿石矿物形成晚于基性斜长岩、普通辉石，矿石具海绵陨铁结构、他形粒状结构（图3-81）。故其成因类型为岩浆熔离结晶分异–贯入式矿床。

根据对地表出露岩体、区域断裂的调研，认为普昌钒钛磁铁矿是一夹持于区域逆冲断片（普昌逆冲系）中的与石炭系灰岩协调接触的似层状铁矿（非原地系统）。

图 3-81　普昌钒钛磁铁矿区野外露头照片

a. 普昌钒钛磁铁矿区基性岩和地层协调接触关系；b. 钒钛磁铁矿化、孔雀石化辉长岩；c. 块状铁矿石；d. 条带状铁矿石

## 3.3.3　瓦吉里塔格铁矿

瓦吉里塔格铁矿位于新疆喀什地区巴楚县境内，与塔克拉玛干沙漠相邻，处于塔里木盆地中央隆起带的西北缘。塔里木盆地位于中国西北部新疆维吾尔自治区境内，东西长约 1400km，东北最宽约 500km，总面积达 $56 \times 10^4 km^2$，呈不规则菱形，是世界最大的内陆盆地之一。盆地中心为世界第二大沙漠塔克拉玛干沙漠，边缘为山麓、戈壁和绿洲，周缘被

天山造山带、昆仑造山带和阿尔金造山带围绕（余星，2009；励音骐，2013）。塔里木早二叠世大火成岩省是塔里木地质演化历史中岩浆活动最为强烈、影响范围最广的一次地质热事件，大规模溢流玄武岩的覆盖面积超过 $25×10^4km^2$（杨树锋等，2005），主要分布于塔里木盆地的中西部地区。大量的年代学和地球化学研究表明，塔里木大火成岩省的岩浆演化主要划分为早期喷发的大陆溢流玄武岩（290~285Ma）和晚期侵位的基性–超基性岩及碱性正长岩类侵入岩体和岩脉（284~274Ma）2个阶段。且各种岩石类型发育的时间序列如下：库普库兹曼组玄武岩→开派兹雷克玄武岩→隐爆角砾岩岩筒→瓦吉里塔格地区基性–超基性层状杂岩体→辉绿岩脉、超基性岩脉→正长岩（Li et al.，2011）。

瓦吉里塔格区内出露一套由基性–超基性层状侵入岩体（其中主要包括橄辉岩、辉石岩和辉长岩、基性岩墙群、金伯利质隐爆角砾岩和碱性岩体组成的火成杂岩体，即瓦吉里塔格杂岩体），并伴有钒钛磁铁矿等矿化，产出大型钒钛磁铁矿床（Zhang et al.，2008；余星，2009；Zhou et al.，2009；邹思远等，2013；Zhang et al.，2010）。该杂岩体长约5km，宽1.5~3km，地表出露面积约 $12km^2$，在地形上呈南北轴稍长、东西端收敛的鸭梨形状（李昌年等，2001）。其中，基性–超基性层状岩体内部单元主要岩石类型自下而上为橄辉岩、辉石岩和辉长岩，各单元岩石呈层状或似层状产出，具典型的层状构造和韵律特征（励音骐，2013）。

瓦吉里塔格铁矿研究程度较高。"九五"国家科技攻关"塔里木盆地北缘碱性岩带及稀土、宝玉石、金刚石成矿条件研究"、"新疆巴楚县瓦吉里塔格一带铁矿勘查"以及"二叠纪地幔柱构造与地表系统演变的综合研究"等项目，对该地区做过十分详细的研究，成果非常丰硕。本次研究没有开展详细的地质工作，本节的内容主要是引用前人的资料汇总而成。

**1. 矿区地质特征**

矿区出露地层主要为下泥盆统依木干他乌组（$D_1y$）和上泥盆统克兹尔塔格组（$D_3k$）及第四系。地层岩石围绕超基性杂岩体四周分布，多形成比较陡峻的陡崖、山脊，地层产状均以超基性杂岩体为核心向四周缓倾斜，倾角 2°~15°，组成穹窿构造形态的翼部（图 3-82）。

依木干他乌组多集中于穹窿核部超基性杂岩体外侧分布，矿区西北部分布面积相对较大，多形成陡峻的山脊、陡崖，总体呈环状展布，构成穹窿翼部，中心被超基性杂岩体侵入占据，岩体中可见残留岩层，其岩石为灰黑色、黑色厚层–巨厚层状粉砂岩夹灰色、黄灰色、浅绿色薄–中层状石英细砂岩及黑色砂质泥岩。由于受岩体侵入热力的影响，有的岩石已成为钠长石化变余粉砂岩、混染状变余砂岩、黑云钠长板岩、长英质角岩等。未见底，可见总厚度达107m。该组与上覆克兹尔塔格组呈整合接触。

克兹尔塔格组出露于矿区最外侧，少量分布于矿区西侧依木干他乌组顶部和矿区东部，总体呈环状展布，构成穹窿构造翼部，东部地层连续性被岩体侵入破坏，北部地层出露面积相对较大，岩性比较单一，为砖红色、浅肉红色、紫灰色中–厚层状细粒长石砂岩，长石石英砂岩和泥灰质砂岩夹少量细砾岩。由于受岩体侵入热力的影响，近岩体处所见岩性有石英角岩、长石角岩、长石变砂岩、变余长石石英砂岩等。在矿区南部还见有碳质板

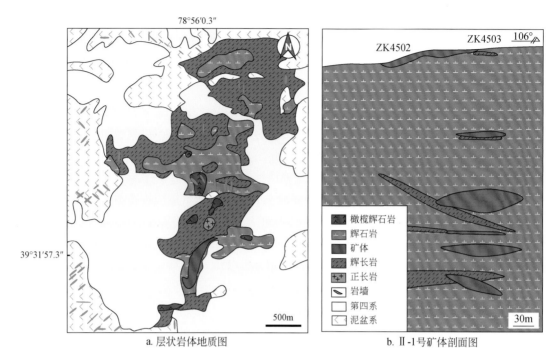

图 3-82　瓦吉里塔格层状岩体地质图和 Ⅱ-1 号矿体剖面图

a 图据芮行健等，2002；b 图据 Zhang et al.，2014

岩、透闪石角岩、变余玻屑凝灰岩的夹层及透镜体，局部地层中斜层理、波痕发育，有的层位中还含有较多的内碎屑岩。该组地层未见底，可见总厚度 258m。该组与下伏依木干他乌组呈整合接触。

矿区第四系大面积分布，约占矿区总面积的 60%，主要为风积层和洪积层两类，在部分地段分布有少量残坡积层。风积层（$Q^{eol}$）由风成散砂组成的新月形砂丘、砂垄、砂岗组成；洪积层（$Q_4^{pl}$）由基岩碎石及砂土组成。

矿区位于塔里木板块巴楚隆起的瓦吉里塔格凸起上，侵入体对盖层所造成的拱形-穹窿，是本区最特征的褶皱构造。

矿区为以超基性杂岩体为中心向四周缓倾斜的平缓穹窿构造，其核部为超基性-碱性杂岩体侵占，四周由泥盆系克兹尔塔格组及依木干他乌组地层组成，产状向四周缓倾斜，倾角 2°~15°，除极个别地段，因局部断裂活动引起的小规模牵引褶曲外，均未见褶皱。

矿区由于侵入岩发育，围岩岩性单一，岩层之间无明显的标志层，给断裂构造的识别和研究带来了很大的困难，同时由于断裂活动多形成沟谷、洼地地形地貌，现代松散覆盖层较厚，对断裂构造的研究多以间接标志为基础。因此，矿区多为推测断裂，实测断裂较少，根据遥感、物探资料及出露地层、岩石分布特征，该区 NW 向、NE 向、近 SN 向、NEE 向、NWW 向断裂发育，隐约可看出环形格状构造，从矿区中部的超基性-基性侵入岩的分布分析，可发现以辉石岩、橄辉岩为主的岩石，具右行式排列特征，可能受 NE 向构造影响。从北西部沉积地层中分布的岩脉及磁异常组合分布特征可以看出，该区存在NW 向、NNW 向、NWW 向、NEE 向及 EW 向、SN 向等断裂构造。

据矿区 1:5000 地质草测，NE 向、NW 向、SN 向、近 EW 向四组断裂发育，其中以 NE 向、NW 向为主，控制着矿区总体构造格局，NW 向形成时代较早，NE 向形成时代较晚。

矿区岩浆岩即为勘查区最重要、地表出露规模最大的瓦吉里塔格基性-超基性杂岩体。20 世纪 80 年代初开始对该杂岩体的异常查证工作，发现贫钒钛磁铁矿体及稀土矿化线索后，更受到重视，但由于种种原因研究评价工作零散、局限，不系统。该杂岩体处于塔里木板块中央隆起带西北缘，其北紧邻西南天山造山带。为一南北轴略长，东西轴稍短，在两端收敛的鸭梨形状。杂岩体南端一部分被沙漠覆盖。杂岩体侵位于泥盆系红色砂岩构成的穹窿背斜核部，与地层为不协调的侵入接触，局部呈港湾状切割围岩，有的围岩呈"岩被"状残留于岩体之上。岩体中见零星地层的残留岩层露头，反映岩体剥蚀深度不大。杂岩体与围岩接触面的产状外倾，倾角较陡；接触带岩体边部大多粒度变细，多有似斑状构造出现的冷凝边。据前人航磁资料、异常查证资料，该杂岩体是该地区引起强负磁异常的主要磁性体。

该杂岩体主要由三大部分组成：①深成镁铁质-超镁铁质岩体，此为杂岩体主体部分，占总面积的98%以上；②碱性岩体；③隐爆似金伯利质煌斑岩岩筒及广泛分布的基性、中酸性、碱性岩脉。局部镁铁质-超镁铁质岩体呈层状、似层状产出，但细部韵律变化性不明显，各层状岩石产状平缓，总体向南东倾斜，倾角约10°。

镁铁质-超镁铁质岩体主要由辉长岩、含长辉石岩、辉石岩、含橄辉石岩、橄辉岩及少量的辉绿岩、含橄辉长岩、橄榄玢岩等组成；碱性岩体主要由正长闪长岩、角闪正长岩和霞石正长岩等组成，出露较少；隐爆似金伯利质煌斑岩岩筒出露于岩体北北西接触带上，前人研究圈出 6 个岩筒，Ⅰ号岩筒研究程度最高，岩筒内见大量各单元岩石的角砾，似金伯利质煌斑岩岩筒又被晚期岩脉切割。

矿区脉岩较发育，种类繁多，超基性-基性-中性-碱性皆有，其中如含长辉石岩脉、辉长岩脉、闪长岩脉、闪长玢岩脉、辉石闪长岩脉、正长岩脉、角闪正长岩脉、正长斑岩脉、钠长斑岩脉、霓霞斑岩脉、煌斑岩脉及碳酸岩脉等，脉宽 0.5~2m，长 100~500m，脉岩总体呈北东向、北西向或近东西向三组方向展布。

**2. 矿床地质特征**

1）岩体特征

瓦吉里塔格岩体规模很大，出露面积约12km²，在平面上呈鸭梨状，南北轴略长，东西端收敛。岩体侵位于泥盆系克兹尔塔格组和依木干他乌组砂岩所构成的穹窿的核部。岩体与围岩的接触关系是侵入接触。接触边界不平直，局部具港湾状切割围岩。围岩呈岩被状残留在岩体上，岩体中有围岩捕虏体，接触带有似斑状冷凝边，围岩有热变质现象（新疆有色地质工程公司，2008①）。岩体下部为橄榄辉石岩相（8%，出露面积比），中间为辉石岩相（35%），顶部为辉长岩相（55%），岩相之间呈渐变接触关系。岩体顶部与同期

---

① 新疆有色地质工程公司，2008. 巴楚县瓦吉里塔格 8 号钒钛磁铁矿普查报告。

的正长岩（2%）呈整合或渐变接触关系（芮行健等，2002；新疆有色地质工程公司，2008①）。此外，北西部和北东部邻区分别发育金伯利质煌斑岩岩筒（程志国等，2013）和碳酸岩脉（苏犁，1991）。

2）矿体特征

瓦吉里塔格岩体层理发育，典型的为富磁铁矿层和辉石岩互层。富磁铁矿层与辉石岩互层的特征主要发育在岩体中部，富磁铁矿层的厚度较薄（0.5~2cm），通常与辉石岩呈稀疏互层状。

瓦吉里塔格岩体中赋含的钒钛磁铁矿床的矿石储量约 $1×10^8$ t，平均品位为 20% FeOt，7% $TiO_2$，0.14% $V_2O_3$（高玉山，2007）。岩体中三种类型的岩石都有不同程度的矿化，但主要矿体赋存在辉石岩中。目前在岩体中共圈出 6 个矿体（Ⅰ-1、Ⅰ-2、Ⅰ-5、Ⅰ-6、Ⅱ-1 和Ⅱ-2），其余规模较小。矿体形态多不规则，以似层状和透镜状为主，脉状次之，走向延伸 100~200m，厚度为 1~10m。矿体总体较连续，局部被夹石分割。

3）矿石特征

矿区矿石结构主要有自形晶粒状结构、半自形晶粒状结构、他形粒状结构、双晶结构、叶片状结构、格状-次格状结构、海绵晶铁结构：①自形晶-半自形晶-他形晶粒状结构，呈自形粒状、半自形粒状及他形粒状切面，与钛铁矿连生、与钛铁矿和钛铁晶石成固溶体。②双晶结构，主要见于钛铁矿内部。③叶片状结构，钛铁矿在磁铁矿解理中析出，若沿一组解理缝晶出时，则成叶片状、板片状结构或定向结构。④格状结构，钛铁矿在磁铁矿解理中析出，若沿两组解理缝析出，则形成格状结构。⑤海绵晶铁结构，岩浆中非金属矿物早形成，金属矿物后形成，其沿辉石、橄榄石、长石等颗粒周围晶出，充填于硅酸盐矿物的颗粒表面，即形成典型的晚期岩浆铁矿的特殊结构，是结晶作用和重力分异作用的结果。

矿石构造类型为中等浸染状构造、稀疏浸染状构造、稠密浸染状构造、块状构造，以中等浸染状构造、稀疏浸染状构造为主。①中等浸染状构造：钛、钛氧化物含量为30%~50%，是低品位矿石的主要构造类型之一。②稀疏浸染状构造：钛、钛氧化物含量为20%~30%，钛磁铁矿和钛铁矿为他形晶粒结构，是低品位矿石的构造类型之一。③稠密浸染状构造：铁、钛氧化物含量大于50%，钛铁矿和钛磁铁矿呈集合体，是低品位矿石的主要构造类型。④块状构造：铁、钛氧化物含量大于70%，钛铁矿和钛磁铁矿呈集合体，是局部富矿石的构造类型。

矿石中存在两个共生系列：①Fe-Ti-O 三元素矿物共生，即磁铁矿（$Fe_3O_4$）-钛铁矿（$FeTiO_3$）-钛铁晶石（$Fe_2TiO_4$）三个矿物的共生；②Fe-Cu-S 三元素矿物共生，即黄铁矿（$FeS_2$）-黄铜矿（$CuFeS_2$）-磁黄铁矿（FeS）三个矿物的共生。

4）蚀变特征

矿区赋矿岩石为超镁铁-镁铁质岩，其矿化主要为钒钛磁铁矿化、磁黄铁矿化、黄铁矿化及孔雀石化。①钒钛磁铁矿化：为矿区主要矿化类型，钒钛磁铁矿化多分布于超镁

---

① 新疆有色地质工程公司，2008. 巴楚县瓦吉里塔格 8 号钒钛磁铁矿普查报告。

铁-镁铁质岩中，呈中等浸染状，当磁铁矿富集到一定程度时，即形成钒钛磁铁矿体。②黄铁矿化：黄铁矿的生成主要为两期，早期黄铁矿为半自形晶，星点状或粒状集合体，呈浸染状分布于钒钛磁铁矿颗粒间；晚期黄铁矿则晶形较完整，多呈自形，粒度较大，呈细脉状或不规则团块状充填于超镁铁-镁铁质岩裂隙之中，可形成细小黄铁矿体。③碳酸岩化：多分布于超镁铁-镁铁质岩的裂隙中，呈脉状产出，宽 0.01~0.50m，呈块状，其附近钒钛磁铁矿化较弱。④方铅矿化：呈晶粒状沿碳酸岩脉发育，晶粒呈自形-半自形，星点状分布，粒度大小为 0.1~0.3cm。⑤孔雀石化：主要在矿体边部或围岩中分布，以细脉浸染或薄膜状沿裂隙产出，含量一般较少，孔雀石化岩石中磁性较强。

### 3. 年代学

曹俊（2015）对瓦吉里塔格杂岩体中的基性端元（辉长岩）和酸性端元（正长岩、石英正长岩）进行 SHRIMP 锆石 U-Pb 定年。结果表明辉长岩的 $^{206}Pb/^{238}U$ 谐和年龄为 $282\pm4Ma$（$2\sigma$，MSWD = 0.47，95% 置信度）；正长岩的 $^{206}Pb/^{238}U$ 谐和年龄为 $278\pm3Ma$（$2\sigma$，MSWD = 0.59，95% 置信度）；石英正长岩的 $^{206}Pb/^{238}U$ 谐和年龄为 $278\pm3Ma$（$2\sigma$，MSWD = 0.61，95% 置信度）。

# 第4章 西南天山优势矿产成矿规律及找矿模型

## 4.1 矿产控制因素分析

西南天山造山带构造上位于塔里木和哈萨克斯坦–准噶尔板块之间，是中亚造山带南缘的重要组成部分。其构造演化与两大板块的活动密切相关，漫长的地质历史中，构造演化和地壳增生的过程比较复杂。

西南天山造山带在构造属性上属于古亚洲洋构造域，太古宙至元古宙塔里木板块形成并增生，南天山元古宙洋盆开启和闭合后形成塔里木克拉通，古生代期间经历南天山古生代洋盆开启、闭合和碰撞，新生代以来由于印度板块和欧亚大陆的碰撞，西南天山造山带再度活化，形成一系列推覆，地壳增厚缩短。

塔里木古陆形成于太古宙，库鲁克塔格地区3263±129Ma的杂岩可代表塔里木板块最老的陆核。古太古代至古元古代末，塔里木古陆核随着增生和拼合已发展成为元古宙塔里木板块。

中元古代至新元古代，塔里木板块裂解，南天山元古宙洋盆开启（朱志新，2007），720Ma的阿克苏群高压变质带的存在等证据代表该洋盆的闭合，古克拉通形成，显生宙开始陆内演化阶段。

早古生代初期，南天山古生代洋盆开启，奥陶纪规模达到最大，东部较西部早闭合，总体碰撞过程在二叠纪之前完成（Chen et al., 1999），也有人认为闭合造山时间发生在二叠纪末—三叠纪（Brookfield, 2000；李曰俊等，2002，2005a，2005b，2009；Zhang et al., 2007）。南天山洋的扩张和早期碰撞阶段，塔里木北缘为被动大陆边缘和被动大陆边缘盆地，水体逐渐变浅，分别沉积台地相碳酸盐、浅海陆棚相细碎屑岩和滨浅海相细碎屑岩。

从二叠纪开始，南天山造山带进入碰撞后演化阶段（毛景文等，2002）。以西南天山261±2.7Ma霍什布拉克碱性岩体（杨富全等，2001）为代表的二叠纪末大规模岩浆活动，宣告南天山造山作用的结束。中生代时南天山造山带多发育山前、山间盆地，主要为河湖相沉积，局部夹煤层和陆相火山岩。新生代由于印度–亚洲板块碰撞，西南天山造山带和昆仑造山带大幅隆升，喀什凹陷南北缘形成了大规模山前褶皱–冲断带，部分古生界逆冲推覆到中新生界之上，部分老断层再度活化。

### 4.1.1 造山型金矿主要控矿因素

#### 1. 构造因素

控矿构造型式，就是控制矿产形成和分布的构造组合形式，它是一定地质时期地壳运动以及相应的构造应力场演化的产物。应力活动不仅可以产生各种构造变形，同时也导致某些元素的活化迁移和聚集成矿，为含矿流体（载体）运移提供通道和淀积空间。构造应力作用贯穿于成矿−变形的整个过程中，因此构造型式作为一幅应变图像，必然决定了区域矿产分布的格局。

区域构造应力场随时间的演化导致了区域构造型式的演变，造成构造体系的复合和结构面力学性质的转化，以及成矿物质及其含矿流体运移途径和淀积部位的变迁。

造山过程中的大型推覆或走滑剪切构造过程是造山型金−锑−汞成矿的重要条件。南天山洋的关闭和卡拉库姆−塔里木与哈萨克斯坦−伊犁两大板块的碰撞造山过程，在南天山多处发生大规模推覆或走滑剪切构造作用，形成多条近东西走向的大型韧−脆性变形带。受这些大型韧−脆性变形带的控制，境内外西南天山产有穆龙套、库姆托尔和萨瓦亚尔顿等大型−超大型金矿床，构成"亚洲金腰带"。

前人通过构造变形分析，认为穆龙套金矿床经历了 4 期变形变质过程，分别用 D1、D2、D3、D4 表示；D1 表现为低级绿片岩相变质和弱的南北向缩短（或挤压）；D2 表现为南北方向强烈挤压缩短，并叠加到 D1 之上，形成轴向近东西向的复杂褶皱系统；D3 表现为北东向的褶皱、韧性变形和位移量有限的断裂活动，出现剪切变形带，稍晚时的断裂中侵入有成矿之后的酸性岩墙或岩脉；D4 表现为弱的东西向挤压缩短，形成南北向短轴背斜构造；金的成矿作用主要发生在 D1- D2 变形变质阶段，D3- D4 阶段的构造−岩浆活动可能造成叠加矿化。

与穆龙套类似，我们通过区域构造变形和测年分析，认为西南天山的萨瓦亚尔顿、阿沙哇义的成矿作用也同样经历了两期主要的变形作用：早期 NW- SE 向的挤压，形成了一系列的 NEE 向展布的叠瓦逆冲推覆构造，伴随发育一系列的逆冲推覆相关褶皱构造，可能还同时伴随着发育了区域性低绿片岩相的变质作用；随着推覆构造的持续发展，在推覆体的上盘，局部地段还发育了一些反冲构造，形成了一个逆冲推覆−反冲叠加的褶皱−断裂构造系统（相当于穆龙套的 D1 和 D2 两期变形）。晚期是主要的成矿阶段，随着 NW- SE 向主体挤压逆冲推覆构造的结束，接替发育了区域性的伸展调整，导致了研究区 NNE 向断裂带出现了右旋走滑和伸展变形，区域性的拉张环境致使深部的成矿流体通过相对开放的断裂破碎带，运移上侵到浅地表，随着地球化学性质的变化而发生沉淀富集成矿。因此，晚期的伸展变形可能是研究区主要的成矿阶段。

综上所述，西南天山的控矿构造主要表现为叠瓦逆冲推覆−相关褶皱构造，在背斜的NW 翼，发育了反冲构造，形成了褶皱−逆冲−反冲构造叠加组合的构造样式，控制了区域金−锑矿体的侵位−就位。目前已经勘查到的金矿主要为与断裂构造活动密切相关的破碎蚀变岩型和破碎带充填型金锑（汞）矿，因此断裂是研究区最为主要的控矿因素，也是最为主要的含矿空间。

在阿沙哇义和卡拉脚古崖等矿区，含矿的断裂带主要为脆性破碎。萨瓦亚尔顿金矿的含矿构造，野外观测发现具有一定的韧性变形特征，属于韧−脆性转换域的构造。矿体主要赋存在断裂带上盘的脆性构造、反冲构造等相对拉张的区域。

**2. 岩性及其岩性界面因素**

萨瓦亚尔顿金矿中含矿围岩的有机碳含量一般为 0.10% ~ 0.30% ，最高为 0.41% ，平均为 0.19% 。属于强烈的还原环境，为原始吸附金等成矿物质和后期成矿积累创造了条件，在矿石中有机碳含量相对较高。经组合样分析，全碳含量一般为 0.12%~4.94% ，最高为 13.00% ，平均为 1.58% 。

阿沙哇义也类似，矿区发育含碳的泥岩和细粉砂岩，容易吸附金等成矿物质，具有金的高背景值，为金成矿提供了原始成矿物质。

此外，在研究区的含碳泥岩之上，往往出现一套碳酸盐岩层，为典型的区域性 Si-Ca 面，也有利于含金等成矿流体沿 Si-Ca 面运移，在 Si 质层里沉淀而聚集成矿。布隆金矿就赋存于类似的岩性界面：泥灰岩或者与泥岩-砂岩的接触面，叠加了层间破碎带，属于局部有利的成矿流体运移通道和沉淀富集成矿的空间。

### 3. 岩浆因素

岩浆活动是地壳活动的重要形式之一，是形成许多内生金属矿产的重要条件之一。它不仅直接从地下深部带来成矿物质，而且还提供形成内生金属矿床的热液条件。在岩浆活动的演化过程中，它不仅使岩浆内的成矿物质逐渐富集于残余岩浆或岩浆热液中，在某些特定时期或特定地段形成矿床，而且由于岩浆带有巨大的热量，同时可使周围地层中的地下水升温，流动循环，使岩浆热液地层中的构造裂隙侵入地层，从流经的岩石中活化萃取成矿物质，并在某些成矿有利的岩性或构造环境中沉淀成矿。

西南天山成矿有关的岩浆包括两类：第一类是以巴雷公-川乌鲁-霍什布拉克-哈拉峻等二叠纪碱性岩体为代表。在巴雷公岩体的周缘目前还没有找到相关的矿化（主要是由于交通十分困难，野外调查难以开展），在川乌鲁岩体的东侧，根据前人的工作，已经发现了川乌鲁西铜金矿点，岩体与成矿关系密切。第二类是晚古生代的基性火山岩，主要为安山岩、玄武安山岩，其时代根据 1:20 万区域地质调查为石炭纪。目前已经在乌什北山地区，发现了多个与该类基性岩浆有关的矿点，包括卡恰金矿、乌什北山-卡什列依金矿点和阿合奇北沟金矿点，这些金矿点都产于基性火山岩中，都叠加了后期断裂走滑破碎变形，金矿体往往都位于基性火山岩的断裂破碎带中。

岩浆侵入活动是造山型金矿岩浆热液叠加矿化的重要条件。西南天山造山型金矿大多伴有一期（多为二叠纪）岩浆热液矿化作用的叠加过程。在穆龙套金矿床所在区域，沿逆冲推覆断裂侵入有巨大的花岗正长岩岩基、石英正长岩、正长岩体和花岗岩、二长岩、花岗正长岩、辉长岩、煌斑岩岩墙或岩脉；这些侵入岩偏碱性，属于造山之后的产物；在构造-岩浆热液为主的内动力地质作用下，形成了一系列含金石英脉和含金构造蚀变体；在穆龙套金矿区具有明显的岩浆活动及其热变质记录，矿区及外围有石炭纪—二叠纪岩浆侵入，在遥感影像上出现明显环形构造，矿田内出现明显的热变质分带现象，1978~1980 年期间的超深钻孔揭示出 4100~4300m 深度处的岩株。

古生界中-下部被动陆缘含碳复理石建造对造山型金矿的明显控制作用与其具有较高的背景金含量有关，穆龙套金矿的含矿岩系是奥陶系—志留系别萨潘组浅变质海相细碎屑沉积，从下向上分为三个岩性层，下部为灰色层（矿下层），主要由片岩、变砂岩和变粉砂岩组成，岩层厚度大于 1000m ，没有金矿体产出；中部杂色层（含矿层），为含碳薄层细碎屑岩，包括黑色碳质绢云母片岩、碳质绿泥石绢云母片岩，岩石硅化、绿泥石化、电气石化、碳酸盐化强烈，形成明显的热液蚀变带，伴随发生显著金矿化、硫化物（黄铁矿、毒砂）矿化和白钨矿化，厚度在 1000m 以上；上部杂色-绿色层（矿上带）为中粒复成分砂岩夹细砾岩薄层及透镜体，变质程度较低（绿帘石-白云母-绿泥石亚相），厚度为900m。金仅在别萨潘组中部杂色层内形成工业矿体，中部杂色层具有比上、下部层中岩石更高的金背景含量。

## 4.1.2　柯坪断隆铅锌矿

### 1. 构造

在柯坪断隆区，目前勘查发现的铅锌矿床，主要发育于断裂破碎带中，以坎岭、霍什布拉克为代表。虽然本区的铅锌矿主要为热卤水改造型矿床，具有一定的层控性质，但是毫无例外，铅锌矿体主要赋存在断裂带破碎带之中，断裂破碎带的发育程度、形态，往往决定了矿体的规模和形态，显示出断裂构造对铅锌矿的主控特征。

此外，柯坪断隆区在中新生代经历了强烈的逆冲推覆作用，发育了多条与逆冲推覆构造近乎垂直的走滑转换断层，观测发现这些走滑转换断层对铅锌矿体具有一定的控制作用。如坎岭铅锌矿，野外观测和分析发现铅锌矿体与印干（坎岭）走滑断层密切相关，矿体赋存在印干断层的转弯部位，在其两侧的次级断裂带中发育铅锌矿体，次级破碎带越宽，矿体规模越大，体现出印干断层也应该是成矿构造，印干断层走滑作用控制了矿体的产出。

在普昌钒钛磁铁矿区，可以清楚地发现，皮羌断层错断了普昌钒钛磁铁矿的含矿围岩——普昌基性岩体，体现出断裂的破矿作用。

### 2. 岩性

统计分析发现，坎岭、霍什布拉克等铅锌矿，往往都赋存于灰岩、白云岩或白云质灰岩、礁灰岩之中，以中厚-厚层块状顺层产出为特征，结合其他一些因素，往往有观点认为该类矿床为沉积成因。

但是根据我们的观测，发现这些 MVT 铅锌矿无论从区域尺度，还是从矿区、手标本微观尺度，铅锌矿体之间总有一定的通道，如断裂、裂隙或空隙沟通，显示出后期流体沟通作用的特性，而且与灰岩互层的薄层灰岩、砂岩和页岩等，如果断裂破碎带不发育，则不含矿；此外，从岩石变形角度分析，野外观测发现，灰岩、白云质灰岩或礁灰岩等，相比于砂岩、粉砂岩和泥岩等，其能干性较大，在同样的区域应力作用下，灰岩、白云岩等往往易于发生脆性破裂，而砂岩、粉砂岩等，往往容易发生偏韧性的破裂，导致了灰岩、白云岩出现机械性的碎裂，从而形成了较多的裂隙，易于后期流体贯通和运移；而砂岩、粉砂岩和页岩等，由于出现偏韧性的（顺层发育）劈理，或者压实，不发育贯通性的裂隙，从而不易于后期流体的贯通和流动，这样后期的成矿流体顺着断裂上升到浅地表时，往往易于顺着贯通性好、相对开放的灰岩、白云岩层流动，或者层间破碎带流动，随着地球化学障的形成发生沉积沉淀而富集成矿；此外，灰岩和砂岩或许由于其岩石本身的地球化学习性，对于流体具有一定的选择性，易于含铅锌等还原性质的流通，在其流通过程中发生沉积沉淀成矿作用。

因此，我们认为这些 MVT 铅锌矿的层控特征，主要是由于岩体本身的力学性质特点及其地球化学行为特征，从而决定了层控的特点，构造主要是通过控制岩石的变形行为控制矿体的产出。

### 3. 岩浆

岩浆活动是地壳活动的重要形式之一，是形成许多内生金属矿产的重要条件之一。它不仅直接从地下深部带来成矿物质，而且还提供形成内生金属矿床的热液条件。在岩浆活动的演化过程中，它不仅使岩浆内的成矿物质逐渐富集于残余岩浆或岩浆热液中，在某些特定时期或特定地段形成矿床。而且由于岩浆带有巨大的热量，同时可使周围地层中的地下水升温，流动循环，使岩浆热液地层中的构造裂隙侵入地层，从流经的岩石中活化萃取成矿物质，并在某些成矿有利的岩性或构造环境中沉淀成矿。

柯坪断隆区主要产出两类岩浆，与成矿作用关系密切。

第一类是与成矿作用关系密切的、现今出露于地表的，主要为后碰撞的碱性岩浆，以哈拉峻北岩体群为代表。在该区内生金属矿产以有色金属铅、锌分布最广，远景最大，以中高温热液和接触交代型远景最大，产于喀拉铁别克区域性断裂两侧。

海西晚期花岗岩类在断裂带两侧较发育，矿化多产于外接触带的夕卡岩中，在成因上与晚海西期的花岗岩类有关，岩浆活动与成矿作用关系密切。在哈拉峻农场北侧的阿合奇—阿图什公路边，在该碱性岩体中，发现了多个残留的夕卡岩点，不仅体现出该碱性岩体对区域成矿的贡献，也体现出哈拉峻岩体的剥蚀程度较浅，在该区目前出露的岩体属于大花岗岩基的顶部。

虽然目前还不能确定，该碱性岩体群（包括霍什布拉克岩体）与霍什布拉克、谢依特和克尔果能恰特等多个铅锌矿之间的关系，但是根据区域矿化带的空间分布规律，即从岩体与围岩接触带开始往外侧，在哈拉峻北地区发育了从铁矿（磁铁矿）、金-铜到铅锌的明显分带现象，体现出高温-中温-低温的温度分带现象，似乎显示出该区的铅锌矿与岩体之间的必然联系，从典型矿床，如霍什布拉克铅锌矿的成矿物质来源分析（硫、铅同位素），也体现出成矿流体具有一定的岩浆来源成分。

就目前的调查研究而言，三个岩体与内生金属矿产的形成有密切关系。岩体中成矿元素含量均较高。霍什布拉克岩体中成矿元素平均含量为 Sn $11.13\times10^{-6}$，Cu $3.68\times10^{-6}$，Pb $18.16\times10^{-6}$，Zn $43.43\times10^{-6}$；围岩角岩中成矿元素含量为 Sn $2.3\times10^{-6}$，Cu $46.9\times10^{-6}$，Pb $18.8\times10^{-6}$，Zn $84.2\times10^{-6}$。在霍什布拉克岩体西部分布有库铁热克延萨依-灭什艾铅、锌、金、铁、钼多金属成矿带和霍什布拉克铅、锌多金属成矿带，已形成一处矿床和多处矿（化）点；克兹勒克岩体中成矿元素平均含量为 Sn $6.1\times10^{-6}$，Cu $4.88\times10^{-6}$，Pb $23.8\times10^{-6}$，Zn $33.55\times10^{-6}$。在克兹勒克岩体南部分布有萨色布拉克-塔木铜、锌、锡铁多金属成矿带，在其外接触带上已形成多处矿床和多处矿（化）点。

在花岗岩含矿性判别图解中，霍什布拉克岩体落入钠长石化和云英岩化花岗岩区；古尔拉勒岩体落入异常花岗岩、花岗闪长岩和石英闪长岩区；克兹勒克岩体部分落入与 W、

Mo、Sn 有关矿化花岗岩区。

由此可见岩浆侵入活动对区内多金属矿的形成起到了十分重要的促进作用。

第二类是基性-超基性岩类，属于二叠纪塔里木大火成岩省的组成部分。基性岩浆侵位，为普昌钒钛磁铁矿、瓦吉里塔格铁矿提供了成矿物质来源，也是在柯坪寻找铁、稀土矿的主要找矿标志。岩浆型铁矿床产在层状镁铁质-超镁铁质岩体中，岩性为辉石岩和辉长岩，晚期有斜长岩和正长岩；矿体位于岩体的底部和下部，有块状和浸染状矿石。

柯坪断隆区基性侵入岩仅有普昌基性岩体，位于普昌横向断裂中，呈不规则面状分布，面积为 16.7km²。其最大长轴方向呈北东向，与区域构造线方向一致。组成岩体的岩性主要为粗粒辉长岩和中粒辉长岩，其他有辉石岩、青灰色辉长岩、橄榄辉长岩、斜长岩及条带状辉长岩等。总的来看，岩体分异程度较低，普昌钒钛磁铁矿就产于中粒辉长岩中。

以巴楚县瓦吉里塔格铁床为代表。矿区位于塔里木地块西北缘巴楚台隆中。矿区出露地层主要为古生代海相碎屑岩-碳酸盐岩建造，局部夹基性火山岩及含煤建造。其中寒武系—奥陶系以白云岩、白云质灰岩为主，局部夹层状辉绿岩及泥灰岩；志留系—泥盆系以砂岩、粉砂岩、泥岩为主；石炭系—二叠系则为石膏化粉砂质灰岩、白云岩、灰岩与细碎屑岩互层，局部夹石膏、基性火山岩及薄煤层。区内地层构造简单，呈单斜体产出。

区内岩浆岩发育。除下奥陶统和上二叠统中夹有玄武质基性火山岩外，沿近南北向基底断裂出露有超基性-碱性杂岩体，侵入于古生代地层，呈南北长约 5km，东西宽 1.5~3km 的岩株。自早到晚形成橄榄岩、橄榄辉长岩、辉长岩、碱性辉长岩（350Ma）、碱性角闪正长岩（310.1Ma）、方钠霓霞正长岩组成的杂岩体。随后形成碳酸岩脉、似金伯利岩（橄榄辉石角砾岩）岩管（252.7Ma）及煌斑岩脉（231.3Ma）等。富含稀土-磷碳酸岩脉分布于杂岩体北端，已圈出东、西两个碳酸岩脉集中区。其中以西区岩脉数量多、规模较大。

瓦吉里塔格铁矿床矿化直接赋存于超基性-碱性杂岩体内的碳酸岩中，与岩浆晚期富碱质岩脉相伴生，矿石矿物为铁白云石和方解石，次为天青石和磷灰石，以及具岩浆专属性的独居石、氟碳铈矿等稀土矿物，因此其成因类型属典型的与碱性超基性岩有关的碳酸岩型，矿石建造为碳酸岩-稀土-铌-磷灰石建造。其特征与内蒙古白云鄂博矿床成因类型相类似。

**4. 区域矿化蚀变信息提取**

1）数据来源

本次研究的坐标范围为 76°40′~80°00′E，39°20′~41°40′N；东西长约 290km，南北宽约 260km，呈近似矩形，面积约 7.0 万 km²。处理的遥感数据为 Landsat 8 OLI 影像和 DEM 数据，数据均来源于中国科学院计算机网络信息中心国际科学数据镜像网站。

DEM 数据为 GDEM DEM 30m 分辨率数字高程，根据研究区范围共下载 DEM 12 景（表 4-1）。利用 ArcGIS 10.1 对 DEM 图像进行镶嵌，使其成为一幅完整数字高程图，再利用国界线和坐标范围对其裁剪，运用空间分析技术，显示地形特征。

表 4-1　柯坪断隆铅锌矿涉及的 12 景 30m 分辨率 DEM 数据

| 数据标识 | 条带号 | 行编号 | 中心经度/(°) | 中心纬度/(°) |
|---|---|---|---|---|
| ASTGTM_N39E076 | 76 | 39 | 76.5 | 39.5 |
| ASTGTM_N39E077 | 77 | 39 | 77.5 | 39.5 |
| ASTGTM_N39E078 | 78 | 39 | 78.5 | 39.5 |
| ASTGTM_N39E079 | 79 | 39 | 79.5 | 39.5 |
| ASTGTM_N40E076 | 76 | 40 | 76.5 | 40.5 |
| ASTGTM_N40E077 | 77 | 40 | 77.5 | 40.5 |
| ASTGTM_N40E078 | 78 | 40 | 78.5 | 40.5 |
| ASTGTM_N40E079 | 79 | 40 | 79.5 | 40.5 |
| ASTGTM_N41E076 | 76 | 41 | 76.5 | 41.5 |
| ASTGTM_N41E077 | 77 | 41 | 77.5 | 41.5 |
| ASTGTM_N41E078 | 78 | 41 | 78.5 | 41.5 |
| ASTGTM_N41E079 | 79 | 41 | 79.5 | 41.5 |

根据研究区范围,依据获取时限相近,避免云层等因素干扰的原则,共计下载 Landsat 8 影像 8 景 (表4-2)。Landsat 8 OLI 有 9 个波段 (表4-3),全色波段空间分辨率 15m,其他单波段空间分辨率30m,成像宽幅为185km×185km,在波段设计上较 Landsat 7 影像有如下的调整:①Band 5 的波段范围调整为 $0.85 \sim 0.88 \mu m$,排除了水汽在 $0.83 \mu m$ 处吸收的影响;②Band 8 全色波段范围变窄,从而可以更好区分植被和非植被区域;③新增 Band 1 气溶胶波段 ($0.43 \sim 0.45 \mu m$) 和 Band 9 短波红外波段 ($1.36 \sim 1.38 \mu m$),分别应用于海岸带观测和云检测。

表 4-2　柯坪断隆铅锌矿涉及的 8 景 Landsat 8 OLI 影像列表

| 数据标识 | 获取时间 | 中心经度/(°) | 中心纬度/(°) | 云量(区内)/% |
|---|---|---|---|---|
| LC81470312015194LGN00 | 2015-07-13 | 80.0964 | 41.7597 | 10.23(0) |
| LC81470322015194LGN00 | 2015-07-13 | 79.6333 | 40.3329 | 0.23 |
| LC81470332015306LGN01 | 2015-11-02 | 79.1817 | 38.9043 | 0.87 |
| LC81480312014182LGN00 | 2014-07-01 | 78.5650 | 41.7594 | 1.17 |
| LC81480322015169LGN00 | 2015-06-18 | 78.0952 | 40.3329 | 1.06 |
| LC81480332015233LGN00 | 2015-08-21 | 77.6542 | 38.9045 | 1.11 |
| LC81490322015304LGN00 | 2015-10-31 | 76.5396 | 40.3330 | 3.68 |
| LC81490332015288LGN00 | 2015-10-15 | 76.1108 | 38.9041 | 1.3 |

注:影像投影 UTM-WGS84 坐标系;每景影像大小约 1GB,已经过系统辐射校正和几何校正。

表 4-3　OLI 影像波段信息

| 波段编号 | 波段 | 波长/μm | 分辨率/m | 主要作用 |
|---|---|---|---|---|
| Band 1 | 气溶胶 | 0.43 ~ 0.45 | 30 | 海岸带观测 |

续表

| 波段编号 | 波段 | 波长/μm | 分辨率/m | 主要作用 |
|---|---|---|---|---|
| Band 2 | 蓝色 | 0.45 ~ 0.51 | 30 | 能够穿透水体，分辨土壤植被 |
| Band 3 | 绿色 | 0.53 ~ 0.59 | 30 | 分辨植被 |
| Band 4 | 红色 | 0.64 ~ 0.67 | 30 | 该波段位于叶绿素吸收区域，用于观测道路、裸露土壤、植被种类有很好的效果 |
| Band 5 | 近红外 | 0.85 ~ 0.88 | 30 | 用于估算生物数量，该波段可以从植被中区分出水体，分辨潮湿土壤 |
| Band 6 | SWIR1 | 1.57 ~ 1.65 | 30 | 用于分辨裸露土壤、道路和水，判别不同植被类型，并且有较好的穿透大气、云雾的能力 |
| Band 7 | SWIR2 | 2.11 ~ 2.29 | 30 | 分辨不同类别的岩石、矿物，也可用于辨识植被覆盖和湿润土壤 |
| Band 8 | 全色 | 0.50 ~ 0.68 | 15 | 得到的是分辨率为15m的全色黑白图像，用于增强空间分辨能力 |
| Band 9 | Cirrus | 1.36 ~ 1.38 | 30 | 用于云检测 |

2）蚀变信息提取

由于研究区面积较大，包含多景 Landsat 8 数据，影像在拼接融合过程中会改变地物波谱信息，从而改变地物的波谱特征。因此，在提取蚀变异常时应对每景影像单独处理，避免影像融合，本次选取普昌钒钛磁铁矿、坎岭铅锌矿等矿产分布相对集中的区域进行相关蚀变信息提取。

A. 岩石光谱特征分析

通过野外矿产地质调查，采集研究区典型矿区的地表矿化样品，利用 ASD（Analytical Spectral Devices）岩石光谱分析仪对样品进行反射光谱测试，并利用 ViewApec 软件对反射光谱曲线特征提取和重采样，分析样品在各波段的反射性。本次使用 ASD 光谱仪进行岩石样品的室外测试，测试样品以块状为主，部分样品为破碎状。测试过程中每隔若干时间利用标准白板对仪器进行校正，探头扫描样品时间间隔为 10s，每个扫描点（面）测 5 条曲线。利用 ViewSpec Pro Version 5.6 光谱软件对 5 条岩石光谱曲线做均值处理，并以反射率格式进行保存，再转化为 ASCII 文件。

在遥感影像处理软件 ENVI 中，使用 Spectral/Spectral Libraries/Spectral Libray Builder 菜单，选择 ASCII File，导入所有的测试光谱数据，保存为 Spectral Library file，建立实测光谱数据库，以便后续对岩石光谱数据的分析和处理。

B. 蚀变信息提取

围岩蚀变和矿（化）体有密切关系，蚀变的范围往往大于矿（化）体范围，而且不同蚀变类型与矿化常具有特定的空间分布规律，因此，围岩蚀变可作为有效的找矿标志。Landsat 8 遥感数据可识别的矿物主要包括：①铁的氧化物、氢氧化物和硫酸盐，包括褐铁矿、赤铁矿、针铁矿和黄钾铁矾等；②羟基矿物、水合硫酸盐和碳酸盐矿物，包括黏土矿物、云母、石膏、明矾石、方解石和白云岩等。这些矿物都有各自独特的波谱特征：铁的氧化物、氢氧化物和硫酸盐在 0.45 ~ 0.51μm 和 0.85 ~ 0.88μm 波段范围有吸收特征，而在 0.64 ~ 0.67μm 波段范围有高反射特征。含羟基矿物在 2.11 ~ 2.29μm 范围存在强烈吸收谷。根据这些矿物的波谱特征，通过光谱角方法和实测矿化蚀变波谱特征提取研究区褐铁矿化和黄钾铁矾矿化异常信息；通过主成分分析法和比值法，结合密度分割（均值+标准差）提取地表铁染和羟基蚀变信息。

　　a. 褐铁矿化

褐铁矿是以含水氧化铁为主要成分的（包含针铁矿、水针铁矿、纤铁矿等），呈红褐色的矿物混合物。在研究区普昌钒钛磁铁矿、萨喀尔德铜金矿、阿沙哇义金矿等地均有褐铁矿化发育，地表特征明显。图 4-1 为野外采集的地表褐铁矿化样品。

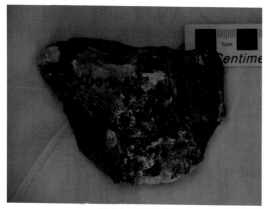 

a. 萨喀尔德铜金矿区　　　　　　　　　　　　b. 普昌钒钛磁铁矿区

图 4-1　研究区褐铁矿化样品

　　对野外采集的褐铁矿化样品进行波谱曲线的测试，反射率波谱曲线特征如图 4-2 所示。通过对样品的反射率曲线测试和分析，并与 USGS 光谱库中标准样品波谱曲线作对比，发现其波谱吸收峰和吸收谷具有相同特征，说明实际测试的光谱曲线具有可靠性，可以此为依据对研究区遥感影像进行褐铁矿化信息的提取。

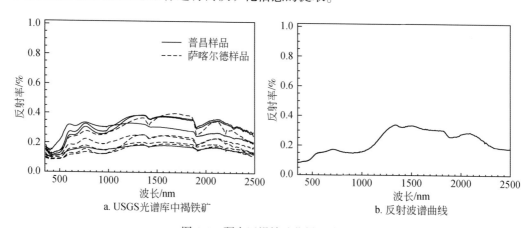

a. USGS 光谱库中褐铁矿　　　　　　　　　b. 反射波谱曲线

图 4-2　研究区褐铁矿化样品分析

　　b. 黄钾铁矾

黄钾铁矾是金属硫化物在地表氧化而形成，一般呈块状或土状，颜色为黄色、灰白色、暗褐色。它与热液矿床的关系极为密切，可指示热液矿床产出位置。本次在阿沙哇义、布隆等地区采集了黄钾铁矾矿化样品（图 4-3）。

a. 布隆金矿区            b. 阿沙哇义金矿区

图 4-3 研究区黄钾铁矾矿化样品

同样对野外采集的黄钾铁矾矿化样品进行波谱曲线的测试，反射率波谱曲线特征如图 4-4 所示。通过对样品的反射率曲线测试和分析，并与 USGS 光谱库中标准样品波谱曲线作对比，发现其波谱吸收峰和吸收谷具有相同特征，说明实际测试的光谱曲线具有可靠性，可以此为依据对研究区遥感影像进行黄钾铁矾矿化异常信息的提取。

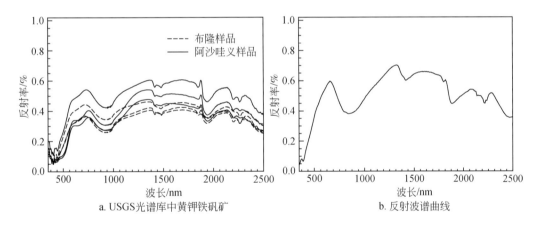

a. USGS 光谱库中黄钾铁矾矿            b. 反射波谱曲线

图 4-4 研究区黄钾铁矾矿化样品分析

c. 羟基和铁染

由于含羟基矿物在 2.2～2.3μm（对应 Landsat 8 Band 7）具有强吸收特性，在 1.55～1.75μm（对应 Landsat 8 Band 6）附近存在较强的反射率。因此，本次利用 Band 6（1.57～1.65μm）与 Band 7（2.11～2.29μm）进行比值运算提取羟基异常。含铁矿物在 Landsat 8 Band 2（0.45～0.51μm）和 Band 5（0.85～0.88μm）是强吸收带，而在 Band 4（0.64～0.67μm）具有较高的反射率，据此利用 Band 2、Band 4、Band 5、Band 6 进行主成分分析提取与铁染相关的异常信息。

图 4-5 ~ 图 4-7 分别为研究区坎岭铅锌矿、普昌钒钛磁铁矿和瓦吉里塔格铁矿 3 个地区相关矿化异常信息空间分布图。

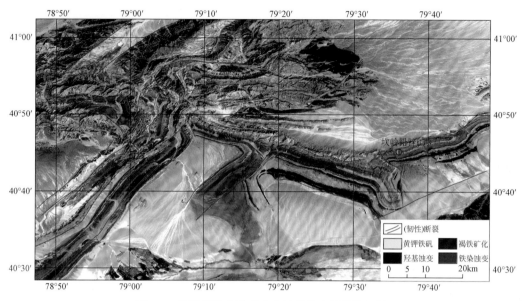

图 4-5　坎岭铅锌矿地表矿化蚀变信息及构造解译

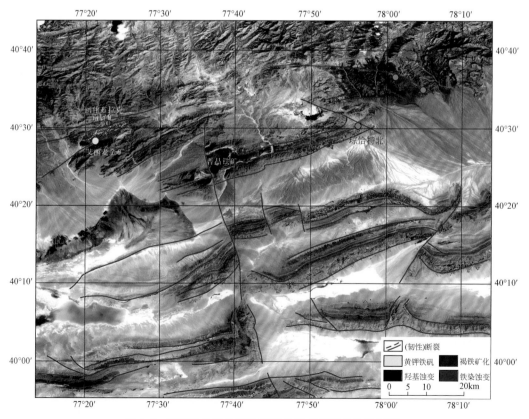

图 4-6　普昌钒钛磁铁矿地表矿化蚀变信息及构造解译

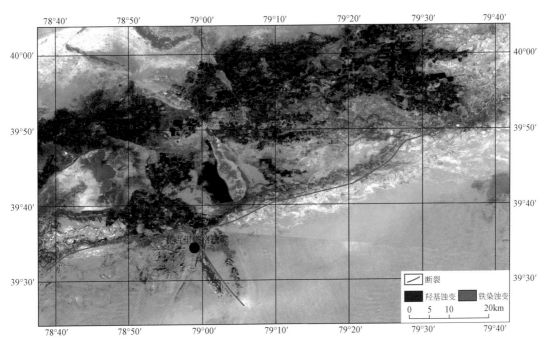

图 4-7　瓦吉里塔格铁矿地表矿化蚀变信息及构造解译

通过对研究区坎岭铅锌矿、普昌钒钛磁铁矿和瓦吉里塔格铁矿 3 个典型含矿区域地表褐铁矿化、黄钾铁矾矿化、铁染和羟基异常信息的提取及构造解译，可知，矿化蚀变异常与已有矿床（点）具有较好的空间匹配关系，此外，矿点的分布多集中在断裂构造附近。如阿沙哇义金矿发育于一系列 NE 向脆韧性断裂带中，地表出露断续带状展布的黄钾铁矾矿化；艾西麦金矿和阔库布拉克铅锌矿地表发育有黄钾铁矾、铁染（褐铁矿化）蚀变信息，且出露于 NE 向断裂带附近。

## 4.2　境内外矿床对比分析

### 4.2.1　山体隆升剥露对矿床保存的控制作用分析

西南天山为新生代（尤其是第四纪初）才开始强烈隆升的山体，在地貌上，直到第四纪初才成为分水岭。

虽然磷灰石裂变径迹等测试分析结果显示，古生代的西南天山造山带在侏罗纪时可能已经遭受到了一定程度的剥蚀，在白垩纪开始强烈的隆升和剥蚀，并一直延续到了渐新世，甚至一度出现联合的统一夷平面，但是其总体上剥蚀程度仍然很浅，晚古生代造山期间活动的岩浆岩（中酸性侵入岩体）并没有被剥蚀到浅地表，直到第四纪以来，我国西南天山目前地表出露面积最大的中酸性侵入岩——巴雷公岩体才暴露于地表接受剥蚀。

## 4.2.2　境内外典型矿床对比

与境外的对比，从区域地质图上分析，境外的吉尔吉斯斯坦天山，相当于我国的中天山，成矿潜力巨大。境外的西南天山，目前发现的也是汞锑矿、阿赖汞-锑矿带，地表已经出露了大面积的中酸性岩体，其成矿温度高于我国的西南天山。

因此我国的西南天山与境外的阿赖成矿带相比，因为其剥蚀程度很浅，与中酸性侵入岩有关的中高温矿床都还没有剥露于地表，因此目前的浅地表，只能寻找中低温的矿床，如造山型的金锑矿，包括热液脉型、破碎蚀变岩型的金锑汞矿（萨瓦亚尔顿、阿沙哇义），及其与古生代基性侵入岩有关的金矿（乌什北山和卡恰）等，但这同时也表明该区域深部找矿空间潜力巨大（图4-8）。

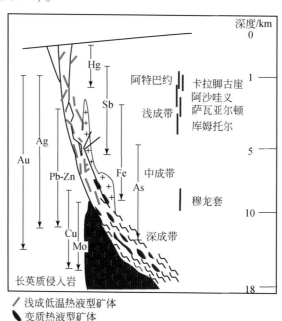

图 4-8　境内外西南天山典型金矿成矿深度图
右侧刻度数字仅示意

通过对比，我们认为境内外在总的构造演化上存在着相似性。但在地质背景和剥蚀程度方面存在着明显的差异，这些差异性可能决定了境内外在成矿特色上的差别。

相比境外，我国境内的岩浆活动较弱，无论是火山岩还是侵入岩，尤其是与大洋板块俯冲作用有关的火山岩和侵入岩几乎没有，目前所见的主要是二叠纪碰撞后的花岗岩类。相比之下，西部的岩浆活动期次多，强度大，并且有大量的弧岩浆活动。在穆龙套金矿深部也有隐伏的岩体，为矿质的活化迁移富集提供了条件。从理论上分析，既然在早古生代发生过俯冲事件，也应该存在与俯冲作用有关的岩浆活动。

此外，我国境内研究程度低也是导致境内外矿床差别的主要原因之一。我国西南天山地区山高坡陡，交通极为不便，给深入研究带来了很大的麻烦。研究区内中亚的吉尔吉斯斯坦、乌兹别克斯坦和塔吉克斯坦地质研究程度总体高于中国新疆，苏联时期全境已完成1：20万地质测量（张招崇等，2011），未被新生界覆盖的地区，几乎全部进行了1：5万地质测量，其中主要采矿区90%~100%完成大比例尺测量，60%以上面积已进行了1：20万航空磁测和重力测量，30%面积的范围已完成1：5万或更大比例尺航磁和重力测量。此外，在一些成矿远景区还进行了中-大比例尺深部地质和地球化学测量。相比之下，我国境内南天山只完成1：20万地质测量，大部分地区尚未进行1：5万地质测量，并且1：20万化探也未覆盖全区。因此从这个意义而言，加强中国新疆南天山地区的基础地质和矿产普查，对于推动研究区的矿产勘查具有重要意义。

本次对境内外典型的金矿成矿特征进行了对比研究，见表4-4。

表4-4　境内外西南天山典型金矿特征一览表

| 矿床特征 | 穆龙套金矿床 | 萨瓦亚尔顿金矿床 | 阿沙哇义金矿床 | 卡拉脚古崖金矿床 |
|---|---|---|---|---|
| 成矿环境 | 产于南天山晚古生代陆缘盆地北缘古陆（克齐尔库复背斜）中 | 产于南天山晚古生代陆缘盆地的东阿赖复向斜中 | 属于塔里木板块北缘活动带，位于区域北东向喀拉铁克大断裂的西北侧，迈丹他乌复向斜上 | 西南天山造山带，秋木克克别勒断裂（矿区内为托什干断裂）北侧，库马力克复向斜西南缘库尔哈克褶皱束东南部 |
| 赋矿地层 | 奥陶系—志留系别萨潘组浅变质海相细碎屑岩建造，赋矿岩性为杂色碎屑岩 | 上志留统—下泥盆统一套浅变质碎屑岩建造，赋矿岩性为变质粉砂岩与含碳绢云千枚岩 | 赋矿岩性为上石炭统喀拉治尔加组绢云千枚岩、板岩、砂岩 | 下石炭统一套滨海-浅海相碎屑岩及碳酸盐岩沉积，赋矿岩性主要为绢云千枚岩、板岩、砂岩 |
| 控矿构造 | 南北向挤压形成东西向复杂褶皱系统，韧性变形和位移有限的断裂活动 | 早期韧性挤压剪切带，叠加晚期张扭性断裂破碎带 | 压扭性质断裂破碎带 | 脆性断裂 |
| 侵入岩 | 矿区内发育海西晚期酸性和基性岩脉，深部有隐伏花岗岩体，岩浆活动明显，并有热变质 | 矿区内仅见少量中基性和酸性岩脉 | 少量细粒闪长岩脉 | 少量辉绿玢岩脉 |
| 矿体特征 | 矿体在平面上呈北西走向与褶皱了的别萨潘组中杂色层密切相关的巨大网脉，在剖面上呈现复杂的柱状金矿体 | 目前已发现21条矿带，矿体呈似板状、脉状、透镜状，矿石由蚀变岩型组成，产状与地层产状斜交，规模较大 | 目前圈定51条矿体，矿体呈板状、脉状、透镜状，矿石主要产于次级压扭性的断裂破碎带内 | 脉状、透镜状、似层状 |
| 围岩蚀变 | 硅化、绢云母化、绿泥石化、电气石化、铁白云石化 | 硅化、绢云母化、绿泥石化、毒砂化、黄铁矿化、碳酸盐化 | 硅化、黄铁矿化、绢云母化、毒砂化、碳酸盐化 | 硅化、绢云母化、黄铁矿化、铁白云石化、碳酸盐化 |
| 矿石特征 | 矿石类型简单，自然金-石英、自然金-石英-硫化物、自然金-硫化物（黄铁矿、毒砂），金品位为1.5~3g/t，最高为80g/t　主要金属矿物有黄铁矿、毒砂、白钨矿 | 矿石类型简单，硫化物含量一般少于10%，金品位较低，一般为1~3g/t，最高为63.88g/t。金属矿物以黄铁矿、毒砂为主。但缺少中高温元素钨、铀、钍 | 矿石矿物组合较复杂，金属矿物有黄铁矿、褐铁矿、方铅矿、黄铜矿、辉锑矿、毒砂等，金品位为0.57~4.36g/t | 矿石类型简单，硫化物含量一般较低，金品位为0.1~1g/t，金属硫化物以辉锑矿、黄铁矿为主，少量铜蓝、毒砂，见辰砂、雌黄、雄黄 |

| 矿床特征 | 穆龙套金矿床 | 萨瓦亚尔顿金矿床 | 阿沙哇义金矿床 | 卡拉脚古崖金矿床 |
|---|---|---|---|---|
| 控制深度/m | 2000 | 1000 | 500 | 200 |
| 成矿深度/km | 7～11 | 6～7 | 3～6 | 1～4 |
| 剥蚀程度 | 稍深 | 中深 | 轻微剥蚀 | 很少 |
| 金属类型 | Au，伴生 Ag、Cu、Zn、W、U、Th | Au，伴生 Ag、As、Sb | Au，伴生 Ag、As、Sb、Cu、Pb | Au，伴生 Ag、Sb、Hg、As |
| 主成矿时代 | 石炭纪—二叠纪 | 二叠纪早期—三叠纪中期 | 上石炭统 | 中-下石炭统 |

## 4.2.3　西南天山成矿系统划分

### 1. 成矿系统和矿床系列的划分

根据本项目对西南天山区域地质特征和构造体系演化的认识，结合该地区矿床研究现状，把西南天山地区区域成矿规律归纳为以下几个主要的成矿系统和矿床系列。

1) 前寒武纪—早古生代古亚洲洋成矿系统

(1) 前寒武纪基底-陆块成矿系列，形成了沉积-变质型铁矿。

(2) 早古生代塔里木板块北部被动大陆边缘成矿系列，形成寒武纪—奥陶纪中的沉积型磷-钒矿床系列及其早古生代海相沉积型的铁锰矿、古生界中沉积型的菱铁矿（大红山铁矿）。在南天山洋的南部较稳定陆缘，发育次稳定型巨厚复理石沉积，海相沉积作用形成了磷、钒矿床。区域上，在下寒武统底部为磷矿含矿层，上部黑色岩系为钒矿含矿层；含矿岩系包括黑色碳质页岩、硅质岩、碳酸盐岩等组成的黑色岩系和砂岩、粉砂岩、碳酸盐岩组成的碎屑岩，平行不整合于震旦纪冰碛岩或碳酸盐岩之上的下寒武统底部玉尔吐斯组碳质页岩、燧石岩、白云岩和石灰岩。

2) 晚古生代碰撞造山-伸展成矿系统

(1) 古生代碰撞造山成矿系列：齐齐加纳河蛇绿岩中的铬铁矿和石棉、阿克塔什超基性岩中的铬铁矿、卡拉脚古崖金锑矿和乌什北山-卡恰金矿，特留苏金矿、萨瓦亚尔顿金矿、阿沙哇义金矿和布隆金矿等川乌鲁金铜矿（与晚古生代岩浆有关的热液-夕卡岩型金铜矿）。

(2) 晚古生代碰撞造山-伸展成矿系列，这是本区最为重要的成矿系列，也是本项目研究的重点。主要包括以下系列：

后碰撞岩浆成矿系列，以哈拉峻-克孜勒克岩体-古尔拉勒-霍什布拉克碱性岩体为代表的岩浆热液成矿系列，发育热接触交代型（夕卡岩型）铁-锡-铜铅锌-金矿，如喀木铁矿、切盖布拉克西锡铅锌矿、萨色布拉克金-铅锌矿以及远程低温热液型矿床，如谢依特铅锌矿、克尔果能恰特铅锌矿等。

后碰撞伸展阶段，发育区域性热卤水成矿系列，形成了区域性大规模的 MVT 铅锌矿，如坎岭铅锌矿、霍什布拉克铅锌矿等。

与中亚造山带后碰撞伸展转换阶段密切相关的塔里木大火成岩省成矿系列，在基性-超基性岩中发育了铁-稀土矿，如普昌钒钛磁铁矿、瓦吉里塔格钛矿。

3）新生代盆地沉积成矿系统

该系统主要发生在中新生代沉积盆地之中，以沉积及油气改造作用为主，形成以中-新生界砂砾岩为容矿围岩的铜-铅锌矿床，主要包括以下系列：

（1）砂岩型铅锌成矿系列，以乌拉根铅锌矿为代表，形成于渐新世末期，主要发育于喀什凹陷。

（2）砾岩型铜矿系列，以萨热克铜矿为代表，形成于晚白垩世，主要发育于托云及其次级盆地。

（3）砂岩型铜矿系列，以伽师铜矿为代表，包括花园铜矿和滴水铜矿等，形成于中新世以后，主要发育于西南天山新生代前陆盆地，如库车、柯坪、乌恰等地区。

此外，中-新生代沉积盆地还发育有砂岩型铀矿系列，如巴什布拉克铀矿；中新生代的油气活动，也在局部地区导致了寒武纪—奥陶纪灰岩中发育了热液脉型的铀矿化。

**2. 成矿作用演化特征**

西南天山主要成矿元素有 Au、Sb、Hg、Mn、Fe、Cu、Pb、Zn、Cr、Ag（U）等，非金属矿产主要有煤、石膏和盐类等，它们在地质历史时期的富集和成矿作用受到地壳运动的制约。既受到构造旋回的宏观支配，又与一定的地质事件有关。成矿作用有时为渐变式，有时则为爆发式，后者往往是重要的成矿时期。

对于西南天山而言，主要为晚古生代构造-成矿旋回。早古生代形成的沉积型铁锰矿已经在阿合奇县的马场西侧地层中找到，初步勘查为中型规模，但不是本次研究的重点。

柯坪断隆区主要成矿元素有 Fe、V-Ti、Pb、Zn、Cu 和稀土、P 等，它们在地质历史时期的富集和成矿作用既受到构造旋回的宏观支配，又与一定的地质事件有关。对于柯坪断隆区，主要成矿事件为晚古生代构造-成矿旋回。

# 4.3　找　矿　模　型

## 4.3.1　造山型金锑矿

**1. 成矿模型**

造山型矿床的形成与造山作用密不可分，原因之一是只有大规模的造山作用才能导致区域变质作用，进而派生区域变质流体，形成变质热液矿床。在全球构造框架中，造山作用主要分为大洋俯冲-增生型和大陆碰撞型两类。在古生代晚期，塔里木和哈萨克斯坦板块随着南天山洋的俯冲消减、洋盆逐渐闭合，塔里木板块与哈萨克斯坦（含伊犁地块）板块在晚石炭世开始碰撞，南天山地区地壳挤压、缩短、增厚、隆升。在挤压隆升过程中，金矿赋矿围岩等岩石和地层发生变形、断裂破碎和变质，变质脱水产生了大量富 $CO_2$ 成矿流体，流体沿断裂构造和渗透性强的岩层向低温低压的浅部构造带运移而形成早阶段的无矿石英脉。伴随造山带隆升和剥蚀，早阶段石英脉及含矿构造带埋藏变浅，围岩压力和构造附加压力降低，断裂作用发生，流体压力由静岩压力转化为静水压力，发生不混溶作用或减压沸腾，流体减压沸腾导致岩体裂隙系统与地表贯通，使大量浅源大气降水涌入流体成矿系统，深源变质热液与浅源大气降水热液发生混合，导致大量成矿物质沉淀。晚阶段，随着大气降水不断加入，流体成矿作用逐渐停止，只发育少量具明显的张性组构的碳酸盐–石英细脉，该阶段仅见低盐度水溶液包裹体，均一温度基本小于200℃（图4-9）。

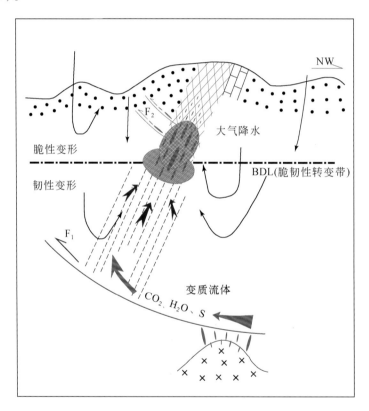

图4-9  萨瓦亚尔顿金矿成矿模式图

## 2. 控矿构造模型

西南天山典型的金锑矿床包括卡拉脚古崖金锑矿、萨瓦亚尔顿金矿和阿沙哇义金矿等。这些矿床都具有相似的构造环境，主要差别在于成矿深度的不同。本次研究初步建立了卡拉脚古崖金锑矿的控矿构造模型（图4-10）和萨瓦亚尔顿–阿沙哇义金矿的控矿构造模型（图4-11）。

石炭纪时期，研究区整体位于大陆斜坡边缘的浅海环境，沉积了一套细碎屑岩和碳酸盐岩。原始成岩过程中，可能发生 Au、Sb 元素的初始富集，作为初始矿源层，为后期成矿作用提供成矿物质来源。

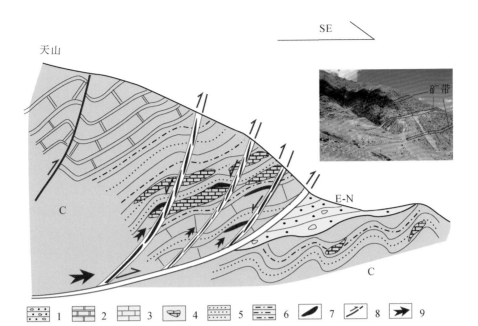

图 4-10　卡拉脚古崖金锑矿控矿构造模式示意图

1. 砂砾岩；2. 碳质灰岩；3. 灰岩；4. 灰岩透镜体；5. 砂岩；6. 千枚岩化泥岩；

7. 石英脉型金锑矿；8. 断裂；9. 含矿热液运移方向

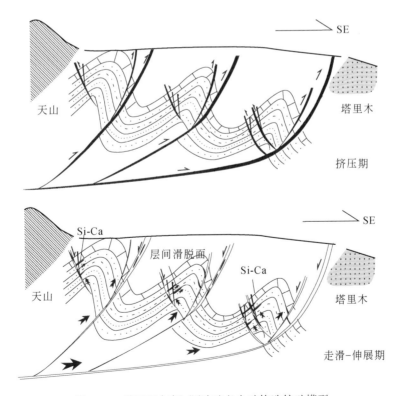

图 4-11　萨瓦亚尔顿-阿沙哇义金矿构造控矿模型

晚古生代—早中生代时期，随着南天山洋闭合，南天山造山带构造作用强烈，研究区进入构造挤压期，形成大规模的深断裂和次一级断裂，岩层发生强烈褶皱，产生大量的层间断裂和碎裂岩。该阶段形成的大量逆冲断层和反冲断层为后续成矿作用提供了构造基础。

晚中生代—新生代，伴随着大规模的走滑-伸展作用，深部的热卤水顺断裂带运移，萃取初始矿源层内以金锑为主的成矿物质发生活化和迁移，形成含矿热液，在次一级断裂的拉张空间或者层间破碎带内沉淀成矿。此外，新生代以来西南天山的强烈隆升，构造作用持续，部分大气降水顺裂隙向下运移，与热卤水混合，这些混合热液沿破碎带运移，不断萃取围岩中的含矿物质。当其运移至层间破碎带或断层的拉张部位等成矿有利部位时，大量沉淀成矿。在层间滑脱面和 Si-Ca 面部位，由于地球化学障的存在以及断裂拉张空间较大等因素，往往形成大而富的矿体。

## 4.3.2 柯坪断隆铅锌矿

### 1. 铅锌矿成矿模型

柯坪断隆铅锌矿主要为层控铅锌矿床，以奥陶纪—泥盆纪碳酸盐岩为容矿主岩。

1）矿源层形成阶段

新元古代 Rodinia 超大陆的裂解事件促成了古亚洲洋的形成，自新元古代到志留纪期间，西南天山地区处于相对稳定的被动大陆边缘演化时期，全区接受了碳酸盐岩相-碎屑岩相的海相沉积，这些地层中 Pb、Zn 的含量普遍较高，成为良好的矿源层。此外基底与盖层之间、地层之间的不整合面为后期流体的运移和矿质的沉淀提供了良好的空间。

2）成矿流体形成阶段

石炭纪开始，西南天山地区进入了陆陆碰撞造山阶段，而新生代以来印度次大陆向欧亚大陆拼贴作用的远程挤压效应，都会使得西南天山地区盆地受到较强的构造挤压应力，伴随着岩层埋藏深度的加大，盆地内部地温梯度开始升高和围岩压力逐渐加大，这就直接造成盆地中沉积地层释放出层间水，形成盆地流体。同时由于海域的萎缩，某些盆地会形成局限海的环境，海水补给速率小于蒸发的速率，造成底部卤水的形成，这些卤水会沿着构造断裂深入盆地内部。层间水混合着海底卤水，在构造挤压应力、地形及重力的驱动下，在盆地内部循环。由于受到异常的地温梯度的影响，这些卤水会被加热，同时卤水还会进一步溶解地层中的蒸发岩，使得卤水盐度产生一定的变化。这些循环的热卤水不仅仅能够溶蚀碳酸盐岩地层，形成喀斯特孔洞，为后期充填成矿提供空间，还可以萃取原生地层中的 Pb、Zn 元素，富集进而形成含矿热卤水。

构造的挤压可以使地层中形成大量的断裂构造，为流体的运移和矿质的沉淀提供良好的通道与空间，同时构造挤压还会使得盆地基底的断裂活化，深部的含矿流体可能沿着这些深断裂上升至盆地内部，加入成矿热液的循环，从而使得后期形成的铅锌矿床带有深部物质的痕迹。

### 3）矿质沉淀阶段

成矿流体在砂岩中运移时，交代砂岩颗粒间的碳酸盐岩胶结物，形成浸染状矿石，同时构造活动会使砂岩产生裂隙，矿质充填形成脉状矿石。流体在蒸发岩地层中会溶解交代蒸发岩，从而形成团块状热液矿石。在构造裂隙发育区域，流体能造成碳酸盐岩地层的溶解，形成喀斯特空隙和溶塌角砾岩，从而形成硫化物充填角砾空隙形成角砾岩型矿体。流体沿着层间的软弱面顺层交代碳酸盐岩地层从而形成层状或似层状矿体。在岩性转换的界面，如砂岩和灰岩的界面上，加上构造破碎产生的容矿空间，流体会因为物化条件的改变而沉淀出成矿物质。坎岭铅锌矿成矿、构造控矿作用示于图4-12。

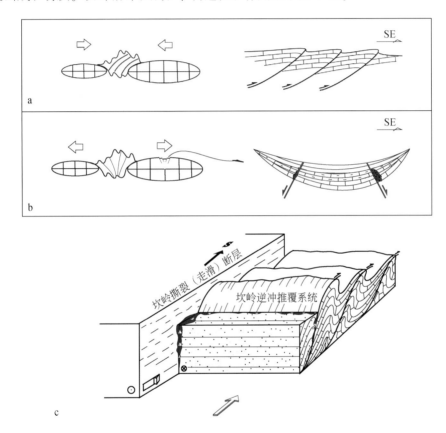

图 4-12　坎岭铅锌矿构造成矿–控矿模型

a. 二叠纪末的南天山洋闭合，柯坪"陆缘"发育反向逆冲系和相关构造；b. 造山期后的伸展豫弛和山间盆地的活化、发育，盆地热卤水经裂隙和高孔隙度地（岩）层渗流，在低渗流层内、封闭构造部位沉淀成矿（约260Ma）（王莹，2017）；c. 新近纪构造（坎岭逆冲推覆系和撕裂断层）对先存矿体形态的改造

### 2. 铁矿成矿模型

研究区中的瓦吉里塔格和普昌为典型的钒钛磁铁矿床，也是本区内所发现的仅有的两个与镁铁–超镁铁质岩石有关的矿床。关于钒钛磁铁矿矿床的成矿模型，前人已经做过很多研究，其中推晶作用和压滤与贯入作用两种成因模式受到人们普遍的接受和运用。

本区两个钒钛磁铁矿矿床均产于塔里木地块西北缘，分别位于古陆隆起区的巴楚断隆和柯坪断隆中，矿床的含矿岩系为一套有成因联系的富碱性岩系，其中直接与成矿有关的为碱性辉石岩–辉长岩类；矿体有辉长岩类中的浸染状矿体和贯入式脉状矿体 2 种；矿石类型有浸染状和致密块状，其中浸染状可分为均匀浸染的中–细粒矿石、似层状矿石等；主要有用矿石矿物为含钒钛的磁铁矿和富钛的钛铁矿，含少量黄铁矿、黄铜矿、磁黄铁矿等硫化物；不同矿石类型中矿石矿物的稀土配分特征显示良好的一致性，反映出它们是同源分异的结果；矿床可分为两个矿化阶段，即岩浆结晶分凝阶段（形成似层状、浸染状和块状矿体或矿石）、贯入阶段（形成贯入式块状矿体或矿石）；矿床中磁铁矿成分和矿体特征表明，矿床应属于与碱性超镁铁–镁铁质杂岩有关的岩浆型矿床。矿床形成以岩浆分凝和贯入式为主，缺乏晚期的岩浆热液作用。

我们根据对岩体和矿体地球化学特征的研究，结合野外地质现象，认为瓦吉里塔格钒钛磁铁矿床属于与富铁高钛的超镁铁–镁铁质岩浆有密切成因关系的由就地结晶分异作用形成的岩浆矿床，而普昌钒钛磁铁矿床经历了两次岩浆房过程，即深部岩浆房和高位岩浆房过程。块状矿石是由深部熔离作用形成的，而浸染状矿石则是岩浆在高位岩浆房中就地分离结晶作用形成的，并且由于后期的构造运动，含矿岩浆侵位到前期不含矿的超基性–基性岩体中。由此我们将本区钒钛磁铁矿床的形成过程归纳如下：

早二叠世时，南天山造山带和塔里木盆地已处于统一构造背景之下，进入了板内拉张伸展阶段，与此同时，发生软流圈物质上涌和岩石圈减薄，软流圈物质随后进入因壳幔边界或者是壳内拆离导致的活动空间，岩石圈的拉张减薄导致软流圈地幔地温线与固相线相交，从而导致软流圈减压部分熔融形成钙碱性和拉斑玄武岩过渡系列的原始的硫不饱和的高铁镁岩浆。原始岩浆上升并形成深部岩浆房，岩浆在岩浆房中发生以橄榄石和辉石为主的分离结晶作用，分离结晶作用的结果是基性程度较低的岩浆位于岩浆房的上部，基性程度较高的岩浆位于岩浆房的下部。随着伸展作用的继续，岩浆源深度逐渐增加使岩浆演化过程中分离结晶作用逐渐增强，并伴随着氧逸度逐渐增高，发生了磷灰石和 Fe-Ti 氧化物的分离结晶，同时先期形成的深断裂重新复活，导致本来就十分活跃的岩浆活动乘虚而入，含矿岩浆侵位于前述的层间构造带这一理想的封闭软弱空间，经缓慢冷却、充分分异、多次补给，形成了瓦吉里塔格和普昌钒钛磁铁矿（图 4-13）。

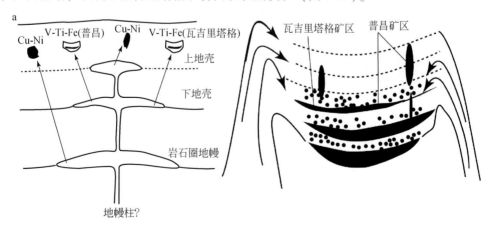

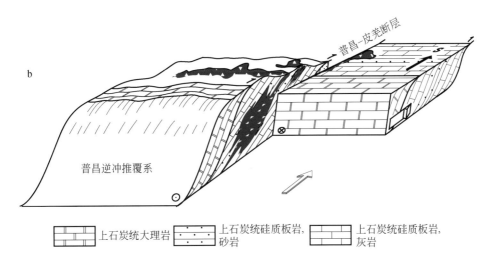

图 4-13　塔里木西北部瓦吉里塔格和普昌钒钛磁铁矿成矿–构造控矿模型

a. 与造山期后板内伸展作用相关的大火山岩省事件（约 275 Ma）和岩浆沿地层协调侵位、分异、沉淀形成的似层状塔里木北缘钒钛磁铁矿床；b. 新近纪柯坪陆缘前陆冲褶系对先成铁矿的改造和破坏–掀斜抬升、构造剥蚀和走滑错断

### 3. 铁铜锡多金属矿床成矿模型

以往与夕卡岩型铁铜矿床成矿模式相关的大多为各类矿床的具体矿体产出的形态模式，如邯邢式铁矿、大冶式铁矿、铜陵式铜矿等成（找）矿模式。通过对前人关于夕卡岩型铁铜矿床大量的资料综合分析，结合野外调查，本书研究建立了达木–切盖布拉克–萨色布拉克高温岩浆–接触交代夕卡岩型铁铜锡多金属矿床成矿模型（图 4-14）。

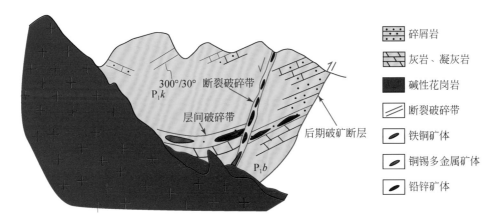

图 4-14　达木–切盖布拉克–萨色布拉克夕卡岩型铁铜锡多金属矿床成矿模式

具体内容概述以下：

（1）区域性深断裂和盖层中裂隙系统为成矿地质体的上侵提供了构造空间。

（2）成矿地质体主要为同熔型高钾钙碱性、碱性中性–中酸性岩，岩体呈深源中浅成相，深部存在大岩体，供给成矿所需的热能。

（3）有利的岩性层位和不同的岩性组合，为夕卡岩蚀变提供化学空间，如含膏盐层、含黄铁矿白云岩、不纯的灰岩、泥灰岩与碎屑岩互层等。

（4）围岩蚀变有大理岩化、角岩化、夕卡岩化、黑云母化、钾长石化、钠长石化、硅化、绿泥石化、碳酸盐化、黄铁绢英岩化。铁的主成矿期是中-晚夕卡岩化阶段，铜主矿化期为石英-硫化物阶段早、晚阶段，早期以交代为主，晚期表现为热液充填为主。

（5）蚀变类型在水平和垂向上存在明显分带现象，从成矿地质体到围岩或从深部→浅部：接触变质形成的夕卡岩蚀变带→层控夕卡岩型→硅化-裂隙式夕卡岩型→硅化-绢云母化-碳酸盐化→铁帽。成矿元素也相应有 Fe→Fe、Cu→Cu（伴生 Pb、Zn、Au）→Pb、Zn、Ag、Au 的分带特征。

（6）不同矿床，相同成矿阶段的矿物流体包裹体均一温度不随其矿床的不同而发生较大变化；同时在同一矿床中，从近岩体到远离岩体不同部位，同一阶段的同种矿物流体包裹体的均一温度变化也不大。这表明成矿流体的输运过程基本上是一种近等温的迁移过程。

# 第5章 找矿预测及其靶区验证

矿产资源预测评价体系包括地质矿产信息、地球物理信息、地球化学信息、遥感信息和相关科研资料的汇总分析,成矿信息的提取和综合,成矿理论的应用,预测远景区的圈定、优化以及资源量的估算等方面。而地学数据本身具有跨学科、多类型、跨时空、多层次以及来源多样性等特点。因此矿产资源预测评价体系需要汇总多元地学信息,提取分析不同类型的信息,相互补充和验证,综合分析,提高评价的准确性。

随着现代科学技术的发展,地球物理、地球化学以及遥感技术等手段飞速进步,特别是计算机信息处理技术的提高,矿产资源预测评价体系开始进入全面发展的阶段。主要成果包括美国 Harris 和 Mecammon 等发展的一套矿产资源经济评价方法体系,Harris 和 Rieber(1993)根据相对例外原理提出了应用"一致性地质单元"代替传统的"网格单元"的内蕴样品矿产资源定量评价方法;Singer(1993,1994)在美国地质调查局提出"三部式"矿产资源定量评价方法等。

当前,矿产资源预测评价体系强调局部性预测评价与区域性预测评价相结合、浅部评价与深部预测相结合、优势资源与非优势资源评价相结合,对研究区域及资源体空间不同部位、不同类型矿产资源潜力以及优势与劣势资源之间关联性的系统预测评价。

本次研究在充分收集前人资料的基础上,利用遥感、物探等方法,结合传统构造地质学和成矿理论的方法对研究区的成矿远景区进行了圈定,分不同级别给出了预测区不同矿种的找矿远景,为下一步部署具体工作提供依据。

## 5.1 成矿区带的划分及找矿靶区的圈定

### 5.1.1 区域成矿带的划分

#### 1. 成矿区带划分原则

成矿单元(又称成矿区带)是具有较丰富矿产资源及其潜力的成矿地区,即指在一定构造单元和地质发展历史阶段,对成矿作用及其矿化富集程度,作不同层次和等级的划分。因此"成矿单元"是成矿意义上的"地质单元"。通过由点到面的研究,即由典型矿床研究而拓宽到区域成矿的研究,并根据成矿作用的个性和共性,逐级划分,使以后的勘查工作能集中到面积最小、远景最好、发现矿床的命中率最高的成矿空间内。科学的分类,是一切研究工作的基础和起点;"成矿单元"的正确厘定依赖于区域成矿规律的研究成果,同时也是开展成矿预测的前提和重要基础。

各级"成矿单元"实质上也是不同尺度上的"成矿预测单元",两者具有不可分割的联系。成矿区带的划分，是一项复杂的工作，目前尚无严格的定量方法，本次成矿区带的划分遵循以下原则：

（1）区域矿产在空间的集中分布是圈定成矿区域的首要依据，一般在一个成矿区带中都有大、中、小矿床的产出，且常成群分布。

（2）按大地构造和区域构造性质划分成矿区域。地球物质运动的主导形式是构造运动。大地构造的形成或演化制约着有关的沉积、岩浆、变质、流体等作用。大地构造运动的转化过程（挤压→拉张→隆升）是成矿物质在壳幔中重新分配和再分配的过程。它控制了区域成矿作用的发生、发展和演化。成矿区域的形成是区域地质构造演化的产物。因此，区域地质构造演化和区域成矿作用的一致性应作为划分成矿区域的一个原则。

（3）成矿区域与成矿系列相对应。成矿系列包括成矿作用及产物的这一整体是在一定的地质环境中发生的，而成矿区带则是成矿系列形成和演化的地质环境，是成矿系列的载体。正是成矿环境中地层、构造、岩石、变质、流体等条件耦合，促成了成矿元素的高度富集。因此在成矿区域内，应包括一个以上的成矿系列（或称成矿系列组合）（陈毓川等，2006，2007，2015，2016）。

（4）以重要的地质界线，逐级圈定。

（5）以区域成矿作用为地质理论依据，物、化、遥资料认证（张招崇等，2011）。

**2. 西南天山成矿区带划分**

南天山为世界著名的金、汞、锑、铜、钨、锡、萤石成矿带。成矿带内成矿时代主要为古生代，成矿建造主要有黑色页岩型含金建造。带内最重要的矿产是黄金，已发现一大批大型、超大型、特大型金矿床，其中以乌兹别克斯坦穆龙套黑色页岩型特大型金矿床最为著名，其金属资源量达4000～5000t。在吉尔吉斯斯坦境内发现了萨瓦亚尔顿黑色页岩型大型金锑矿床，在我国境内除发现萨瓦亚尔顿大型金锑矿、布隆金矿、大山口金矿外，还发现了一些同类型的金矿床（点）和锑矿点以及海相碎屑岩型、沉积变质型铜矿。该成矿带与中天山成矿带南缘均产黑色页岩型金矿床，且品位高，规模巨大，为西方矿业公司所瞩目，称为"天山金腰带"（张招崇等，2011）。

董连慧等（2016）结合成矿时代的区分，将西南天山地区分别划分为晚古生代Ⅲ-12塔里木北缘铁多金属成矿带的Ⅳ-12-4的阔克萨勒岭铅锌多金属成矿亚带、晚古生代Ⅲ-13塔里木北缘隆起区钒钛铁-稀土成矿带的Ⅳ-13-1的柯坪塔格铅锌多金属成矿亚带，及其中生代的Ⅲ-12塔里木盆地北缘金锑成矿带的Ⅳ-12-1东阿赖-哈尔克山金锑成矿亚带、中生代Ⅲ-13塔里木北缘隆起区铁-铀成矿带的Ⅳ-13-1的柯坪塔格铁煤成矿亚带。本次研究综合根据西南天山地区的地质构成、构造体系组合特征、化探异常分布和矿床（点）分布，在点、线、面相结合的野外地质调查、构造地球化学剖面的测制及化探扫面资料分析的基础上，将西南天山塔里木盆地北缘-柯坪断隆等2个成矿带，进一步划分为5个二级成矿亚带（图5-1）。

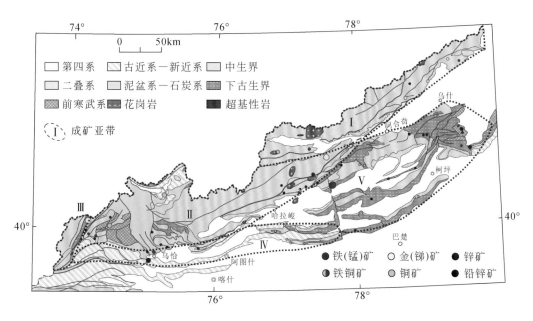

图 5-1　西南天山成矿亚带划分示意图

1) 乌什北山–马场金锑–铁锰成矿亚带

该带位于中国西南天山与吉尔吉斯斯坦交界处,总体呈 NE 走向。大地构造位置上位于西南天山造山带,秋木克克别勒断裂北侧,库马力克复向斜西南缘库尔哈克褶皱束东南部。带内主要出露志留系—石炭系。主要矿床包括卡拉脚古崖金锑矿、乌什北山金矿、卡恰金矿和特留苏金矿等。卡拉脚古崖金锑矿为断裂破碎带充填型、乌什北山金矿、卡恰金矿为与基性岩有关的破碎蚀变岩型。

2) 布隆–迈丹–托云金–铜–铅锌成矿亚带

以布隆、阿沙哇义金矿为代表,主要含矿地层为石炭系的碎屑岩,矿体主要产于大型逆冲推覆构造上盘和反冲破碎带、层间破碎带内。金、锑异常好,呈 NE 走向。其中阿沙哇义为最近几年新发现勘探的矿床,初步勘探证实为中型,有望成为新疆南部第二个大型规模的金矿(与西南侧的玉其开、北东侧的卡拉公盖金矿连为一体,金、锑地化异常连续展布,异常面积大)。结合成矿深度和剥蚀(根据变形特征初步推算)的初步分析,卡拉公盖地区的剥蚀程度更浅,阿沙哇义剥蚀程度比萨亚瓦尔顿还浅,成矿深度更浅,深部找矿前景更大。根据成矿物质(和流体)的来源来自深部,深部找矿空间更大,有望找到更多的富大矿体。

在哈拉峻北山地区,以萨色布拉克金、铅锌矿和塔木铜锡铅锌多金属矿为代表,该区发育碱性岩浆,出现大面积的角岩化,或者夕卡岩化;并有有利的岩性层,即灰岩、凝灰岩层,区域上二叠系巴立克立克组中有灰岩和凝灰岩层,有利于与碱性岩体直接接触,发生热接触交代而成矿;并有特殊的岩性组合,即 Si-Ca 面;巴立克立克组(灰岩–凝灰岩)与上覆卡伦达尔组(砂岩–粉砂岩)典型的 Si-Ca 面,是有利的含矿岩层组合,有利于成矿热液沿两者的接触界面流动并发生接触交代，出现顺层夕卡岩化而发生沉积沉淀聚集成矿；此外，层间滑脱界面发育，也是成矿流体运移的通道，易于沿着滑脱界面发生接触交代而成矿。

3）萨亚瓦尔顿-吉根金锑成矿亚带

以早古生代的碎屑岩为赋矿围岩，矿体赋存于层间破碎带内，与断裂破碎带的变形程度密切相关，该带主要异常为金锑异常。在吉根一带由于出露早古生代的超基性岩，在基性岩体内是否有铬铁矿和石棉等，有待于进一步开展工作。

4）乌恰-伽师铜铅锌成矿亚带

以乌拉根铅锌矿和伽师铜矿为代表，主要发育于中-新生代前陆盆地中，以砂砾岩为赋矿围岩，矿体发育于地球化学障部位，具有明显层控特征，发育多个铜、铅锌化探异常，目前已探明萨热克大型铜矿和乌拉根超大型铅锌矿以及花园、伽师、滴水等中小型铜矿，有望获得更大的找矿突破。

5）柯坪断隆区铁铅锌成矿亚带

由于柯坪断隆区现有的金属矿产勘查开发程度比较低，只有坎岭铅锌矿、霍什布拉克铅锌矿、普昌钒钛磁铁矿和瓦吉里塔格铁-稀土矿在一直开采。

带内有坎岭、霍什布拉克等 MVT 铅锌矿，区域内走滑断层发育，并有有利的层位及岩性组合，即 Si-Ca 面发育，同时层间滑动面也十分发育。普昌-瓦吉里塔格等钒钛磁铁矿-稀土矿床达到大型规模，地表基性-超基性岩浆岩出露，或者航磁、区域重力异常区，反映出深部可能存在基性岩体或岩墙。本矿区磁异常值是负磁异常，是很好的找矿标志，矿区负磁异常面积大，强度高，经槽探和钻孔证实是由磁铁矿体引起，因此物探磁异常是该矿区重要的、间接的找矿标志，通过进一步成矿规律总结依据磁异常可以解释出矿床的形态、产状与规模。矿石与岩性关系密切，辉石岩内 TFe 高，$TiO_2$、$V_2O_5$ 也高，而辉长岩、橄榄岩低。

## 5.1.2　西南天山找矿靶区选择

### 1. 靶区选择依据

对于具备良好的成矿地质条件，有已知重要工业矿床（点）分布，矿化特征和物（化）探异常明显的地区，以各类已知矿床（点）时空分布和成矿特征为基础，结合金锑矿的特定赋矿层位、化探异常、构造叠加与成矿关系的综合分析研究，圈定靶区。重点找矿靶区是成矿地质环境有利，有相关元素异常出现，已发现成型矿床，尚需进一步开展普查评价工作，扩大远景的地区。因此，在进行本区金属矿产成矿预测时，必须对已发现的金属矿点和矿化点给予必要的重视，把它们作为找矿方面的重要线索。化探数据在本区成矿预测方面也具有重要的意义。

综合分析已有地质矿产资料，在区域成矿条件、典型矿床和成矿规律、成矿模式及找矿模型研究的基础上，利用遥感划分出有利的找矿区段，结合物化探异常等，充分提取各种与成矿有关的地质信息及前期总结的找矿标志等分析的有利找矿地段，优选出不同成矿带的矿化异常区和矿点分布区，进行野外地质踏勘和选点工作。此外，必须重视成矿地质背景和构造演化对成矿作用的控制，即要分析成矿的大地构造位置、成矿的地层岩石条件、构造运动可能引起的成矿物质运移聚散和成矿的构造有利部位等。对于具备良好的成矿地质条件，有已知重要工业矿床（点）分布，矿化特征和物（化）探异常明显的地区，以各类已知矿床（点）时空分布和成矿特征为基础，结合铅锌矿、铁矿的特定赋矿层位、化探异常、构造叠加与成矿关系的综合分析研究，圈定可能发现成型矿产地的地区为靶区。

根据对本区金锑、铜铅锌、铁等多金属成矿地质条件和控矿因素的分析，参考前人在相邻区域的靶区划分原则（张招崇等，2011），提出成矿预测区级别的分类标志如下：

1）A 类预测区

为已知矿化密集区，区内已有一定规模的工业矿床，成矿规律清楚，各类物化探等异常发育，成矿条件十分有利，找矿潜力巨大。

2）B 类预测区

区内有较多的矿化显示（矿点、矿化点和蚀变带等），有较多有意义的物化探等异常分布，成矿地质条件良好，区域成矿规律分析认为找矿潜力较大。

3）C 类预测区

区内有少量的矿化点，有一定的物化探异常分布，地质背景和成矿规律分析认为具有一定的找矿潜力。

根据上述优选原则和区域优势矿产成矿规律总结研究以及区域成矿地质背景分析，在西南天山提出预测区 21 处（图 5-1，表 5-1），其中，A 类预测区 7 个，B 类预测区 11 个，C 类预测区 3 个。

表 5-1　预测区分类表

| 分类 | | 名称 | 位置 | 预测目标 |
|---|---|---|---|---|
| A 类 | A1 | 阿沙哇义预测区 | 阿沙哇义南西侧及其深部 | Au-Sb |
| | A2 | 萨瓦亚尔顿南西侧预测区 | 萨瓦亚尔顿金矿南西及其深部 | Au |
| | A3 | 卡拉脚古崖北东侧预测区 | 卡拉脚古崖深部及其北东侧 | Au-Sb-Hg |
| | A4 | 乌什北山预测区 | 乌什北山金锑矿 | Au-Sb |
| | A5 | 萨咯尔德预测区 | 萨咯尔德铜金矿外围及深部 | Cu-Au |
| | A6 | 塔木–切盖布拉克预测区 | 哈拉峻北山塔木村周缘 | Cu-Sn-Pb-Zn |
| | A7 | 克兹勒克岩体南缘预测区 | 萨色布拉克矿周缘 | Au \ Pb-Zn |

| 分类 | | 名称 | 位置 | 预测目标 |
|---|---|---|---|---|
| B 类 | B1 | 卡拉公盖预测区 | 卡拉公盖金异常区 | Au |
| | B2 | 川乌鲁预测区 | 川乌鲁岩体东缘 | Cu-Au |
| | B3 | 阿合奇马场西预测区 | 阿合奇马场西 | Fe-Mn |
| | B4 | 古尔拉勒岩体预测区 | 古尔拉勒岩体周缘 | Cu-Pb-Zn |
| | B5 | 萨瓦亚尔顿西南预测区 | 萨瓦亚尔顿南西侧 | Pb-Zn |
| | B6 | 阔库布拉克预测区 | 阔库布拉克铅锌矿 | Pb-Zn |
| | B7 | 齐齐加纳河预测区 | 齐齐加纳河上游 | Fe-Cu |
| | B8 | 喀尔果能恰特预测区 | 哈拉峻二牧场村周缘 | Pb-Zn |
| | B9 | 坎岭南西侧预测区 | 坎岭铅锌矿区的西南段 | Pb-Zn |
| | B10 | 普昌钒钛磁铁矿西侧预测区 | 普昌岩体被皮羌断裂带错断的西侧部分 | Fe |
| | B11 | 琼恰特北预测区 | 柯坪断隆区的琼恰特北侧 | Pz-Zn |
| C 类 | C1 | 阿克塔什预测区 | 阿克塔什铬铁矿周缘 | Fe-Cu |
| | C2 | 阿合奇北预测区 | 阿合奇北沟金矿周缘 | Au |
| | C3 | 萨尔干预测区 | 萨尔干基性岩内部 | Fe |

**2. 靶区概况**

1）A 类预测区

A. 阿沙哇义预测区（A1）

阿沙哇义矿区所在的大地构造属于塔里木板块北缘活动带，位于区域 NE 向喀拉铁克大断裂的西北侧，矿区主要出露上石炭统喀拉治尔加组下亚段（$C_2kl^a$）和第四系。喀拉治尔加组下亚段主要为灰色薄层状绢云母化（泥质）粉砂岩、千枚岩夹灰黄色中层状变余（石英）细砂岩。矿区断裂构造较发育，主要发育区域性的喀拉铁别克大断裂、喀拉铁克大断裂的次级断裂带，其性质以压扭性为主，表现为一系列断层、节理、裂隙带。区内与金矿化密切的矿化蚀变有黄铁矿化、褐铁矿化、硅化、绢云母化、高岭土化等。金富集主要为区域构造–热事件中–低温热液活动的结果。

通过对阿沙哇义金矿成因及物质来源的研究，认为阿沙哇义金矿主要受断裂控制，矿体产状与断裂一致，矿体由一系列石英脉所组成，主要围岩蚀变为黄铁矿化、硅化和绢云母化，成矿流体具有中温、富 $CO_2$、低盐度的变质流体特征。这些特征与国内外典型造山型矿床一致（Chen et al., 2006），指示阿沙哇义金矿应为造山型金矿。在矿区及外围（图 5-2）有良好的找矿远景。

B. 萨瓦亚尔顿南西侧预测区（A2）

萨瓦亚尔顿金矿床位于新疆乌恰县东阿赖山北部，矿区赋矿地层为上志留统和下泥盆统，上志留统塔尔特库里组为一套浅变质含碳碎屑岩，下泥盆统萨瓦亚尔顿组划分为 2 段：第一段由薄层状含碳千枚岩夹中厚层状变质细砂岩组成；第二段为中厚层状变质钙质

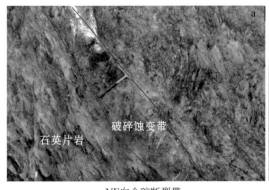

a. NE 向含矿断裂带　　　　　　　　　　　　　　b. 矿区远景

图 5-2　阿沙哇义预测区典型照片

细砂岩夹碳质千枚岩，局部夹变质粉砂岩。萨瓦亚尔顿金矿赋矿地层主要为志留系碳质千枚岩，可见黄铁矿化、硅化。含矿石英脉顺层或者切层。早期石英脉厚大，基本不含矿，矿化期毒砂发育。未见明显线理。矿区构造韧性变形在成矿之前，成矿可能与后期断裂的脆性活动有关。围岩蚀变类型有硅化、黄铁矿化、毒砂化、绢云母化、碳酸盐化及局部的绿泥石化（图 5-3）。矿石分为原生矿石和氧化矿石。根据矿物组合和产状将原生矿石划分为含金石英细脉-网脉型、含金蚀变碳质千枚岩型和含金硅化粉砂岩型，进一步划分为 5 种自然类型：①金-毒砂-黄铁矿-石英矿石；②金-黄铁矿-脆硫锑铅矿-（辉锑矿）-石英矿石；③金-脆硫锑铅矿-（辉锑矿）矿石；④金-石英-菱铁矿矿石；⑤金-黄铁矿-磁黄铁矿-石英矿石（刘家军等，2002b）。对萨瓦亚尔顿金矿成因和成矿物质来源的研究表明，该矿床属造山型金矿，该矿区西南具明显的金异常和蚀变。因此，在该矿区的南西侧（图 5-3）为找金矿的有利靶区。

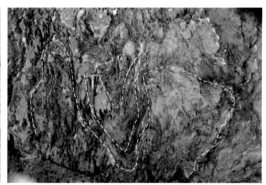

a. 地表蚀变带　　　　　　　　　　　　　　　　b. 强变形带

图 5-3　萨瓦亚尔顿南西侧预测区典型照片

C. 卡拉脚古崖北东侧预测区（A3）

卡拉脚古崖金锑矿位于西南天山造山带，秋木克克别勒断裂（矿区内为托什干断裂）北侧，库马力克复向斜西南缘库尔哈克褶皱束东南部。矿区内主要出露下石炭统、古近系和新近系上新统阿图什组及第四系。下石炭统为一套滨海–浅海相碎屑岩及碳酸盐岩沉积，细碎屑岩普遍已变质。矿区内矿体可分为金、锑共生矿体和锑矿体。卡拉脚古崖金锑矿矿石较为简单，主要为石英脉型矿石。矿石以原生矿石为主（图5-4），矿石主要发育于破碎的石英条带中，矿化程度越高的地方，石英破碎越强烈，与矿化有关的石英往往呈烟灰色，透明度不高。卡拉脚古崖金锑矿主要受断裂控制，矿体由一系列石英脉所组成，主要围岩蚀变为黄铁矿化、硅化和绢云母化，包裹体类型为 $H_2O$-$CO_2$ 包裹体、纯 $CO_2$ 包裹体、水溶液包裹体，这些特征与国内外典型造山型矿床一致，初步确定其为造山型金锑矿。该区深部及北东侧（图5-4）具有良好的找矿远景。

a. 含矿石英脉　　　　　　　　　　　　b. 钻孔中的辉锑矿

图 5-4　卡拉脚古崖北东侧预测区典型照片

D. 乌什北山预测区（A4）

乌什北山金矿位于乌什县英阿瓦提乡北部山区，矿区出露地层主要是下石炭统干草湖组、上石炭统阿依里河组、中–上新统康村组及下更新统西域组，地表经探槽工程了解，矿石全部处于氧化、淋滤状态，仅残留少量的原生矿石团块（图5-5）。氧化矿石中经鉴定有自然金分布，原生矿石没有发现自然金。推测深部应该存在一个氧化矿石和原生矿石

a. 含矿蚀变带　　　　　　　　　　　　b. 与近矿化密切的安山岩

图 5-5　乌什北山预测区典型照片

混杂的地带，表生淋滤作用对金起着富集作用。金主要赋存在矿物颗粒连生部位与包裹体中，连生金占 54.83%，包裹金占 45.17%。矿石中有益组分除金外，伴生少量银，一般为 $0.1×10^{-6} \sim 0.5×10^{-6}$，少数矿体局部含量可达 $1×10^{-6} \sim 2×10^{-6}$。有害组分砷、硫含量分别为 0.63%、0.21%，砷、硫对提取金影响不大。乌什北山金矿成因与火山活动及构造活动的低温热液作用有关，石炭系微弱的火山活动为金矿主成矿元素提供物质来源，后期构造为主成矿元素富集提供热液和通道。在构造作用下，热液萃取地层及火山岩中主成矿物质并沿断裂通道运移，在破碎带中再次富集。所以，认为该矿成因是火山及构造作用有关的低温热液蚀变型矿。经科研预测，金矿石 19.3 万 t，金金属量 6.96t，达到中型规模。综合地物化资料分析，认为乌什北山金矿成矿远景可达大型。

　　E. 萨喀尔德预测区（A5）

　　萨喀尔德铜金矿是西南天山近年来新发现的矿点，矿区位于布隆金矿西南，为热液充填交代型铜金矿床，该矿床主要受断裂控制，在断层破碎蚀变带中共圈出了 4 个铜矿（化）体。矿区铜矿化主要产于石英脉内，石英脉分为顺层产出和切层产出两组。矿区地层主要为上石炭统别根他乌组和上泥盆统克兹尔塔格组。围岩为灰白色变质细砂岩及灰黑色碳质粉砂岩。矿（化）体内蚀变主要有碳酸盐化、硅化、菱铁矿化、褐铁矿化、孔雀石化、铜蓝、黄铁矿化、黄铜矿化，围岩蚀变不明显（图 5-6）。在矿区曾发现一细脉状石英脉，石英脉表面见有紫红色薄膜，脉宽约 1cm，呈团块状。经取样化验，金品位较高，通过探坑工程追索，石英脉尖灭、消失。通过对矿区的实地观测，推测矿区构造格架为石炭系与泥盆系之间的逆冲推覆构造将石炭系推覆到泥盆系之上。断层上盘，石炭系发生明显的褶皱和断裂。局部拉张空间形成一系列顺层和切层的含矿石英脉。靠近断裂带部位，可见岩石被后期热液作用蚀变为灰白色。该矿区深部及外围有较大找矿潜力。

a. 黄铜矿化

b. 含矿石英脉

图 5-6　萨喀尔德预测区典型照片

　　F. 塔木-切盖布拉克预测区（A6）

　　塔木-切盖布拉克预测区位于柯坪断隆北缘，区内地表发育大面积的黑云母角岩化、石榴子石-透辉石夕卡岩化，目前已有多个金、铜铅锌矿点，如喀达塔木磁铁矿点、铜铅锌点，层控夕卡岩型铜铅锌矿点和外围谢依特、哈拉峻二牧场南铅锌矿点，更远处还有艾西麦金矿点、艾西麦铅锌矿点等。经地球物理探测，该区下部隐伏岩体深度较小，与地层接触部位具有明显的交代蚀变。且具有明显的化探异常。推测该区为金铜铅锌多金属的有利找矿靶区（图5-7、图5-8）。

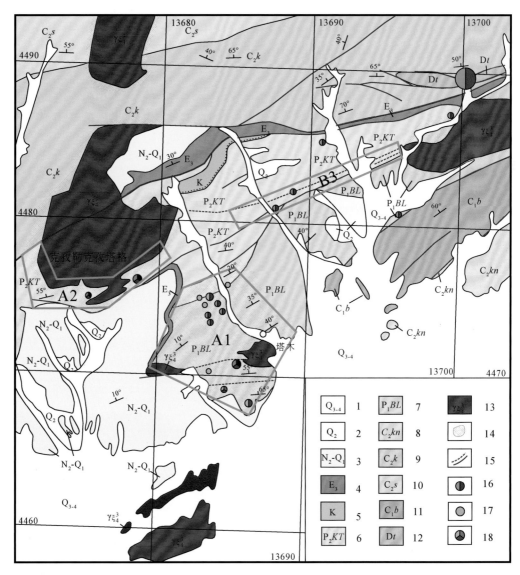

图 5-7　柯坪地区 A1、A2、B3 预测区位置示意图

1. 上更新统—第四系；2. 中更新统；3. 上新统—下更新统；4. 渐新统；5. 白垩系；6. 上二叠统库铁热克群；

7. 下二叠统别良金群；8. 上石炭统喀拉铁克组；9. 上石炭统康克林组；10. 上石炭统萨斯克布拉克组；

11. 下石炭统巴什索贡组；12. 泥盆系塔塔埃尔塔格组；13. 碱性花岗岩；14. 地表夕卡岩化范围；

15. 不整合；16. 铅锌矿；17. 铜矿；18. 多金属（锡铜铅锌）矿

G. 克兹勒克岩体南缘预测区（A7）

该区存在萨色布拉克铅锌金矿床以及萨色布拉克西铜铅锌多金属矿床（图5-9）。矿区出露地层主要为晚古生代下二叠统别良金群海陆过渡相的碎屑岩、古近系和新近系砂砾岩。矿区出露地层普遍遭受了较强的热接触变质作用、接触交代变质作用，局部可能还叠加有动力变质作用。区内围岩蚀变主要表现为夕卡岩化、角岩化、方解石化、磁铁矿化、褐铁矿化、透闪石化及少量孔雀石化、绿泥石化、绿帘石化。萨色布拉克锌矿区经 2010 年工作，共圈定了 19 条矿体，其中，地表 5 条锌矿体，钻孔深部打出隐伏矿体 14 条。各矿（化）体集中分布于透辉石、石榴子石夕卡岩带中，具较明显的层控特征。矿床成因类型为产于夕卡岩化细碎屑岩中的夕卡岩型矿床。判断该区具有寻找夕卡岩型矿床的潜力。

a. 铅锌矿采坑　　　　　　　　　　　　　　　　　　b. 夕卡岩

图 5-8　塔木–切盖布拉克预测区典型照片

a. 采矿平硐　　　　　　　　　　　　　　　　　　b. 平硐内的铅锌矿化

图 5-9　克兹勒克岩体南缘预测区典型照片

2）B 类预测区

A. 卡拉公盖预测区（B1）

卡拉公盖金异常区位于阿沙哇义金矿西北，与阿沙哇义金矿产于同一地层中（上石炭统喀拉治尔加组）（图 5-10）。前人工作较少，在 1∶5 万水系沉积物化探普查中，该区显示明显的 Au 异常。本次研究在卡拉公盖异常区进行了磁法测量和偶极测深物探测量，磁法测量完成 14.1km，偶极测深剖面 3 条线（42 个偶极测深点），并沿物探剖面实测了一条构造剖面。综合物探资料和地表构造分析，认为该区具有较大找矿潜力。

B. 川乌鲁预测区（B2）

川乌鲁岩体位于阔克萨勒岭复背斜区南部，出露地层主要为上志留统—下泥盆统的深

a. 黄铁矿化石英脉　　　　　　　　　　　b. 平卧褶皱

图 5-10　卡拉公盖预测区典型照片

灰色细碎屑岩，富含硫化物。海西期岩浆活动强烈，中部有蛇绿杂岩产出，岩石强烈褶皱。蚀变强烈，主要有绿泥石化、硅化、孔雀石化、重晶石化等。Au、Cu、Ag、Hg、Sb矿化有较发育的异常。此外在成矿远景区西部，有 Cu、Ni 异常，东部有 Cu、Cr 异常。推测川乌鲁岩体东缘具有较大找矿潜力。

C. 阿合奇马场西预测区（B3）

阿合奇马场地区为一套滨海相沉积，主要出露地层有乌帕塔尔坎群，岩性可以分为三段，下部为灰绿色千枚岩化钙质细砂岩夹页岩，中部为浅褐色–红色千枚岩化钙质粉砂岩夹细砂岩，上部为安山岩、石英角斑岩夹凝灰岩及凝灰角砾岩，硅质岩、粉砂岩。岩层沿走向互相交替。该组可能为被动大陆边缘的浊流沉积环境的产物。托什干组为浅灰色至暗灰色灰岩、鲕状灰岩夹少量薄层泥质灰岩。该组主要分布在托什干河南北两侧，在哈拉奇–阿合奇一线分布于托什干河北岸，其为浅海相沉积环境，是 Fe-Mn 矿的有利成矿部位。推测该区有较好的 Fe-Mn 矿找矿潜力。

D. 古尔拉勒岩体预测区（B4）

古尔拉勒岩体位于卡拉库姆–塔里木陆块区的塔里木北缘隆起。岩体边部与地层接触部位可见明显蚀变。该区具有寻找夕卡岩型铜铅锌矿床的潜力。

E. 萨瓦亚尔顿西南预测区（B5）

萨瓦亚尔顿南西侧不仅具有良好的金矿找矿潜力，还发现了一系列小型的铅锌矿点，具有明显的铅锌化探异常。推测在该区具有铅锌矿良好的找矿潜力。

F. 阔库布拉克预测区（B6）

阔库布拉克铅锌矿点位于萨瓦亚尔顿–吉根超岩石圈断裂的东南侧，主要发育上志留统—上石炭统滨、浅海相陆源碎屑岩–碳酸盐岩建造（图 5-11）。该区岩浆侵入活动十分微弱，断裂构造十分发育。预测区一带处于南天山 Pb、Zn、Cu、Au、Sb、Mn、Al、Sr（Sn、宝石、稀土、稀有金属）成矿带的西端，该带与阔克萨勒晚古生代陆缘盆地范围吻合。推测该预测区铅锌矿具有良好的找矿潜力。

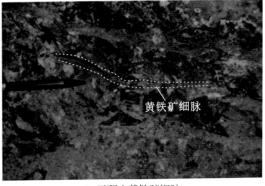

黄铁矿细脉

|  a. 地表蚀变带  |  b. 平硐内黄铁矿细脉  |

图 5-11　阔库布拉克预测区典型照片

G. 齐齐加纳河预测区（B7）

齐齐加纳河地区发育一套古生代蛇绿岩。蛇绿岩套内堆晶辉长岩、橄榄岩等发育，是铬铁矿的良好成矿部位（图 5-12）。推测该区为铬铁矿良好的成矿远景区。

蛇纹石化橄榄岩

堆晶辉长岩

|  a. 蛇纹石化橄榄岩  |  b. 堆晶辉长岩  |

图 5-12　齐齐加纳河预测区典型照片

H. 喀尔果能恰特预测区（B8）

喀尔果能恰特地区位于喀拉铁别克断裂南侧，预测区出露二叠系卡伦达尔组砂岩、巴立克立克组上段灰岩，为典型的 Si-Ca 面组合。预测区内已有铅锌矿点，沿断裂围岩蚀变明显。该预测区西部为克兹勒克岩体，并有大型断裂贯通，是形成浅层低温热液矿床的有利部位，推测该区为铅锌的有利找矿靶区（图 5-13）。

I. 坎岭南西侧预测区（B9）

坎岭多金属矿床位于乌什县阿合牙乡库鲁克村西南约 14km 处。矿区出露地层主要为上寒武统阿瓦塔格群灰色–浅灰色薄层–中厚层白云岩，下奥陶统丘里塔格组浅灰色–深灰

a. 花岗岩与灰岩接触界线　　　　　　　　　b. 铜铅锌矿化

图 5-13　喀尔果能恰特预测区典型照片

色中厚层状灰岩夹白云岩，中奥陶统萨尔干组黑色页岩、生物灰岩、紫红色泥质灰岩，上奥陶统印干组泥质灰岩、页岩、泥岩，志留系灰紫色砂岩、粉砂岩。容矿围岩为上寒武统阿瓦塔格群和下奥陶统丘里塔格组的灰岩。

矿区构造比较复杂，由区域控制矿床产出的区域构造为矿区北部北东东向库鲁克乌居木大断裂。受该断裂影响，在其南盘形成一系列轴向北东和北东东向的次级褶皱及近南北向和北东向的几组断裂。近南北向坎岭断裂为矿质运移的通道，与之成"入"字形相交的次级张性和张扭性断裂控制了矿体的空间定位和产态。

该矿床成矿类型属低温热液碳酸盐–铅锌铜硫化物脉型多金属矿床。经实地调研，推测其南西侧具有较大的铅锌矿成矿潜力（图 5-14）。

J. 普昌钒钛磁铁矿西侧预测区（B10）

普昌钒钛磁铁矿床处于塔里木板块北缘活动带喀拉铁克拗陷带、哈拉峻–皮羌近东西向大断裂与普昌近南北向基底断裂的交汇部位。

矿区出露的地层主要为上石炭统康克林组，岩性为硅质板岩、大理岩及夕卡岩化板岩等。区内岩浆岩主要为普昌基性杂岩体，出露面积约 $17km^2$，为一多期侵位的复式岩体。岩性主要为中–粗粒辉长岩，其次为斜长岩，并有少量辉石岩、辉石橄榄岩、橄榄辉长岩及花岗岩等。其中第三期侵位的中粒含铁辉长岩是矿体的直接含矿围岩。矿体一般呈浸染条带状、囊状、似层状产出，为磁铁矿、钛铁矿组合。目前已发现 5 个较大矿体，出露长度为几百米至 1400m 左右，计算储量表明，$TiO_2$ 已达到大型工业矿床。

普昌钒钛磁铁矿床赋存于具多次侵位的基性杂岩中，矿体呈似层状或囊状整合产于层状杂岩体各韵律层下部的含铁辉长岩中，矿石矿物主要为磁铁矿和钛铁矿，故其成因类型为岩浆熔离结晶分异–贯入式矿床。在普昌钒钛磁铁矿被断层错断的西侧，还有基性岩体侵位，野外发现有一定的矿化。推测普昌钒钛磁铁矿西侧有进一步增加资源量的潜力（图 5-15）。

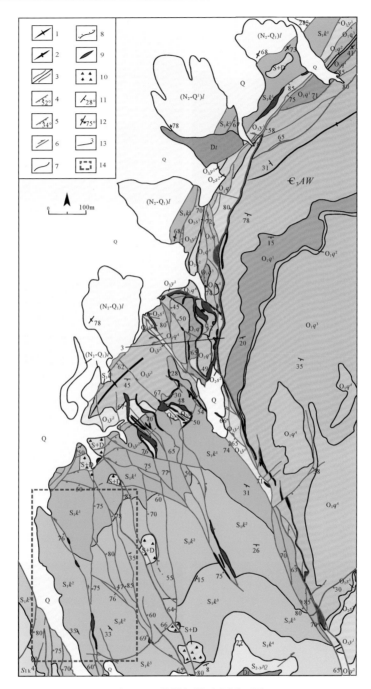

图 5-14　坎岭铅锌矿预测区图

Q. 第四系；（N₂-Q₁）l. 上新统—更新统砾岩组；Dt. 塔塔埃尔塔格组；S+D. 志留系和泥盆系；S₂.₃JG. 中上志留统吉布代布拉克群；S₁k¹. 下志留统柯坪塔格组一段；S₁k². 下志留统柯坪塔格组二段；S₁k³. 下志留统柯坪塔格组三段；S₁k⁴. 下志留统柯坪塔格组四段；O₃y¹. 上奥陶统印干组一段；O₃y². 上奥陶统印干组二段；O₂s¹. 中奥陶统萨尔干组一段；O₂s². 中奥陶统萨尔干组二段；O₁q¹. 下奥陶统丘里塔格组一段；O₁q². 下奥陶统丘里塔格组二段；O₁q³. 下奥陶统丘里塔格组三段；O₁q⁴. 下奥陶统丘里塔格组四段；Є₃AW. 上寒武统阿瓦塔格群。1. 背斜轴；2. 倒转背斜轴；3. 实测/推测断层；4. 张性正断层；5. 压性逆断层；6. 平移断层；7. 地质界线；8. 平行不整合；9. 铅锌矿体；10. 碎裂角砾岩；11. 正常岩层产状；12. 倒转岩层产状；13. 3号地质剖面；14. 预测区

| a. 铁矿采坑 | b. 磁铁矿矿体 |

图 5-15　普昌钒钛磁铁矿预测区典型照片

K. 琼恰特北预测区（B11）

琼恰特北预测区处于塔里木地台西北缘木兹杜克过渡带，区内出露地层主要为古生界的碎屑岩、碳酸盐岩沉积。区内构造形迹与区域构造一致，构造线总体走向北东–南西向。岩层中构造显得较复杂，小褶皱、断裂较发育。主要的蚀变作用表现为与矿化有关的白云石化、方解石化、硅化、绢云母化。预测区内已发现有琼恰特北铅锌矿等矿床。预测区位于南天山金、铅锌、铜、锑、锡（铝、汞、稀有、稀土金属、宝玉石）成矿带中部，大地构造处于塔里木地台西北缘，1：20 万区域化探成果显示，分布有不同层次的 Au、As、Sb 及 Cu、Ag 等异常，且其位于喀拉铁克大断裂一带，次一级断层破碎蚀变带较发育，这为热液运移与富集提供了通道和场所，具备形成铜、铅、锌、银和金矿床的热源、导矿、容矿条件。

3）C 类预测区

A. 阿克塔什预测区（C1）

阿克塔什地区发育一套基性岩（图 5-16），目前已发现有铬铁矿矿床，正在进一步勘探之中。推测该区为铬铁矿的有利靶区。

| a. 橄榄辉石岩 | b. 铬铁矿化 |

图 5-16　阿克塔什预测区典型照片

**B. 阿合奇北预测区（C2）**

阿合奇北沟有金异常显示，预测区出露有基性火山岩，可能与卡恰金矿具有类似的成矿背景。目前正在勘探之中，推测该区有寻找金矿的潜力。

**C. 萨尔干预测区（C3）**

萨尔干预测区位于柯坪海西期铅锌铜铁成矿带内，发育超基性岩，本书研究表明超基性岩侵位时代约 50Ma，呈层状顺层侵入，预测区内发育铁、镍异常，具有一定的找矿空间。该区是寻找铁、镍、铜矿的有利靶区（图 5-17）。

a. 超基性岩　　　　　　　　　　b. 萨尔干走滑撕裂断层

图 5-17　萨尔干预测区典型断层

# 5.2　找矿靶区评价

## 5.2.1　阿沙哇义金矿找矿靶区

**1. 工作部署**

前已述及，项目组对阿沙哇义金矿的控矿构造和矿床成因进行了一系列的研究，认为阿沙哇义金矿为造山型金矿，在矿区南西侧以及深部都具有良好的找矿远景。为了进一步对找矿靶区的资源潜力进行评价，本次研究在阿沙哇义矿区进行了磁法和偶极测深等工作。在阿沙哇义金矿区完成磁法测量 15.9km，偶极测深 43 个点，测量位置如图 5-18 所示。

**2. 物探工作解译分析**

**1）PM1 线**

PM1 线由南向北测制，出露地层为上石炭统喀拉治尔加组下亚段（$C_2 k_l^a$），从 PM1 线视电阻率拟断面图上看（图 5-19），大致可以分为 4 个段，剖面由北至南分别是高阻段（100～115 点）平均为 1600Ω·m、低阻段（120～130 点）平均为 200Ω·m、中低阻段（过渡区）

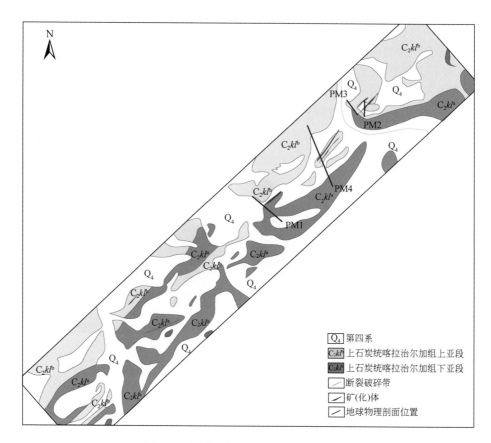

图 5-18　阿沙哇义预测区物探位置示意图

（130～145 点）平均为 500Ω·m，以及低阻段（150 点）平均为 200Ω·m。结合地质剖面及地质特征可以看出高阻段主要对应的是砂岩，低阻段主要对应的是泥岩，中阻段主要对应的是粉砂岩。大致反映出电阻率与沉积物粒度有关，沉积物粒度粗的电阻率高，粒度细的电阻率低。

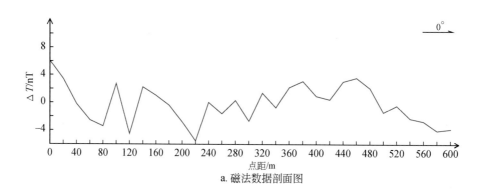

a. 磁法数据剖面图

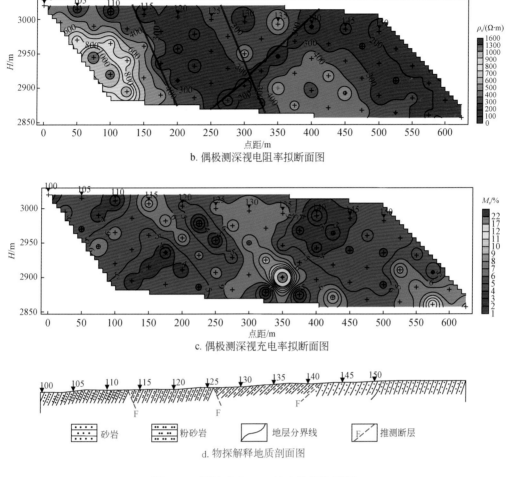

b. 偶极测深视电阻率拟断面图

c. 偶极测深视充电率拟断面图

砂岩　　粉砂岩　　地层分界线　　推测断层

d. 物探解释地质剖面图

图 5-19　阿沙哇义 PM1 综合物探地质解

从视充电率拟断面图来看剖面视充电率整体偏低，背景场值约为 5mV/A，极高值位于 135 点，其视充电率极值为 22mV/A，视电阻率和视充电率之间成反比，相对较高电阻率对应的是低充电率，低电阻率对应的是相对较高充电率。从岩性可以看出，砂岩主要表现出中高阻低充电率的特征，泥岩主要表现为低阻较高充电率的特征，粉砂岩主要表现为低阻低充电率特征。

综合激电偶极测深 PM1 线视电阻率拟断面图以及视充电率拟断面图来看，结合地质资料分析，110～135 点从视电阻率拟断面图上看电阻率差异较大，界线明显，推断这种电性变化的特征是断裂破碎带引起（与 PM4 激电偶极剖面反映的断层电性特征一致），断裂破碎带宽约 130m，倾向南。从视电阻率拟断面图看出，140 点向北斜向存在一个北倾低阻带，视电阻率呈串珠状，错断两侧相对较高的电阻率，视充电率拟断面图上看相对凹型，凹凸有致，但错动不明显，推断引起这种电性变化特征的原因是次级断裂，宽约 10m，磁测 $\Delta T$ 曲线也反映出磁陡降的特征。

综合视电阻率拟断面图和视充电率拟断面图可以看出，PM1 线整体呈高阻低充电率、低阻高充电率电性变化特征，而高充电率又与断层破碎带有关，但整体规模不大，高充电率与金矿带密不可分。因此，认为 PM1 号物探综合剖面中的激电异常可能是矿致异常，且顶底板清晰。

2) PM2 线

PM2 为综合物探剖面自南向北测制，出露地层主要为上石炭统喀拉治尔加组上亚段（$C_2k_l^b$），从视电阻率拟断面图看，大致可以分为 4 段（图 5-20）：A 段（100 ~ 105 点），视电阻率均值为 200Ω·m；B 段（110 ~ 120 点），视电阻率均值为 150Ω·m；C 段（200 ~ 290m 处），视电阻率均值为 800Ω·m；D 段（290 ~ 320m 处），视电阻率均值为 250Ω·m。结合地质剖面图及地质特征看出，A 段对应的是细砂岩，B 段对应的是千枚岩和破碎带，C 段对应的是砂岩，D 段对应的是粉砂岩。

从视充电率拟断面图来看，PM2 剖面背景场值约为 8mV/A，视充电率异常较为分散，不连续，大致划分出 3 个异常区：250 ~ 300m 处高阻区、两侧相对低阻区，变化特征明显，等值线密集，推测与两侧电性层为断层接触，断层南倾，视充电率异常位于断层两侧。其中Ⅰ、Ⅱ异常区被断后切割，综合已知地质资料分析，Ⅱ、Ⅲ号视充电率异常与地表已知矿体相对应，根据已知推未知原则，Ⅰ号异常为矿致异常。

从视充电率异常分布规律来看，PM2 剖面分布的金矿体在空间不连续，表明断型构造既是控矿断裂，又将矿体分割成多个独立的矿体。由 PM3 综合物探剖面图来看，在阿沙哇义矿区，金矿在深部呈尖灭再现或透镜状分布的规律现象。

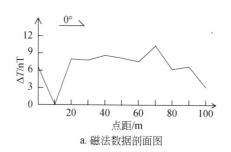

a. 磁法数据剖面图

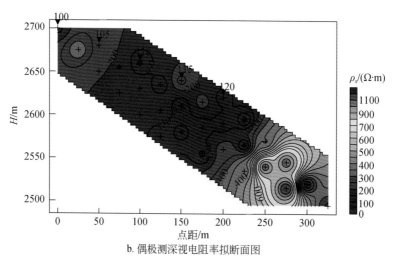

b. 偶极测深视电阻率拟断面图

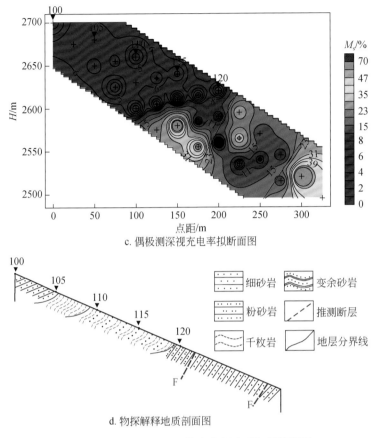

c. 偶极测深视充电率拟断面图

| | | | |
|---|---|---|---|
| 细砂岩 | | 变余砂岩 | |
| 粉砂岩 | | 推测断层 | |
| 千枚岩 | | 地层分界线 | |

d. 物探解释地质剖面图

图 5-20　阿沙哇义 PM2 综合物探地质解释推断图

## 3）PM3 线

从 PM3 线视电阻率拟断面图（图 5-21）上看，整体电阻率较小，大致可以分为 3 个段，剖面由南至北分别是 A 段平均为 $200\Omega\cdot m$，B 段平均为 $100\Omega\cdot m$，C 段平均为 $150\Omega\cdot m$，结合地质剖面图可以看出，中低阻段主要对应的是砂岩，低阻段主要对应的是变余砂岩。

从视充电率拟断面图来看，剖面背景场值约为 4mV/A，从电性变化深度分为 3 个段，剖面从浅至深分别是 Ⅰ 段，视充电率均值为 2mV/A；Ⅱ 段（过渡场），视充电率均值为 4mV/A；C 段（147.5～155 点），视充电率均值为 7mV/A。

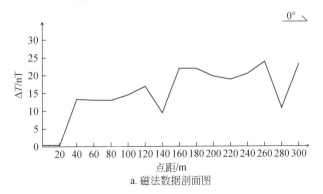

a. 磁法数据剖面图

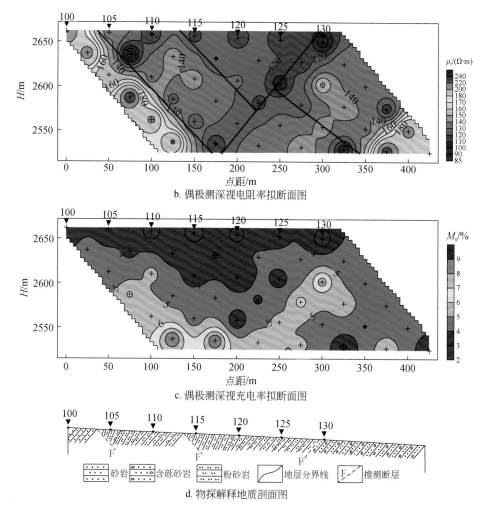

b. 偶极测深视电阻率拟断面图

c. 偶极测深视充电率拟断面图

d. 物探解释地质剖面图

图 5-21　阿沙哇义 PM3 综合物探地质解释推断图

综上所述，自 105 点向北电阻率差异较明显，115 点向北视电阻率变化相对较大，呈线性分布的特征，推测是由断裂构造引起，自 130 点自北向南倾设一条低电阻带，该低电阻带切割了南侧的断层。从电性差异看，该低电阻带由断层引起，从电阻率变化特征分析，该断层为正断层。从磁测 $\Delta T$ 曲线来看，在断层通过处，磁均有明显的梯度特征。

受这组不同方向断层影响，视充电率异常呈"V"字形分布，局部更高一级的异常相对独立，推测反映的是水滴状金矿体引起这种异常分布特征。另外受地表较厚第四纪覆盖层影响，形成视充电率在垂向分布的变化特征。

4）PM4 线

从 PM4 线视电阻率拟断面图（图 5-22）上看，大致可以分为 4 个段，剖面从整体由南至北分别是中高阻段（100～112.5 点），平均为 400Ω·m；高阻段（115～147.5 点），平均为 800Ω·m；中低阻段（过渡区）（150～175 点），平均为 200Ω·m；低阻段

（177.5～187.5 点），平均为 100Ω·m。结合地质剖面图可以看出，中高阻段主要对应的是细砂岩，高阻段主要对应的是石英片岩、二云母片岩，中低阻段主要对应的是千枚岩，低阻段对应的是第四系以及石英片岩。

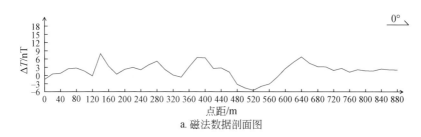

a. 磁法数据剖面图

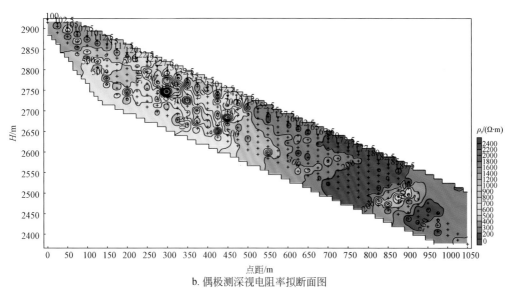

b. 偶极测深视电阻率拟断面图

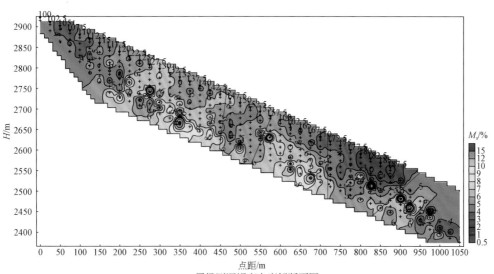

c. 偶极测深视充电率拟断面图

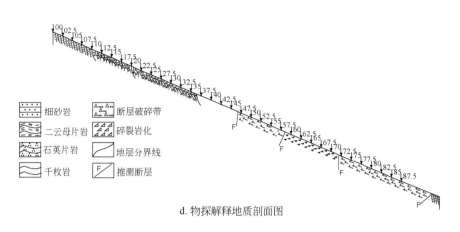

d. 物探解释地质剖面图

图 5-22　阿沙哇义 PM4 综合物探地质解释推断图

结合视充电率拟断面图变化规律来看，自 147.5 ~ 187.5 点分布有两个断层破碎带，分割了视充电率异常。磁测 $\Delta T$ 也反映出这一特征。但与其他几条物探综合剖面不同的是磁场反映出宽缓低磁场的特征。表明，PM5 综合物探剖面所穿越的断层规模较大，断层近于直立，视充电率拟断面图中也表现出这一特征。各电性层界面较陡，视电阻率反映不甚明显，推测可能断层两侧岩石较为破碎，受充填泥质或地表水影响，造成电阻下降，断层界面不清晰。

综合地质资料分析，与已知矿体对比，认为 PM5 线视充电率异常为矿致异常，能较好地反映出矿体垂向变化特征，受较大规模断裂影响、发育的次级断裂，分割矿体、造成深部矿体产状紊乱，空间上不连续。因此建议在阿沙哇义金矿区建立断裂构造系统模型，为下一步找矿工作提供参考。

**3. 资源量估算**

根据本次野外地球物理探测及其综合分析，结合企业的反馈意见，我们认为金矿找矿潜力巨大，预测在原先将近 5t 储量的基础上，至少可以翻一番，预测新增资源量至少为 5t，矿床的总储量达到 10t 以上，而且具有大型–超大型的远景规模。

# 5.2.2　卡拉公盖预测区

**1. 工作部署**

卡拉公盖金异常区属于 B 类成矿远景预测区，前人工作较少，在 1∶5 万水系沉积物化探普查中，该区显示明显 Au 异常。本次研究在卡拉公盖异常区进行了磁法测量和偶级测深物探测量，磁法测量完成 14.1km，偶极测深剖面 3 条线（42 个偶极测深点），编号为 PM5、PM6、PM7，其中，沿磁法剖面 PM6 实测了地化剖面和构造剖面，探讨构造变形对元素分异的影响，并合理解释物探剖面（图 5-23）。

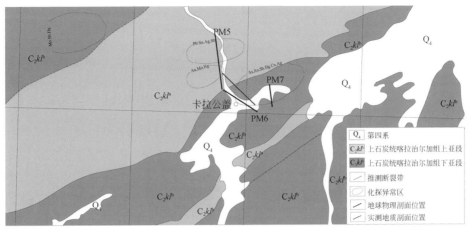

图 5-23　卡拉公盖预测区磁法剖面位置和实测构造剖面位置

蓝线代表磁法剖面，红线代表实测剖面

**2. 物探成果解释**

**1）PM5 线**

PM5 物探综合剖面位于上石炭统喀拉治尔加组上亚段（$C_2kl^b$）地层中，自北向南测制，从视电阻率拟断面图（图 5-24）中大致可以看出，电阻率变化较有规律，高阻层与低阻层界面清晰，大致可以判断出地层多为南倾，这种变化特征反映的是不同岩性层的变化规律。

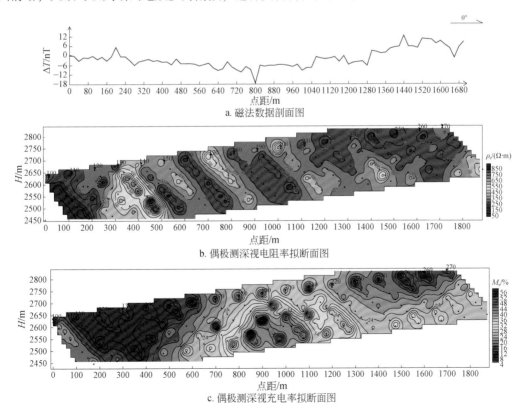

a. 磁法数据剖面图

b. 偶极测深视电阻率拟断面图

c. 偶极测深视充电率拟断面图

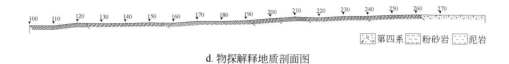

d. 物探解释地质剖面图

图 5-24　卡拉公盖 PM5 综合物探地质解释推断图

从视充电率拟断面图中来看，以 190 点为中心向两侧延伸存在一个视充电率极值为 56mV/A 的高充电率地质体，视充电率异常大致呈半椭圆状分布，向北倾没于 170～180 点，向南倾没于 220～230 点附近，大体南倾，倾角较缓，对应的岩性主要为泥岩和砂岩，这与地层的倾向一致。从磁测 $\Delta T$ 曲线上看，在视充电率异常中心附近，磁场陡变下降，表明可能存在断层构造，但电性变化不明显，这种电性变化的特征可以推测断层倾向与地层倾向一致。

综合分析认为，该视充电率异常是由断裂构造引起，由已知阿沙哇义金矿分布规律来看金矿体主要赋存在断裂破碎带附近。因此，根据已知推未知原则，认为该视充电率异常可能为矿致异常。

2）PM6 线

PM6 综合地物化剖面自南向北穿过上石炭统喀拉治尔加组上亚段、喀拉治尔加组下亚段两个岩性段，从视电阻率断面图（图 5-25）来看，电阻率变化分为 2 个分段。以 180 点为界，南侧为相对高阻段，北侧为相对低阻段。

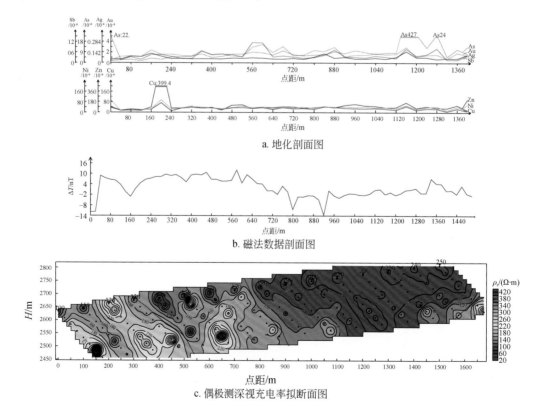

a. 地化剖面图

b. 磁法数据剖面图

c. 偶极测深视充电率拟断面图

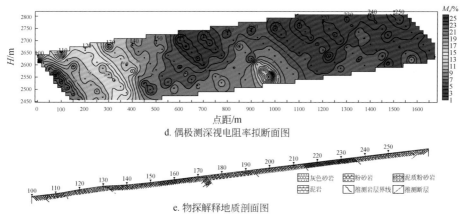

d. 偶极测深视电阻率拟断面图

e. 物探解释地质剖面图

图 5-25　卡拉公盖 PM6 综合物探地质解释推断图

由视充电率拟断面图来看，以 130 点为界分为两个电场，南侧为高充电率场区，北侧为低充电率场区，充电率断面可清晰地反映出上石炭统喀拉治尔加组上亚段（$C_2kl^b$）与上石炭统喀拉治尔加组下亚段（$C_2kl^a$）的分界面，电阻率反映不甚明显，但存在一低阻带，地层南倾，推测二者为断层接触关系。同时，在二者接触面附近，磁测 $\Delta T$ 曲线也反映出磁场陡降的特征。地化剖面上各元素均有升高的表现，尤其以 Cu、Pb、Zn 表现相对明显，其中 Cu 元素最大值为 $399.4 \times 10^{-6}$。

视电阻率拟断面图反映出，上石炭统喀拉治尔加组上亚段（$C_2kl^b$）地层产状为南倾、高充电率特征，岩性以砂岩为主，夹有粉砂岩，砂岩的电阻率略高于粉砂岩，各岩性层之间界线清晰，粒度粗的电阻率相对较高，粒度细的电阻率相对较低。上碳统喀拉治尔加组下亚段（$C_2kl^a$）大致以 180 点为界，南侧以砂岩为主，北侧以泥岩、粉砂岩为主，同时视充电率也反映出在 180 点深部存在一个椭球状的高充电率异常，异常形态南倾，推测 180 点存在一个断层，磁测 $\Delta T$ 曲线较好地反映出剩磁在 180 点处陡降的特征，地化剖面反映出元素浓度相对密集的特征。

以此类推，视电阻率曲线在剖面 250 点段高，$2600 \sim 2550$m 存在一个北倾电性层界面，曲线变化北倾不平整，结合地质资料分析，这种电性变化的特征是由断层引起。综合分析认为 $180 \sim 250$ 点之间为断层破碎带，断层规模与阿沙哇义 PM4 剖面反映一致。

3）PM7 线

PM7 物探综合剖面图位于上石炭统喀拉治尔加组下亚段（$C_2kl^a$）地层中，自南向北测制，视电阻率拟断面图（图 5-26）中反映地层导电率较大，电阻率较小，仅在 $110 \sim$

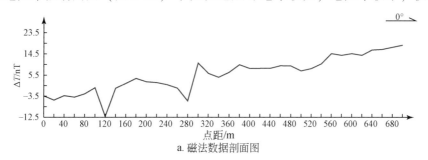

a. 磁法数据剖面图

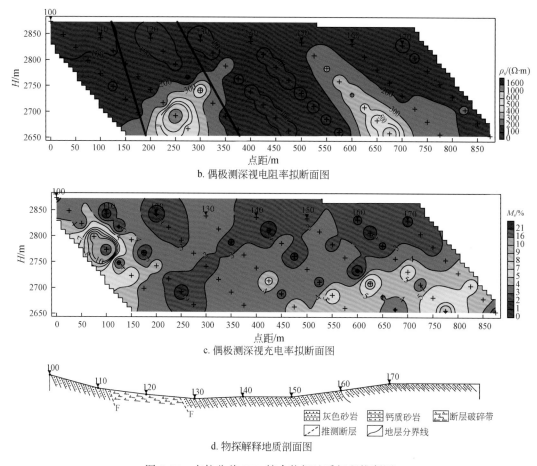

b. 偶极测深视电阻率拟断面图

c. 偶极测深充电率拟断面图

d. 物探解释地质剖面图

图 5-26　卡拉公盖 PM7 综合物探地质解释推断图

120 点、150 点段高，2750～2650m 的深部出现相对高阻的地质体，总体上视电阻率反映地层为一套正常沉积的电性特征。

视极化率整体偏低，极大值为 20mV/A，异常出现在剖面起点处 100 点 2800～2750m之间，其余均为背景场和过渡场之间变化。

综合激电偶极测深和磁法成果来看，在剖面 120m 和 280m 处磁场出现陡然降低的变化。对应的电法特征在 120m 处视充电率反映出一个清晰的电性分界线，在分界线上充电率曲线凹凸不平整，并且分布有串珠状的低值区，为断裂构造的表现特征，视电阻率变化不明显。在 280m 处视电阻率表现出一个陡然变化的特征，界面相对平整，并近于直立，视充电率同样存在一个不太明显的变化。但倾向向南，这同样反映出断层构造的特征。

因此，推测在 110～135 点之间为断层破碎带，在破碎两侧受断裂构造影响，视充电率相对较高，地层产状紊乱，在 110 点北侧地层产状北倾；在 140～170 点电阻率反映出地层北倾，但视充电率反映出南倾的特征，结合地质资料分析认为该段地层为南倾。

### 3. 成矿地质背景分析

为了合理解释物探剖面，本次研究沿 PM6 实测了一条构造剖面（图 5-27）。剖面由北向南横穿上石炭统喀拉治尔加组（即阿沙哇义矿区的赋矿层位）。剖面起点处的岩性主要为石英砂岩，石英脉相对较少。剖面中部可见一系列紧闭褶皱和拉扁的石英砂岩透镜体。剖面末端靠近区域性断裂部位可见大量石英脉充填，岩石褶曲严重，石英脉主要分为顺层产出的石英脉和切层产出的石英脉两组，两组石英脉的交切关系显示切层石英脉晚于顺层石英脉。此外，在岩层发生膝折的部位，可见大量石英脉产出。

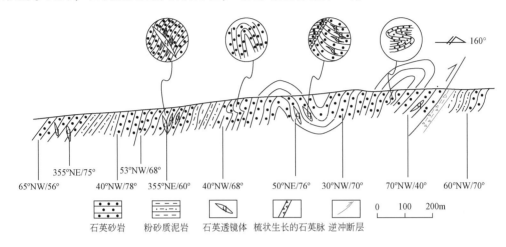

图 5-27　卡什公盖异常区构造剖面图

根据剖面上构造形迹的几何特征和运动学标志，初步判断该区域的古构造应力场发育过一期 SN 向的挤压应力，导致石英砂岩较为软弱的部位向 EW 方向流动，形成一系列平行片理的褶纹以及 A 轴为 EW 向的变形石英砂岩透镜体，指示左行剪切的特征。在 SN 方向上发育一组张节理，多数充填有石英脉（图 5-28）。根据邻近金矿区含矿石英脉的产状判断，该期石英脉可能为成矿期石英脉。

a. 含黄铁矿石英脉

b. 平卧褶皱

图 5-28　卡拉公盖金异常区典型照片

从地化剖面的元素密集特征来看，在断裂附近和构造变形较强的部位，石英脉较发育，Au 元素富集程度较高，表明卡拉公盖地区 Au 元素的富集规律受断层和构造变形影响明显。

## 5.2.3　乌什北山金矿预测区

乌什北山金矿位于新疆阿克苏地区乌什县英阿瓦提乡北部山区，距离农一师四团团部160km处，行政区划属乌什县管辖。区域出露地层主要为泥盆系、石炭系、侏罗系、古近系和新近系及第四系。上泥盆统坦盖塔尔组为一套滨海-潟湖相富含石膏的碳酸盐岩为主夹碎屑岩岩石组合，微变质，较稳定，厚度为516～2890m。下石炭统干草湖组为一套稳定陆台型滨海-浅海相碎屑岩沉积夹有少量的硅质岩组合，厚度为18.59～2277.63m；下石炭统野云沟组为一套浅海相海侵旋回中碎屑岩沉积之后的碳酸盐岩建造，厚层、巨厚层状，厚度为956.69～2392.68m；上石炭统阿依里河组为一套滨海-浅海相碳酸盐岩建造，其岩性以灰岩为主，偶夹少量薄层砂岩、粉砂岩及页岩，含丰富的䗴类化石及不稳定的铝土矿夹层，其下与野云沟组呈不整合接触，厚度为1135.83～2269.26m；上石炭统康克林组为一套海相碳酸盐沉积，主要岩性为浅灰色、灰白色灰岩，间夹少量细碎屑岩，厚度为1885.35～3814.89m；下侏罗统阳霞组为一套粉砂岩、砂岩所组成沼泽沉积环境的碎屑岩组合，厚度为219.56～422.81m。

区内岩浆岩极不发育，主要为下石炭统干草湖组安山岩、玄武岩夹层及少量的二叠纪基性火山岩及二叠纪正长岩。

构造上位于西南天山冒地槽褶皱带与塔里木地台交接部位偏地槽附近的库马力克复向斜带内，北东-南西向展布的津丹苏深大断裂从矿区西北部穿过。北倾逆断层发育，倾向一般为305°～330°，倾角为40°～60°。褶皱发育，主要表现为背斜、向斜及倒转背斜、向斜。

### 1. 矿床地质特征

矿区出露地层主要是下石炭统干草湖组（$C_1g$）、上石炭统阿依里河组（$C_2a$）、中-上新统康村组（$N_{1-2}k$）及下更新统西域组（$Q_1x$）（图5-29）。

干草湖组分布范围较广，主要为一套细碎屑岩，岩性主要为灰黑色、深灰色中薄层细粒砂岩、粉砂岩，局部夹灰色、深灰色薄层灰岩。产状倾向一般为295°～335°，倾角一般为48°～65°。西北部、东南部与上石炭统阿依里河组、中-上新统康村组地层均呈不整合接触。

上石炭统阿依里河组主要分布在卡拉阿司玛也肯西北2448高点附近，为一套滨海-浅海相碳酸盐岩建造，岩性主要为深灰色厚层、中厚层微晶灰岩、深灰色-浅灰色生物碎屑灰岩，生物碎屑主要为旋壳类的䗴类、碎块状海百合茎骨板，偶尔见薄皮鲕。一般呈厚层、中厚层状，局部巨厚层。产状一般为310°～330°，倾向一般为45°～60°。东南部与干草湖组呈不整合接触。

中-上新统康村组主要分布在南东部，岩性主要为浅黄色、浅灰色薄层粗砂岩、细粒砂岩，局部夹中厚层砾岩。地层产状倾向一般为340°，倾角一般为35°。北部与干草湖组呈不整合接触。

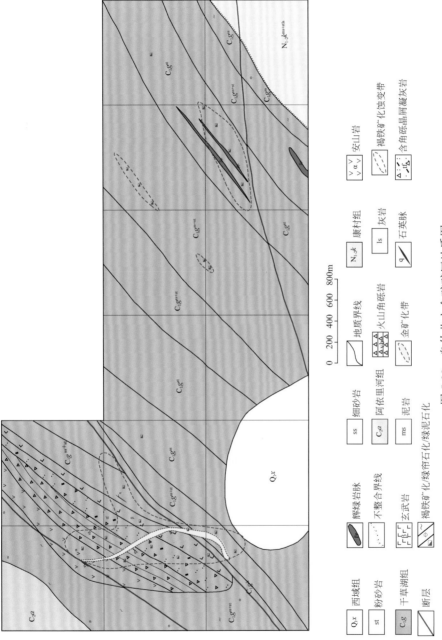

图 5-29 乌什北山金矿矿区地质图

下更新统西域组为一套单一巨厚的砾岩层,夹有较少透镜状钙质砂岩夹层,呈南西西-北东东向延伸的不规则长条带状。地层产状相对平缓,成岩化不强,仅钙质胶结好而岩石坚硬,雨水淋滤后便形成直立柱状的"土林"地貌景观。

矿区主要分布 $F_1$、$F_2$ 两条断裂,$F_1$ 为津丹苏区域深大断裂,$F_2$ 为 $F_1$ 的次级断裂,为矿区主控矿断裂之一。$F_1$ 断裂为一北倾逆断层,倾向 310°,倾角 40°,区域上为高角度断裂,同时具逆掩性质,顺断裂带发育有 200 余米宽的断层角砾岩。沿 $F_1$ 断裂局部地段有闪长岩脉和集束状石英细脉沿破碎带侵入,该断裂活动于晚石炭世阿依里河期以后,为矿区主控矿断裂。

在断裂 $F_1$、$F_2$ 附近,火山活动较为强烈。在矿区北部的石炭系中出露有安山岩、玄武岩,呈北东-南西向展布,与区域构造线走向一致。在火山熔岩附近见有安山质熔结凝灰角砾岩,为火山裂隙式喷发。在火山岩中有金矿化分布,表明该矿区金矿成因与火山活动密不可分。

1:5 万地球化学元素组合相对较为复杂,在 0.2 置信度上,呈现出四种组合特征(图 5-30):①Cu、Ni、Cr、Co;②Sn、W、Pb、Zn、Bi;③Au、As;④Cd、Mo。其中Cu、Ni、Cr、Co 主要属亲铁族元素组合,反映了四种元素的共生关系,与区域分布的中基性火山岩有关;Sn、W、Pb、Zn、Bi 主要为高温-汽化热液阶段元素组合,反映出与酸性高温热液活动有关,但从其元素强度来看,高温热液活动相对较弱;Au、As 主要为低温元素组合,反映出与断裂构造及低温热液活动有关,从其富集程度来看,Au、As 为主成矿元素。此外,Ag、Sb 两个元素与其他元素均不相关,具有特殊的地球化学特征。综合分析,区域上存在多期次热液叠加作用元素组合特征。

矿区位于 1:5 万水系沉积物测量以 Au 为主的 Hs-4 号综合异常内(表 5-2),该综合

**表 5-2　Hs-4 号综合异常特征表**

| 异常编号 | 异常下限 | 异常面积/km² | 异常极大值 | 异常平均值 | 标准离差 | 衬度值 | 规模 | 浓度分带 |
|---|---|---|---|---|---|---|---|---|
| Au | 1.26 | 10.02 | 7.20 | 2.44 | 1.47 | 1.93 | 11.78 | 3 |
| Sb | 1.50 | 10.64 | 79.28 | 14.44 | 25.20 | 9.63 | 137.6 | 3 |
| As | 30.00 | 0.34 | 72.00 | 35.20 | 0.00 | 2.40 | 14.40 | 2 |
| Pb | 21.14 | 1.50 | 31.60 | 25.40 | 4.06 | 1.20 | 6.39 | 1 |
| Ni | 40.00 | 1.08 | 48.90 | 45.05 | 3.18 | 1.13 | 5.47 | 1 |
| Cu | 30.00 | 1.00 | 39.30 | 34.37 | 3.10 | 1.15 | 4.38 | 1 |
| Sn | 2.82 | 0.06 | 3.00 | 3.00 | 0.00 | 1.06 | 0.01 | 1 |
| Bi | 0.23 | 1.20 | 0.28 | 0.26 | 0.01 | 1.14 | 0.04 | 1 |
| Cd | 0.44 | 2.16 | 1.08 | 0.84 | 0.12 | 1.91 | 0.95 | 2 |
| Co | 12.00 | 2.54 | 23.95 | 20.79 | 2.13 | 1.73 | 19.59 | 2 |
| W | 1.41 | 0.41 | 2.19 | 2.06 | 0.18 | 1.46 | 0.42 | 1 |

注:Au 异常值单位为 $10^{-9}$,其他元素单位为 $10^{-6}$。

异常以 Au、Sb、As、Pb、Ni 为主要元素组合（图 5-30），其中 Au、Sb 元素浓集中心明显，异常范围大，强度高，具三级浓度分带。面积为 25.87km²，各元素浓集中心比较吻合，套合程度高。其中 Au 平均值为 $2.44×10^{-9}$，极大值为 $7.2×10^{-9}$，浓集中心明显具外、中分带；Sb 平均值为 $14.44×10^{-6}$，极大值为 $79.28×10^{-6}$；As 平均值为 $35.20×10^{-6}$，极大值为 $72.00×10^{-6}$。

该 Hs-4 号综合异常各元素 $\sum$ NAP 值为 160.381，在全区综合异常排序中排第一位，属甲类异常，1∶5 万化探单元素异常判别为金的矿致异常。异常规模大、强度高、浓集中心清晰。以 Au 为主成矿元素，根据金矿床原生晕成矿分带规律，前缘元素 As、Sb、Ag 规模大、强度高，浓集中心清晰，说明矿体剥蚀程度较浅，具有一定的埋藏深度。从地质背景来看，异常区出露下石炭统干草湖组碎屑岩及沿区域断裂分布的安山岩、玄武岩，且分布在 F₁ 断层两侧，成矿条件较为有利，与西南部的卡恰金矿、卡什列衣金矿点成矿条件相似，对寻找浅成低温热液型金矿较为有利。

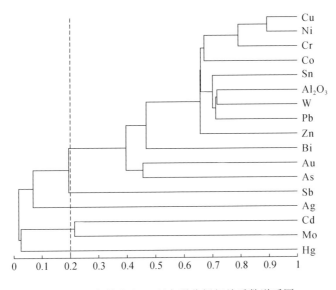

图 5-30　乌什北山 R 型点群分析相关系数谱系图

针对该 Hs-4 号甲类综合异常进行了异常检查，完成了 DHP V 和 DHP Ⅱ 号两条地化剖面。

1）DHP Ⅱ 号地质、物探综合剖面

DHP Ⅱ 号剖面长度为 1.92km，从地化剖面图上可以分为 a、b、c、d 四个异常段（图 5-31）：a 异常段为 Au、As、Sb 元素高值区，在 680 ~ 880m，各元素平均值分别为 $4.9×10^{-9}$、$557.14×10^{-6}$、$6.19×10^{-6}$，极大值分别为 $23.8×10^{-9}$、$2355.8×10^{-6}$、$13.13×10^{-6}$，该段对应岩性为中基性火成岩，主要为黄褐色强蚀变玄武岩、灰绿色强蚀变安山岩；b 异常段为 As、Sb、Hg、Au 元素高值区，在 1040 ~ 1160m，各元素平均值分别为 $232.33×10^{-6}$、$6.81×10^{-6}$、$0.11×10^{-6}$、$1.93×10^{-9}$，极大值分别为 $496.1×10^{-6}$、$15.16×10^{-6}$、$0.191×10^{-6}$、$4.8×10^{-9}$，该段对应岩性为灰绿色安山质火山角砾岩；c 异常段为 As、Sb、Hg、Au 元素高值

区，在 1280~1440m，各元素平均值分别为 268.74×10$^{-6}$、17.04×10$^{-6}$、0.11×10$^{-6}$、3.04×10$^{-9}$，极大值分别为 836.2×10$^{-6}$、46.9×10$^{-6}$、0.171×10$^{-6}$、5.4×10$^{-9}$，该段对应岩性为细粒砂岩、粉砂岩，同时该异常段分布在 F$_1$ 区域性断裂附近；d 异常段为 As、Sb、Au 高值区，在 1720~1880m，各元素平均值分别为 498.75×10$^{-6}$、11.21×10$^{-6}$、4.55×10$^{-9}$，极大值分别为 1026.5×10$^{-6}$、13.49×10$^{-6}$、10.1×10$^{-9}$，对应岩性为中基性火成岩，主要为黄褐色强蚀变玄武岩、灰绿色强蚀变安山岩（图 5-32）。

结合物探剖面来看，a、d 异常段视电阻率、极化率相似度较高，反映了中基性火成岩的地球物理特征，呈低阻中极化特征，同时在 220 测点附近出现视电阻率突变异常，反映了不同岩层界面的变化关系；b、c 异常段视电阻率、极化率整体呈锯齿状，显示相对中低阻中极化特征，在 160~156 测点附近出现视电阻率急剧升高、极化率急剧降低，该电性变化特征反映断裂构造特性。

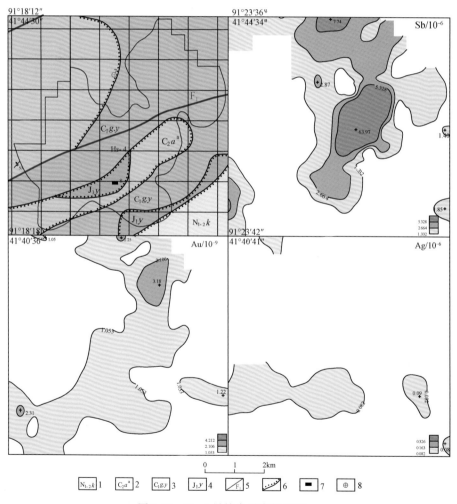

图 5-31　Hs-4 号综合异常剖析图

1. 中-上新统康村组（N$_{1-2}$k）；2. 上石炭统阿依里河组上亚段（C$_2$a$^a$）；3. 下石炭统干草湖组（C$_1$g）—野云沟组（C$_1$y）；4. 下侏罗统阳霞组（J$_1$y）；5. 断层；6. 不整合；7. 奥依布拉克煤矿点；8. 卡什列衣金矿点

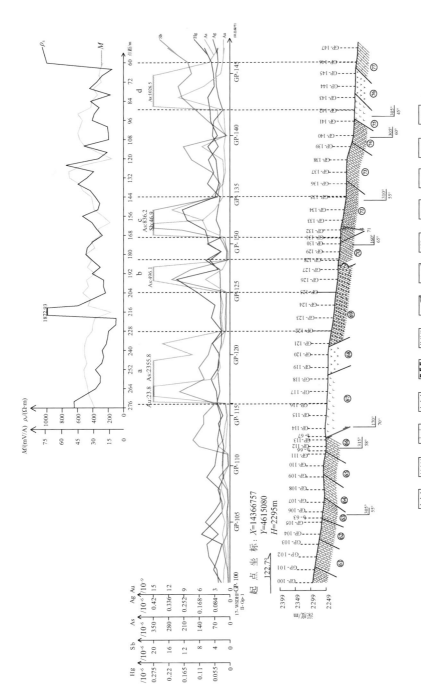

图5-32　DHPⅡ号地质–物探综合剖面图示意

1. 灰绿色安山质火山角砾岩；2. 细砂岩；3. 灰色微晶灰岩；4. 闪长岩；5. 黄褐色强蚀变辉绿岩；6. 灰褐色强蚀变安山岩；7. 实测逆断层；8. 分层界线；9. 产状；10. 光谱样取样位置；11. 薄片样取样位置；12. 褐铁矿化；13. 分层编号

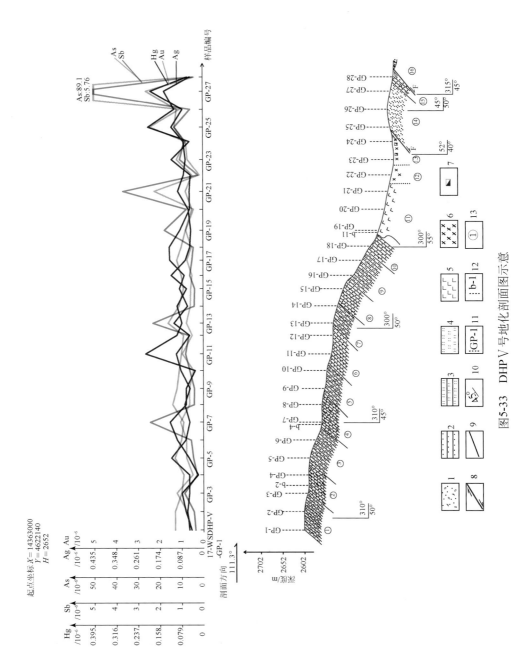

图5-33　DHPⅤ号地球化剖面图示意

1.第四系冲积物；2.细砂岩；3.粉砂岩；4.片理化粉砂岩；5.玄武岩；6.中细粒辉绿岩；7.褐铁矿化；
8.实测逆断层；9.分层界线；10.产状；11.光谱样取样位置；12.薄片样取样位置；13.分层编号

2）DHPⅤ号地化剖面

DHPⅤ号剖面长度为 1.1km（图 5-33），其中 1040~1120m 为 As、Sb 元素异常段，宽 80m。Au、Ag、As、Sb、Hg 平均值分别为 $0.81\times10^{-9}$、$0.05\times10^{-6}$、$5.65\times10^{-6}$、$0.415\times10^{-6}$、$0.05\times10^{-6}$，极大值分别为 $2.6\times10^{-9}$、$0.218\times10^{-6}$、$89.1\times10^{-6}$、$5.76\times10^{-6}$、$0.208\times10^{-6}$，该异常段对应岩性为粉砂岩。

**2. 矿（化）体地质特征**

地表施工探槽 5 条，以 $Au\geq0.2\times10^{-6}$ 为边界，圈定 1 条矿化蚀变带，长约 1520m，宽 5~20m，走向近南北，Au 品位为 $0.2\times10^{-6}$~$1.13\times10^{-6}$，平均品位为 $0.36\times10^{-6}$（表 5-3）。该蚀变带位于下石炭统干草湖组（$C_1g$）砂岩、粉砂岩、安山岩、玄武岩及火山角砾岩中，蚀变主要发育有强褐铁矿化、黄钾铁矾化、硅化、绿帘石化、绿泥石化等。地层产状倾向一般为 270°~280°，倾角为 65°~85°。

表 5-3　刻槽化学样品分析结果

| 送样编号 | $w(Au)/10^{-6}$ | 送样编号 | $w(Au)/10^{-6}$ | 送样编号 | $w(Au)/10^{-6}$ | 送样编号 | $\omega(Au)/10^{-6}$ |
|---|---|---|---|---|---|---|---|
| TK-TC0-H-1 | 0.11 | TK-TC0-H-19 | 0.10 | TK-TC08-H-7 | 0.56 | TK-TC30-H-15 | 0.86 |
| TK-TC0-H-2 | 0.22 | TK-TC0-H-20 | 0.25 | TK-TC08-H-8 | 0.80 | TK-TC30-H-16 | 0.35 |
| TK-TC0-H-3 | 0.24 | TK-TC0-H-21 | 0.07 | TK-TC08-H-9 | 0.28 | TK-TC30-H-17 | 0.31 |
| TK-TC0-H-4 | 0.20 | TK-TC0-H-22 | 0.47 | TK-TC30-H-0 | 0.44 | TK-TC30-H-18 | 0.34 |
| TK-TC0-H-5 | 0.26 | TK-TC0-H-23 | 0.07 | TK-TC30-H-1 | 0.48 | TK-TC30-H-19 | 0.22 |
| TK-TC0-H-6 | 0.50 | TK-TC0-H-24 | 0.11 | TK-TC30-H-2 | 0.33 | TK-TC30-H-20 | 0.18 |
| TK-TC0-H-7 | 0.34 | TK-TC0-H-25 | 0.18 | TK-TC30-H-3 | 1.13 | TK-TC30-H-21 | 0.08 |
| TK-TC0-H-8 | 0.32 | TK-TC0-H-26 | 0.15 | TK-TC30-H-4 | 0.43 | TK-TC30-H-22 | 0.13 |
| TK-TC0-H-9 | 0.48 | TK-TC0-H-27 | 0.28 | TK-TC30-H-5 | 0.62 | TK-TC30-H-23 | 0.14 |
| TK-TC0-H-10 | 0.46 | TK-TC0-H-28 | 0.22 | TK-TC30-H-6 | 0.41 | TK-TC30-H-24 | 0.09 |
| TK-TC0-H-11 | 0.47 | TK-TC0-H-29 | 0.13 | TK-TC30-H-7 | 0.76 | TK-TC30-H-25 | 0.09 |
| TK-TC0-H-12 | 0.47 | TK-TC08-H-0 | 0.34 | TK-TC30-H-8 | 0.77 | TK-TC30-H-26 | 0.10 |
| TK-TC0-H-13 | 0.45 | TK-TC08-H-1 | 1.04 | TK-TC30-H-9 | 1.01 | TK-TC34-H-1 | 0.17 |
| TK-TC0-H-14 | 0.26 | TK-TC08-H-2 | 0.72 | TK-TC30-H-10 | 0.41 | TK-TC34-H-2 | 0.25 |
| TK-TC0-H-15 | 0.28 | TK-TC08-H-3 | 0.65 | TK-TC30-H-11 | 0.38 | TK-TC34-H-3 | 0.10 |
| TK-TC0-H-16 | 0.15 | TK-TC08-H-4 | 0.47 | TK-TC30-H-12 | 0.71 | | |
| TK-TC0-H-17 | 0.14 | TK-TC08-H-5 | 0.24 | TK-TC30-H-13 | 0.42 | | |
| TK-TC0-H-18 | 0.08 | TK-TC08-H-6 | 0.78 | TK-TC30-H-14 | 0.08 | | |

通过对探槽间隔 5~10m 取光谱监控样分析成果（表 5-4）来看，乌什北山金、砷、锑多金属矿元素组合主要为 Au、As、Sb，其中 Au 最高值为 $1908\times10^{-9}$，样品编号为 TK-TC30-GP-4；As 最高值为 $234505.9\times10^{-6}$，样品编号为 TK-TC0-GP-19；Sb 最高值为 $104.01\times10^{-6}$，样品编号为 TK-TC08-GP-2。

表 5-4　探槽光谱样品分析结果

| 样品号 | w(B) | | | | | |
|---|---|---|---|---|---|---|
| | Au | Ag | Sn | As | Sb | Hg |
| TK-TC0-GP-1 | 3.5 | 0.213 | 2.2 | 90.8 | 5.31 | 0.160 |
| TK-TC0-GP-2 | 2.8 | 0.089 | 2.6 | 78.9 | 10.65 | 0.067 |
| TK-TC0-GP-3 | 53.9 | 0.054 | 1.7 | 466.3 | 20.29 | 0.078 |
| TK-TC0-GP-4 | 32.6 | 0.083 | 1.8 | 64.3 | 17.97 | 0.050 |
| TK-TC0-GP-5 | 2.2 | 0.055 | 1.7 | 48.8 | 17.38 | 0.053 |
| TK-TC0-GP-6 | 3.9 | 0.124 | 1.6 | 70.9 | 18.93 | 0.049 |
| TK-TC0-GP-7 | 2.1 | 0.068 | 3.3 | 51.5 | 13.64 | 0.039 |
| TK-TC0-GP-8 | 12.3 | 0.060 | 1.8 | 98.1 | 7.41 | 0.028 |
| TK-TC0-GP-9 | 6.6 | 0.063 | 1.7 | 49.9 | 11.81 | 0.029 |
| TK-TC0-GP-10 | 30.6 | 0.092 | 1.9 | 54.5 | 12.10 | 0.059 |
| TK-TC0-GP-11 | 10.6 | 0.053 | 1.8 | 683.7 | 12.47 | 0.072 |
| TK-TC0-GP-12 | 7.1 | 0.072 | 1.7 | 774.4 | 9.23 | 0.090 |
| TK-TC0-GP-13 | 23.0 | 0.065 | 1.7 | 683.8 | 10.40 | 0.059 |
| TK-TC0-GP-14 | 115.2 | 0.073 | 1.6 | 1083.1 | 17.89 | 0.055 |
| TK-TC0-GP-15 | 401.4 | 0.126 | 2.8 | 13451.4 | 43.69 | 0.111 |
| TK-TC0-GP-16 | 540.9 | 0.134 | 2.7 | 9956.3 | 47.18 | 0.165 |
| TK-TC0-GP-17 | 146.7 | 0.138 | 2.6 | 7458.6 | 45.52 | 0.299 |
| TK-TC0-GP-18 | 244.8 | 0.186 | 2.5 | 23378.0 | 49.26 | 0.787 |
| TK-TC0-GP-19 | 327.6 | 0.118 | 1.8 | 234505.9 | 98.30 | 0.076 |
| TK-TC0-GP-20 | 502.2 | 0.089 | 1.7 | 7546.0 | 43.52 | 0.133 |
| TK-TC0-GP-21 | 369.0 | 0.078 | 1.5 | 4653.6 | 44.67 | 0.127 |
| TK-TC0-GP-22 | 279.0 | 0.324 | 1.8 | 8110.4 | 81.14 | 0.146 |
| TK-TC0-GP-23 | 167.4 | 0.138 | 1.7 | 4879.9 | 32.43 | 0.161 |
| TK-TC0-GP-24 | 8.8 | 0.127 | 2.4 | 435.6 | 20.68 | 0.094 |
| TK-TC0-GP-25 | 5.5 | 0.268 | 2.2 | 504.7 | 16.96 | 0.086 |
| TK-TC0-GP-26 | 2.6 | 0.054 | 2.3 | 85.8 | 9.71 | 0.264 |
| TK-TC0-GP-27 | 2.7 | 0.050 | 2.4 | 203.7 | 11.48 | 0.078 |
| TK-TC0-GP-28 | 2.3 | 0.052 | 2.0 | 142.6 | 13.85 | 0.080 |
| TK-TC0-GP-29 | 6.9 | 0.065 | 2.3 | 317.7 | 16.90 | 0.044 |
| TK-TC0-GP-30 | 33.2 | 0.054 | 2.0 | 4260.7 | 19.98 | 0.063 |
| TK-TC0-GP-31 | 52.5 | 0.089 | 2.4 | 5074.0 | 26.29 | 0.089 |
| TK-TC0-GP-32 | 267.3 | 0.136 | 2.5 | 34068.1 | 67.96 | 0.072 |
| TK-TC0-GP-33 | 19.1 | 0.056 | 2.2 | 793.9 | 21.79 | 0.233 |
| TK-TC0-GP-34 | 5.3 | 0.055 | 2.4 | 223.8 | 21.41 | 0.225 |
| TK-TC0-GP-35 | 233.1 | 0.076 | 2.4 | 78202.7 | 49.34 | 0.056 |
| TK-TC0-GP-36 | 162.9 | 0.068 | 2.1 | 25569.2 | 58.08 | 0.061 |
| TK-TC0-GP-37 | 208.8 | 0.134 | 1.9 | 129488.7 | 72.86 | 0.144 |
| TK-TC0-GP-38 | 7.3 | 0.070 | 2.2 | 232.0 | 9.69 | 0.222 |
| TK-TC0-GP-39 | 386.1 | 0.056 | 1.9 | 218.6 | 12.38 | 0.135 |

| 样品号 | $w(B)$ | | | | | |
| --- | --- | --- | --- | --- | --- | --- |
| | Au | Ag | Sn | As | Sb | Hg |
| TK-TC0-GP-40 | 5.9 | 0.062 | 2.4 | 91.6 | 2.41 | 0.034 |
| TK-TC08-GP-0 | 57.8 | 0.078 | 2.4 | 10238.9 | 41.97 | 0.047 |
| TK-TC08-GP-2 | 533.7 | 0.080 | 2.3 | 31583.2 | 104.01 | 0.049 |
| TK-TC08-GP-3 | 1305.0 | 0.107 | 2.3 | 64689.5 | 91.71 | 0.092 |
| TK-TC08-GP-4 | 531.0 | 0.124 | 2.0 | 14255.7 | 65.56 | 0.322 |
| TK-TC08-GP-5 | 48.7 | 0.053 | 1.0 | 1988.6 | 18.78 | 0.060 |
| TK-TC08-GP-6 | 692.1 | 0.089 | 2.4 | 14017.1 | 48.09 | 0.151 |
| TK-TC08-GP-7 | 526.5 | 0.123 | 2.4 | 9685.5 | 50.48 | 0.300 |
| TK-TC08-GP-8 | 576.0 | 0.098 | 2.6 | 12740.8 | 48.08 | 0.142 |
| TK-TC08-GP-9 | 57.9 | 0.342 | 2.5 | 3690.5 | 27.57 | 0.985 |
| TK-TC30-GP-1 | 4.0 | 0.060 | 2.6 | 82.7 | 8.33 | 0.033 |
| TK-TC30-GP-2 | 5.4 | 0.056 | 2.4 | 163.7 | 7.21 | 0.034 |
| TK-TC30-GP-3 | 4.2 | 0.054 | 2.6 | 155.8 | 6.04 | 0.039 |
| TK-TC30-GP-4 | 1908.0 | 0.089 | 2.3 | 36430.2 | 35.11 | 0.039 |
| TK-TC30-GP-5 | 588.6 | 0.097 | 2.5 | 46453.5 | 35.75 | 0.036 |
| TK-TC30-GP-6 | 9.3 | 0.063 | 2.4 | 782.6 | 7.53 | 0.026 |
| TK-TC30-GP-7 | 38.4 | 0.056 | 2.3 | 76.0 | 2.45 | 0.034 |
| TK-TC30-GP-8 | 2.6 | 0.060 | 2.6 | 51.4 | 3.82 | 0.027 |
| TK-TC30-GP-9 | 4.0 | 0.054 | 2.2 | 180.2 | 8.17 | 0.029 |
| TK-TC30-GP-10 | 1.5 | 0.055 | 2.4 | 40.7 | 13.74 | 0.054 |
| TK-TC34-GP-1 | 1.1 | 0.056 | 2.3 | 26.0 | 6.55 | 0.016 |
| TK-TC34-GP-2 | 2.5 | 0.060 | 1.8 | 112.5 | 11.06 | 0.100 |
| TK-TC34-GP-3 | 2.7 | 0.064 | 2.4 | 55.3 | 8.47 | 0.030 |
| TK-TC34-GP-4 | 1.6 | 0.063 | 2.3 | 72.3 | 14.12 | 0.034 |
| TK-TC34-GP-5 | 1.6 | 0.607 | 2.4 | 61.1 | 59.90 | 0.118 |
| TK-TC34-GP-6 | 44.4 | 0.064 | 1.7 | 1352.1 | 7.89 | 0.026 |
| TK-TC34-GP-7 | 1.7 | 0.052 | 2.1 | 19.5 | 2.93 | 0.080 |
| TK-TC20-GP-1 | 329.4 | 0.136 | 2.7 | 38277.8 | 60.05 | 0.029 |
| TK-TC20-GP-2 | 242.1 | 0.092 | 1.8 | 11934.9 | 32.57 | 0.147 |
| TK-TC20-GP-3 | 80.7 | 0.083 | 1.7 | 2434.9 | 16.58 | 0.171 |
| TK-TC20-GP-4 | 400.5 | 0.080 | 2.0 | 7638.3 | 29.67 | 0.053 |
| TK-TC20-GP-5 | 393.3 | 0.078 | 2.2 | 5015.8 | 21.40 | 0.216 |
| TK-TC20-GP-6 | 261.0 | 0.089 | 2.5 | 5603.6 | 24.23 | 0.207 |
| TK-TC20-GP-7 | 78.3 | 0.079 | 2.3 | 2240.2 | 14.23 | 0.164 |
| TK-TC20-GP-8 | 79.5 | 0.086 | 1.9 | 2069.8 | 19.10 | 0.067 |
| TK-TC20-GP-9 | 306.0 | 0.082 | 2.4 | 6228.9 | 30.84 | 0.042 |
| TK-TC20-GP-10 | 216.9 | 0.116 | 2.4 | 8948.9 | 30.36 | 0.147 |
| 17-WSDHP-Ⅶ-Gp-61 | 165.2 | 0.068 | 1.8 | 2060.8 | 5.10 | 0.021 |

注：Au 的单位为 $10^{-9}$，其他元素单位为 $10^{-6}$。

以 Au≥1×10⁻⁶ 为边界,由南向北圈定 3 条 I、II 号 Au 矿体。矿体分布于安山岩、火山角砾岩及断裂破碎带中,III 矿体分布于下石炭统干草湖组(C₁g)砂岩、粉砂岩及断裂破碎带中。

I 号矿体位于矿区北部,呈条带状产于安山岩、火山角砾岩及断裂破碎带中,近南北向展布。地表探槽控制长度 166m,平均宽度 1.8m。脉体表面呈红褐色、黄褐色,破碎强烈。系统刻槽取样分析品位为 1.13×10⁻⁶。

II 号矿体位于矿区北部,呈条带状产于安山岩、火山角砾岩及断裂破碎带中,近南北向展布。地表探槽控制长度 156m,平均宽度 1.6m。脉体表面呈红褐色、黄褐色,破碎强烈。系统刻槽取样分析品位为 1.01×10⁻⁶。

III 号矿体位于矿区南部,呈条带状产于下石炭统干草湖组(C₁g)砂岩、粉砂岩及断裂破碎带中。呈斜"L"形展布。地表探槽控制长度 146m,平均宽度 1.4m。脉体表面呈红褐色、黄褐色,破碎强烈。系统刻槽取样分析品位为 1.04×10⁻⁶。

根据矿体出露地形、矿体产状、矿物组合及围岩蚀变等特征,I 号矿体与 II 号矿体可能为同一层状矿体。矿体为地表矿体,无深部工程控制,深部变化不详。

地表经探槽工程了解,矿石全部处于氧化、淋滤状态,仅残留少量的原生矿石团块。氧化矿石中经鉴定有自然金分布,原生矿石没有发现自然金。推测深部应该存在一个氧化矿石和原生矿石混杂的地带,表生淋滤作用对金起着富集作用。矿体大多产于断裂破碎带中,围岩矿化蚀变强烈,类型较多,有强褐铁矿化、黄钾铁矾化、硅化、绿帘石化、绿泥石化、绢云母化、碳酸盐化等。其中强褐铁矿化、黄钾铁矾化、硅化与金矿化关系尤为密切。

矿石结构主要为他形粒状结构、半自形-自形粒状结构、交代假象结构、包含结构。矿石构造主要为浸染状构造,根据硫化物密集程度,可分为星点状构造和浸染状构造。

### 3. 矿床成因及控矿因素

1)地层及岩性控矿

矿体分布在下石炭统,直接产于所夹火山岩及断裂破碎带中。安山岩既是赋矿岩石,也是矿体直接围岩。砂岩、粉砂岩中有星点状黄铁矿分布,金含量不等。推测是形成金矿物质来源之一。

2)构造控矿

矿体主要赋存于断裂破碎带次一级断层中,且主要分布于下盘节理裂隙发育部位,严格受 F₁ 断裂控矿,次一级断层、节理为其容矿构造。构造叠加作用是形成金矿的又一主要因素。

3)矿石蚀变类型

矿石蚀变较强,主要为褐铁矿化、绢云母化、硅化、黄铁矿化、毒砂化等,后期表生作用在褐铁矿中形成自然金,具有富集成矿现象。金矿化与蚀变关系密切,尤其与褐铁矿化密切。

4)金矿形成温度

由矿物组合特征看,金属矿物为黄铁矿、毒砂及白钛石等,脉石矿物为石英、绢云母、方解石等，所形成的矿物颗粒细小，这些特征为典型低温热液作用下形成。所以金成矿温度以低温为主。

综上所述，乌什北山金矿成因与火山活动及构造活动的低温热液作用有关，石炭系微弱的火山活动为金矿主成矿元素提供物质来源，后期构造为主成矿元素富集提供热液和通道。在构造作用下，热液萃取地层及火山岩中主成矿物质并沿断裂通道运移，在破碎带中再次富集。所以，认为该矿成因是火山及构造作用有关的低温热液蚀变型矿。

**4. 预测科研资源量**

矿区地表构造破碎带发育，矿化蚀变强，控制矿体的区域断裂构造延伸较远，深部极有可能存在工业矿体。以 $Au \geqslant 0.2 \times 10^{-6}$ 为边界，圈定 1 条矿化蚀变带，长约 1520m，宽 5~20m，平均宽 12m，走向近南北，Au 品位为 $0.2 \times 10^{-6} \sim 1.13 \times 10^{-6}$，平均为 $0.36 \times 10^{-6}$。矿化体向下延伸 400m（向下延伸至少为矿化体长度的四分之一，取 400m）。

取如下估算参数：

$L = 1520$m（矿化蚀变带长 1520m）；

$H = 400$m（矿化体向下延伸至少为矿化体长度的四分之一，取 400m）；

$M = 12$m（矿化体平均宽度 12m）；

$d = 2.65 \text{t/m}^3$（参照相邻矿区矿石密度，取 $2.65 \text{t/m}^3$）；

金品位为 $0.2 \times 10^{-6} \sim 1.13 \times 10^{-6}$，平均为 $0.36 \times 10^{-6}$，取 $Au = 0.36$g/t。

$L = 1520$m，$H = 400$m，$M = 12$m，$d = 2.65 \text{t/m}^3$；$V = 1520\text{m} \times 400\text{m} \times 12\text{m} = 7296000\text{m}^3$；$Q = V \cdot d = 7296000\text{m}^3 \times 2.65 \text{t/m}^3 = 19334400\text{t}$；$P = 19334400\text{t} \times 0.36\text{g/t} = 6960384\text{g} \approx 6.96\text{t}$。

经科研预测，金矿石 19.3 万 t，金金属量 6.96t，达到中型规模。综合地物化资料分析，认为乌什北山金矿成矿远景可达大型。

## 5.2.4　萨喀尔德铜矿

阿合奇县萨喀尔德铜矿处于塔里木地台西北缘木兹杜克过渡带，区内出露地层主要为古生界的碎屑岩、碳酸盐岩沉积。区域内构造线总体呈北东-南西向，褶皱构造有阿尔巴切依切克箱状背斜，该背斜具有长期发展的历史，背斜核部出露有寒武系、奥陶系，向两翼依次有志留系、泥盆系、石炭系及二叠系。其内还发育有次一级褶皱——比尤列提向斜和阿萨乌拜背向斜。断裂构造主要有喀拉铁克深大断裂，分布于木兹杜克过渡带北西部边缘一带，以该断裂为界，以北为南天山地槽褶皱带。受区域性大断裂影响，次一级断层较发育，断层以北东向为主，少数为北西向。区内岩浆岩不发育，仅局部见有少量脉岩，主要有石英脉、重晶石脉及基性岩脉，规模均较小。区内地层仅遭受了微弱的区域变质作用（图 5-34）。

该区处于南天山金、铅、锌、铜、锑、锡、铝、汞成矿带中部，区域上划为木兹杜克地球化学区，元素特征表现为亲铁元素、亲铜元素呈椭圆形环状贫富交替出现，Pb、Ag、Mo、Mg、Cu 等呈现高背景和异常。初步的工程控制，已经在断层破碎蚀变带中共圈出了 4 个铜矿（化）体。

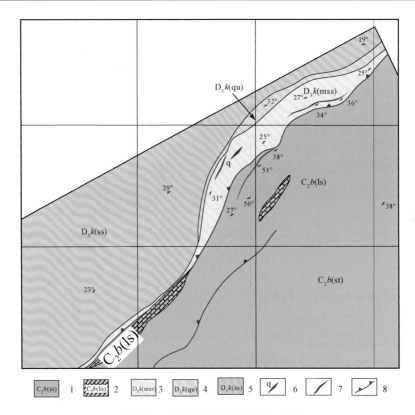

图 5-34　萨喀尔德铜矿区域地质图

1. 上石炭统别根他乌组灰黑色碳质粉砂岩；2. 上石炭统别根他乌组灰黑色灰岩；3. 上泥盆统克兹尔塔格组灰白色砂岩；
4. 上泥盆统克兹尔塔格组灰绿色石英砂岩；5. 上泥盆统克兹尔塔格组紫红色砂岩；6. 石英脉；7. 矿体；8. 断层

　　实地观测认为本矿区的主体构造格架为石炭系与泥盆系之间的逆冲推覆构造将石炭系推覆到泥盆系之上。断层上盘，石炭系发生明显的褶皱和断裂（图 5-35）。局部拉张空间形成一系列顺层和切层的含矿石英脉。靠近断裂带部位，可见岩石被后期热液作用，蚀变

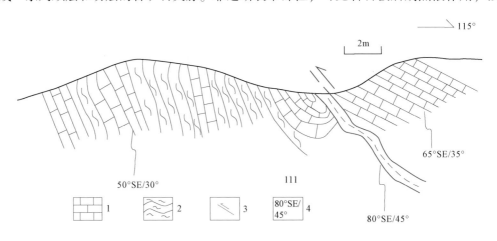

图 5-35　萨喀尔德铜矿信手剖面图

1. 灰岩；2. 石英片岩；3. 逆冲断层；4. 产状

为灰白色。基本顺层的断层带（$F_2$）部位中，碎屑岩与灰岩结合部位存在相对规模大且较富集的矿体（图5-36）。

a. 黄铜矿化和孔雀石　　　　　　　　　　　　b. 含矿石英脉产出特征

图 5-36　萨喀尔德铜矿矿化特征

观测发现矿体严格受走向总体为北东向的断层控制，泥盆系与石炭系的接触断层是主导矿构造，而它派生的次级断层、节理、裂隙带则为主要的容矿构造，其中顺层发育的层间破碎带控制着主矿体的分布，泥盆系与石炭系的接触断层零星控制有矿化体分布，明显斜交地层次级节理、裂隙也形成有矿化体（局部富集）。铜矿（化）围岩以石炭纪的碎屑岩、白云岩、灰岩、碳质页岩为主。地表矿石氧化后，金属矿物主要为次生水胆矾、孔雀石，呈翠绿色，粉末状、薄膜状等，其含量的多少与铜品位高低呈正相关。推测该矿床属于中低温热液型、热液交代型铜及铅锌矿。

已有少量的地表槽探工程和钻探工程控制，求得了一些铜资源量；但是该矿化点沿走向往两侧延伸较远，进一步的地表山地工程和钻孔工作，将大大扩大矿床的资源量，预测其至少为小型规模；此外，为数不多的样品品位分析，发现其中一个样的金品位超过5g/t，表明该矿床也具有金的成矿潜力。

## 5.2.5　塔木–切盖布拉克预测区

在全面收集和研究克兹勒克岩体南缘预测区和萨色布拉克地区及外围地质矿产、物探、化探、遥感和科研资料的基础上，对萨色布拉克地区及外围开展矿产调查评价，利用1∶1万高精度重力剖面测量、1∶1万高精度磁法测量、激电测深剖面等物探综合方法，大致了解花岗岩的形态及分布范围，初步查明花岗岩与地层接触带矿化分布范围及深部变化特征，了解控矿断裂形态、走向及规模，为进一步评价工作提供物探依据。

### 1. 区域地质特征

工作区位于塔里木地台与天山南脉地槽褶皱带过渡部位——木孜托克过渡带，同时位于柯坪塔格铅、锌、铜多金属Ⅲ级成矿带的西部（图5-37）。古生代时，包括工作区在内的广大柯坪地区处于陆棚环境，沉积了一套从奥陶系至二叠系的古生代地层，古生代晚期柯坪地区发生了一系列构造–岩浆活动和火山喷发活动，正是该区成矿的有利时期。

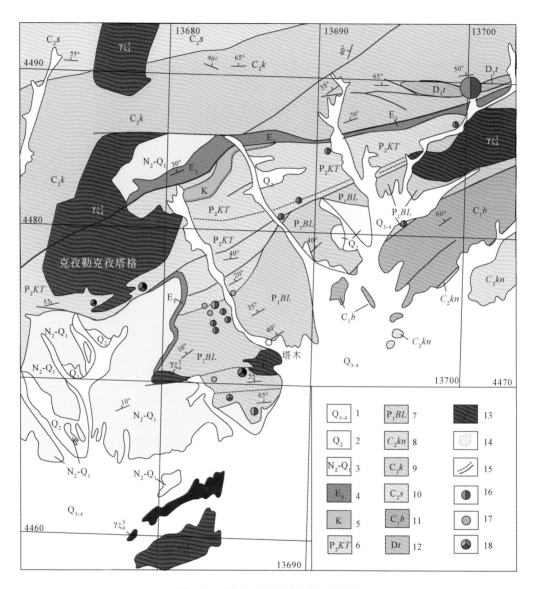

图 5-37　塔木–切盖布拉克地质简图

1. 上更新统—第四系；2. 中更新统；3. 上新统–下更新统；4. 渐新统；5. 白垩系；6. 上二叠统库铁热克群；7. 下二叠统别良金群；8. 上石炭统喀拉铁克组；9. 上石炭统康克林组；10. 上石炭萨斯克布拉克组；11. 下石炭统巴什索贡组；12. 泥盆系塔塔埃尔塔格组；13. 碱性花岗岩；14. 地表夕卡岩化范围；15. 不整合；16. 铅锌矿；17. 铜矿；18. 多金属（锡铜铅锌）矿

## 1）地层

区域地层由基底与盖层组成。基底由一套中–深变质岩组成，岩性为绿片岩、蓝闪石片岩夹石英岩和磁铁矿薄层，在工作区附近并无出露；盖层由早古生代和晚古生代地层组成，从寒武系至二叠系出露基本齐全，厚度不大，层位稳定，属浅海陆棚相沉积。

石炭系在本区为地台型、过渡型、地槽型。地台型沉积以上石炭统康克林组为主；下石炭统巴什索贡组和上石炭统别根他乌组属过渡型沉积；上石炭统迈丹他乌群为类复理石建造，属地槽型沉积。

下石炭统巴什索贡组（$C_1b$）仅分布于喀拉塔什托云一带，面积约 $50km^2$，其上部以灰色、深灰色微粒石灰岩为主，夹少量钙质砂岩，下部主要为红褐色中细粒砂岩夹灰岩薄层及透镜体，厚 1250m。

上石炭统康克林组（$C_2k$）在区内广泛分布。主要岩性为灰岩、生物灰岩、白云岩、泥岩等，底部常见砂岩或砂质灰岩。皮羌以北的康克林组中出现了较多的厚层块状灰岩或礁灰岩，厚 1160～1400m。

迈丹他乌群分布于区域西北部喀拉铁克山一带，由下而上分为四个组。

（1）喀拉治尔加组（$C_2kl$）：在霍什布拉克工作区内以角度不整合覆盖于上泥盆统坦盖塔尔组之上。岩性单一，为碳酸盐胶结的砂岩、石英砂岩夹页岩，厚度极大，达 2000～3300m。

（2）萨斯克布拉克组（$C_2s$）：该组地层构成了喀拉铁克山的主脊，与下伏喀拉治尔加组为整合接触关系。主要岩性为页岩、砂岩、灰岩。厚 600～2100m。

（3）喀拉铁克组（$C_2kn$）：分布在喀拉铁克山北坡，整合覆盖于萨斯克布拉克组之上，由暗灰色、浅绿色、浅蓝色黏土质和粉砂质页岩夹少量细粒砂岩及粉砂岩组成。厚 1000～1300m。

（4）塔巴克他乌组（$C_2t$）：与下伏喀拉铁克组为过渡关系，岩性为灰色、暗灰色绢云母钙质长石–石英质砂岩与暗灰色薄层状泥质灰岩及绢云母灰质泥质页岩的互层，厚 600～1300m。

下二叠统别良金群（$P_1BL$）出露于区内各主要山脉北坡，整合覆于康克林组之上，由砂岩、粉砂岩、页岩、泥灰岩组成，在顶部出露有薄层状凝灰岩，萨色布拉克锌多金属矿和工作区东侧的喀达铅锌多金属矿均产于该套地层中，局部有不同程度的变质，木孜托克过渡带内出现有较多的块状礁灰岩。厚度因剥蚀作用，变化很大，一般为 600～1500m。

上二叠统库铁热克群（$P_2KT$）仅出露于区域西北部，整合覆盖于别良金群之上，岩性为一套杂色砂岩、粉砂岩、硅质岩，顶部有基性凝灰岩夹层，下部见有凝灰质砂岩及灰岩，厚度为 1500～1600m。

白垩系分布于区域西部，呈窄条状沿山麓延伸，不整合覆于上二叠统库铁热克群之上。其下部为黏土岩、粉砂岩夹凝灰岩和泥质砂岩；上部砂岩增多，并见有石膏和硬石膏夹层，厚约 200m。

古近系仅见于区域中部和南端的狭长地堑中，超覆于老地层之上。该地层主要为由褐红色砾岩、砂砾岩、砂岩所组成的陆源碎屑沉积，厚度约 300m。

新近系中新统乌恰组（$N_1w$）超覆于古生代地层之上，由鲜棕色、红色、绿色黏土岩、粉砂岩、砂岩的互层和少数砂砾岩夹层组成。厚约 140m。

上新统苍棕色组（$N_2c$）广泛分布于区内南部山脉的山麓地带，岩性单一，为苍棕色的黏土岩、粉砂岩、砂岩、砾岩互层，厚度变化大。

上新统—更新统砾岩组 [$(N_2-Q_1)l$] 呈角度不整合于较老地层之上，或与下伏苍棕色组为整合接触关系。砾岩为灰色，有时为浅黄色、红色。常见有少量砂岩、粉砂岩的夹层或透镜体，厚度随所处盆地不同而有较大差异，最厚达 1700m。

第四系广泛分布于盆地、沟谷及其边缘地带。

2）构造

本区所处的大地构造单元分别为北西部属南天山向斜褶皱带内的迈丹他乌复向斜；中部为柯坪断块的木孜托克过渡带；南东部为柯坪断块之北的塔里木带。

区内至少经历了海西及阿尔卑斯（包括燕山、喜马拉雅运动）两期区域性构造运动。其中海西运动在迈丹他乌复向斜和木孜托克过渡带内表现最为明显，阿尔卑斯运动遍及全区，在北塔里木带最为显著。

区内的褶皱线方向除少数为近东西向的弧状构造外，其余全部为北东–南西向。地槽和过渡带是晚期海西构造运动褶皱隆起，表现为北缓南陡，南翼被走向逆掩断裂所破坏，断裂面向北倾斜。

木孜托克过渡带和地槽之内，除喀拉铁克大断裂为古老而又长期活动的断裂外，其他断裂是在二叠纪末期的海西构造运动中褶皱回返时形成的，并在喜马拉雅运动中加剧了运动；北塔里木带内的断裂主要是在阿尔卑斯期形成的。

喀拉铁克大断裂：走向北东东，倾向北北西，倾角 70°～80°，它是南天山地槽同塔里木地台之间的分界线。断层南北两侧，无论是地层出露情况，还是岩性、厚度及构造运动的反映等截然不同，并由于长期活动的结果，在断层两侧形成不少与之斜交或大致平行的小断裂。

3）岩浆岩

区域上岩浆侵入活动较弱，仅见有晚古生代晚期碱性花岗岩和基性岩。

区域上共有 6 个碱性花岗岩岩体，其岩石组合、矿化特征见表 5-5。

表 5-5　碱性花岗岩岩体岩石组合、矿化特征

| 岩体名称 | 面积/km² | 岩石组合 | 矿化特征 |
|---|---|---|---|
| 霍什布拉克岩体 | 22.5 | 碱性花岗岩、淡红色石英正长岩 | 岩体中有锆石、钍石、铌钽等 |
| 克孜勒克孜塔格岩体 | 57 | 碱性白岗岩、碱性花岗岩、淡色石英正长岩 | 夕卡岩带有 Zn、Pb、W、Cu 等矿化 |
| 克兹尔托岩体 | 17 | 碱性花岗岩 | 岩体中有少量铌钽 |
| 古尔拉勒岩体 | 48.5 | 碱性花岗岩，淡色石英正长岩，边缘为花岗闪长岩、英安岩 | |
| 阿其克布拉克岩体 | 3.5 | 碱性白岗岩、碱性花岗岩 | 夕卡岩带内有 Zn、Cu 矿化 |
| 彻盖布拉克岩体 | 4 | | |

区域上基性岩仅有普昌岩体，位于普昌横向断裂中，呈不规则椭圆状分布，面积约 16km²，主要岩石类型为暗灰色粗–中粒辉长岩和少量中粒斑状斜长岩（斜长岩为内接触相）。

**2. 区域地球物理化学特征**

1）地球物理特征

通过资料收集，萨色布拉克锌矿工作区地磁要素与主要岩矿石的物性参数见表 5-6～

表5-8。

**表5-6 新疆阿图什市萨色布拉克锌矿地区地磁要素统计表**

| 经度/(°) | 纬度/(°) | 总场 F/nT | 分量 X/nT | 分量 Y/nT | 分量 Z/nT | 倾角/(°) | 偏角/(°) |
|---|---|---|---|---|---|---|---|
| 77.04280663 | 40.23152528 | 53879.46 | 26417.68 | 1716.61 | 46927.13 | 60.3416 | 3.4304 |

**表5-7 新疆阿图什市萨色布拉克锌矿地区岩（矿）石电性参数表**

| 岩（矿）石名称 | 标本块数（点） | 极大值 | | 极小值 | | 平均值 | | 备注 |
|---|---|---|---|---|---|---|---|---|
| | | $\rho_a/(\Omega \cdot m)$ | $\eta_a/\%$ | $\rho_a/(\Omega \cdot m)$ | $\eta_a/\%$ | $\rho_a/(\Omega \cdot m)$ | $\eta_a/\%$ | 资料来源 |
| 砂砾岩 | 8 | 458.6 | 1.93 | 114.4 | 0.75 | 225.6 | 1.33 | 实测 |
| 粉砂质泥岩 | 7 | 231.1 | 2.31 | 52.6 | 0.99 | 89.6 | 1.45 | 实测 |
| 泥质粉砂岩 | 8 | 436.3 | 2.50 | 130.1 | 1.11 | 278.3 | 1.90 | 实测 |
| 夕卡岩 | 9 | 376.4 | 3.50 | 144.6 | 1.51 | 248.8 | 2.13 | 实测 |
| 泥灰岩 | 6 | 870.6 | 2.54 | 261.2 | 1.46 | 531.2 | 1.78 | 实测 |

**表5-8 新疆阿图什市萨色布拉克锌矿普–详查地区岩（矿）石磁化率参数表**

| 岩（矿）石名称 | 标本块数 | 磁化率 $K/(10^{-6} \cdot 4\pi \cdot SI)$ | | 磁化强度 $J_r/(10^{-3} A/m)$ | |
|---|---|---|---|---|---|
| | | 变化范围 | 常见值 | 变化范围 | 常见值 |
| 砂砾岩 | 8 | 11~237 | 65 | | |
| 粉砂质泥岩 | 7 | 6~175 | 47 | | |
| 泥质粉砂岩 | 8 | 9~122 | 44 | | |
| 夕卡岩 | 9 | 145~774 | 332 | 63~164 | 86 |
| 泥灰岩 | 6 | 103~654 | 278 | 6.39~99.6 | 42 |

（1）砂砾岩具有低磁化率极值$65 \times 10^{-6} \cdot 4\pi \cdot SI$、中电阻率极值$225.6\Omega \cdot m$、低极化率极值$1.33\%$的特征。

（2）粉砂质泥岩具有低磁化率极值$47 \times 10^{-6} \cdot 4\pi \cdot SI$、低电阻率极值$89.6\Omega \cdot m$、低极化率极值$1.45\%$的特征。

（3）泥质粉砂岩具有低磁化率极值$44 \times 10^{-6} \cdot 4\pi \cdot SI$、中电阻率极值$278.3\Omega \cdot m$、中极化率极值$1.90\%$的特征。

（4）夕卡岩具有高磁化率极值$332 \times 10^{-6} \cdot 4\pi \cdot SI$、中电阻率极值$248.8\Omega \cdot m$、中高极化率极值$2.13\%$的特征。

（5）泥灰岩具有高磁化率极值$278 \times 10^{-6} \cdot 4\pi \cdot SI$、高电阻率极值$531.2\Omega \cdot m$、中极化率极值$1.78\%$的特征。

2）区域航磁异常特征

根据《新疆维吾尔自治区航空磁力异常图》显示，依据磁异常的符号、强度、延伸方向、平面形态、规模和组合变化等特性，客观地反映了研究区的地壳中磁性块体结构的基本轮廓，也就是现已固结地壳中具有磁性块体的分布状况，包括磁性块体的空间形态及物质成分、磁性变化等特征。

工作区在阿图什市哈拉峻乡附近，离边境线较近。并不能完整地看到航磁在工区内的显示，但是能推断出工区以大面积分布的正磁异常为特征，正异常强度一般为 0 ~ 150nT，最高为 250nT，主要反映了二叠纪和石炭纪花岗岩、正常砂岩、硅质岩的磁场特征；局部有较弱的负磁异常，负异常强度一般为 –250 ~ –50nT，最高达 –390nT，主要由古近系泥岩、砂岩及第四系砂砾岩组成。

石榴子石夕卡岩是工作区的含矿层位，萨色布拉克锌矿床就产于石榴子石夕卡岩中，矿床成因类型为产于夕卡岩化细碎屑岩中的夕卡岩型矿床。

夕卡岩具有一定的磁性特征，磁化率常见值 $K = 332 \times 10^{-6} \cdot 4\pi \cdot SI$，变化范围为 $K = (145 \times 10^{-6} \sim 774 \times 10^{-6}) \cdot 4\pi \cdot SI$。剩磁 $J_r = 86 \times 10^{-3} A/m$，$J_r$ 变化范围为 $63 \times 10^{-3} \sim 164 \times 10^{-3} A/m$，区内实测表现并不明显。砂砾岩、泥岩、粉砂岩等岩体磁性较微弱和较弱，因此一般表现为低负平稳或低负波动磁场特征。

夕卡岩具有中电阻率、高极化率的特征，工作区内高磁、中电阻、高极化异常为主要矿致异常。

### 3）地球化学特征

A. 区域岩石中元素的平均含量

区域岩石中平均含量高于地壳克拉克值的元素有 As、B、La、Li、Pb、Sb、Sn、Th、$Fe_2O_3$、CaO，其中 As、B、Th 浓度克拉克值为 2.082 ~ 4.57，为区域性富集元素；平均含量接近地壳克拉克值的元素有 Ag、Ba、Bi、F、Mo、Nb、U、Zr 和 $K_2O$；平均含量低于地壳克拉克值的元素有 Au、Be、Cd、Co、Cr、Cu、Hg、Mn、Ni、P、Sr、Ti、V、W、Y、Zn、$Na_2O$、MgO、$SiO_2$ 和 $Al_2O_3$，其中 Au、Cd、Cr、Hg 元素浓度克拉克值为 0.13 ~ 0.45，属区域性亏损元素。

B. 元素在主要地质单元中的分布

（1）二叠系：富积系数大于 1.2 的元素有 Hg、Au、P、Ag、Zn、Zr、B、Cr；富积系数小于 0.8 的元素有 Sn、Be、Th、Nb、Sr、Sb、As、CaO。在富积元素中 P、Ag、Zn、B、Cr 离散度小，为成岩同生聚集；而 Au、Hg 变化系数大，反映同生聚集的不均匀性或后生改造作用的叠加，提供了在二叠系中寻找贵金属等矿产的地球化学信息。

（2）石炭系：该地层中平均含量相对高于区域岩石中平均含量的元素有 Hg、Au、Mn、Cr、Cd、Ni、Pb、B、Bi、Zn，而低于平均含量的有 As、Ti、Mo、Nb、$Na_2O$。在富积元素中除 Cr 外，其他元素变化系数均大于 0.5，最大的为 1.24，指示该地层对多金属、贵金属成矿比较有利。

（3）泥盆系：该地层中富积元素有 $SiO_2$、Ag、Bi、P、Ba、Zr、Sb，而亏损元素多达 22 种。富集元素一般离散度均较小，属成岩同生聚集，反映出该时期浅海-滨海相碎屑岩建造的元素分布和分配特征。

（4）花岗正长岩：花岗正长岩中，$SiO_2$、$Fe_2O_3$、$K_2O$ 的含量高于酸性岩中的平均含量，而低于酸性岩中的平均含量的有 $Al_2O_3$、MgO、CaO、$Na_2O$。花岗正长岩中元素平均含量相对高于酸性岩中元素丰度值的有 As、B、Be、Bi、Co、Cr、La、Li、Mo、Nb、Pb、

Sb、Sn、Th、Ti、U、V、W、Y、Zr、F，其中 F、B 等矿化剂元素含量高出酸性岩丰度值的 2~9 倍，表明岩浆期后有利于元素的搬运富集，具岩浆岩分异演化前锋特征，反映岩石剥蚀不深，对寻找稀有、稀土、放射性多金属元素有较好的地球化学远景。

C. 元素在空间上的分布特征

元素在空间上的分布受构造单元的控制，天山褶皱系（包括喀拉铁克大断裂以南部分过渡带），除 CaO、$SiO_2$、Ba 呈现低背景分布外，其余元素均呈高背景分布，尤以 B、Li、U、Nb、La、Be 反映最清晰，区内局部异常分布密集、范围大、元素组合复杂，形成异常的主要元素有 Pb、Zn、Hg、As、Sb、Cu、W、Sn 及稀土、放射性元素，指示区内寻找多金属、稀有、稀土、放射性矿产有良好的远景。而塔里木地台（包括部分过渡带）区中具有低温热液活动所引起的后生改造作用强烈的地球化学特征。

据 1987~1989 年江西地矿局物化探大队在包括工作区在内的 7000 多平方千米范围内开展的 1∶20 万化探扫面成果，区域上各元素异常多分布于木孜托克过渡带中，且在克孜勒克孜塔格至塔木村一带更为集中，尤以亲硫元素异常为主。该带为二叠系的主要分布区，碱性花岗岩发育，北东向断层较发育。

二叠系岩石中元素平均含量相对高于（富集系数大于 1.2）区域岩石中元素平均含量的有 Hg、Au、P、Ag、Zn、Zr、B、Cr（由大到小排列），其中，P、Ag、Zn、B、Cr 离散度小，为成岩同生聚集，Au、Hg 变化系数大，反映出同生聚集的不均匀性或后生改造作用的叠加，提供了在该层位内寻找贵金属的地球化学信息。

碱性花岗岩中，$SiO_2$、$Fe_2O_3$、$K_2O$ 的含量高于酸性岩中的平均含量，而低于酸性岩中的平均含量的有 $Al_2O_3$、MgO、CaO、$Na_2O$，平均含量相对高于酸性岩中元素丰度值的有 As、B、Bi、Co、Cr、La、Li、Mo、Nb、Sb、Sn、Th、Ti、U、V、W、Zr、F，其中 F、B 等矿化剂元素含量高出酸性岩丰度值的 2~9 倍，表明岩浆期后有利于元素的搬运富集，反映岩体剥蚀不深，对寻找稀有、稀土、放射性多金属元素矿产有较好的地球化学远景。

1∶20 万化探扫面在工作区东侧圈定了 1 个乙类异常（编号为 HS-32-乙），该异常位于塔木村一带，地理坐标为 77°09′~77°14′E，40°20′~40°27′N，异常呈北西向不规则椭圆交叠状，向西南延出工作区，综合异常面积为 $65km^2$。异常为 Sn、Pb、Zn、Bi、As、Ag、Sb、Cd、Cu、W、B、La、Mn、Li、Y、F、Nb、Mo 等元素组合。Sn、As、W、Cd、B 具有外、中、内三级浓度带；Pb、Mo、Li、Zn 具有外、中二级浓度带。各元素最高含量为 Sn $27×10^{-6}$、W $18.5×10^{-6}$、As $108×10^{-6}$、Cd $1.07×10^{-6}$、Pb $80×10^{-6}$、Zn $323×10^{-6}$、B $340×10^{-6}$。单元素异常评序 Sn 排名第一，Pb、Zn 仅次于霍什布拉克已知铅锌矿床异常，排列第二，地球化学找矿信息集中。

异常区出露下二叠统别良金群（$P_1BL$）砂岩、页岩、灰岩，海西晚期花岗正长岩呈岩株断续侵入于异常东西向断裂带内，岩体外接触带具有夕卡岩化、硅化和角岩化。异常区内有已知铜锌矿化点 5 处，分别产于下二叠统别良金群（$P_1BL$）的夕卡岩、石英脉和方解石脉中。金属矿物有闪锌矿、辉钼矿、赤铜矿等，与异常的形成有直接联系。

### 3. 工作方法及技术要求

#### 1）磁法测量

本次磁法测量使用 GSM-19T 磁力仪 1 台（编号：R-4）和 GSM-19W 磁力仪 2 台（编号：G-8、G-9），其中 GSM-19T 用作日变测量，GSM-19W 用作工作区磁场测量。

##### A. 仪器实验

2017 年 6 月 16 日，项目组对参与磁法工作的 3 台磁力仪进行了系统的性能测定，主要包括主机一致性、探头一致性、噪声水平和性能一致性校验等。各项结果均优于设计和规范要求，说明此次磁法工作结果可靠。测定结果如下：

###### a. 性能一致性测定

共 3 台仪器参与测定，其中磁力仪 R-4 用于日变观测，其余 2 台 GSM-19W 在 50 个测点上作往返测量，统计的一致性误差最大值为 0.28nT，系统误差为 –0.26nT，都优于规范要求（表 5-9）。

**表 5-9　仪器一致性测定结果表**

| 仪器号 | G-8 | G-9 |
| --- | --- | --- |
| 一致性/nT | 0.28 | 0.17 |
| 系统误差/nT | 0.54 | –0.26 |
| 测点数/个 | 50 | |

###### b. 噪声水平

噪声水平实验选在磁场平稳区域，3 台磁力仪探头间距至少 20m，按日变测量方式测量 20min 以上，选取 60 个数据做噪声水平均方值统计，结果见表 5-10，仪器噪声都小于 1.0nT，总体上都大大优于设计要求的 2.0nT 的精度。

**表 5-10　噪声水平统计结果**

| 仪器号 | G-8 | R-4 | G-9 | 设计要求 |
| --- | --- | --- | --- | --- |
| 出厂编号 | 7022221 | 6021835 | 6021836 | <2.0nT |
| 测点数/个 | 60 | 60 | 60 | |
| 噪声水平 | 0.3015 | 0.6511 | 0.3538 | |

###### c. 探头及主机一致性

探头一致性是一台仪器和一个探头作为日变组固定不动，另外一台仪器分别轮换探头，两台仪器同时进行日变观测，每个探头至少观测 20min。观测结果与日变进行对比，两者日变曲线吻合较好，没有脱节现象。

主机一致性是探头固定，轮换主机进行日变观测，每个主机至少观测 20min。观测结果与日变进行对比，两者日变曲线吻合较好，没有脱节现象。

通过实验发现磁力仪性能良好，符合本次磁法测量工作。

B. 日变站及校正点的选择

日变站和校正点选在工作区内，在东南西北为 2m 和高差为 0.5m 范围内，日变站场值变化的最大值为 57364.80nT，最小值为 57363.05nT，相差 1.75nT，校正点场值变化的最大值为 57364.82nT，最小值为 57363.18nT，相差 1.64nT，都在 2nT 的范围内，符合规范要求。

C. 日变测量

日变测量使用 GSM-19W 磁力仪，采样时间间隔选为 20s，测量方式为单点测量方式，仪器自动测量和记录，每天日变测量工作始于早基点之前，结束于晚基点之后。

D. 野外测量

野外测量使用 GSM-19W 磁力仪，以行走模式测量，使用 UTM 坐标格式，2s 一读数，每个闭合单元的观测应始于校正点，终于校正点，前后两次校正点经日变改正后差值应小于 5nT。工作过程中使用手持 GPS 从测线一个端头点导向另外一个端头点，手持 GPS 必须经过工区的已知点校准过才能使用，GPS 参数为中央经线 75°，DX = -95，DY = -57，DZ = 0，DA = -108，DF = 0.0000005。工作过程中，观测人员严格执行"去磁"要求，遇到磁性干扰要避开。

E. 资料整理

每天将原始数据传出，将磁力仪的 UTM 坐标校正到本地坐标上，对野外观测数据、日变资料作预处理，如有质量不符合要求的数据则一律去除；对合格数据进行编辑并对磁测原始观测值进行日变改正。

F. 物性标本

物性标本采集主要在有岩体出露处，本次工作采集物性标本 40 块，测定了磁化率、电阻率和极化率参数。

(1) 磁化率参数测定：磁化率参数由 KT-6 磁化率仪直接测量得出。

(2) 电性参数测定：极化率参数使用 DZD-6 多功能电法仪，使用蓄电池供电，用强制电流法测出极化率参数。电阻率参数使用蓄电池供电，量出电压、电流、物性标本长度及面积等，用公式：$\rho = (U \times S)/(I \times L)$，计算出电阻率，式中，$U$ 为电压，$S$ 为面积，$I$ 为电流，$L$ 为长度。

2) 激电偶极测深

激电偶极测深使用 VIP5000 发射机和 ELREC Pro 接收机。根据要求，电极排列为偶极–偶极，点距 100m，$a = 50m$，$N = 8$，后来根据工作效果改为点距 50m，$a = 50m$，$N = 8$。

AB 极使用铝箔作为供电电极，采用供电周期 8s、延时 100ms，叠加次数 2 次、供电电流平均为 2.16A，导线敷设、电极接地、漏电检查、极差测定、自检、重复观测等严格执行规范要求。

测量参数观察记录每个点的一次电位和视充电率。

3) 质量检查

A. 磁法质量检查

磁法工作使用 GSM-19W 单点测量，采用"一同三不同"（同点位、不同仪器、不同时间、不同操作员）的质量检查原则。磁法质量检查精度由均方误差来衡量。本次磁法工作质量检查 100 个点，检查误差为 1.14nT。

B. 偶极测深质量检查

偶极测深质量检查 10 个测点，质检率为 5.4%，每个测点均检查了所有极距。视充电率、视电阻率均由均方相对误差公式统计。

本次偶极测深质量检查，视充电率质检精度为 6.3%，视电阻率质检精度为 1%，符合质检精度要求。

C. 物性标本质量检查

物性标本各物性参数检查工作独立进行，精度用平均相对误差统计，本次物性标本质量检查 5 块，磁化率参数平均相对误差为 11%、电阻率参数平均相对误差为 9%、极化率参数平均相对误差为 4%。

### 4. 成果解释推断

本次物探工作主要部署包括铁克热克乔克区，彻盖布拉克南区以及萨色布拉克区（图 5-38），各区完成的主要工作量为铁克热克乔克区磁法测量 $7km^2$，激电偶极测深 80 个；彻盖布拉克南区磁法测量 $4.5km^2$，激电偶极测深 45 个；萨色布拉克南区磁法剖面测量 2.4km，激电偶极测深 39 个。

1）物性标本

本次物性标本采集 40 块，其中稀疏浸染状含黄铁矿硅质岩 1 块，深黑色铅锌矿岩 2 块，灰色砂岩 2 块，灰色硅质岩 35 块，磁化率、极化率及电阻率参数如表 5-11 所示。

磁化率参数：灰色硅质岩磁化率几何平均值为 $0.175×10^{-6}·4\pi·SI$；灰色粉砂磁化率几何平均值为 $0.283×10^{-6}·4\pi·SI$；深黑色铅锌矿磁化率几何平均值为 $0.716×10^{-6}·4\pi·SI$，稀疏浸染状含黄铁矿硅质岩几何平均值为 $0.192×10^{-6}·4\pi·SI$，由磁化率参数可以看出灰色硅质岩分布最广、磁性最低。

电性参数：灰色硅质岩极化率几何平均值为 3.85%，电阻率几何平均值为 $30543\Omega·m$；灰色砂岩极化率几何平均值为 2.25%，电阻率几何平均值为 $21972\Omega·m$；深黑色铅锌矿极化率几何平均值为 5.38%，电阻率几何平均值为 $2884\Omega·m$；稀疏浸染状含黄铁矿硅质岩极化率几何平均值为 14.82%，电阻率几何平均值为 $8684\Omega·m$，由电性参数可以看出灰色硅质岩为高阻中高极化，灰色砂岩为高阻中极化，稀疏浸染状含黄铁矿硅质岩为低阻高极化。

2）铁克热克乔克区

A. 1:1 万高精度磁法测量

资料整理工作是保证野外观测数据的质量，进行合理的异常划分及特征分析的非常重要的环节。不同的资料处理方法，其处理结果所能提取的物探信息和其所能解决的地质问题各不相同，因此必要的资料处理工作对物探异常的划分提取及推断解释是十分重要的。本次工作进行了磁测资料的常规计算处理、磁测资料的数据处理和磁测异常划分工作，各项处理结果均绘制成基础图件。

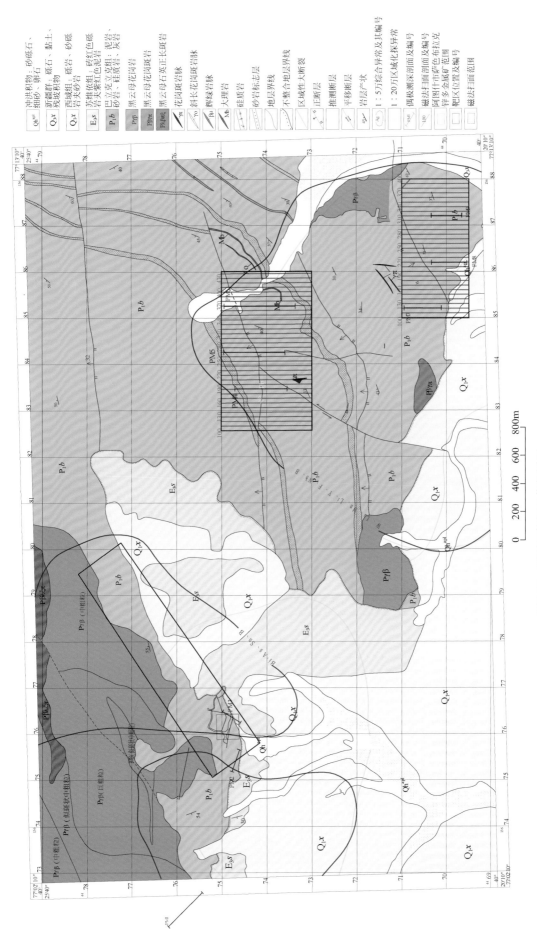

图5-38 预测区物探工作部署图

表 5-11　物性标本结果表

| 岩性 | 磁化率/($10^{-6} \cdot 4\pi \cdot \mathrm{SI}$) | $U$/V | $L$/cm | $W$/cm | $H$/cm | $I$/μA | 电阻率/($\Omega \cdot m$) | 极化率/% |
|---|---|---|---|---|---|---|---|---|
| 灰色粉砂岩 | 0.356 | 12.7 | 11.0 | 6.0 | 5.0 | 79 | 21220.25 | 3.97 |
| 灰色粉砂岩 | 0.280 | 12.7 | 4.0 | 3.5 | 8.0 | 29 | 7663.79 | 1.20 |
| 灰色粉砂岩 | 0.138 | 12.7 | 8.2 | 4.7 | 3.5 | 59 | 23702.57 | 3.78 |
| 灰色硅质岩 | 0.020 | 12.7 | 7.5 | 6.5 | 4.5 | 140 | 9827.38 | 3.44 |
| 灰色硅质岩 | 0.065 | 12.7 | 6.0 | 5.0 | 3.0 | 120 | 10583.33 | 1.98 |
| 灰色硅质岩 | 0.073 | 12.7 | 9.5 | 7.5 | 3.5 | 1270 | 2035.71 | 1.27 |
| 灰色硅质岩 | 0.078 | 12.7 | 6.0 | 5.2 | 4.2 | 170 | 5549.58 | 1.70 |
| 灰色硅质岩 | 1.000 | 12.7 | 9.0 | 6.6 | 2.2 | 2320 | 1478.02 | 1.94 |
| 灰色硅质岩 | 0.060 | 12.7 | 8.0 | 6.0 | 4.6 | 24 | 55217.39 | 3.45 |
| 灰色硅质岩 | 0.134 | 12.7 | 10.0 | 6.0 | 5.0 | 200 | 7620.00 | 1.38 |
| 灰色硅质岩 | 0.176 | 12.7 | 8.5 | 7.5 | 6.2 | 9000 | 145.09 | 1.37 |
| 灰色硅质岩 | 0.201 | 12.7 | 6.5 | 6.5 | 4.0 | 101000 | 13.28 | 4.91 |
| 灰色硅质岩 | 0.106 | 12.7 | 10.5 | 6.0 | 4.0 | 2000 | 1000.13 | 4.14 |
| 灰色硅质岩 | 0.172 | 12.7 | 6.2 | 4.6 | 7.2 | 67 | 7508.38 | 2.69 |
| 灰色硅质岩 | 0.171 | 12.7 | 4.5 | 4.5 | 5.0 | 11000 | 46.76 | 2.98 |
| 灰色硅质岩 | 0.337 | 12.7 | 7.5 | 5.0 | 5.0 | 120 | 7937.50 | 53.66 |
| 灰色硅质岩 | 0.058 | 12.7 | 4.5 | 4.5 | 9.0 | 40 | 7143.75 | 2.14 |
| 灰色硅质岩 | 0.215 | 12.7 | 9.5 | 6.2 | 5.6 | 4000 | 333.94 | 5.57 |
| 灰色硅质岩 | 0.206 | 12.7 | 8.5 | 6.2 | 4.0 | 6 | 278870.81 | 10.42 |
| 灰色硅质岩 | 0.192 | 12.7 | 10.5 | 5.4 | 4.4 | 19 | 86135.17 | 48.95 |
| 灰色硅质岩 | 0.187 | 12.7 | 9.0 | 5.1 | 3.8 | 111 | 13820.06 | 6.38 |
| 灰色硅质岩 | 0.201 | 12.7 | 10.5 | 6.6 | 4.7 | 6000 | 312.10 | 3.49 |
| 灰色硅质岩 | 0.145 | 12.7 | 12.5 | 4.7 | 4.0 | 55 | 33914.77 | 5.42 |
| 灰色硅质岩 | 0.141 | 12.7 | 6.0 | 5.3 | 3.5 | 6000 | 192.31 | 6.93 |
| 灰色硅质岩 | 0.188 | 12.7 | 8.0 | 8.0 | 3.5 | 71 | 32708.25 | 6.69 |
| 灰色硅质岩 | 0.162 | 12.7 | 7.0 | 7.0 | 3.1 | 38 | 52826.83 | 5.82 |
| 灰色硅质岩 | 0.161 | 12.7 | 11.4 | 6.9 | 4.0 | 53 | 47121.79 | 5.52 |
| 灰色硅质岩 | 0.211 | 12.7 | 11.0 | 7.0 | 6.4 | 111 | 13765.48 | 4.33 |
| 灰色硅质岩 | 0.081 | 12.7 | 8.7 | 8.0 | 5.0 | 18 | 98213.33 | 9.15 |
| 灰色硅质岩 | 0.201 | 12.7 | 12.5 | 6.4 | 3 | 30 | 112888.91 | 7.07 |
| 灰色硅质岩 | 0.191 | 12.7 | 7.0 | 8.0 | 6.2 | 45 | 25491.04 | 4.93 |
| 灰色硅质岩 | 0.072 | 12.7 | 9.0 | 6.2 | 4.7 | 30 | 50259.57 | 6.10 |
| 灰色硅质岩 | 0.214 | 12.7 | 8.7 | 6.0 | 4.0 | 76 | 21807.24 | 1.67 |
| 灰色硅质岩 | 0.085 | 12.7 | 11.3 | 4.3 | 3.8 | 700 | 2319.90 | 1.52 |
| 灰色硅质岩 | 0.093 | 12.7 | 8.5 | 5.5 | 4.5 | 45 | 29319.75 | 3.82 |

续表

| 岩性 | 磁化率/(10$^{-6}$·4π·SI) | U/V | L/cm | W/cm | H/cm | I/μA | 电阻率/(Ω·m) | 极化率/% |
|---|---|---|---|---|---|---|---|---|
| 灰色砂岩 | 0.313 | 12.7 | 9.0 | 5.0 | 4.2 | 1400 | 971.94 | 2.25 |
| 灰色砂岩 | 0.253 | 12.7 | 8.9 | 4.8 | 4.3 | 1350 | 961.94 | 2.14 |
| 深黑色铅锌矿 | 0.481 | 12.7 | 10.0 | 5.0 | 5.0 | 800 | 1587.51 | 2.24 |
| 深黑色铅锌矿 | 0.951 | 12.7 | 9.0 | 6.4 | 7.0 | 250 | 4180.11 | 8.51 |
| 稀疏浸染状含黄铁矿硅质岩 | 0.192 | 12.7 | 10.0 | 8.0 | 4.5 | 260 | 8683.76 | 14.82 |

a. 磁测资料数据整理

磁测原始资料常规处理包括噪声试验计算、探头一致性试验计算、仪器一致性试验计算、日变改正精度计算、日变改正计算、正常场改正计算、纬度改正计算、高度改正计算、磁性标本测定计算及其精度统计计算。利用上述处理结果绘制高精度磁测原测平面等值线图。

b. 化极处理

铁克热克乔克区位于整个工作区的北部，磁法测量面积 7km$^2$，共计长度 70km。由于实测成果受到斜磁化的影响，区域性的正、负背景场往往掩盖掉许多局部异常，实测 $\Delta T$ 异常是斜磁化条件下的总场异常，为了消除磁倾角和磁偏角的畸变效应，必须首先对原始磁测资料进行化极处理，以提高磁测资料解释的可靠性。具体是将斜磁化条件下的磁异常换算为垂直磁化条件下的磁异常，化极计算中地磁倾角取调查区基点位置的磁倾角为 60.29°，磁偏角为 3.82°。磁测数据的其他处理都是利用 $\Delta T$ 化极后的网格化文件进行处理。化极前与化极后的对比见图 5-39、图 5-40。

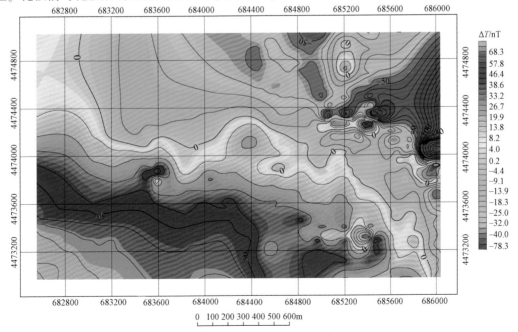

图 5-39 铁克热克乔克区 $\Delta T$ 异常平面图

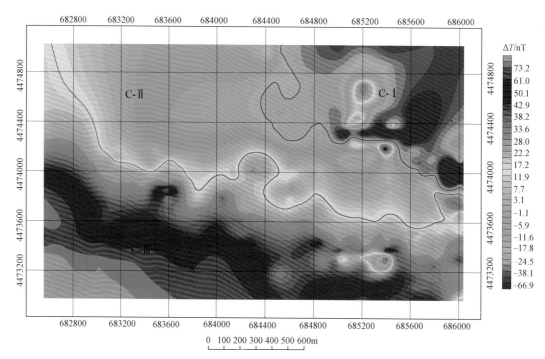

图 5-40　铁克热克乔克区 $\Delta T$ 化极后异常平面图

从化极前后对比，工区磁场整体呈东北高、西南低的特征。根据变化特征划分为 3 个区 C-Ⅰ、C-Ⅱ、C-Ⅲ，其中 C-Ⅰ 为负磁异常区，C-Ⅱ 为过渡场区，C-Ⅲ 为正磁异常区。3 个区磁场等值线变化处相对密集可以大致反映出不同岩石磁性变化特征。C-Ⅰ 位于工区的东北处，整体处于负磁区。$\Delta T$ 值为 $-67 \sim 30$nT；总体磁场变化不大，其中包括 2 处正磁异常。C-Ⅱ 位于工区中部，负磁正磁都有，$\Delta T$ 值为 $-10 \sim 14$nT；总体磁场变化不大，层次较为分明。C-Ⅲ 位于工区的西南角，整体为正磁异常区，呈阶梯状，层次较为分明，$\Delta T$ 值为 $22 \sim 81$nT，总体磁场变化不大。结合地质图来看，从 $\Delta T$ 等值线图可以看出，C-Ⅰ 区位于工作区东北部，对应的地质特征为二叠系巴立克立克组灰色砂岩、硅质岩，由物性标本磁性参数可知砂岩的磁性要略强于硅质岩；C-Ⅱ 区位于工作区中部，对应的地质体主要是二叠系巴立克立克组砂岩，C-Ⅲ 区位于工作区西南部，对应的地质体主要是二叠系巴立克立克组砂岩，总体上三者磁场强度相差不大。

c. 上延处理

对化极后磁异常进行向上延拓处理，压制局部干扰和局部异常，反映深部区域磁场的特征；同时根据向上延拓不同高度的结果，初步分析局部磁异常体的向下延深情况。通常要对化极后的 $\Delta T$ 网格文件分别进行 50m、100m、200m 3 个高度的向上延拓计算，获得 3 个不同上延高度的 $\Delta T$ 平面等值线图。化极后磁异常进行向上延拓处理，获得 3 个不同上延高度的 $\Delta T$ 平面等值线图。从上延图中可以看出，通过上延处理，$\Delta T$ 平面等值线图中局部干扰和局部异常受到极大的压制，反映的是深部区域磁场特征表现为北东低南西高的整体趋势，磁场正值区分布在工作区南西部，对应的地质特征为二叠系巴立克立克组灰色角岩化砂岩，磁场负值区分布在工作区的南西部，对应的地质特征为二叠系巴立克立克组各类硅质岩。向上延拓 50m、100m、200m 的 $\Delta T$ 平面等值线图中显示局部干扰和部分局部异常受到不同程度的压制,但同时也反映了局部异常的延深情况。图 5-41~图 5-43 依次为上延各个高度的异常平面图。

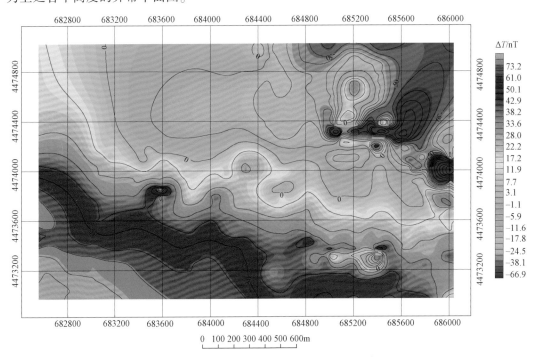

图 5-41  铁克热克乔克区 $\Delta T$ 化极后上延 50m 异常平面图

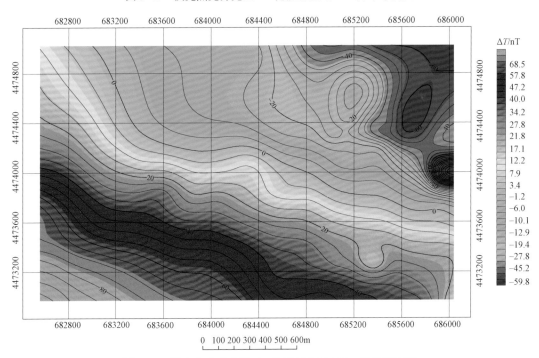

图 5-42  铁克热克乔克区 $\Delta T$ 化极后上延 100m 异常平面图

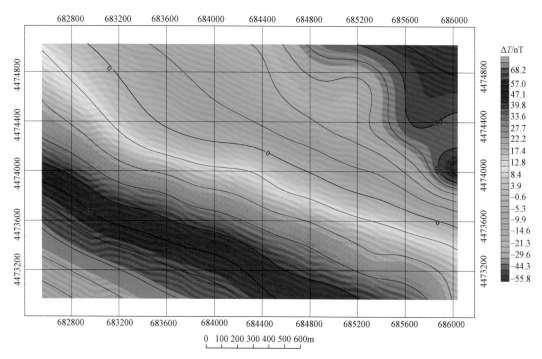

图 5-43　铁克热克乔克区 ΔT 化极后上延 200m 异常平面图

d. 断裂构造的划分

断裂构造划分以 ΔT 平面等值线图中等值线的以下特征为依据进行：

（1）呈线性展布的串珠状磁力高带，一般为沿断裂侵入的侵入岩体或磁铁矿化引起，是划分断裂的标志之一。

（2）断裂破碎带可以造成带内岩石磁性降低，形成线性展布的窄脉形磁力低异常，是划分断裂的标志之一。

（3）断裂构造形成的上下盘错动以及两侧岩性的明显差异可以在磁场上形成不同强度的磁场区，不同强度的磁场区分界处是划分断裂标志之一。

F-1 区域性断裂从工区穿过（图 5-44），分割了工区的正负场，断裂北侧大部分整体磁性为负场区，断裂南侧大部分整体磁性为正场区。由此可以推断出磁场总体为 F-1 断裂控制。F-3 附近磁测等值线局部褶皱弯曲南北走向分割了工区北部的正负场，并且从矿化点的分布来看，南部矿化点几乎位于 F-2 右侧以及 F-3 两侧。由此推断出矿化点是由南部走向的断裂带控制，结合地质图来看 F-2 可推断出西南部有隐伏岩体。受隐伏岩体侵入作用南部地区发生蚀变，使岩石磁性升高，由磁法工作结合地质图又推断出 CF-1 和 CF-2 两条断层（图 5-45）。

B. 激电偶极测深

铁克热克乔克区激电偶极测深共计 80 个测点，包括 PM4、PM5、PM6 三条线。

a. PM4 物探综合剖面

该剖面自北向南测制。从视电阻率拟断面图中可以看出，电性层分布明显，为南倾，自北向南电阻率变化为高阻—中低阻—低阻—中低阻的特征，反映的是不同岩性的电性变化，在 150 点附近电阻率变化明显，界面清晰，视充电率也有分带特征，推测在该点存在一条南倾断层（图 5-46）。

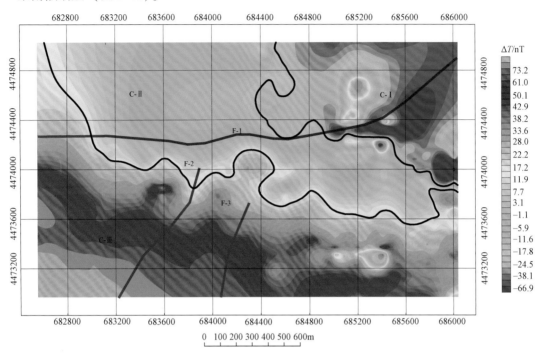

图 5-44　铁克热克乔克区断层分布图

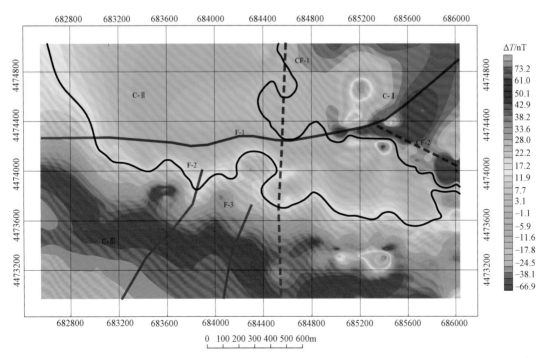

图 5-45　铁克热克乔克区区域断层推断图

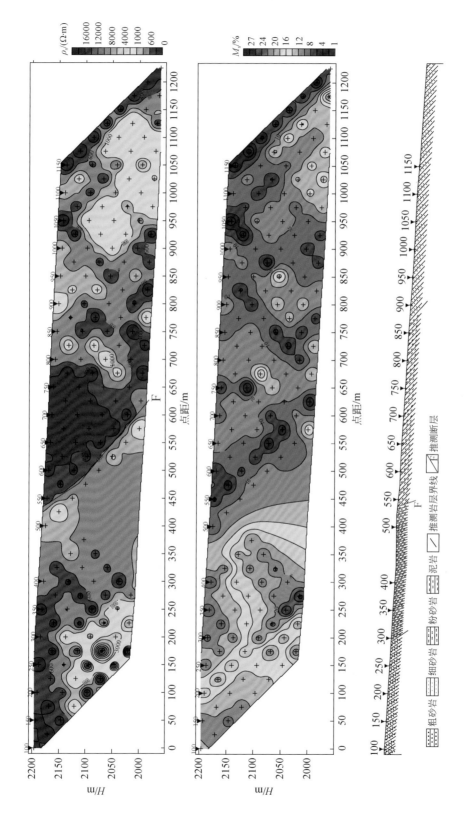

图5-46 铁克热克乔克PM4综合物探地质解释推断图

视充电率拟断面图显示，激电异常主要分布在断层北侧，极值大于 20mV/A，与断层南侧激电场有明显差异。推测认为该异常为矿致异常，断层南侧分布的零乱而独立的次一级激电异常，幅值不大，规律性不强，推测为岩性差异引起的局部电场变化，非矿致异常。

b. PM5 物探综合剖面自北向南测制

从激电偶极测深 PM4 剖面视电阻率拟断面图看，大致可以分为 4 个段，剖面由北至南分别为 A 段视电阻率均值为 400Ω·m、B 段视电阻率均值为 900Ω·m、C 段视电阻率均值为 500Ω·m、D 段视电阻率均值为 1000Ω·m。结合地质剖面图及地质特征看出 A 段对应的是砂岩，B 段对应的是砾岩、粉砂岩，C 段对应的是灰岩，D 段对应的是砂岩（图 5-47）。

整体上视电阻率较低，说明岩石导电率较好，仅在 205～215 点附近地表分布有一个相对的高阻体。从视电阻率分布特征来看，这种电场差异应由断裂构造引起，反映的是北倾和南倾两种不同方向的断裂构造形成断层三角面的电场表现形态，视充电率也较好地反映出这一变化特征。从电场变化规律来看，PM5 线反映出断层以南倾为主。在断裂构造附近、视充电率异常值略高于其他地方。

结合地质资料分析，引起视充电率异常的原因应为铜矿化，受断裂构造影响，成矿元素再次密集。因此，断裂构造附近是寻找铜矿化的有利部位之一。

c. PM6 号物探综合剖面

该剖面自北向南测制，出露地层主要是二叠系巴立克立克组。

从激电偶极测深 PM6 视电阻率拟断面图看，140 点附近，电阻变化明显，140 点北侧为相对低阻区，南侧为高阻区，视充电率断面也有反映，因此，分析认为在 140 点存在一条南倾断层，这与地质内容相吻合。视充电率拟断面图中、断层北侧视充电率整体较高，其背景场值为 12mV/A 左右，局部有激电异常，极值为 15mV/A 左右，与背景场值相差不大，但对应电阻率相对较低，引起这种充电率变化特征的原因是岩性差异，非矿质异常，此外在 230 点附近，电场变化规律与之相似，分析认为在 230 点也存在一条南倾断层。反观 140 点断层南侧，电阻率普遍较高，但分带性明显，如 180 点、185 点、215 点各存在一个南倾的高阻带，这是典型的成层性地层反映，不同层状电阻率反映的是不同的岩性层（图 5-48）。

视充电率在 140 点南侧，存在 2 个相对独立的异常区、异常极值在 20mV/A 左右，与背景场和过渡场截然分开。结合地质矿产资料分析，在断层南侧分布一系列的铜镍矿点，并且有前人在此打竖井平硐进行开采，因此分析认为这 2 个激电异常为矿致异常。

此外，在 230 点附近，电场变化规律与之相似，分析认为在 230 点也存在一条南倾断层。

3）彻盖布拉克南区

彻盖布拉克南区位于整个工作区南部，面积为 4.5km²，长度共计 61.5km。图 5-49、图 5-50 依次为磁法异常、化极后异常。从化极后可以反映出整个工作区皆为正磁异常，西部异常最高，东部最低。西部最高 $\Delta T$ 值为 112nT，整体在 70～110nT 之间。背景场值为 50nT。从图上看，总体呈西高东低走向，正异常强度一般为 20～130nT，最高为 132nT，主要反映了二叠纪和石炭纪花岗岩、正常砂岩、硅质岩的磁场特征；东部有较弱的正磁异常，正异常强度一般为 30～50nT，最高达 53nT，主要由古近系泥岩、砂岩及第四系砂砾岩组成。

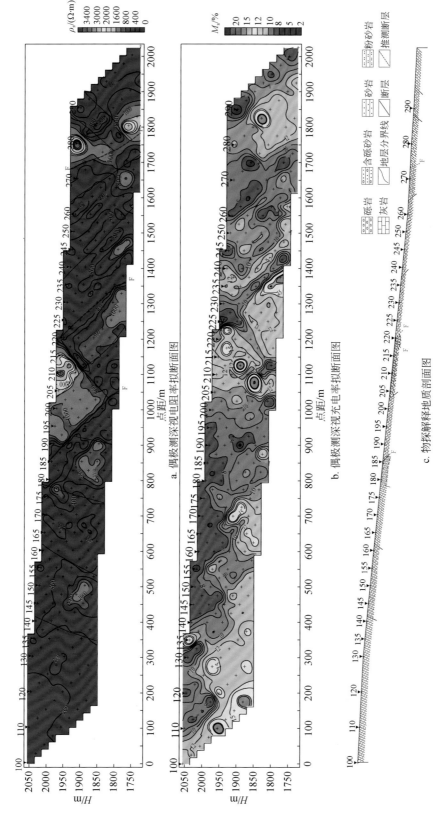

图5-47　铁克热克乔克PM5综合物探地质解释推断图

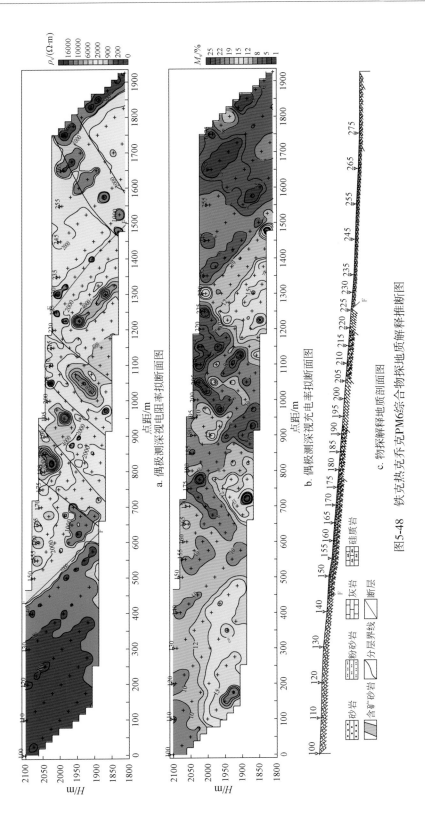

图5-48  铁克热克乔木克PM6综合物探地质解释推断图

A. 1∶1 万高精度磁法测量

对化极后磁异常进行向上延拓处理，压制局部干扰和局部异常，反映深部区域磁场的特征；同时根据向上延拓不同高度的结果，初步分析局部磁异常体的向下延深情况。通常要对化极后的 $\Delta T$ 网格文件分别进行 50m、100m、200m 3 个高度的向上延拓计算，获得 3 个不同上延高度的 $\Delta T$ 平面等值线图（图 5-49 ~ 图 5-54）。

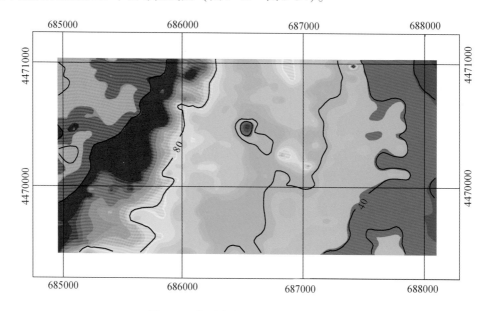

图 5-49　彻盖布拉克南 $\Delta T$ 异常平面图

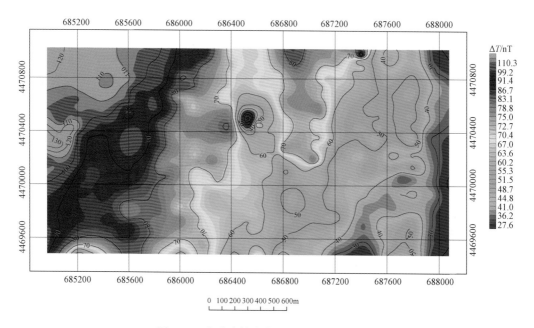

图 5-50　彻盖布拉克南 $\Delta T$ 化极后异常平面

　　实测 $\Delta T$ 异常是地下纵、横向磁性变化的叠加反映，通过上述数据处理工作，初步分离、提取出了各种磁场信息，在此基础上结合地质资料、化探资料、岩石磁性统计资料进行综合分析，才能更好地解决本次工作的地质任务。

　　磁场特征分析主要依据原测的 $\Delta T$ 平面等值线图、化极后的 $\Delta T$ 平面等值线图和上延后的 $\Delta T$ 平面等值线图。对化极后磁异常进行向上延拓处理，压制局部干扰和局部异常，反映深部区域磁场的特征；同时根据向上延拓不同高度的结果，初步分析局部磁异常体的向下延深情况。通常要对化极后的 $\Delta T$ 网格文件分别进行 50m、100m、200m 3 个高度的向上延拓计算，获得 3 个不同上延高度的 $\Delta T$ 平面等值线图。图 5-51 ~ 图 5-53 为上延 50m、100m、200m 的异常平面图，依次反映出不同磁场变化。

　　从图 5-51 ~ 图 5-53 上延后可以看出，彻盖布拉克南区磁异常呈阶梯状层次分布。结合地表矿化及地质资料分析，西部异常区是大面积的多金属矿化物导致，西部并未封闭。

　　B. 激电偶极测深

　　彻盖布拉克南区偶极测深共计 44 个点，共计 PM7、PM8、PM9 三条线。

　　a. PM7 物探综合剖面

　　该剖面自北向南测制。从视电阻率拟断面图中可以看出，整体上为低阻的变化特征，仅在 160 ~ 170 点之间含有南倾向相对高阻体，地表对应的是花岗小岩体，因此可以判断出花岗岩表现出高阻的电性特征，从花岗岩对应的极化率来看，岩体表现出低极化的特征（图 5-54）。

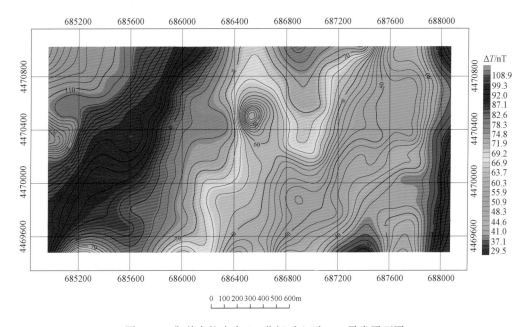

图 5-51　彻盖布拉克南 $\Delta T$ 化极后上延 50m 异常平面图

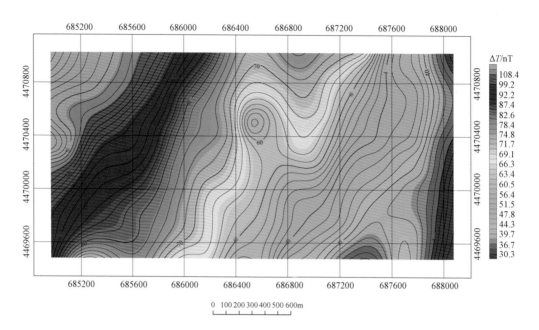

图 5-52 彻盖布拉克南 ΔT 化极后上延 100m 异常平面图

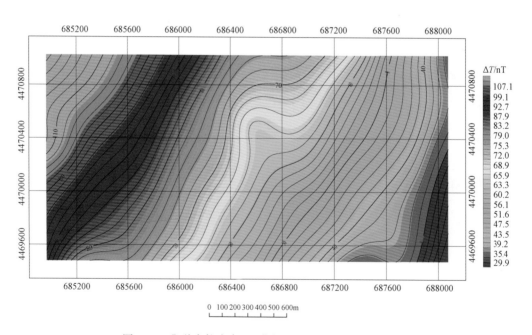

图 5-53 彻盖布拉克南 ΔT 化极后上延 200m 异常平面图

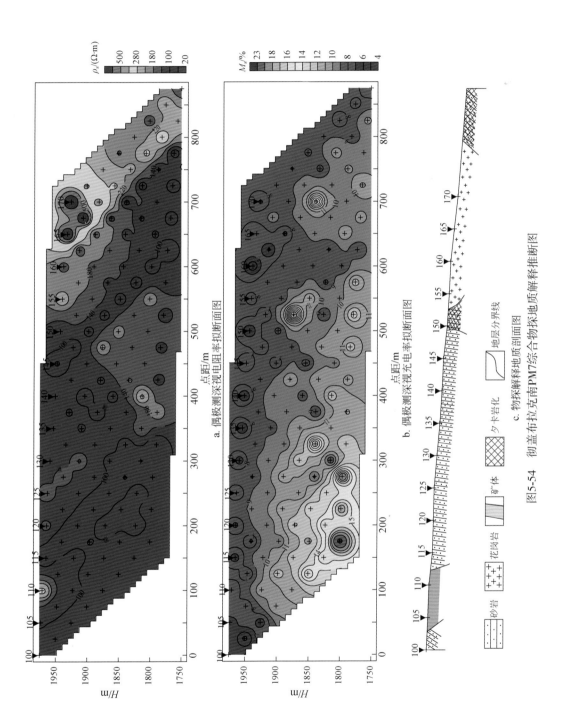

图5-54  彻盖布拉克PM7综合物探地质解释推断图

从视充电率拟断面图中可以看出，充电率垂向变化为浅层低充电体，深部为较高充电体。在剖面测制过程中，在 110～115 点上，地表见有夕卡岩型铜镍矿体分布。因此，可以推断出 110～115 点深部充电率异常为矿致异常，相当高的异常区南倾的变化特征为岩体与地层外接触带夕卡岩带的表现特征，该带为含矿夕卡岩带。

综上所述，PM7 剖面所反映的相对高充电率带，客观地反映出矿化（体）的空间分布特征，从其规模来看，至少应为小型铜镍矿床，建议增加物探工作投入，为扩大已知矿体规模提供物探依据。

b. PM8 物探综合剖面

该剖面自北向南测制。从视电阻率拟断面图中分析，有垂向分带的特征即浅部电阻率相对较低，深部电阻率相对较为规律，二者界线呈波浪形，非线性，推测剖面深部存在一个隐伏的花岗岩体（图 5-55）。

视充电率拟断面图中，充电异常 160 点为中心，呈"1"字形分布，深部充电率反而降低，推断深部为花岗岩体，沿花岗岩与围岩侵入界面，分布的充电率异常应为矿致异常。区域上，在这一带多分布有与夕卡岩相关的铜镍矿点，另外，在剖面测制过程中，在该点附近有前人施工的钻探和探槽，并赋有大量含孔雀石化转石。因此，PM8 物探综合剖面能较为客观地反映出矿体垂向变化特征，为找矿提供物探依据。

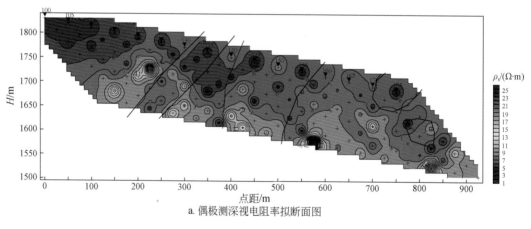

a. 偶极测深视电阻率拟断面图

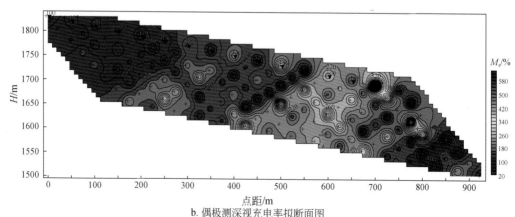

b. 偶极测深视充电率拟断面图

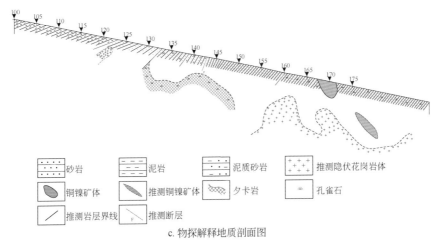

| | | | |
|---|---|---|---|
| 砂岩 | 泥岩 | 泥质砂岩 | 推测隐伏花岗岩体 |
| 铜镍矿体 | 推测铜镍矿体 | 夕卡岩 | 孔雀石 |
| 推测岩层界线 | 推测断层 | | |

c. 物探解释地质剖面图

图 5-55　彻盖布拉克南 PM8 综合物探地质解释推断图

c. PM9 物探综合剖面

该剖面自北向南测制。从激电偶极测深 PM9 线视电阻率拟断面图看，大致可以分为 5 个段，剖面由北至南分别为 A 段视电阻率均值为 $60\Omega \cdot m$、B 段（过渡段）视电阻率均值为 $350\Omega \cdot m$、C 段视电阻率均值为 $140\Omega \cdot m$、D 段视电阻率均值为 $220\Omega \cdot m$、E 段视电阻率均值为 $120\Omega \cdot m$。结合地质剖面图及地质特征看出，A 段对应的主要为砂岩，B 段对应的是花岗岩，C 段对应的是砂岩，D 段对应的是花岗岩，E 段对应的是砂岩（图 5-56）。

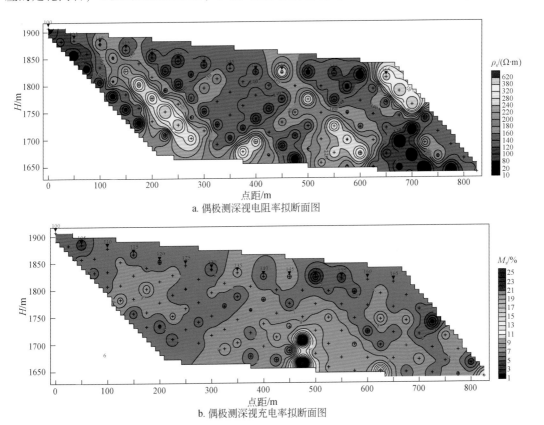

a. 偶极测深视电阻率拟断面图

b. 偶极测深视充电率拟断面图

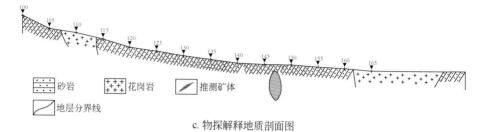

c. 物探解释地质剖面图

图 5-56　彻盖布拉克南 PM9 综合物探地质解释推断图

从视充电率拟断面图来看 PM8 剖面背景场值约为 7mV/A，视充电率异常较为分散，视充电率最低值为 1mV/A，最高值为 25mV/A，大致可以分为 3 个段，Ⅰ 段均值为 7mV/A，Ⅱ 段均值为 10mV/A，Ⅲ 段均值为 6mV/A，异常区主要集中在 Ⅱ 段。由视电阻率和视充电率的对应关系来看，低电阻率对应高充电率，高电阻率对应较低充电率。结合岩性可以看出，花岗岩为高阻低充电率的特征，砂岩为低阻高充电率的特征。结合收集地质资料来看，145～150 点为明显矿化带，吻合程度高。从视充电率拟断面图来看，电性界线密集，异常并未封闭，推测下方有隐伏矿体。综合上述所示，PM9 剖面大致反映出了矿体深部趋势。

4）萨色布拉克区

萨色布拉克区偶极测深共计 40 个点，AB 为 50m 或 100m，N=8，位于工作区范围内，包括 PM1、PM2、PM3 三条线。

a. PM1 物探综合剖面

该剖面自北向南测制。从视电阻率拟断面图中看，地质体总体上呈低阻分布，仅在剖面 185～205 点之间分别有相对高阻体，该高阻体反映的是花岗岩体的电性特征（实测剖面中在该段分布有花岗岩体）、花岗岩体呈低充电率的特征，磁场 ΔT 在岩体附近陡然上升，也反映出不同岩性变化的特征（图 5-57）。

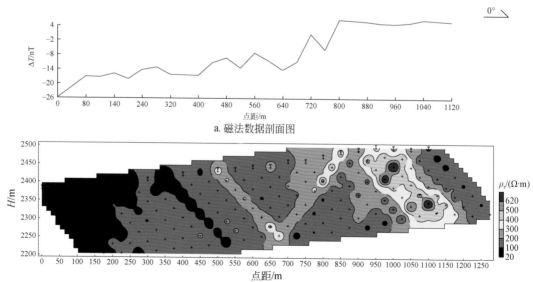

a. 磁法数据剖面图

b. 偶极测探视电阻率拟断面图

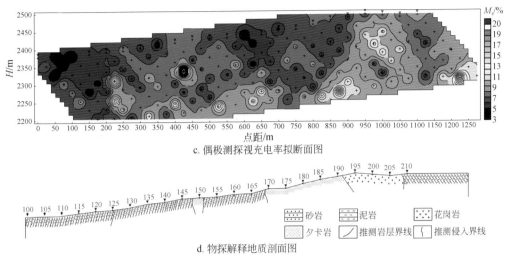

c. 偶极测探视充电率拟断面图

d. 物探解释地质剖面图

图 5-57　萨色布拉克 PM1 综合物探地质解释推断图

在岩体北侧含有条状次高电阻体，这是地层在岩体侵入过程中发生不同程度的结晶作用（或夕卡岩化的强弱变化不均一性）引起。

b. PM2 物探综合剖面

该剖面自北向南测制。从视电阻率拟断面图来看，在 125～140 点分布一个相对高阻体，椭球状分布，结合 PM3 剖面的已知成果来看，该高阻体特征是花岗岩体特征的反映，对应的视充电率相对较低，花岗岩侵入到地层中，沿花岗岩与地层侵入的内外接触带附近，分布有高充电率异常，参照 PM3 剖面分析认为，PM2 剖面高充电率异常为矿致异常，从磁法 $\Delta T$ 曲线上来看，高充电率异常对应的磁场强度相对较大（图 5-58），也印证了这一观点。

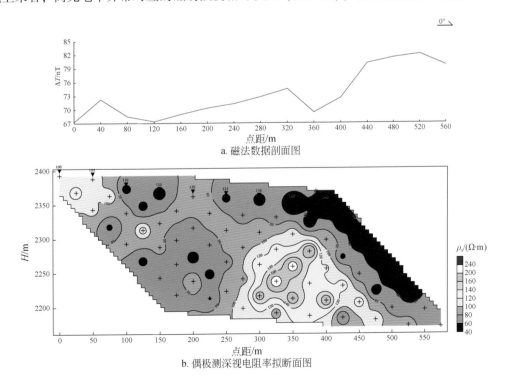

a. 磁法数据剖面图

b. 偶极测深视电阻率拟断面图

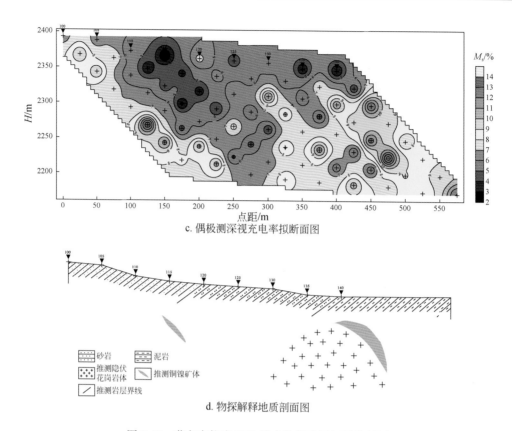

图 5-58　萨色布拉克 PM2 综合物探地质解释推断图

视充电率在花岗岩南侧的异常相对较大，反映出该位置是寻找夕卡岩型铜镍矿的最有利部位。

c. PM3 物探综合剖面

该剖面自北向南测制。从视电阻率拟断面图来看，在 125～130 点存在的高阻体推断解释为花岗岩脉（体），受花岗岩侵入接触，与围岩发生夕卡岩化蚀变（或角岩化），电阻率反映出向北逐渐降低的变化趋势。由此判断，地层导电性为高导电率，花岗岩脉南倾（图 5-59）。

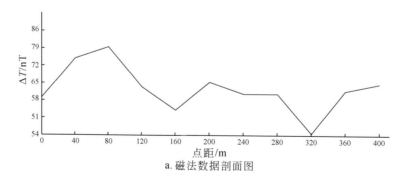

a. 磁法数据剖面图

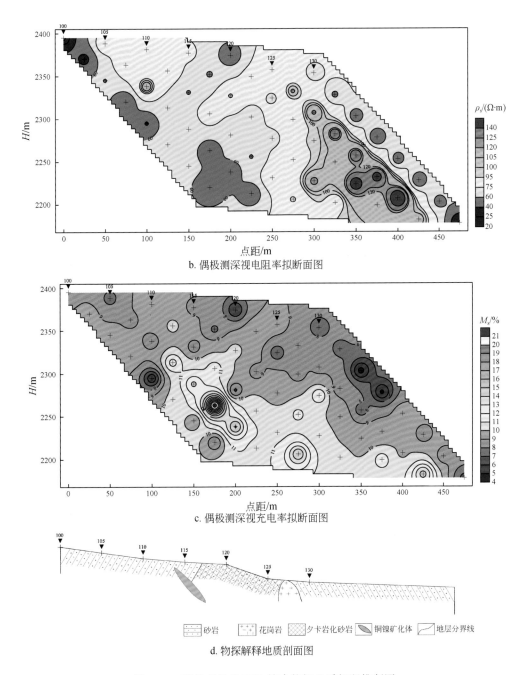

b. 偶极测深视电阻率拟断面图

c. 偶极测深视充电率拟断面图

图例：砂岩　花岗岩　夕卡岩化砂岩　铜镍矿化体　地层分界线

d. 物探解释地质剖面图

图 5-59　萨色布拉克 PM3 综合物探地质解释推断图

　　从视充电率来看，花岗岩为低充电率，而激电异常主要位于岩体与地层外接触带上，根据前人已有地质资料分析，激电异常为矿致异常，矿体具有高磁性的特征，花岗岩体具有相对高磁的特性。

　　PM3 综合剖面是在已知矿体上测制，从成果来看与地质矿产资料吻合程度较高，是判断其他物探测深曲线的重要参考依据。

## 5. 结论与建议

（1）工作初步成果如下：

磁法工作成果：磁测工作显示铁克热克乔克区磁场极大值与极小值相差约140nT，东北部磁场强度较低，磁场值在54010nT左右；西南部磁场强度较高，磁场值在54140nT，工区磁场界线明显。彻盖布拉克南工作区磁场极大值与极小值相差约120nT，磁场值在54100nT左右，西北部磁场强度较高，磁场值在54170左右，东南部磁场强度较低，工区磁场界线较为明显。

偶极测深成果：偶极测深剖面与地表矿化吻合度较高。萨色布拉克工作区的偶极测深剖面PM3线效果较好。PM3线激电异常位于115～120点；PM2和PM3线均位于一已知矿化体上；PM3线曾做过钻探工作，偶极测深结果与其钻探结果吻合较好。

（2）通过激电物探测量，认为在萨色布拉克一带的夕卡岩型铜镍体具有低阻高极化的特征，为下一步找矿工作提供物探模式。

（3）综合物探资料分析认为，萨色布拉克一带岩体磁性相对围岩较高，岩体与地层侵入界线在综合物探剖面上反映清晰，可间接为找矿工作提供依据。

# 第6章 结 论

通过区域成矿地质背景、典型矿床和成矿规律研究，大致查明了西南天山成矿地质背景和成矿条件，建立了典型矿床模型和找矿模型，以及具有针对性的化探、地球物理勘探方法试验和示范研究，集成了一套综合找矿方法技术体系，总结完善了西南天山地区优势矿产成矿规律，优选了找矿靶区并结合勘查实际发现和扩大找矿成果，顺利完成了国家科技支撑计划项目的专题"西南天山优势矿产成矿规律与预测评价研究"，取得了如下主要研究进展。

## 6.1 主要研究进展

### 6.1.1 区域成矿地质背景研究方面

#### 1. 前寒武纪基底研究

采集了4个乌拉根–苏鲁铁列克隆起出露的阿克苏群浅变质碎屑岩开展了碎屑锆石的测年分析，结果显示，主要峰值约为443Ma，次要峰值为750~900Ma、1500~1700Ma 和2.4Ga 左右，推测乌拉根隆起与塔里木具有较一致的碎屑锆石 U-Pb 年龄谱，表明乌拉根隆起曾经可能是塔里木克拉通的一部分。年轻（443Ma）峰值的存在，暗示着该套浅变质碎屑岩原定为前寒武纪阿克苏群存在争议。至少表明该套岩层沉积作用发生在 443Ma 之后，地层时代应该年轻于 443Ma。

#### 2. 西南天山古生代变形特征及其变形时代的确定

苏鲁铁列克–乌拉根隆起变质低，岩性为千枚岩、变质砂岩和片岩，线理发育，发育A 型褶皱，呈现左行剪切特征，局部地段可见强烈的塑性流变。苏鲁铁列克"隆起"变形反映了其为区域 NW-SE 向挤压、同时 NE-SW 向伸展，NW 翼向下，SE 翼向上逆冲带上来的"板状"地质体，推测西南天山乌拉根–苏鲁铁列克一带可能都为由逆冲及其带上来的物质组成。对剪切过程中产生的云母（白云母、黑云母）开展了 $^{40}Ar/^{39}Ar$ 热年代学研究。测试结果表明，苏鲁铁列克–乌拉根隆起剪切变形的时代发生在早–晚二叠世（256.2~276Ma）。推测塔里木和伊犁–伊赛克湖板块的陆陆碰撞时间发生在二叠纪早期，认为从晚二叠世起古亚洲构造域已经整体转化为大陆。

#### 3. 古生代与中新生代变形构造研究

西南天山晚古生代造山作用发育，形成大规模的逆冲推覆构造，地层发生强烈变形，局部具有韧–脆性变形特征，属于中–深构造层次。在造山作用后期，发生走滑伸展作用，在此过程中发育大规模的岩浆作用。除此之外，晚古生代地层中常显示多期构造叠加的特征，近等斜的轴面劈理等反映了地层强烈的挤压，中新生代发育的逆冲推覆构造等对古生代变形进行了改造。

### 4. 西南天山中新生代隆升-山体解体过程研究

野外观测确定了境内外天山发育了三级夷平面，夷平面主要形成于始新世—中新世期间。沉积-构造变形特征分析揭示出，西南天山山间盆地开始形成于渐新世—中新世，早更新世末盆地内发育了新生界的褶皱变形，盆缘断裂开始大规模的逆冲推覆。结合磷灰石裂变径迹测试分析结果，认为西南天山从白垩纪末期发生了大规模隆升和逆冲推覆，此后山体长期处于剥蚀状态，一直延续到了始新世，发育了一个大的夷平面；渐新世—中新世期间（约25Ma），天山再次出现大规模的隆升，伴随发育了山间断陷盆地，天山山体解体，统一的夷平面裂解，形成了天山山间的盆山地貌格局雏形；至早更新世末，西南天山地区新构造活动加剧，天山山体再次出现大规模的抬升，在盆地内部新生界发生褶皱变形，盆地边缘和山体内发育多条逆冲推覆构造；认为多阶段的印度-欧亚板块碰撞过程及其随后汇聚作用是天山山脉中新生代隆升再造与变形的主要原因，费尔干纳断裂带的右旋斜向走滑与吉尔吉斯斯坦天山山间盆地呈三角形形态密切相关。

### 5. 古高程的计算

利用熔岩流气泡古高程计对西南天山托云盆地新生代的古高程进行了估算，计算结果表明，托云盆地在48Ma左右就已经达到了2000m以上的海拔，暗示帕米尔构造结对天山造山带的影响在48Ma之前就已经存在，现今托云盆地3000m以上的海拔是晚新生代天山造山带整体隆升的结果。

### 6. 西南天山岩浆活动研究

西南天山齐齐加纳克蛇绿岩的年代学以及地球化学特征表明，南天山洋盆在早古生代属于成熟的洋盆，在泥盆世还处于扩张的阶段。晚古生代，随着南天山洋盆的关闭，在早二叠世之前洋盆主体发生闭合，在局部地方可能形成有限小洋盆。伴随着造山作用的结束，发育以巴雷公花岗岩为代表的后碰撞花岗岩，是形成于陆内伸展环境背景下，具有"钉合"岩体的特征，表明西南天山地区早二叠世已经进入碰撞后演化阶段。

普昌钒钛磁铁矿区花岗岩属于高分异的I型花岗岩，锆石U-Pb年龄为271.5±6.9Ma，较好地限定了铁矿成矿时代的下限，代表了塔里木大火成岩省在柯坪-巴楚地区岩浆活动的产物。萨尔干基性岩锆石的结晶年龄为49.14±0.8Ma，可能与印度-欧亚大陆的碰撞有关。

## 6.1.2 典型矿床解剖方面

### 1. 布隆金矿

布隆金矿位于西南天山喀拉铁克大断裂的南东侧，成矿流体为中温、低盐度、富$CO_2$

的 $H_2O$-NaCl-$CO_2\pm CH_4$ 体系，成矿时的温度为 201 ~ 365℃；H-O 同位素显示，成矿流体具变质热液特征；C-S 同位素显示，重晶石的碳的具有机成因特点，硫可能来自海相硫酸盐。

**2. 萨瓦亚尔顿金矿**

萨瓦亚尔顿金矿位于伊犁-伊塞克湖微板块与塔里木北缘活动带的交接部位；矿区构造分为早期的韧性变形阶段，中期韧-脆性变形阶段，晚期脆性变形阶段，韧性变形在成矿之前，成矿可能与后期的断裂的脆性活动有关。成矿流体为中温、低盐度、富 $CO_2$ 的 $H_2O$-NaCl-$CO_2$ 体系，成矿时的温度为 204 ~ 386℃，压力为 208 ~ 253MPa，对应成矿深度为 8 ~ 9km；H-O 同位素显示，初始变质热液被后期大气降水叠加和改造；C-S 同位素显示，成矿物质主要来源于赋矿地层上志留统塔尔特库里组。

**3. 阿沙哇义金矿**

阿沙哇义金矿位于塔里木板块北缘卡拉铁克大断裂的西北侧，成矿流体为中温、低盐度、富 $CO_2$ 的 $H_2O$-NaCl-$CO_2$ 体系，成矿时的温度为 245 ~ 366℃；成矿深度为 3 ~ 6km，H-O 同位素显示，成矿流体以变质热液为主。扫描电镜分析显示，围岩黄铁矿呈均质结构，包裹体较少，矿石中黄铁矿为环带结构和均质结构；S 同位素显示，成矿物质主要来源于上石炭统喀拉治尔加组，认为该矿床属于典型的造山型金矿。

**4. 卡拉脚古崖金锑矿**

卡拉脚古崖金锑矿位于西南天山秋木克克别勒断裂北侧；成矿流体为中温、低盐度、富 $CO_2$ 的 $H_2O$-NaCl-$CO_2$ 体系，成矿时的温度为 180 ~ 320℃；成矿深度为 1 ~ 4km；H-O 同位素显示，成矿流体以变质热液为主；S 同位素显示，成矿物质主要来源于下石炭统赋矿地层。

**5. 阿特巴约锑矿**

阿特巴约锑矿位于西南天山造山带东部吉尔吉斯斯坦境内。石英脉矿体直接受脆性断裂控制，矿石矿物主要为辉锑矿；S-Pb 同位素显示，成矿物质主要来源于古生代地层；成矿流体属 $H_2O$-NaCl 体系，含少量 $CO_2$、$CH_4$、$N_2$ 和 $Ca^{2+}$，以及微量 $C_2H_6$、$SO_4^{2-}$ 和 $K^+$；成矿流体温度范围为 215 ~ 336℃，盐度 3.4%~6.9% NaCl equiv.，成矿压力为 9 ~ 14MPa，成矿深度为 0.9 ~ 1.4km，属于典型的浅成热液矿床。

**6. 坎岭铅锌矿**

矿床具有后生成矿特征，矿石 S 同位素组成分布范围较宽，指示矿石中的 S 来源于海相硫酸盐的还原，同时还有深部地幔来源；矿石 Pb 同位素组成变化范围较小，指示成矿金属物质 Pb 具有混合来源，但主要来源于上地壳。闪锌矿微量元素组成特征，指示矿床形成于低温环境，与 MVT 铅锌矿床具有相似的特征。闪锌矿 Rb-Sr 同位素测年结果为 335.7±1.9Ma，处于古南天山洋闭合后塔里木板块与中天山岛弧碰撞造山初期；认为该矿床为与盆地热卤水密切相关的浅成后生脉状 MVT 铅锌矿床。

## 6.1.3　成矿规律总结和靶区预测评价方面

### 1. 成矿规律及控矿因素分析

从岩性、构造和岩浆三个方面，分析了西南天山主要优势矿产的主控因素，认为高含碳的围岩条件为后期金等物质的成矿提供了物质储备，硅质碎屑岩与碳酸盐岩的岩性界面是有利的成矿结构面，为良好的成矿物质充填空间；偏韧性断裂晚期的脆性断裂破碎带及其大型断裂上盘、反冲构造等相对拉张的区域为区域有利的含矿空间，并通过岩石变形行为、含矿性等观测分析，提出了"构造通过控制岩石变形行为而控制矿体的产出"观点；认为西南天山存在两类与成矿有关的岩浆，即晚古生代的碱性花岗岩和基性火山岩，金矿点都产于叠加了后期破碎变形的基性火山岩中。

### 2. 中新生代山脉隆升剥露及其对矿体保存的影响与境内外对比分析

磷灰石裂变径迹与砾石反映的山体抬升剥露历史分析表明，西南天山造山带侏罗纪、白垩纪和新近纪都出现了强烈的隆升和剥蚀，但山体总体上剥蚀程度较浅，晚古生代造山期间活动的岩浆岩（中酸性侵入岩体）并没有被剥蚀到浅地表，直到第四纪以来，我国西南天山中酸性侵入岩体才暴露，因此目前地表仅出露低温的矿床，如造山型的金锑矿，包括热液脉型、破碎蚀变岩型的金锑汞矿，及其与古生代基性侵入岩有关的金矿，其深部找矿空间潜力巨大。

境内外已经发现的穆龙套、萨瓦亚尔顿、阿沙哇义、布隆和卡拉脚古崖等典型矿床的成矿深度和剥蚀程度的对比分析，进一步表明我国境内西南天山现今出露地表的矿床都为超浅成低温热液矿床，西南天山深部具有很好的找矿潜力。进一步分析认为，境内外西南天山山体中新生代隆升与剥蚀的差异是造成所谓"大矿不过国界"的原因。

### 3. 成矿系统与成矿亚带的划分

根据本项目对西南天山区域地质特征和构造体系演化的认识，结合该地区矿床研究现状，把西南天山地区区域成矿规律归纳为以下几个主要的成矿系统，即前寒武纪—早古生代古亚洲洋成矿系统、晚古生代碰撞造山-伸展成矿系统。

在点、线、面相结合的野外地质调查，结合西南天山地区的地质构成、构造体系组合特征、化探异常分布和矿床（点）分布，将西南天山三级成矿带进一步划分为 5 个四级成矿亚带：乌什北山-马场金银-铁锰成矿亚带、布隆-麦丹-托云金-铜-铅锌成矿亚带、萨亚瓦尔顿-吉根金锑成矿亚带和柯坪断隆区铁铅锌成矿亚带。

### 4. 构造-成矿控矿模型

认为西南天山造山过程中的大型推覆-走滑剪切过程是造山型金-锑-汞成矿的重要条件，西南天山经历了两期与成矿关系密切的变形作用：早期 NW-SE 向的挤压和晚期的走滑伸展，早期变形形成了一系列的 NEE 向展布逆冲推覆-反冲叠加的褶皱-断裂构造系统，晚期区域性的伸展调整，致使深部的成矿流体通过相对开放的断裂破碎带，运移上侵到浅地表，随着地球化学性质的变化而发生沉淀富集成矿。在此基础上，提出了西南天山两阶段构造-成矿模型。

认为柯坪断隆区控矿构造为低序次的、与褶皱-逆冲相关的断裂和更低序次张裂隙。坎岭铅锌矿赋存于逆冲-走滑断裂系里面的次级走滑断裂（坎岭右行走滑断层）中。普昌钒钛磁铁矿为夹持于皮羌逆冲-褶皱系的次级冲断层中与石炭系灰岩协调接触的似层状矿床（一逆冲断片）。中-新生代受印度板块与欧亚板块碰撞远程效应影响产生区域大规模掀斜、隆升与剥蚀。新近纪构造活动对本区矿床的影响以对先成矿体的改造、破坏为主。

普昌钒钛磁铁矿床赋存于基性杂岩中，该岩体协调侵入上石炭统中。矿体呈似层状或囊状整合产于层状杂岩体各韵律层下部的含铁辉长岩中，显示本区的含矿基性岩体和不含矿的超基性-基性岩体为两期岩浆的活动产物，为岩浆熔离结晶分异-贯入式矿床。根据对地表出露岩体、区域断裂调研，认为普昌钒钛磁铁矿是一夹持于区域逆冲断片（普昌逆冲系）中的与石炭系灰岩协调接触的似层状铁矿（非原地系统）。新近纪构造使得早期协调侵入的似层状岩体（矿体）掀斜抬升、剥蚀破坏。

**5. 成矿远景区域找矿靶区**

在本次研究中共发现铜、金多金属矿（化）点 4 处，包括乌什北山金锑矿、卡拉公盖金矿、哈拉奇北沟金矿和萨瓦亚尔顿西南金矿，提出了优选成矿远景预测区的原则和标志，提出了 21 个找矿靶区，并根据其成矿条件和矿产资源潜力的分析，分为 A 类 7 个，B 类 11 个，C 类 3 个。

**6. 找矿靶区验证**

利用磁法和偶极测深对阿沙哇义靶区进行了物探工作，并与已知矿体对比，认为地球物理探测资料能较好地反映出矿体垂向变化特征，发现矿体主要受矿区大断裂影响及其次级断裂控制，断裂错断了矿体，并造成深部矿体比较难以连接，空间上不连续，并预测了深部的找矿靶区。

野外实测构造-地化剖面，结合磁法和偶极测深等地球物理探测，开展了卡拉公盖靶区的验证工作，结果显示综合激电偶极测深和磁法成果反映了测区浅地表深部的结构构造，尤其是地表断裂构造的深部延伸情况，结合地化和金含量分析，认为该靶区成矿条件与阿沙哇义十分类似，具有良好的找矿前景。

利用地化扫面结合槽探工程，对乌什北山金锑异常区开展了靶区评价，以 $Au \geqslant 1 \times 10^{-6}$ 为边界，圈出了 3 条 Au 矿体，认为该矿为与火山叠加后期破碎变形有关的低温热液蚀变型矿。

深化分析了萨喀尔德铜金矿靶区的成矿条件，认为该矿床为与断裂破碎带有关的浅成低温热液型铜金矿。

对哈拉峻地区萨色布拉克异常区域进行 1∶1 万高精度重力剖面测量、1∶1 万高精度磁法测量、激电测深剖面等物探工作。认为在萨色布拉克一带的夕卡岩型铜镍体具有低阻高极化的特征，萨色布拉克一带岩体磁性相对围岩较高，岩体与地层侵入界线在综合物探剖面上反映清晰，可间接为找矿工作提供依据。

通过区域成矿背景、成矿规律研究和成矿预测研究，认为吉勒格铜铅锌矿靶区显示具有大型矿床找矿潜力。

### 7. 提交的资源量

通过工程控制和测试分析，提交了乌什北山金资源量 6.96t；在阿沙哇义金矿区，在原先资源量（近 5t）基础上，通过地球物理探测和野外观测及其测试分析，预测新增金资源量超过 5t，并具有大型金成矿潜力；萨喀尔德铜金矿也具有中型铜金矿的成矿潜力。

# 6.2　研究成果应用取得的社会效益

项目组十分重视科研和生产的结合，尤其注重与地方勘探队伍、矿业公司的合作，在参与矿山企业勘探的同时，及时向企业和地质队交流科研成果，以便随时指导勘探工作。矿业公司也通过不同的方式给课题组提供了一些反馈资料，体现出了科研的价值。找矿预测靶区评价工作在完成预设目标的同时还带动企业投资，取得了良好的社会和经济效益。其中较为重要的方面主要如下：

（1）中国地质科学院地质力学研究所科研团队和新疆自然资源与生态环境研究中心在所承担的国家科技支撑计划项目实施过程中，以产学研结合的方式、深入西南天山开展区域成矿地质背景和成矿规律研究工作。在阿沙哇义矿区，研究团队与中铁资源集团的阿合奇县合得利矿业有限公司紧密合作，研究团队成果及时与公司沟通，并应用于实际的找矿工作。为此矿业公司给项目提供了反馈材料。

矿业公司认为"研究团队通过对阿沙哇义矿区的控矿构造研究，结合地球物理（偶极测深和磁法）剖面测量，对阿沙哇义矿区的构造与深部找矿提出了新的认识，与实际情况相符，为阿沙哇义矿区的深部找矿提供了新的证据"。中国地质科学院地质力学研究所和新疆自然资源与生态环境研究中心研究团队的科研和地球物理资料成果，良好地指导了阿沙哇义金矿的找矿实际工作。

（2）在卡拉脚古崖金锑矿、萨瓦亚尔顿金矿和坎岭铅锌矿的野外工作中，项目组得到了相关矿业公司的大力支持，矿业公司还为项目组提供了地质、矿产方面的原始资料。

项目组及时地把相关的研究成果反馈给了矿业公司，为矿业公司的钻孔部署、下一步找矿方向的选定等方面提供了科学指导和证据，普遍得到了矿业公司的肯定。根据后续的相关资料反馈，项目组提出的坎岭铅锌矿西南部、卡拉脚古崖的西南方向、萨色布拉克和塔木靶区在后续的找矿工作中都找到了较好的矿体，体现出了科研指导找矿的价值，取得了较高的经济效益。

# 6.3　存在的主要问题

虽然经课题组成员三年来的共同努力，在成矿地质背景、典型矿床解剖及其成矿预测、找矿靶区的圈定等方面均取得了许多重要的进展，但是也存在不少问题，主要有：

（1）目前对于脆性和弱韧性断裂的活动时代精确定年缺乏必要的测试对象，因此对于西南天山晚古生代的变形时限的确定，缺乏足够的依据。对于别迭里剖面古生界，项目组三年来多次试图通过挑选云母类或其他变形矿物定年分析来确定变形时代，但由于新形成的矿物颗粒细小，无法挑选而放弃。侵位与变形的石炭系中的辉绿岩脉，试图多次挑选锆石测年分析，也都没有成功。

（2）对于境外西南天山成矿带与我国西南天山的构造-成矿带的对比分析不足。本次研究仅仅对境外个别矿床开展了深入研究，并与国内典型矿床进行了对比分析，但没有及时地消化和吸收一些最新的境外资料，对于境内外成矿带的分析和对比，不够深入。

（3）地球物理资料的深入分析还有待于进一步完善，尤其是矿体深部延伸状态的分析，还需要进一步野外工作的证实。本次研究对找矿靶区的评价所采用的技术方法，主要是利用磁法和偶极测深，虽然在确定矿区深部构造和地表矿体的延伸方面取得了明显的成效，但受方法本身的限制，对于深部靶区的圈定难以达到最佳效果。

（4）本次缺乏对坎岭铅锌矿床成矿流体的研究，其流体性质尚不明了，流体演化过程未知，无法探讨矿床成矿时的物理化学环境，这对进一步确定矿床成因类型留有缺憾。此外，本次研究采用闪锌矿 Rb-Sr 等时线法对矿床进行定年，并最终获得了闪锌矿成矿年龄。然而，因 Rb-Sr 等时线定年方法的成功率和准确性较低，且本次研究用于测试的样品数量有限，导致最终确定的矿床成矿时代可信度较低，但因矿床本身研究程度偏低，其成矿时代尚无定论，故本次研究结果可作为参考，矿床具体成矿时代有待进一步确定。

（5）对于普昌深部矿体的形态和延伸缺乏有效的控制，建议展开地球物理探测分析以评估其整体矿床潜力。

（6）区域逆冲-走滑断裂对矿床的影响。研究认为，大型推覆-走滑构造是区域金、锑和铅锌、铁等优势矿产成矿的重要条件。西南天山（含柯坪陆缘隆起区）经历了两期与成矿关系密切的变形作用：早期 NW-SE 向挤压和晚期走滑伸展。晚期区域性伸展使得深部成矿流体通过相对开放的断裂破碎带，运移上侵到浅表而发生沉淀成矿。柯坪陆缘隆起区逆冲-走滑断裂极其发育，多数与成矿关系密切。如何厘定这些逆冲-走滑断裂活动时限是更深一步探讨区域成矿规律的关键因素，应当作为今后研究的重点。

（7）因项目研究区地处西昆仑山北部，帕米尔高原北缘，野外工作环境恶劣，适合工作季节较短，野外工作时间受到较大的限制。对于阿合奇县川乌鲁地区，因为交通十分不便，虽然通过多次努力，但本次研究项目组成员还是未能到矿区开展工作。

（8）由于时间和精力的限制，本次研究未能将区内的所有前人成果完全收集到，缺乏区域化探数据，尤其是基础方面的数据；一些前人的资料虽然已经收集到，但也未能完全吸收消化，并反映到本研究中。

总之，受成员的水平和时间的限制，本研究中的一些观点可能存在争议，也敬请读者批评指正。

# 参 考 文 献

艾永亮, 张立飞, 李旭平, 等, 2005. 新疆西南天山超高压榴辉岩、蓝片岩地球化学特征及大地构造意义. 自然科学进展, 15 (11): 1346-1356.

鲍庆中, 王宏, 沙德铭, 等, 2003. 新疆和静县大山口金矿床成矿流体地球化学特征研究. 西北地质, 36 (2): 43-49.

蔡东升, 卢华复, 贾东, 等, 1995. 南天山古生代板块构造演化. 地质评论, 41 (5): 432-443.

曹华文, 张寿庭, 郑格, 等, 2014. 河南栾川矿集区中鱼库 (铅) 锌矿床闪锌矿微量元素地球化学特征. 矿物岩石, 34 (3): 50-59.

曹俊, 2015. 塔里木大火成岩省中镁铁–超镁铁质层状岩体及赋含钒钛磁铁矿矿床成因. 北京: 中国科学院大学.

曹俊, 徐义刚, 邢长明, 等, 2013. 塔里木北缘皮羌地区早二叠纪花岗质岩体的成因: 对塔里木大火成岩省 A 型花岗岩成因的启示. 岩石学报, 29 (10): 3336-3352.

车勤建, 1995. 沉积型 (贡溪式) 重晶石矿床模式. 大地构造与成矿学, (3): 288-289.

车自成, 罗金海, 刘良, 等, 2011. 中国及其邻区区域大地构造学. 北京: 科学出版社.

陈博, 马中平, 孟广路, 等, 2016. 吉尔吉斯斯坦中天山地质特征及研究进展. 中国地质, 43 (2): 458-469.

陈富文, 李华芹, 2003. 新疆萨瓦亚尔顿金锑矿床成矿作用同位素地质年代学. 地球学报, 24 (6): 563-567.

陈汉林, 陈沈强, 林秀斌, 2014. 帕米尔弧形构造带新生代构造演化研究进展. 地球科学进展, 29 (8): 890-902.

陈华勇, 陈衍景, 倪培, 等, 2004. 南天山萨瓦亚尔顿金矿流体包裹体研究: 矿床成因和勘探意义. 矿物岩石, 24 (3): 46-54.

陈杰, 曲国胜, 胡军, 等, 1997. 帕米尔北缘弧形推覆构造带东段的基本特征与现代地震活动. 地震地质, 1 (4): 301-312.

陈杰, 丁国瑜, Burbank D W, 等, 2001. 中国西南天山山前的晚新生代构造与地震活动. 中国地震, 17 (2): 134-155.

陈奎, 田新文, 杨桂荣, 等, 2007. 阿沙哇义金矿地质特征及找矿标志. 新疆地质, 5 (4): 384-388.

陈咪咪, 田伟, 张自力, 等, 2010. 塔里木二叠纪基性–中性–酸性岩浆岩的年代学及其地质意义. 岩石学报, 26 (2): 559-572.

陈文, 张彦, 张岳桥, 等, 2006. 青藏高原东南缘晚新生代幕式抬升作用的 Ar-Ar 热年代学证据. 岩石学报, 22 (4): 867-872.

陈文, 张彦, 秦克章, 等, 2007. 新疆东天山剪切带型金矿床时代研究. 岩石学报, 23 (8): 2007-2016.

陈兴, 薛春纪, 2016. 西天山乌拉根大规模铅锌成矿中 $H_2S$ 成因: 菌生结构和硫同位素组成约束. 岩石学报, 32 (5): 1301-1314.

陈衍景, 2006. 造山型矿床、成矿模式及找矿潜力. 中国地质, 33 (6): 1181-1196.

陈衍景, 2013. 大陆碰撞成矿理论的创建及应用. 岩石学报, 29 (1): 1-17.

陈衍景, 倪培, 范宏瑞, 等, 2007. 不同类型热液金矿系统的流体包裹体特征. 矿物学报, 27 (1): 2085-2108.

陈义兵, 胡霭琴, 张国新, 等, 2000. 西南天山前寒武纪基底时代和特征: 锆石 U-Pb 年龄和 Nd-Sr 同位素组成. 岩石学报, 16 (1): 91-98.

陈毓川, 裴荣富, 王登红, 2006. 三论矿床的成矿系列问题. 地质学报, 80 (10): 1501-1508.

陈毓川，王登红，朱裕生，等，2007. 中国成矿体系与区域成矿评价. 北京：地质出版社.

陈毓川，裴荣富，王登红，等，2015. 论矿床的自然分类——四论矿床的成矿系列问题. 矿床地质，34（6）：1092-1106.

陈毓川，裴荣富，王登红，等，2016. 矿床成矿系列——五论矿床的成矿系列问题. 地球学报，37（5）：519-527.

陈哲夫，梁云海，1985. 新疆天山地质构造几个问题的探讨. 新疆地质，（2）：3-15.

陈哲夫，周守澐，乌统旦，1999. 中亚大型金属矿床特征与成矿环境. 乌鲁木齐：新疆科技卫生出版社.

陈正乐，万景林，刘健，等，2006. 西天山山脉多期次隆升-剥露的裂变径迹证据. 地球学报，27（2）：97-106.

陈正乐，李丽，刘健，等，2008. 西天山隆升-剥露过程初步研究. 岩石学报，24（4）：625-636.

陈正乐，鲁克改，王果，等，2009. 天山两侧山前新生代构造变形特征及其成因刍议. 地学前缘，（3）：149-159.

陈正乐，周永贵，韩凤彬，等，2012. 天山山脉剥露程度与矿产保存关系初探. 地球科学——中国地质大学学报，37（5）：903-916.

程志国，张招崇，张东阳，等，2013. 新疆巴楚爆破角砾岩筒矿物学特征及其对岩浆演化过程的约束. 地质学报，87（8）：1104-1123.

楚泽松，余心起，王宗秀，等，2016. 中吉天山隆升时代对比——裂变径迹年代学证据. 中国地质，43（4）：1248-1257.

戴紧根，丁文君，王成善，2010. 气孔玄武岩古高程计：原理、方法及应用. 地质通报，29（z1）：268-277.

戴自希，白治，吴初国，等，2001. 中国西部和毗邻国家铜金找矿潜力的对比研究. 北京：地震出版社.

邓起东，冯先岳，张培震，等，1999. 乌鲁木齐山前坳陷逆断裂-褶皱带及其形成机制. 地学前缘，16（4）：191-200.

丁林，许强，张利云，等，2009. 青藏高原河流氧同位素区域变化特征与高度预测模型建立. 第四纪研究，29（1）：1-12.

丁清峰，付宇，吴昌志，等，2015. 新疆西南天山阿万达金矿床成矿流体演化. 吉林大学学报（地球科学版），45（1）：142-155.

董连慧，屈迅，朱志新，等，2010a. 新疆大地构造演化与成矿. 新疆地质，28（4）：351-357.

董连慧，朱志新，屈迅，等，2010b. 新疆蛇绿岩带的分布、特征及研究新进展. 岩石学报，26（10）：2894-2904.

董连慧，王克卓，朱志新，等，2013. 新疆大型变形构造特征与成矿关系研究. 中国地质，40（5）：1552-1568.

董连慧，冯京，屈迅，等，2016. 中国矿产地质志：新疆维吾尔自治区矿床成矿系列图. 北京：地质出版社.

董新丰，薛春纪，李志丹，等，2013. 新疆喀什凹陷乌拉根铅锌矿床有机质特征及其地质意义. 地学前缘，20（1）：129-145.

杜国民，蔡红，梅玉萍，等，2012. 硫化物矿床中闪锌矿等时线定年方法研究——以湘西新晃打狗洞铅锌矿床为例. 华南地质与矿产，28（2）：175-180.

杜秋定，朱迎堂，伊海生，等，2008. 新疆西南天山石炭纪岩相古地理与铝土矿. 沉积与特提斯地质，28（3）：108-112.

高鸿斌，2000. 喀什凹陷新生代对称型前陆盆地分析. 断块油气田，7（4）：16-19.

高俊，汤耀庆，赵民，等，1995. 新疆南天山蛇绿岩的地质地球化学特征及形成环境初探. 岩石学报，（s1）：85-97.

高俊，钱青，龙灵利，等，2009. 西天山的增生造山过程. 地质通报，28（12）：1804-1816.

高睿，肖龙，王国灿，等，2009. 南天山阔克萨勒岭地区晚古生代玄武岩地球化学特征、成因及意义. 矿物岩石，29（2）：96-107.

高玉山，2007. 瓦吉里塔格钒钛磁铁矿地质特征及找矿建议. 新疆钢铁，（2）：8-9.

高珍权，刘继顺，舒广龙，等，2002. 新疆乌恰地区中新生代盆地寻找热卤水成因的超大型铅锌矿床的地球化学证据. 地球与环境，30（1）：13-19.

高珍权，方维萱，王伟，等，2005. 沟系土壤测量在新疆乌恰县萨热克铜矿勘查中的应用效果. 矿产与地质，19（6）：669-673.

郭春涛，李忠，高剑，等，2015. 塔里木盆地西北缘乌什地区石炭系沉积与碎屑锆石年代学记录及其反映的构造演化. 岩石学报，31（9）：2679-2695.

郭东升，邬光辉，张承泽，等，2008. 塔里木盆地基底碎屑锆石定年的证据. 西南石油大学学报（自然科学版），30（5）：6-10.

郭召杰，张志诚，贾承造，等，2000. 塔里木克拉通前寒武纪基底构造格架. 中国科学（D辑：地球科学），30（6）：568-575.

郭召杰，张志诚，廖国辉，等，2002. 天山东段隆升过程的裂变径迹年龄证据及其构造意义. 新疆地质，20（4）：331-334.

郭召杰，吴泰然，王冬，等，2004. 塔里木西北缘晚新生代印干断层及其与帕米尔构造结的关系. 自然科学进展，（9）：1072-1076.

郭召杰，张志诚，吴朝东，等，2006. 中、新生代天山隆升过程及其与准噶尔、阿尔泰比较研究. 地质学报，80（1）：1-15.

郭正府，张茂亮，成智慧，等，2011. 火山"熔岩流气泡古高度计"及其在云南腾冲火山区的应用. 岩石学报，27（10）：2863-2872.

韩宝福，王学潮，何国琦，等，1998. 西南天山早白垩世火山岩中发现地幔和下地壳捕虏体. 科学通报，（23）：2544-2547.

韩宝福，何国琦，吴泰然，等，2004. 天山早古生代花岗岩锆石 U-Pb 定年、岩石地球化学特征及其大地构造意义. 新疆地质，22（1）：4-11.

韩宝福，季建清，宋彪，等，2006. 新疆准噶尔晚古生代陆壳垂向生长（Ⅰ）——后碰撞深成岩浆活动的时限. 岩石学报，22（5）：1077-1086.

韩宝福，郭召杰，何国琦，2010. "钉合岩体"与新疆北部主要缝合带的形成时限. 岩石学报，26（8）：2233-2246.

韩发，孙海田，1999. Sedex 型矿床成矿系统. 地学前缘，6（1）：139-153.

韩凤彬，陈正乐，刘增仁，等，2012. 塔里木盆地西北缘乌恰地区乌拉根铅锌矿床 S-Pb 同位素特征及其地质意义. 地质通报，31（5）：783-793.

韩凤彬，陈正乐，刘增仁，等，2013. 西南天山乌拉根铅锌矿床有机地球化学特征及其地质意义. 矿床地质，32（3）：591-602.

韩吟文，马振东，张宏飞，等，2003. 地球化学. 北京：地质出版社.

韩照信，1994. 秦岭泥盆系铅锌成矿带中闪锌矿的标型特征. 西安工程学院学报，16（1）：12-17.

郝杰，刘小汉，1993. 南天山蛇绿混杂岩形成时代及大地构造意义. 地质科学，（1）：93-95.

郝诒纯，关绍曾，叶留生，等，2002. 塔里木盆地西部地区新近纪地层及古地理特征. 地质学报，76（3）：289-298.

何国琦，李茂松，2000. 中亚蛇绿岩带研究进展及区域构造连接. 新疆地质，18（3）：193-202.

何国琦，朱永峰，2006. 中国新疆及其邻区地质矿产对比研究. 中国地质，33（3）：451-460.

何国琦，李茂松，刘德权，1994. 中国新疆古生代地壳演化及成矿. 乌鲁木齐：新疆人民出版社.

何国琦，刘德权，李茂松，等，1995. 新疆主要造山带地壳发展的五阶段模式及成矿系列. 新疆地质，
　　(2)：99-176.

何国琦，李茂松，韩宝福，2001. 中国西南天山及邻区大地构造研究. 新疆地质，19 (1)：7-11.

何宏，彭苏萍，邵龙义，2004. 巴楚寒武—奥陶系碳酸盐岩微量元素及沉积环境. 新疆石油地质，
　　25 (6)：631-633.

何文渊，李江海，钱祥麟，等，2002. 塔里木盆地柯坪断隆断裂构造分析. 中国地质，29 (1)：37-43.

胡庆雯，刘宏林，2008. 新疆乌恰县萨热克砂岩铜矿床地质特征及找矿前景. 矿产与地质，22 (2)：
　　131-134.

黄典豪，吴澄宇，杜安道，等，1994. 辉钼矿的铼–锇同位素地质年龄测定方法研究. 矿床地质，(3)：
　　221-230.

黄河，张东阳，张招崇，等，2010a. 南天山川乌鲁碱性杂岩体的岩石学和地球化学特征及其岩石成因.
　　岩石学报，26 (3)：947-962.

黄河，张招崇，张舒，等，2010b. 新疆西南天山霍什布拉克碱长花岗岩体岩石学及地球化学特征——岩
　　石成因及其构造与成矿意义. 岩石矿物学杂志，29 (6)：707-718.

黄河，张招崇，张东阳，等，2011. 中国南天山晚石炭世—早二叠世花岗质侵入岩的岩石成因与地壳增
　　生. 地质学报，85 (8)：1305-1333.

黄河，王涛，秦切，等，2015a. 南天山西段巴雷公花岗岩体的地质年代学及锆石 Hf 同位素特征——岩石
　　成因及对构造演化的约束. 岩石矿物学杂志，34 (6)：971-990.

黄河，王涛，秦切，等，2015b. 中天山巴仑台地区花岗质岩石的 Hf 同位素研究：对构造演化及大陆生
　　长的约束. 地质学报，89 (12)：2286-2313.

黄伟亮，杨晓平，李安，等，2015. 焉耆盆地北缘和静逆断裂–褶皱带中晚第四纪变形速率. 地震地质，
　　37 (3)：675-696.

黄文涛，于俊杰，郑碧海，等，2009. 新疆阿克苏前寒武纪蓝片岩中多硅白云母的研究. 矿物学报，
　　29 (3)：338-344.

季建清，韩宝福，朱美妃，等，2006. 西天山托云盆地及周边中新生代岩浆活动的岩石学、地球化学与
　　年代学研究. 岩石学报，22 (5)：1324-1340.

贾承造，1997. 中国塔里木盆地构造特征与油气. 北京：石油工业出版社.

贾承造，陈汉林，杨树锋，等，2003. 库车拗陷晚白垩世隆升过程及其地质响应. 石油学报，24 (3)：
　　1-5.

贾启超，吴传勇，沈军，等，2015. 西南天山迈丹断裂阿合奇段左旋走滑的证据及其最新活动. 地震工
　　程学报，37 (1)：222-227.

贾润幸，方维萱，王磊，等，2016. 新疆萨热克铜多金属矿成矿预测方法. 矿产勘查，7 (6)：965-970.

姜常义，2001. 南天山东段显生宙构造演化. 北京：地质出版社.

姜常义，穆艳梅，白开寅，等，1999. 南天山花岗岩类的年代学、岩石学、地球化学及其构造环境. 岩石
　　学报，15 (2)：298-308.

蒋少涌，杨涛，李亮，等，2006. 大西洋洋中脊 TAG 热液区硫化物铅和硫同位素研究. 岩石学报，
　　22 (10)：2597-2602.

孔祥兴，1984. 塔里木盆地西部乌拉根多金属矿床. 新疆地质，(2)：77-82.

李安，冉勇康，刘华国，等，2016. 西南天山柯坪推覆系西段全新世构造活动特征和古地震. 地球科学
　　进展，31 (4)：377-390.

李博泉，王京彬，2006. 中国新疆铅锌矿床. 北京：地质出版社.

李昌年, 路凤香, 陈美华, 2001. 巴楚瓦吉里塔格火成杂岩体岩石学研究. 新疆地质, 19 (1): 38-42.

李春昱, 1981. 中国板块构造的轮廓. 地质与勘探, 2 (8): 13-21, 132.

李春昱, 1982. 亚洲大地构造图. 北京: 地图出版社.

李德东, 罗照华, 黄金香, 等, 2009. 皮羌盆地新生代基性岩浆活动的年代学及其地质意义. 地学前缘, (3): 270-281.

李德东, 王玉往, 王京彬, 等, 2015. 西南天山造山带新生代构造应力场——以皮羌基性岩墙群为例. 新疆地质, (4): 433-439.

李丰收, 王伟, 杨金明, 2005. 新疆乌恰县乌拉根铅锌矿床地质地球化学特征及其成因探讨. 矿产与地质, 19 (4): 335-340.

李福春, 蔡宏渊, 1995. 阿尔玛雷克斑岩铜矿地质特征: 区域成矿地质背景. 矿产与地质, (1): 18-22.

李厚民, 陈毓川, 王登红, 等, 2007. 陕西南郑地区马元锌矿的地球化学特征及成矿时代. 地质通报, 26 (5): 546-552.

李华芹, 1998. 新疆北部有色贵金属矿床成矿作用年代学. 北京: 地质出版社.

李华芹, 陈富文, 2004. 中国新疆区域成矿作用年代学. 北京: 地质出版社.

李徽, 1986. 闪锌矿中杂质元素的特征及地质意义. 地质与勘探, 22 (10): 42-46.

李建兵, 杨桂荣, 陈奎, 等, 2007. 新疆西南天山川乌鲁铜、金、锑多金属矿地质特征及成矿规律. 新疆地质, 25 (4): 44-48.

李建兵, 魏永峰, 李再会, 2010. 新疆西南天山下石炭统图尤克阿秀组火山岩地质及地球化学特征、构造环境及年代依据. 新疆地质, 28 (2): 137-141.

李江海, 蔡振忠, 罗春树, 等, 2007. 塔拉斯–费尔干纳断裂带南端构造转换及其新生代区域构造响应. 地质学报, 81 (01): 23-31.

李锦轶, 肖序常, 1999. 对新疆地壳结构与构造演化几个问题的简要评述. 地质科学, (4): 405-419.

李锦轶, 何国琦, 徐新, 等, 2006a. 新疆北部及邻区地壳构造格架及其形成过程的初步探讨. 地质学报, 80 (1): 148-168.

李锦轶, 王克卓, 李亚萍, 等, 2006b. 天山山脉地貌特征、地壳组成与地质演化. 地质通报, 25 (8): 895-909.

李丽, 陈正乐, 蒋荣宝, 等, 2008. 天山后峡盆地晚中生代反冲断层的发现及其地质意义. 地质通报, 27 (12): 2097-2103.

李丽, 计文化, 董福辰, 等, 2012. 穆龙套–萨瓦亚尔顿–库姆托尔金矿带典型矿床的对比研究. 西北地质, 45 (3): 64-71.

李盛富, 王果, 2008. 喀什凹陷中生代以来的构造事件对中–下侏罗统铀矿化的影响. 世界核地质科学, 25 (1): 7-12.

李盛富, 曾耀明, 2007. 喀什凹陷构造演化与砂岩型铀成矿关系. 新疆地质, 25 (3): 302-306.

李世恒, 刘正桃, 黄行凯, 等, 2016. 塔西萨热克铜矿床地质特征及成因分析. 河南科学, 34 (9): 1500-1505.

李随民, 韩玉丑, 魏明辉, 等, 2016. 张家口梁家沟铅锌银多金属矿床同位素特征及矿床成因. 中国地质, 43 (6): 2154-2162.

李文博, 黄智龙, 许德如, 等, 2002. 铅锌矿床 Rb-Sr 定年研究综述. 大地构造与成矿学, 26 (4): 436-441.

李文博, 黄智龙, 张冠, 2006. 云南会泽铅锌矿田成矿物质来源: Pb、S、C、H、O、Sr 同位素制约. 岩石学报, 22 (10): 2567-2580.

李向东, 王克卓, 2000. 塔里木盆地西南及邻区特提斯格局和构造意义. 新疆地质, 18 (2): 113-120.

李永安，高振家，张正坤，等，1987. 塔里木陆块巴楚–柯坪地区脉岩时代的古地磁研究. 新疆地质，
    （3）：60-67.

李永安，李强，张慧，等，1995. 塔里木及其周边古地磁研究与盆地形成演化. 新疆地质，（4）：
    293-378.

李勇，苏文，孔屏，等，2007. 塔里木盆地塔中–巴楚地区早二叠世岩浆岩的 LA-ICP-MS 锆石 U-Pb 年龄.
    岩石学报，23（5）：1097-1107.

李曰俊，胡世玲，1999. 塔里木盆地瓦基里塔格辉长岩$^{40}$Ar-$^{39}$Ar 年龄及其意义. 岩石学报，15（4）：
    594-599.

李曰俊，王招明，2002. 塔里木盆地艾克提克群中放射虫化石及其意义. 新疆石油地质，23（6）：
    496-500.

李曰俊，吴锡丹，可加勇，1994. 西南天山区域大地构造格局与金矿成矿规律. 黄金地质科技，（1）：
    11-15.

李曰俊，买光荣，罗俊成，等，1999. 塔里木盆地巴楚断隆古生代沉积构造背景和物源区性质的探讨.
    古地理学报，1（4）：45-53.

李曰俊，王招明，吴浩若，等，2002. 中国南天山西端艾克提克群中放射虫化石的发现及其意义. 地质
    学报，76（2）：198-198.

李曰俊，孙龙德，吴浩若，等，2004. 塔里木盆地西北缘三叠系硅岩砾石中的放射虫化石及其地质意义.
    地质科学，39（2）：153-158.

李曰俊，孙龙德，吴浩若，等，2005a. 南天山西端乌帕塔尔坎群发现石炭—二叠纪放射虫化石. 地质科
    学，40（2）：220-226.

李曰俊，孙龙德，吴浩若，等，2005b. 中国南天山西端乌帕塔尔坎群发现石炭纪—二叠纪放射虫化石.
    地质学报，79（1）：132.

李曰俊，杨海军，赵岩，等，2009. 南天山区域大地构造与演化. 大地构造与成矿学，33（1）：94-104.

李志丹，薛春纪，张舒，等，2010a. 新疆西南天山霍什布拉克铅锌矿床地质、地球化学及成因. 矿床地
    质，29（6）：983-998.

李志丹，薛春纪，张舒，等，2010b. 新疆西南天山霍什布拉克铅锌矿床同位素地球化学及成因. 矿床地
    质，29（S1）：468-469.

李志丹，薛春纪，辛江，等，2011. 新疆乌恰县萨热克铜矿床地质特征及硫、铅同位素地球化学. 现代地
    质，25（4）：720-729.

李志丹，薛春纪，董新丰，等，2013. 新疆乌恰县乌拉根铅锌矿床地质特征和 S-Pb 同位素组成. 地学前
    缘，20（1）：40-54.

厉子龙，杨树锋，陈汉林，等，2008. 塔西南玄武岩年代学和地球化学特征及其对二叠纪地幔柱岩浆演
    化的制约. 岩石学报，27（5）：959-970.

厉子龙，励音骐，邹思远，等，2017. 塔里木早二叠世大火成岩省的时空特征和岩浆动力学. 矿物岩石
    地球化学通报，36（3）：418-431.

励音骐，2013. 塔里木早二叠世大火成岩省岩浆动力学及含矿性研究. 杭州：浙江大学.

梁群峰，杨克俭，杨运军，等，2011. 西南天山国营马场果尔沟—克勒特白克恰特一带铁锰矿地质成矿
    特征. 陕西地质，29（2）：19-26.

梁群峰，杨克俭，杨运军，等，2013. 西南天山梅尔盖西地区成矿地质条件及成矿预测. 西北地质，
    46（1）：91-102.

梁涛，2005. 托云盆地新生代碱性玄武岩及其构造意义初探. 北京：中国地质大学（北京）.

梁涛，罗照华，柯珊，等，2007. 新疆托云火山群 SHRIMP 锆石 U-Pb 年代学及其动力学意义. 岩石学报，

23 (6): 1381-1391.

梁晓鹰, 2008. 地球化学勘查在新疆萨热克铜矿的应用效果. 新疆有色金属, 31 (2): 5-8.

梁云海, 李文铅, 2000. 南天山古生代开合带特征及其讨论. 新疆地质, 18 (3): 220-228.

梁云海, 李文铅, 李卫东, 等, 1999a. 新疆蛇绿岩就位机制. 新疆地质, (4): 344-349.

梁云海, 李文铅, 李卫东, 等, 1999b. 新疆造山带造山作用及类型. 新疆地质, (4): 289-297.

梁云海, 李文铅, 李卫东, 2004. 新疆准噶尔造山带多旋回开合构造特征. 地质通报, 23 (3): 279-285.

林伟, 黎乐, 张仲培, 等, 2015. 从西南天山超高压变质带多期构造变形看天山古生代构造演化. 岩石学报, 31 (8): 2115-2128.

刘本培, 王自强, 朱鸿, 1996. 西南天山构造格局与演化. 武汉: 中国地质大学出版社.

刘博, 陈正乐, 任荣, 等, 2013. 新疆南天山缝合带的形成时限——来自阔克萨彦岭花岗岩体的锆石年龄新证据. 地质通报, 32 (9): 1371-1384.

刘楚雄, 许保良, 邹天人, 等, 2004. 塔里木北缘及邻区海西期碱性岩岩石化学特征及其大地构造意义. 新疆地质, 22 (1): 43-49.

刘春花, 吴才来, 郜源红, 等, 2014. 南天山拜城县波孜果尔 A 型花岗岩类锆石 U-Pb 定年及其 Lu-Hf 同位素组成. 岩石学报, 30 (6): 1595-1614.

刘德权, 1996. 中国新疆矿床成矿系列. 北京: 地质出版社.

刘红旭, 董文明, 刘章月, 等, 2009. 塔北中新生代构造演化与砂岩型铀成矿作用关系——来自磷灰石裂变径迹的证据. 世界核地质科学, 26 (3): 125-133.

刘家军, 龙训荣, 郑明华, 等, 2002a. 新疆萨瓦亚尔顿金矿床石英的 $^{40}$Ar-$^{39}$Ar 快中子活化年龄及其意义. 矿物岩石, 22 (3): 19-23.

刘家军, 郑明华, 龙训荣, 等, 2002b. 新疆萨瓦亚尔顿金矿床成矿特征及其与穆龙套型金矿床的异同性. 矿物学报, 22 (1): 54-61.

刘家军, 李恩东, 龙训荣, 等, 2004. 西南天山大山口金矿床中石英 $^{40}$Ar-$^{39}$Ar 快中子活化年龄及其意义. 吉林大学学报 (地球科学版), 34 (1): 37-43.

刘建明, 刘家军, 1998. 微细浸染型金矿床的稳定同位素特征与成因探讨. 地球化学, (6): 585-591.

刘丽萍, 张焜, 马世斌, 等, 2016. 费尔干纳断裂两侧成矿差异性遥感地质分析. 遥感信息, (1): 77-83.

刘少峰, 张国伟, 2005. 盆山关系研究的基本思路、内容和方法. 地学前缘, 12 (3): 101-111.

刘婷婷, 唐菊兴, 刘鸿飞, 等, 2011. 西藏墨竹工卡县洞中拉铅锌矿床 S、Pb 同位素组成及成矿物质来源. 现代地质, 25 (5): 869-876.

刘训, 肖序常, 等, 2006. 中国新疆南部 (青藏高原北缘) 盆山构造格局的演化. 北京: 地质出版社.

刘英超, 侯增谦, 杨竹森, 等, 2008. 密西西比河谷型 (MVT) 铅锌矿床认识与进展. 矿床地质, 27 (2): 253-264.

刘英俊, 曹励明, 李兆麟, 等, 1984. 元素地球化学. 北京: 科学出版社.

刘羽, 王乃文, 姚建新, 1994. 新疆库车地区放射虫新资料及其意义. 新疆地质, (4): 344-350.

刘增仁, 田培仁, 祝新友, 等, 2011. 新疆乌拉根铅锌矿成矿地质特征及成矿模式. 矿产勘查, 2 (6): 669-680.

刘增仁, 漆树基, 田培仁, 等, 2014. 新疆乌拉根铅锌成矿带地质特征与找矿靶区优选. 矿产勘查, 5 (5): 689-698.

刘志宏, 卢华复, 2000. 库车再生前陆盆地的构造演化. 地质科学, 35 (4): 482-492.

陆俊吉, 胡煜昭, 江小均, 等, 2016. 新疆乌恰萨热克铜矿北矿带库孜贡苏组沉积相、古流向、物源区及其找矿意义——来自砾石统计分析的证据. 地质通报, 35 (6): 963-970.

路远发，2004. GeoKit：一个用 VBA 构建的地球化学工具软件包. 地球化学，33（5）：459-464.

吕修祥，白忠凯，谢玉权，等，2014. 塔里木盆地西北缘柯坪地区油气勘探前景再认识. 沉积学报，32（4）：766-775.

吕勇军，罗照华，任忠宝，等，2006. 西南天山托云盆地新生代玄武岩中巨晶的研究. 中国科学（D 辑），36（2）：154-166.

罗金海，车自成，张小莉，2001. 塔里木盆地东北部新元古代花岗质岩浆活动及地质意义. 地质学报，85（4）：467-474.

罗金海，周新源，邱斌，等，2004. 塔拉斯-费尔干纳断裂对喀什凹陷的控制作用. 新疆石油地质，25（6）：584-587.

罗金海，周新源，邱斌，等，2005. 塔里木盆地西部中、新生代 5 次构造事件及其石油地质学意义. 石油勘探与开发，32（1）：18-22.

罗金海，车自成，曹远志，等，2008. 南天山南缘早二叠世酸性火山岩的地球化学、同位素年代学及其构造意义. 岩石学报，24（10）：2281-2288.

罗金海，车自成，张国锋，等，2012. 塔里木盆地西北缘与南天山早-中二叠世盆山耦合特征. 岩石学报，28（8）：2506-2514.

马鸿文，1992. 花岗岩成因类型的判别分析. 岩石学报，8（4）：341-350.

马华东，杨子江，2003. 塔里木盆地西南新生代盆地演化特征. 新疆地质，21（1）：92-95.

马乐天，张招崇，董书云，等，2009. 南天山英买来花岗岩：磁铁矿系列还是钛铁矿系列？现代地质，23（6）：1039-1048.

马乐天，张招崇，董书云，等，2010. 南天山英买来花岗岩的地质、地球化学特征及其地质意义. 地球科学，35（6）：908-920.

马圣钞，丰成友，李国臣，等，2012. 青海虎头崖铜铅锌多金属矿床硫、铅同位素组成及成因意义. 地质与勘探，48（2）：321-331.

毛景文，韩春明，王义天，等，2002. 中亚地区南天山大型金矿带的地质特征、成矿模型和勘查准则. 地质通报，21（12）：858-868.

倪守斌，满发胜，胡世玲，等，2004. 新疆卡拉脚古牙锑金矿床赋矿地层时代和成矿时代. 中国科学技术大学学报，34（3）：342-347.

年武强，罗卫东，石玉君，等，2007. 新疆伽师砂岩型铜矿地质特征及找矿标志. 甘肃地质，（z1）：28-33.

彭守晋，张希宣，周自成，1985. 新疆铅锌矿类型、成矿规律及找矿方向. 新疆地质，3（3）：86-91.

齐秋菊，张招崇，董书云，等，2011. 西南天山阿克苏地区中元古代变质岩的地球化学特征及其构造背景. 岩石矿物学杂志，30（2）：172-184.

乔木，袁方策，1992. 新疆天山夷平面形态特征浅析. 干旱区地理，（4）：14-19.

乔欣，胡煜昭，江小均，等，2016. 新疆乌恰萨热克含铜盆地上侏罗统库孜贡苏组复合型冲积扇沉积相研究. 地质通报，35（11）：1884-1894.

秦都，2005. 塔里木盆地西南地区侏罗纪原型盆地类型与特征. 石油与天然气地质，26（6）：831-839.

曲国胜，李亦纲，陈杰，等，2003. 柯坪塔格推覆构造几何学、运动学及其构造演化. 地学前缘，10（s1）：142-152.

屈文俊，杜安道，2003. 高温密闭溶样电感耦合等离子体质谱准确测定辉钼矿铼-锇地质年龄. 岩矿测试，22（4）：254-257.

任鹏，梁婷，刘扩龙，等，2014. 秦岭凤太矿集区喷流沉积型铅锌矿床 S、Pb 同位素地球化学特征. 西北地质，47（1）：137-149.

芮行健，贺菊瑞，郭坤一，等，2002. 塔里木地块矿产资源. 北京：地质出版社.

陕亮，郑有业，许荣科，等，2009. 硫同位素示踪与热液成矿作用研究. 地质与资源，18（3）：197-203.

沈传波，梅廉夫，张士万，等，2008. 依连哈比尔尕山和博格达山中新生代隆升的时空分异：裂变径迹
　　热年代学的证据. 矿物岩石，(2)：63-70.

施龙青，王志伟，吕大炜，等，2016. 新疆伽师地区古近系沉积环境分析. 科技与创新，(3)：5，9.

时文革，巩恩普，褚亦功，等，2015. 新疆拜城新近系含铜岩系沉积体系及沉积环境. 沉积学报，
　　33（6）：1074-1086.

舒良树，郭召杰，朱文斌，等，2004. 天山地区碰撞后构造与盆山演化. 高校地质学报，10（3）：
　　393-404.

舒良树，朱文斌，王博，等，2013. 新疆古块体的形成与演化. 中国地质，40（1）：43-60.

苏犁，1991. 新疆巴楚瓦吉里塔格金伯利岩矿物中岩浆包裹体研究. 西北地质科学，(2)：33-46.

孙宝生，刘增仁，王招明，2003. 塔里木西南喀什凹陷几个地质问题的新认识. 新疆地质，21（1）：
　　78-84.

汤耀庆，1995. 西南天山蛇绿岩和蓝片岩. 北京：地质出版社.

田作基，宋建国，1999. 塔里木库车新生代前陆盆地构造特征及形成演化. 石油学报，(4)：7-13.

田作林，魏春景，张泽明，2016. 新疆西南天山含柯石英泥质片岩的岩石学特征及变质作用 $p$-$T$ 轨迹. 岩
　　石矿物学杂志，35（2）：265-275.

王宝瑜，郎智君，李向东，等，1995. 中国天山西段地质剖面综合研究. 北京：科学出版社.

王斌，陈博，计文化，等，2016. 吉尔吉斯南天山 Djanydjer 蛇绿混杂岩地质特征及辉长岩年代学研究.
　　地学前缘，23（3）：198-209.

王超，2006. 西南天山巴雷公镁铁-超镁铁质岩石地球化学、年代学及其地质意义. 西安：西北大学.

王超，刘良，车自成，等，2007a. 西南天山阔克萨彦岭巴雷公镁铁质岩石的地球化学特征、LA-ICP-MS
　　U-Pb 年龄及其大地构造意义. 地质论评，53（6）：743-754.

王超，刘良，罗金海，等，2007b. 西南天山晚古生代后碰撞岩浆作用：以阔克萨彦岭地区巴雷公花岗岩
　　为例. 岩石学报，23（8）：1830-1840.

王超，刘良，罗金海，等，2008. 西南天山阔克萨彦岭地区巴雷公地幔橄榄岩成因及其地质意义. 地球
　　科学，33（2）：165-173.

王成源，周铭魁，颜仰基，等，2000. 新疆乌恰县萨瓦亚尔顿金矿区早泥盆世牙形刺. 微体古生物学报，
　　17（3）：255-264.

王登红，陈郑辉，陈毓川，等，2010. 我国重要矿产地成岩成矿年代学研究新数据. 地质学报，84（7）：
　　1030-1040.

王飞，王博，舒良树，2010. 塔里木西北缘阿克苏地区大陆拉斑玄武岩对新元古代裂解事件的制约. 岩
　　石学报，26（2）：547-558.

王广瑞，1996. 中国新疆北部及邻区构造-建造图说明书. 武汉：中国地质大学出版社.

王国林，李曰俊，孙建华，等，2009. 塔里木盆地西北缘柯坪冲断带构造变形特征. 地质科学，44（1）：
　　50-62.

王立本，2001. 南天山大型贵重、有色金属矿床研究、靶区优选与评价//中国地质科学院"九五"科技
　　成果汇编.

王丽宁，季建清，孙东霞，等，2010. 西南天山隆起时代的河床砂岩屑磷灰石裂变径迹证据. 地球物理
　　学报，53（4）：931-945.

王鹏昊，汤良杰，邱海峻，等，2013. 塔里木盆地皮羌断裂晚期活动 ESR 年代学证据及其地质意义. 石
　　油与天然气地质，34（1）：107-111.

王琪，陈国俊，薛莲花，等，2002. 塔里木西部白垩系—古近系沉积成岩演化特征. 新疆地质，20（zl）：26-30.

王树基，1994. 吐鲁番盆地的新构造运动及其表现. 干旱区地理，17（1）：1-8.

王树基，1998a. 天山夷平面上的晚新生代沉积及其环境变化. 第四纪研究 b，18（2）：186.

王树基，1998b. 亚洲中部山地夷平面研究：以天山山系为例. 北京：科学出版社.

王思程，薛春纪，李志丹，2001. 新疆伽师砂岩型铜矿床地质及 S、Pb 同位素地球化学. 现代地质，25（2）：219-227.

王松，2014. 南天山晚古生代—新生代沉积记录及其对构造演化的制约. 合肥：合肥工业大学.

王卫平，2001. 天山西南段乌恰–柯坪地区航磁磁场特征与成矿远景预测. 铀矿地质，17（3）：162-167.

王学潮，何国琦，李茂松，等，1995. 南天山南缘蛇绿岩岩石化学特征及同位素年龄. 石家庄经济学院学报，（4）：295-302.

王彦斌，王永，刘训，等，2000. 南天山托云盆地晚白垩世—早第三纪玄武岩的地球化学特征及成因初探. 岩石矿物学杂志，19（2）：131-139.

王懿圣，苏犁，1987. 新疆巴楚瓦吉尔塔格“金伯利岩”岩石矿物特征及与某些相关地区对比. 西北地质科学，（1）：50-59.

王懿圣，苏犁，1990. 新疆巴楚瓦吉尔塔格金伯利岩中金云母成分特征及形成条件讨论//中国地质学会. 中国地质科学院西安地质矿产研究所文集.

王莹，2017. 新疆南天山地区铅锌矿床区域成矿作用的时代与机制. 北京：中国地质大学（北京）.

王莹，黄河，张东阳，等，2012. 南天山齐齐加纳克蛇绿混杂岩的 SHRIMP 年龄及其构造意义. 岩石学报，28（4）：1273-1281.

王永成，黄宝春，朱日祥，等，2004. 西南天山托云盆地新生代火山岩古地磁结果及构造意义. 科学通报，49（10）：993-999.

王作勋，1990. 天山多旋回构造演化及成矿. 北京：科学出版社.

温春齐，多吉，2009. 矿床研究力法. 成都：四川科学技术出版社.

吴传勇，阿里木江，戴训也，等，2014. 西南天山迈丹断裂东段晚第四纪活动的发现及构造意义. 地震地质，36（4）：976-990.

吴福元，李献华，杨进辉，等，2007. 花岗岩成因研究的若干问题. 岩石学报，23（6）：1217-1238.

吴根耀，李曰俊，刘亚雷，等，2013. 塔里木西北部乌什–柯坪–巴楚地区古生代沉积–构造演化及成盆动力学背景. 古地理学报，15（2）：203-218.

吴开兴，胡瑞忠，毕献武，等，2002. 矿石铅同位素示踪成矿物质来源综述. 地质地球化学，30（3）：73-81.

吴世敏，卢华复，1995. 西天山一带大地构造相划分及其构造演化特征. 地质通报，（2）：149-156.

吴世敏，马瑞士，1996. 新疆西天山古生代构造演化. 桂林理工大学学报，（2）：95-101.

吴元保，郑永飞，2004. 锆石成因矿物学研究及其对 U- Pb 年龄解释的制约. 科学通报，49（16）：1589-1604.

夏国清，伊海生，赵西西，2012. 晚中生代中国东部高原古高程定量研究. 科学通报，57（23）：2220-2230.

夏林圻，张国伟，2002. 天山古生代洋盆开启、闭合时限的岩石学约束——来自震旦纪、石炭纪火山岩的证据. 地质通报，21（2）：55-62.

肖安成，杨树锋，李曰俊，等，2005a. 塔里木盆地巴楚–柯坪地区新生代断裂系统. 石油与天然气地质，26（1）：78-85.

肖安成，杨树锋，李曰俊，等，2005b. 塔里木盆地巴楚隆起断裂系统主要形成时代的新认识. 地质科学，40（2）：291-302.

肖文交，韩春明，袁超，等，2006. 新疆北部石炭纪—二叠纪独特的构造-成矿作用：对古亚洲洋构造域南部大地构造演化的制约. 岩石学报，22（5）：1062-1076.

肖文交，舒良树，高俊，等，2009. 中亚造山带大陆动力学过程与成矿作用. 中国基础科学，26（3）：4-8.

肖序常，1992. 新疆北部及其邻区大地构造. 北京：地质出版社.

肖序常，2004. 中国新疆天山-塔里木-昆仑山地学断面. 北京：地质出版社.

肖序常，汤耀庆，1991. 古中亚复合巨型缝合带南缘构造演化//中美合作考察"缝合带蛇绿岩、高压变质带及构造演化"论文集. 北京：科学技术出版社.

肖序常，王军，2004. 西昆仑-喀喇昆仑及其邻区岩石圈结构、演化中几个问题的探讨. 地质论评，50（3）：285-294.

肖序常，刘训，高锐，2004. 新疆南部地壳结构和构造演化. 北京：商务印书馆.

谢世业，莫江平，杨建功，等，2003. 新疆乌恰县乌拉根新生代热卤水喷流沉积铅锌矿成因研究. 矿产与地质，17（1）：11-16.

辛鹏，高维君，2001. 新疆天山北坡山溪性河流水温特性分析. 吉林水利，（2）：57-60.

新疆维吾尔自治区地质矿产局，1993. 新疆维吾尔自治区区域地质志. 北京：地质出版社.

邢浩，赵晓波，张招崇，2016. 西天山巴音布鲁克地区早古生代成矿地质环境：岩浆岩及其时代和元素同位素约束. 岩石学报，32（6）：1770-1794.

熊纪斌，王务严，1986. 前震旦系阿克苏群的初步研究. 新疆地质，（4）：35-48，89-90，96-97.

徐锡伟，张先康，冉勇康，等，2006. 南天山地区巴楚-伽师地震（$M_s$ 6.8）发震构造初步研究. 地震地质，28（2）：161-178.

徐学义，何世平，2002. 新疆柯坪库木如吾祖克地区二叠纪火山岩. 西北地质，35（3）：35-41.

徐学义，马中平，李向民，等，2003a. 西南天山吉根地区 P-MORB 残片的发现及其构造意义. 岩石矿物学杂志，22（3）：245-253.

徐学义，夏林圻，夏祖春，等，2003b. 西南天山托云地区白垩纪—早第三纪玄武岩地球化学及其成因机制. 地球化学，32（6）：551-560.

许志琴，李思田，张建新，等，2011. 塔里木地块与古亚洲/特提斯构造体系的对接. 岩石学报，27（1）：1-22.

薛春纪，赵晓波，莫宣学，等，2014a. 西天山"亚洲金腰带"及其动力背景和成矿控制与找矿. 地学前缘，21（5）：128-155.

薛春纪，赵晓波，莫宣学，等，2014b. 西天山巨型金铜铅锌成矿带构造成矿演化和找矿方向. 地质学报，88（12）：2490-2531.

杨富全，2005. 西南天山金矿成矿条件及成矿机制. 北京：中国地质科学院.

杨富全，傅旭杰，2000. 新疆南天山成矿带矿床成矿系列. 地球学报，21（1）：38-43.

杨富全，王立本，2001. 新疆霍什布拉克碱长花岗岩地球化学及成矿作用. 地质与资源，10（4）：199-203.

杨富全，叶庆同，傅旭杰，等，1999. 新疆西南天山金矿分布、类型和成矿条件. 新疆地质，（2）：34-41.

杨富全，王立本，叶锦华，等，2001. 新疆霍什布拉克地区花岗岩锆石 U-Pb 年龄. 地质通报，20（3）：267-273.

杨富全，王立本，叶庆同，等，2002. 西南天山锑矿床类型及典型矿床特征. 成都理工大学学报（自然科学版），29（5）：545-550.

杨富全, 邓会娟, 夏浩东, 等, 2003. 新疆阿图什彻依布拉克锡多金属矿点地质特征. 新疆地质, 21 (4): 426-432.

杨富全, 毛景文, 王义天, 2004a. 新疆阿合奇县布隆金矿床成矿流体及成矿作用. 地学前缘, 11 (2): 501-514.

杨富全, 王立本, 王义天, 等, 2004b. 西南天山金锑成矿带成矿远景. 成都理工大学学报 (自然科学版), 31 (4): 338-344.

杨富全, 王义天, 毛景文, 等, 2004c. 新疆阿合奇县布隆石英重晶石脉型金矿地质特征和硫、氢、氩同位素研究. 地质论评, 50 (1): 87-98.

杨富全, 毛景文, 王义天, 等, 2005. 新疆西南天山萨瓦亚尔顿金矿床地质特征及成矿作用. 矿床地质, 24 (3): 206-227.

杨富全, 毛景文, 王义天, 等, 2006. 新疆萨瓦亚尔顿金矿床年代学、氢氩碳氧同位素特征及其地质意义. 地质论评, 52 (3): 341-351.

杨庚, 李本亮, 杨海军, 等, 2012. 塔里木盆地巴楚隆起北缘阿恰基底卷入构造. 地质论评, (1): 32-40.

杨庚, 石昕, 贾承造, 等, 2008. 塔里木盆地西北缘柯坪-巴楚地区皮羌断裂与色力布亚断裂空间关系. 铀矿地质, (4): 201-207.

杨红梅, 蔡红, 段瑞春, 等, 2012. 硫化物 Rb-Sr 同位素定年研究进展. 地球科学进展, 27 (4): 379-385.

杨建国, 闫晔铁, 徐学义, 等, 2004. 西南天山成矿规律及其与境外对比研究. 矿床地质, 23 (1): 20-30.

杨莉, 陈文, 张斌, 等, 2016. 新疆额尔宾山花岗岩侵位年龄和成因及其对南天山洋闭合时代的限定. 地质通报, (1): 152-166.

杨林春, 郑清连, 郑勇, 等, 2016. 西南天山巴什索贡岩体岩石地球化学特征及地质意义. 新疆地质, 34 (1): 93-99.

杨树锋, 陈汉林, 董传万, 等, 1996. 塔里木盆地二叠纪正长岩的发现及其地球动力学意义. 地球化学, 25 (2): 121-128.

杨树锋, 陈汉林, 董传万, 等, 1998. 塔里木盆地西北缘晚震旦世玄武岩地球化学特征及大地构造背景. 浙江大学学报 (工学版), (6): 753-760.

杨树锋, 陈汉林, 程晓敢, 等, 2003. 南天山新生代隆升和去顶作用过程. 南京大学学报 (自然科学版), (1): 1-8.

杨树锋, 陈汉林, 冀登武, 等, 2005. 塔里木盆地早-中二叠世岩浆作用过程及地球动力学意义. 高校地质学报, 11 (4): 504-511.

杨树锋, 厉子龙, 陈汉林, 等, 2006. 塔里木二叠纪石英正长斑岩岩墙的发现及其构造意义. 岩石学报, 22 (5): 1405-1412.

杨晓平, 冉勇康, 程建武, 等, 2006a. 柯坪推覆构造中的几个新生褶皱带阶地变形测量与地壳缩短. 中国科学 (D 辑), 36 (10): 905-913.

杨晓平, 冉勇康, 宋方敏, 等, 2006b. 西南天山柯坪逆冲推覆构造带的地壳缩短分析. 地震地质, 28 (2): 194-204.

杨鑫朋, 余心起, 王宗秀, 等, 2015. 西天山成矿带热液型金矿成矿地质条件及成矿物质来源对比. 大地构造与成矿学, (4): 633-646.

杨永强, 翟裕生, 侯玉树, 2006. 沉积岩型铅锌矿床的成矿系统研究. 地学前缘, 13 (3): 200-205.

杨勇, 汤良杰, 郭颖, 等, 2016. 柯坪冲断带皮羌断裂的新生代构造演化特征. 中国矿业大学学报,

45（6）：1204-1210.

杨在峰，朱志新，王克卓，等，2008. 新疆西天山地区黑色岩系金矿成矿地质特征及找矿潜力分析. 新疆地质，26（3）：36-41.

姚文光，吕鹏瑞，吴亮，等，2015. 吉尔吉斯斯坦天山优势矿种地质特征及找矿潜力. 地质通报，（4）：710-725.

叶锦华，王立本，叶庆同，等，1999a. 西南天山萨瓦亚尔顿金（锑）矿床成矿时代与赋矿地层时代. 地球学报，20（3）：278-283.

叶锦华，叶庆同，王进，等，1999b. 萨瓦亚尔顿金（锑）矿地质地球化学特征与成矿机理探讨. 矿床地质，18（1）：63-72.

叶庆同，吴一平，庄道泽，等，1999. 西南天山金和有色金属矿床成矿条件和成矿预测. 北京：地质出版社.

易建斌，1994. 全球锑矿床成矿学基本特征及超大型锑矿床成矿背景初探. 大地构造与成矿学，（3）：199-208.

于海峰，王福君，潘明臣，等，2011. 西天山造山带区域构造演化及其大陆动力学解析. 西北地质，44（2）：25-40.

余星，2009. 塔里木早二叠世大火成岩省的岩浆演化与深部地质作用. 杭州：浙江大学.

岳萍，2007. 吉尔吉斯斯坦的地质构造及矿产资源. 中亚信息，（7）：18-24.

张长厚，宋鸿林，1995. 逆冲双重构造形成的新模式. 地质科技情报，（3）：1-7.

张长青，李厚民，代军治，等，2006. 铅锌矿床中矿石铅同位素研究. 矿床地质，25（增刊）：213-216.

张长青，余金杰，毛景文，等，2009. 密西西比型（MVT）铅锌矿床研究进展. 矿床地质，28（2）：195-210.

张长青，吴越，王登红，等，2014. 中国铅锌矿床成矿规律概要. 地质学报，88（12）：2252-2268.

张臣，郑多明，李江海，2001. 柯坪断隆古生代的构造属性及其演化特征. 石油与天然气地质，22（4）：314-318.

张传林，李怀坤，王洪燕，2012. 塔里木地块前寒武纪地质研究进展评述. 地质论评，58（5）：923-936.

张传林，周刚，王洪燕，等，2010. 塔里木和中亚造山带西段二叠纪大火成岩省的两类地幔源区. 地质通报，29（6）：779-794.

张达玉，周涛发，袁峰，等，2010. 塔里木柯坪地区库普库兹曼组玄武岩锆石 LA-ICPMS 年代学、Hf 同位素特征及其意义. 岩石学报，26（3）：963-974.

张洪安，李曰俊，吴根耀，等，2009. 塔里木盆地二叠纪火成岩的同位素年代学. 地质科学，44（1）：137-158.

张健，张传林，李怀坤，等，2014. 再论塔里木北缘阿克苏蓝片岩的时代和成因环境：来自锆石 U-Pb 年龄、Hf 同位素的新证据. 岩石学报，30（11）：3357-3365.

张江，2001. 新疆伽师铜矿床地质特征及成因模式. 地质找矿论丛，26（4）：373-377.

张良臣，吴乃元，1985. 天山地质构造及演化史. 新疆地质，（3）：3-16.

张良臣，刘德权，王有标，等，2006. 中国新疆优势金属矿产成矿规律. 北京：地质出版社.

张茂亮，刘真，陈德峰，等，2014. 利用三维 CT 扫描技术定量计算熔岩流气泡体积的研究与实现. 岩石学报，30（12）：3709-3716.

张鹏，侯贵廷，潘文庆，等. 2011. 新疆柯坪地区碳酸盐岩对构造裂缝发育的影响. 北京大学学报（自然科学版），47（5）：831-836.

张旗，1996. 蛇绿岩与地球动力学研究. 北京：地质出版社.

张旗，2001. 中国蛇绿岩. 北京：科学出版社.

张旗, 金惟俊, 李承东, 等, 2010. 再论花岗岩按照 Sr- Yb 的分类: 标志. 岩石学报, 26 (4): 985-1015.

张乾, 1987. 利用方铅矿、闪锌矿的微量元素图解法区分铅锌矿床的成因类型. 地质地球化学, (9): 64-66.

张乾, 潘家永, 邵树勋, 2000. 中国某些金属矿床矿石铅来源的铅同位素诠释. 地球化学, 29 (3): 231-238.

张乾, 刘志浩, 战新志, 等, 2004. 内蒙古孟恩陶勒盖银铅锌钢矿床的微量元素地球化学. 矿物学报, 24 (1): 39-47.

张儒瑗, 从柏林, 1983. 矿物温度计和矿物压力计. 北京: 地质出版社.

张舒, 2010. 南天山典型铅锌矿床地质–地球化学特征及成因研究. 北京: 中国地质大学 (北京).

张舒, 张招崇, 黄河, 等, 2010. 南天山沙里塔什铅锌矿床地质特征及 S、Pb 同位素特征研究. 现代地质, 24 (5): 856-865.

张文高, 陈正乐, 蔡琳博, 等, 2017. 西天山白垩纪隆升–剥露的裂变径迹证据. 地质学报, 91 (3): 510-522.

张文淮, 陈紫英, 1993. 流体包裹体地质学. 武汉: 中国地质大学出版社.

张有瑜, Horst Z, Andrew T, 等, 2004. 塔里木盆地典型砂岩油气储层自生伊利石 K- Ar 同位素测年研究与成藏年代探讨. 地学前缘, 11 (4): 637-648.

张玉坛, 陈奎, 杨桂荣, 等, 2009. 川乌鲁地区金铜多金属矿点地质特征及找矿方向. 新疆地质, 27 (1): 28-31.

张招崇, 董书云, 黄河, 等, 2009. 西南天山二叠纪中酸性侵入岩的地质学和地球化学: 岩石成因和构造背景. 地质通报, 28 (12): 1827-1839.

张招崇, 薛春纪, 左国朝, 等, 2011. 南天山成矿带对比研究与勘查技术集成. 国家 305 项目办公室研究报告.

张志斌, 2007. 南天山造山带主要铅锌矿床的地质、地球化学特征及成矿作用研究. 北京: 中国科学院大学.

张志斌, 叶霖, 李文铅, 等, 2007. 新疆霍什布拉克铅锌矿床地质、地球化学特征研究. 大地构造与成矿学, 31 (2): 205-217.

张志勇, 朱文斌, 舒良树, 等, 2008. 新疆阿克苏地区前寒武纪蓝片岩构造–热演化史. 岩石学报, 24 (12): 2849-2856.

张子亚, 刘冬冬, 朱贝, 等, 2013. 塔里木盆地西北缘晚新生代印干断层的运动学特征及其区域构造意义. 大地构造与成矿学, 37 (2): 184-193.

赵俊猛, 樊吉昌, 李植纯, 2003. 库尔勒–吉木萨尔剖面 Q 值结构及其动力学意义. 中国科学 (D 辑), (3): 202-209.

赵鹏大, 2002. "三联式" 资源定量预测与评价——数字找矿理论与实践探讨. 地球科学 (中国地质大学学报), 27 (5): 482-489.

赵仁夫, 杨建国, 王满仓, 等, 2002. 西南天山成矿地质背景研究及找矿潜力评价. 西北地质, 35 (4): 101-121.

赵仁夫, 温志亮, 杨鹏飞, 等, 2007. 新疆乌恰萨瓦亚尔顿铅锌矿床成矿地质特征及找矿远景. 西北地质, 40 (2): 56-69.

赵振华, 沈远超, 涂光炽, 等, 2001. 新疆金属矿产资源的基础研究. 北京: 科学出版社.

郑明华, 刘家军, 龙训荣, 等, 2000. 西南天山萨瓦亚尔顿金矿床成矿地球化学特征. 矿物岩石地球化学通报, (4): 226-227.

郑明华，张寿庭，刘家军，2001. 西南天山穆龙套型金矿床产出地质背景与成矿机制. 北京：地质出版社.

郑明华，刘家军，张寿庭，等，2002. 萨瓦亚尔顿金矿床的同位素组成特征及其成因意义. 成都理工大学学报（自然科学版），29（3）：237-245.

郑永飞，2000. 矿物稳定同位素地球化学研究. 地学前缘，（2）：299-320.

郑永飞，陈江峰，2000. 稳定同位素地球化学. 北京：科学出版社.

钟大康，朱筱敏，沈昭国，等，2003. 塔里木盆地喀什凹陷侏罗系沉积特征及其演化. 地质科学，38（3）：385-391.

周黎霞，胡世玲，王利刚，等，2010. 塔里木盆地西北缘皮羌辉长岩体的时代讨论. 地质科学，45（4）：1057-1065.

周宗良，高树海，刘志忠，1999. 西南天山造山带与前陆盆地系统. 现代地质，（3）：275-280.

朱炳泉，李献华，1998. 地球科学中同位素体系理论与应用——兼论中国大陆壳幔演化. 北京：科学出版社.

朱赖民，袁海华，栾世伟，1995. 金阳底苏会东大梁子铅锌矿床内闪锌矿微量元素标型特征及其研究意义. 四川地质学报，15（1）：49-55.

朱文斌，舒良树，万景林，等，2006. 新疆博格达-哈尔里克山白垩纪以来剥露历史的裂变径迹证据. 地质学报，80（1）：16-22.

朱永峰，2009. 中亚成矿域地质矿产研究的若干重要问题. 岩石学报，25（6）：1297-1302.

朱志新，2007. 新疆南天山地质组成和构造演化. 北京：中国地质科学院.

朱志新，李锦轶，董连慧，等，2008a. 新疆南天山盲起苏晚石炭世侵入岩的确定及对南天山洋盆闭合时限的限定. 岩石学报，24（12）：2761-2766.

朱志新，李锦轶，董连慧，等，2008b. 新疆塔里木北缘色日牙克依拉克一带泥盆纪花岗质侵入体的确定及其地质意义. 岩石学报，24（5）：971-976.

朱志新，李锦轶，董莲慧，等，2009. 新疆南天山构造格架及构造演化. 地质通报，28（12）：1863-1870.

朱志新，董连慧，王克卓，等，2013. 西天山造山带构造单元划分与构造演化. 地质通报，32（2）：297-306.

祝新友，王京彬，刘增仁，等，2010. 新疆乌拉根铅锌矿床地质特征与成因. 地质学报，84（5）：694-702.

祝新友，王京彬，王玉杰，等，2011. 新疆萨热克铜矿——与盆地卤水作用有关的大型矿床. 矿产勘查，2（1）：28-35.

邹思远，厉子龙，任钟元，等，2013. 塔里木柯坪地区二叠系沉积岩碎屑锆石 U-Pb 定年和 Hf 同位素特征及其对塔里木块体地质演化的限定. 岩石学报，29（10）：3369-3388.

邹天人，李庆昌，2006. 中国新疆稀有及稀土金属矿床. 北京：地质出版社.

邹天人，曹亚文，徐珏，等，1999. 塔里木盆地北缘新生代碱性玄武岩的地质地球化学. 地质论评，45（s1）：1072-1077.

邹天人，徐珏，陈伟十，等，2002. 塔里木盆地北缘碱性岩型稀有稀土矿床. 矿床地质，（s1）：845-848.

邹志超，胡瑞忠，毕献武，2012. 滇西北兰坪盆地李子坪铅锌矿床微量元素地球化学特征. 地球化学，41（5）：482-496.

左国朝，张作衡，王志良，等，2008. 新疆西天山地区构造单元划分、地层系统及其构造演化. 地质论评，54（6）：748-767.

左国朝，刘义科，张招崇，等，2011. 中亚地区中、南天山造山带构造演化及成矿背景分析. 现代地质，25（1）：1-14.

Aitken A R A, 2011. Did the growth of Tibetan topography control the locus and evolution of Tien Shan mountain building? Geology, 39 (39): 459-462.

Aksu A E, Hall J, Yaltırak C, et al., 2014. Late Miocene-recent evolution of the finike basin and its linkages with the beydağlari complex and the anaximander mountains, eastern mediterranean. Tectonophysics, 635: 59-79.

Alexeiev D V, Kröner A, Hegner E, et al., 2016. Middle to late ordovician arc system in the Kyrgyz middle Tianshan: from arc-continent collision to subsequent evolution of a Palaeozoic continental margin. Gondwana Research, 39: 261-291.

Allen M B, Windley B F, Zhang C, 1993. Palaeozoic collisional tectonics and magmatism of the Chinese Tien Shan, central Asia. Tectonophysics, 220 (1/4): 89-115.

Andersen T, 2002. Correction of common lead in U-Pb analyses that do not report $^{204}$Pb. Chemical Geology, 192 (1/2): 59-79.

Anderson G M, 1975. Precipitation of mississippi valley-type ores. Economic Geology, 70 (5): 937-942.

Araguás-Araguás L, Froehlich K, Rozanski K, 1998. Stable isotope composition of precipitation over southeast Asia. Journal of Geophysical Research Atmospheres, 103 (D22): 28721-28742.

Belousova E, Griffin W, O'Reilly S Y, et al., 2002. Igneous zircon: trace element composition as an indicator of source rock type. Contributions to Mineralogy & Petrology, 143 (5): 602-622.

Bershaw J, Garzione C N, Schoenbohm L, et al., 2012. Cenozoic evolution of the Pamir plateau based on stratigraphy, zircon provenance, and stable isotopes of foreland basin sediments at Oytag (Wuyitake) in the Tarim Basin (west China). Journal of Asian Earth Sciences, 44 (1): 136-148.

Besse J, Courtillot V, 2002. Apparent and true polar wander and the geometry of the geomagnetic field over the last 200 Myr. Journal of Geophysical Research, 107 (B11). doi: 10.1029/2000JB00050.

Biske Y S, Seltmann R, 2010. Paleozoic Tian-Shan as a transitional region between the Rheic and Urals-Turkestan oceans. Gondwana Research, 17 (2/3): 602-613.

Bodnar R J, 1993. Revised equation and table for determining the freezing point depression of $H_2O$-NaCl solutions. Geochimca et Cosmochimca Acta, 57: 683-684.

Bowen G J, Wilkinson B, 2002. Spatial distribution of $\delta^{18}O$ in meteoric precipitation. Geology, 30 (4): 315-318.

Boyer S E, 1992. Geometric evidence for synchronous thrusting in the southern Alberta and northwest Montana thrust belts//McClay K R. Thrust Tectonics. Berlin: Springer: 377-390.

Brannon J C, Podosek F A, McLimans R K, 1992. A Permian Rb-Sr age for sphalerite from the Upper Mississippi Valley zinc-lead district, southwest Wisconsin. Nature, 356: 509-511.

Brookfield M E, 2000. Geological development and Phanerozoic crustal accretion in the western segment of the southern Tien Shan (Kyrgyzstan, Uzbekistan and Tajikistan). Tectonophysics, 328 (1): 1-14.

Bullen M E, Burbank D W, Garver J I, et al., 2001. Late Cenozoic tectonic evolution of the northwestern Tien Shan: new age estimates for the initiation of mountain building. Geological Society of America Bulletin, 113 (12): 1544-1559.

Buslov M M, 1996. Meso-and cenozoic tectonics of the central asian mountain belt: effects of lithospheric plate interaction and mantle plumes. International Geology Review, 38 (5): 430-466.

Butler R W H, 1983. Balanced cross-sections and their implications for the deep structure of the northwest Alps. Journal of Structural Geology, 5 (2): 125-137.

Canals A, Cardellach E, 1997. Ore lead and sulfur isotopic pattern from the low temperature veins of the

Catalonian coastal range, NE Spain. Mineralium Deposita, 32 (3): 243-249.

Charreau J, Kent-Corson M L, Barrier L, et al., 2012. A high-resolution stable isotopic record from the Junggar Basin (NW China): implications for the paleotopographic evolution of the Tianshan Mountains. Earth & Planetary Science Letters, 341-344 (8): 158-169.

Chaussidon M, Lorand J P, 1990. Sulphur isotope composition of orogenic spinel lherzolite massifs from Ariege (North-Eastern Pyrenees, France): an ion microprobe study. Geochimica et Cosmo Chimica Acta, 54 (10): 2835-2846.

Chen C, Lu H, Jia D, et al., 1999. Closing history of the southern Tianshan oceanic basin, western China: an oblique collisional orogeny. Tectonophysics, 302 (1/2): 23-40.

Chen H Y, Chen Y J, Baker M, 2012a. Isotopic geochemistry of the Sawayaerdun orogenic-type gold deposit, Tianshan, northwest China: implications for ore genesis and mineral exploration. Chemical Geology, 310-311 (3): 1-11.

Chen H Y, Chen Y, Baker M J, 2012b. Evolution of ore-forming fluids in the Sawayaerdun gold deposit in the Southwestern Chinese Tianshan metallogenic belt, Northwest China. Journal of Asian Earth Sciences, 49 (3): 131-144.

Chen Y, Xu B, Zhan S, et al., 2004. First mid-Neoproterozoic paleomagnetic results from the Tarim Basin (NW China) and their geodynamic implications. Precambrian Research, 133 (3): 271-281.

Chen Y J, Pirajno F, Qi J P, et al., 2006. Ore geology, fluid geochemistry and genesis of the Shanggong gold deposit, eastern Qinling orogen, China. Resource Geology, 56 (2): 99-116.

Christensen J N, Halliday A N, Stephen E K, et al., 1993. Further evaluation of the Rb-Sr dating of sphalerite: the nanisivik precambrian MVT deposit, baffin island, Canada. Abstracts with Programs-Geological Society of America, 25: 471.

Christensen J N, Halliday A N, Kenneth E L, 1995a. Direct dating of sulfides by Rb-Sr: a critical test using the Polaris Mississippi Valley-type Zn-Pb deposit. Geochimica et Cosmochimica Acta, 59: 5191-5197.

Christensen J N, Halliday A N, Vearncombe J R, et al., 1995b. Testing models of large-scale crustal fluid flow using direct dating of sulfides: Rb-Sr evidence for early dewatering and formation of Mississippi Valley-type deposits, Canning basin, Australia. Economic Geology, 90: 877-884.

Clayton R N, O'Neil J R, Mayeda T K, 1972. Oxygen isotope exchange between quartz and water. Journal of Geophysical Research, 77 (17): 3057-3067.

Coleman R G, 1989. Continental growth of northwest China. Tectonics, 8 (3): 621-635.

Coplen T B, Kendall C, Hopple J, 1983. Comparison of stable isotope reference samples. Nature, 302 (5905): 236-238.

De Grave J, Glorie S, Zhimulev F I, et al., 2011. Emplacement and exhumation of the Kuznetsk-Alatau basement (Siberia): implications for the tectonic evolution of the Central Asian Orogenic Belt and sediment supply to the Kuznetsk, Minusa and West Siberian Basins. Terra Nova, 23 (4): 248-256.

De Grave J, Glorie S, Ryabinin A, et al., 2012. Late Palaeozoic and Meso-Cenozoic tectonic evolution of the southern Kyrgyz Tien Shan: constraints from multi-method thermochronology in the Trans-Alai, Turkestan-Alai segment and the southeastern Ferghana Basin. Journal of Asian Earth Sciences, 44 (1): 149-168.

De Grave J, Glorie S, Buslov M M, et al., 2013. Thermo-tectonic history of the Issyk-Kul basement (Kyrgyz Northern Tien Shan, Central Asia). Gondwana Research, 23 (3): 998-1020.

Deng H, Koyi H A, Froitzheim N, 2014. Modeling two sequential coaxial phases of shortening in a foreland thrust belt. Journal of Structural Geology, 66 (9): 400-415.

Deng H L, Koyi H, Nilfouroushan F, 2016. Superimposed folding and thrusting by two phases of mutually orthogonal or oblique shortening in analogue models. Journal of Structural Geology, 83: 28-45.

Ding L, Xu Q, Zhang L, et al., 2009. Regional variation of river water oxygen isotope and empirical elevation prediction models in Tibetan Plateau. Quaternary Sciences, 29 (1): 1-12.

Dobretsov N L, Buslov M M, Delvaux D, et al., 1996. Meso- and Cenozoic tectonics of the central Asian mountain belt: effects of lithospheric plate interaction and mantle plumes. International Geology Review, 38: 430-466.

Doe B R, Zartman R E, 1979. Plumbotectonics: the Phanerozoic//Barnes H L. Geochemistry of Hydro thermal Ore Deposits. 2nd ed. New York: Wiley: 22-70.

Donelick R A, O'Sullivan P B, Ketcham R A, 2005. Apatite fission-track analysis. Reviews in Mineralogy & Geochemistry, 58 (58): 49-94.

Dong S W, Zhang Y Q, Gao R, et al., 2015. A possible buried Paleoproterozoic collisional orogen beneath central South China: evidence from seismic-reflection profiling. Precambrian Research, 264: 1-10.

Drew L J, Berger B R, Kurbanov N K, 1998. Geology and structural evolution of the Muruntau gold deposit, Kyzylkum desert, Uzbekistan. Ore Geology Reviews, 11 (4): 175-196.

Eby G N, 1992. Chemical subdivision of the A-type granitoids: petrogenetic and tectonic implications. Geology, 20 (7): 641.

England P, Molnar P, 1990. Surface uplift, uplift of rocks, and exhumation of rocks. Geology, 18 (12): 1173-1177.

Faure G, 1986. Principles of Isotope Geology. 2nd ed. New York: Wiley.

Foland K A, 1983. $^{40}Ar/^{39}Ar$ incremental heating plateaus for biotites with excess argon. Chemical Geology, 41 (1): 3-21.

Garzione C N, Dettman D L, Quade J, et al., 2000. High times on the Tibetan Plateau: Paleoelevation of the Thakkhola graben, Nepal. Geology, 28 (4): 339.

Gleadow A J W, Duddy I R, 1981. A natural long-term track annealing experiment for apatite. Nuclear Tracks, 5 (1/2): 169-174.

Gleadow A J W, Duddy I R, Green P F, et al., 1986. Confined fission track lengths in apatite: a diagnostic tool for thermal history analysis. Contributions to Mineralogy & Petrology, 94 (4): 405-415.

Glorie S, De Grave J, Buslov M M, et al., 2010. Multi-method chronometric constraints on the evolution of the Northern Kyrgyz Tien Shan granitoids (Central Asian Orogenic Belt): from emplacement to exhumation. Journal of Asian Earth Sciences, 38 (3): 131-146.

Goldfarb R J, Newberry R J, Pickthorn W J, et al., 1991. Oxygen, hydrogen, and sulfur isotope studies in the Juneau gold deposit, southeastern Alaska: constraints on the origin of hydrothermal fluids. Economic Geology, 86: 66-80.

Grant J A, 1986. The isocon diagram: a simple solution to Gresens' equation for metasomatic alteration. Economic Geology, 81 (8): 1976-1982.

Graupner T, Niedermann S, Kempe U, et al., 2006. Origin of ore fluids in the Muruntau gold system: constraints from noble gas, carbon isotope and halogen data. Geochimica et Cosmochimica Acta, 70 (21): 5356-5370.

Green P F, Duddy I R, Gleadow A J W, et al., 1986. Thermal annealing of fission tracks in apatite: 1. A qualitative description. Chemical Geology Isotope Geoscience, 59 (4): 237-253.

Groves D I, Goldfarb R J, Gebre-Mariam M, et al., 1998. Orogenic gold deposits: a proposed classification in the context of their crustal distribution and relationship to other gold deposit types. Ore Geology Reviews, 13 (1/5): 7-27.

Guo S, Ye K, Chen Y, et al., 2009. A normalization solution to mass transfer illustration of multiple progressively altered samples using the ISOCON diagram. Economic Geology, 104 (6): 881-886.

Hacker B, Luffi P, Lutkov V, et al., 2005. Near-ultrahigh pressure processing of continental crust: miocene crustal xenoliths from the pamir. Journal of Petrology, 46 (8): 1661-1687.

Han B F, Liu J B, Zhang L, 2008. A noncognate relationship between megacrysts and host basalts from the Tuoyun basin, Chinese Tian Shan. Journal of Geology, 116 (5): 499-502.

Han Y, Zhao G, Sun M, et al., 2016. Detrital zircon provenance constraints on the initial uplift and denudation of the Chinese western Tianshan after the assembly of the southwestern Central Asian Orogenic Belt. Sedimentary Geology, 339: 1-12.

Harris D P, Rieber M. 1993. Evaluation of the United States Geological Survey's three-step assessment methodology. U. S. Geological Survey Open-File Report, (258-A): 675-687.

Hass J L, 1976. Physical properties of the coexisting phases and thermodynamic properties of the H₂O component in boiling NaCl solutions. U. S. Geological Survey Bulletin, 1421A: 1-73.

Hattori K, 1987. Stable Isotope Geochemistry. Berlin: Springer-Verlag: 1-50.

Hattori K, 1997. Stable Isotope Geochemistry. 4th ed. Berlin: Springer-Verlag: 201.

Hendrix M S, Graham S A, Carroll A R, et al., 1992. Sedimentary record and climatic implications of recurrent deformation in the Tian Shan: evidence from Mesozoic strata of the north Tarim, south Junggar, and Turpan basins, northwest China. Geological Society of America Bulletin, 104 (1): 53-79.

Hendrix M S, Dumitru T A, Graham S A, 1994. Late Oligocene-early Miocene unroofing in the Chinese Tian Shan: an early effect of the India-Asia collision. Geology, 22 (6): 487-490.

Henry W, 2014. The crust structures and the connection of the Songpan block and West Qinling orogen revealed by the Hezuo-Tangke deep seismic reflection profiling. Tectonophysics, 634: 227-236.

Huang H, Zhang Z, Kusky T, et al., 2012a. Geochronology and geochemistry of the Chuanwulu complex in the South Tianshan, western Xinjiang, NW China: implications for petrogenesis and Phanerozoic continental growth. Lithos, 140-141 (3): 66-85.

Huang H, Zhang Z C, Kusky T, et al., 2012b. Continental vertical growth in the transitional zone between South Tianshan and Tarim, western Xinjiang, NW China: insight from the Permian Halajun A1-type granitic magmatism. Lithos, 155: 49-56.

Huo H L, Chen Z L, Zhang Q, et al., 2019. Detrital zircon ages and Hf isotopic compositions of metasedimentary rocks in the Wuqia area of Southwest Tianshan, NW China: implications for the early Paleozoic tectonic evolution of the Tianshan orogenic belt. International Geology Review, 61 (16): 2036-2056.

Irvine T N, 1965. Chromian spinel as a petrogenetic indicator Part 1. Theory. Canadian Journal of Earth Sciences, (2): 648-672.

Irvine T N, Baragar W R A, 1971. A guide to the chemical classification of the common volcanic rocks. Canadian Journal of Earth Sciences, 8 (5): 523-548.

Jackson S E, Pearson N J, Griffin W L, et al., 2004. The application of laser ablation-inductively coupled plasma-mass spectrometry to in situ U-Pb zircon geochronology. Chemical Geology, 211 (1): 47-69.

Jahn B M, Wu F Y, Chen B, 2000. Massive granitoid generation in Central Asia: Nd isotope evidence and implication for continental growth in the Phanerozoic. Episodes, 23 (2): 82-92.

Kang J L, Zhang Z Z, Zhang D Y, et al., 2011. Geochronology and Geochemistry of the Radiolarian Cherts of the

Mada'er Area, Southwestern Tianshan: implications for depositional environment. Acta Geologica Sinica-English Edition, 85 (4): 801-813.

Kempe U, Belyatsky B, Krymsky R, et al., 2001. Sm-Nd and Sr isotope systematics of scheelite from the giant Au (-W) deposit Muruntau (Uzbekistan): implications for the age and sources of Au mineralization. Mineralium Deposita, 36 (5): 379-392.

Ketcham R A, Donelick R A, Donelick M B, 2003. AFTSolve: a program for multi-kinetic modeling of apatite fission-track data. American Mineralogist, 88 (5): 929.

Konopelko D, Biske G, Seltmann R, et al., 2007. Hercynian post-collisional A-type granites of the Kokshaal Range, Southern Tien Shan, Kyrgyzstan. Lithos, 97 (1/2): 140-160.

Konopelko D, Seltmann R, Mamadjanov Y, et al., 2016. A geotraverse across two paleo-subduction zones in Tien Shan, Tajikistan. Gondwana Research, 47: 110-130.

Kotov N V, Poritskaya L G, 1992. The Muruntau gold deposit: its geologic structure, metasomatic mineral associations and origin. International Geology Review, 34 (1): 77-87.

Lanphere M, Dlrymple G B, 1976. Identification of excess $^{40}$Ar by the $^{40}$Ar/$^{39}$Ar age spectrum technique Earth Planet. Earth & Planetary Science Letters, 32 (2): 141-148.

Large D E, 1983. Sediment-hosted massive sulfide lead-zinc deposits: an empirical model. Mineralogiacl Association of Canada Short Course Handbook, (8): 1-30.

Laslett G M, Green P F, Duddy I R, et al., 1987. Thermal annealing of fission tracks in apatite 2. A quantitative analysis. Chemical Geology Isotope Geoscience, 65 (1): 1-13.

Le Maitre R W, Streckeisen A, Zanettin B, et al., 2004. Igneous rocks: a classification and glossary of terms. Cambridge University Press, 1 (70): 93-120.

Leach D L, Sangster D F, 1993. Mississippi Valley-type lead-zinc deposits. Geological Association of Canada Special Paper, 40: 289-314.

Leach D L, Bradley D, Lewchuk M T, et al., 2001. Mississippi Valley-type lead-zinc deposits through geological time: implications from recent age-dating research. Mineralium Deposita, 36 (8): 711-740.

Leach D L, Sangster D F, Kelley K D, et al., 2005. Sediment-hosted lead-zinc deposits: a global perspective. Economic Geology, 100 (3): 561-607.

Leach D L, Bradley D C, Huston D, et al., 2010. Sediment-hosted lead-zinc deposits in earth history. Economic Geology, 105 (3): 593-625.

Leake B E, Wooley A R, Arps C E S, et al., 1997. Nomenclature of amphiboles. Report of the subcommittee on amphiboles of the International Mineralogical Association Commission on New Minerals and Mineral Names. The Canadian Mineralogist, 35: 219-246.

Li Y J, Zhang Q, Zhang G Y, et al., 2016. Cenozoic faults and faulting phases in the western Tarim Basin (NW China): effects of the collisions on the southern margin of the Eurasian Plate. Journal of Asian Earth Sciences, 132: 40-57.

Li Z, Chen H, Song B, et al., 2011. Temporal evolution of the Permian large igneous province in Tarim Basin in northwestern China. Journal of Asian Earth Sciences, 42 (5): 917-927.

Liou J G, Graham S A, Maruyama S, et al., 1989. Proterozoic blueschist belt in western China: best documented Precambrian blueschists in the world. Xinjiang Geology, 17 (12): 1127-1131.

Liou J G, Graham S A, Maruyama S, et al., 1996. Characteristics and tectonic significance of the late proterozoic aksu blueschists and diabasic dikes, northwest Xinjiang, China. International Geology Review, 38 (3): 228-244.

Liu J J, Zheng M H, Cook N J, et al., 2007. Geological and geochemical characteristics of the Sawaya'erdun gold deposit, southwestern Chinese Tianshan. Ore Geology Reviews, 32 (1): 125-156.

Liu Y S, Hu Z C, Zong K Q, et al., 2010. Reappraisement and refinement of zircon U-Pb isotope and trace element analyses by LA-ICP-MS. Chinese Science Bulletin, 55 (15): 1535-1546.

Loiselle M C, Wones D R, 1979. Characteristics and origin of anorogenic granites. Geological Society of America, Abstracts with Programs, 11: 468.

Lu S, Li H, Zhang C, et al., 2008. Geological and geochronological evidence for the Precambrian evolution of the Tarim Craton and surrounding continental fragments. Precambrian Research, 160 (1/2): 94-107.

Ludwig K R, 2001. Users Manual for Isoplot/Ex: a Geochronological Toolkit for Microsoft Excel. Berkeley: Berkeley Geochronology Center Special Publication.

Ma Y, Zhang Z, Huang H, et al., 2016. Petrogenesis of the Bashisuogong bimodal igneous complex in southwest Tianshan Mountains, China: implications for the Tarim Large Igneous Province. Lithos, 264: 509-523.

Mao J W, Konopelko D, Seltmann R, et al., 2004. Postcollisional age of the kumtor gold deposit and timing of hercynian events in the Tien Shan, Kyrgyzstan. Economic Geology, 99 (8): 1771-1780.

McCammon R B, Briskey J A, 1992. A proposed national mineral resource assessment. Nonrenewable Resources, 1 (4): 259-265.

Mckenzie D, O'Nions R K, 1991. Partial melt distributions from inversion of rare earth element concentrations. Journal of Petrology, 32 (6): 1021-1091.

McLennan S M, 1989. Rare earth elements in sedimentary rocks: influence of provenance and sedimentary processes. Reviews in Mineralogy, 21 (8): 169-200.

Möller P, 1987. Correlation of homogenization temperatures of accessory minerals from sphalerite-bearing deposits and Ga/Ge model temperatures. Chemical Geology, 61 (1/4): 153-159.

Morelli R, Creaser R A, Seltmann R, et al., 2007. Age and source constraints for the giant Muruntau gold deposit, Uzbekistan, from coupled Re-Os-He isotopes in arsenopyrite. Geology, 35 (9): 795-798.

Murray R W, 1994. Chemical criteria to identify the depositional environment of chert: general principles and applications. Sedimentary Geology, 90 (3/4): 213-232.

Murray R W, Buchholtz T B M R, Jones D L, et al., 1990. Rare earth elements as indicators of different marine depositional environments in chert and shale. Geology, 18 (3): 268.

Nakai S, Halliday A, Kesler S, et al., 1990. Rb-Sr dating of sphalerite and genesis of MVT deposits. Nature, 346: 354-357.

Nakai S, Halliday A N, Kesler S E, et al., 1993. Rb-Sr dating of sphalerite from Mississippi Valley-type (MVT) ore deposits. Geochimica et Cosmochimica Acta, 57 (2): 417-427.

Nakajima T, Maruyama S, Uchiumi S, et al., 1990. Evidence for late Proterozoic subduction from 700-Myr-old blueschists in China. Nature, 346 (6281): 263-265.

Ohmoto H, 1972. Systematics of sulfur and carbon isotopes in hydrothermal ore deposit. Economic Geology, 67 (5): 551-578.

Ohmoto H, 1986. Stable isotope geochemistry of ore deposits. Reviews in Mineralogy & Geochemistry, 16 (6): 491-559.

Pearce J A, Cann J R, 1973. Tectonic setting of basic volcanic rocks determined using trace element analyses. Earth & Planetary Science Letters, 19 (2): 290-300.

Pearce J A, Gale G H, 1977. Identification of ore-deposition environment from trace-element geochemistry of associated igneous host rocks. Geological Society London Special Publications, 7 (1): 14-24.

Pearce J A, Harris N B W, Tindle A G, 1984. Trace element discrimination diagrams for the tectonic interpretation of granitic rocks. Journal of Petrology, 25 (4): 956-983.

Pichavant M, Montel J M, Richard L R. 1992. Apatite solubility in peraluminous liquids: Experimental data and an extension of the Harrison-Watson model. Geochimica et Cosmochimica Acta, 56 (10): 3855-3861.

Pirajno F, 2009. Hydrothermal processes and mineral systems. Economic Geology, 104 (4): 597.

Poutiainen M, Partamies S, 2003. Fluid evolution of the late Archaean Rämepuro gold deposit in the Ilomantsi greenstone belt in eastern Finland. Mineralium Deposita, 38 (2): 196-207.

Quade J, Roe L J, 1999. The stable-isotope composition of early ground-water cements from sandstone in paleo-ecological reconstruction. Journal of Sedimentary Research, 69 (3): 667-674.

Quade J, Garzione C, Eiler J, 2007. Paleoelevation reconstruction using pedogenic carbonates. Reviews in Mineralogy & Geochemistry, 66 (1): 53-87.

Ridley J R, Diamond L W, 2000. Fluid chemistry of lode-gold deposits, and implications for genetic models. Reviews in Economic Geology, 13: 141-162.

Rowan E L, Goldhaber M B, 1995. Duration of mineralization and fluid-flow history of the Upper Mississippi Valley zinc-lead district. Geology, 23 (7): 609-612.

Rubatto D, Gebauer D, 2000. Use of Cathodoluminescence for U-Pb zircon dating by ion microprobe: some examples from the western alps// Pagel M, Barbin V, Blanc P, et al. Cathodoluminescence in Geosciences. Berlin: Springer: 373-400.

Rye R O, Ohomoto H, 1974. Sulfur and carbon isotope and ore genesis: a review. Economic Geology, 69: 826-842.

Sahagian D, Proussevitch A, 2007. Paleoelevation measurement on the basis of vesicular basalts. Reviews in Mineralogy & Geochemistry, 66 (1): 195-213.

Schidlowski M, 2003. Application of stable carbon isotopes to early biochemical evolution on earth. Annual Review of Earth & Planetary Sciences, 15 (1): 47-72.

Schmidt C, Whisner S C, Whisner J B, 2014. Folding of a detachment and fault-Modified detachment folding along a lateral ramp, southwestern Montana, USA. Journal of Structural Geology, 69: 334-350.

Schwab M, Ratschbacher L, Siebel W, et al., 2004. Assembly of the Pamirs: age and origin of magmatic belts from the southern Tien Shan to the southern Pamirs and their relation to Tibet. Tectonics, 23 (4): TC4002.

Schwartz M O, 2000. Cadmium in zinc deposits: economic geology of a polluting element. International Geology Review, 42: 445-469.

Seltmann R, Konopelko D, Biske G, et al., 2011. Hercynian post-collisional magmatism in the context of Paleozoic magmatic evolution of the Tien Shan orogenic belt. Journal of Asian Earth Sciences, 42 (5): 821-838.

Shen C B, Mei LF, Peng L, et al., 2006. Fission track evidence for the Mesozoic-Cenozoic tectonic uplift of Mt. Bogda, Xinjiang, Northwest China. Chinese Journal of Geochemistry, 25 (2): 143-151.

Shinohara H, Kazahaya K, Lowenstern J B, 1995. Volatile transport in a convecting magma column: implications for porphyry Mo mineralization. Geology, 23 (12): 1091.

Singer D A, 1993. Basic concepts in three-part quantitative assessments of undiscovered mineral resources. Nonre-newable Resources, 2 (2): 69-81.

Singer D A, 1994. The relationship of estimated number of undiscovered deposits to grade and tonnage models in three-part mineral resources assessment s. International Association of Mathematical Geology, Geology Annual Conference, Papers and Extended Abstracts: 325-326.

Singer D A. 2001. 资源定量评价发展方向展望. 地球科学——中国地质大学学报，26（2）：152-156.

Sláma J，Košler J，Condon D J，et al.，2008. Plešovice zircon—A new natural reference material for U-Pb and Hf isotopic microanalysis. Chemical Geology，249（1/2）：1-35.

Sobel E R，Dumitru T A，1997. Thrusting and exhumation around the margins of the western Tarim basin during the India-Asia collision. Journal of Geophysical Research Solid Earth，102（B3）：5043-5063.

Sobel E R，Chen J，Heermance R V，2006. Late Oligocene-Early Miocene initiation of shortening in the Southwestern Chinese Tian Shan：implications for Neogene shortening rate variations. Earth & Planetary Science Letters，247（1/2）：70-81.

Solomovich L I，Trifonov B A，2002. Postcollisional granites in the South Tien Shan Variscan Collisional Belt，Kyrgyzstan. Journal of Asian Earth Sciences，21（1）：7-21.

Song X X，1984. Minor elements and ore genesis of the Fankou lead-zinc deposit，China. Mineralium Deposits，19（2）：95-104.

Stacey J S，Hedlund D C，1983. Lead-isotope compositions of diverse igneous rocks and ore deposits from south western New Mexico and their implications for early Proterozoic crustal evolution in the western United States. Geological Society of America Bulletin，94：43-57.

Sun J，Zhu R，Bowler J，2004. Timing of the Tianshan Mountains uplift constrained by magnetostratigraphic analysis of molasse deposits. Earth & Planetary Science Letters，219（3/4）：239-253.

Sun S S，McDonough W F，1989. Chemical and isotopic systematics of oceanic basalts：implications for mantle composition and processes. Geological Society London Special Publications，42（1）：313-345.

Sverjensky D A，1984. Oil field brines as ore-forming solutions. Economic Geology，79（1）：23-37.

Sylvester P J，1998. Post-collisional strongly peraluminous granites. Lithos，45（1/4）：29-44.

Symons D T A，Lewchuk M T，Leach D L，1998. Age and duration of the Mississippi Valley-type mineralizing fluid flow event in the Viburnum Trend，southeast Missouri，USA，determined from palaeomagnetism. Geological Society London Special Publications，144（1）：27-39.

Tajika E，Matsui T，1993. Degassing history and carbon cycle of the Earth：from an impact-induced steam atmosphere to the present atmosphere. Lithos，30（3/4）：267-280.

Takahashi M，Aramaki S，Ishihara S，1980. Magnetite-series/ilmenite-series vs. I-type/S-type granitoids. Mining Geology Special Issue，8：13-28.

Talbot M R，1990. A review of the palaeohydrological interpretation of carbon and oxygen isotopic ratios in primary lacustrine carbonates. Chemical Geology Isotope Geoscience，80（4）：261-279.

Taylor B E，1986. Magmatic volatiles：isotopic variation of C，H，and S. Reviews in Mineralogy and Geochemistry，16（1）：185-225.

Taylor H P，1997. Oxygen and Hydrogen Isotope Relationships in Hydrothermal Mineral Deposits. New York：John Wiley & Sons.

Taylor H P，Jr H P，1974. The application of oxygen and hydrogen isotope studies to problems of hydrothermal alteration and ore deposits. Economic Geology，69（6）：843-883.

Tian Z，Sun J，Windley B F，et al.，2016. Cenozoic detachment folding in the southern Tianshan foreland，NW China：shortening distances and rates. Journal of Structural Geology，84：142-161.

Uchida E，Endo S，Makino M，2007. Relationship between solidification depth of granitic rocks and formation of hydrothermal ore deposits. Resource Geology，57（1）：47-56.

Uspenskiy Y I，Aleshin A P，1993. Patterns of scheelite mineralization in the Muruntau gold deposit，Uzbekistan. International Geology Review，35（11）：1037-1051.

Ususova M A, 1975. Volume properties of aqueous solutions of sodium chloride at elevated temperatures and pressures. Russian Journal of Inorganic Chemistry, 20: 1717-1721.

Veizer J, Holser W T, Wilgus C K, 1980. Correlation of $^{13}C/^{12}C$ and $^{34}S/^{32}S$ secular variations. Geochimica et Cosmochimica Acta, 44: 579-587.

Wang H, Gao R, Zeng L, et al., 2014. Crustal structure and Moho geometry of the northeastern Tibetan plateau as revealed by SinoProbe-02 deep seismic-reflection profiling. Tectonophysics, 636 (11): 32-39.

Weaver B L, 1991. The origin of ocean island basalt end-member compositions: trace element and isotopic constraints. Earth & Planetary Science Letters, 104 (2/4): 381-397.

Whalen J B, Currie K L, Chappell B W, 1987. A-type granites: geochemical characteristics, discrimination and petrogenesis. Contributions to Mineralogy and Petrology, 95 (4): 407-419.

Wiedenbeck M, Allé P, Corfu F, et al., 1995. Three natural zircon standards for U-Th-Pb, Lu-Hf, trace element and ree analyses. Geostandards & Geoanalytical Research, 19 (1): 1-23.

Wilde A R, Layer P, Mernagh T, et al., 2001. The giant muruntau gold deposit: geologic, geochronologic, and fluid inclusion constraints on ore genesis. Science, 96 (5): 633-644.

Winchester J A, Floyd P A, 1976. Geochemical magma type discrimination: application to altered and metamorphosed basic igneous rocks. Earth & Planetary Science Letters, 28 (3): 459-469.

Windley B F, Allen M B, Zhang C, et al., 1990. Paleozoic accretion and Cenozoic redeformation of the Chinese Tien Shan Range, central Asia. Geology, 18 (2): 128.

Windley B F, Alexeiev D, Xiao W, et al., 2007. Tectonic models for accretion of the Central Asian Orogenic Belt. Journal of the Geological Society, 164 (12): 31-47.

Winther K T, 1996. An experimentally based model for the origin of tonalitic and trondhjemitic melts. Chemical Geology, 127 (1/3): 43-59.

Wood D A, 1979. A variably veined suboceanic upper mantle—Genetic significance for mid-ocean ridge basalts from geochemical evidence. Geology, (7): 499-503.

Woodward N B, Boyer S E, Suppe J, 1989. Balanced Geological Cross-Sections: an Essential Technique in Geological Research and Exploration. Washington: American Geophysical Union.

Wright J, Schrader H, Holser W T, 1987. Paleoredox variations in ancient oceans recorded by rare earth elements in fossil apatite. Geochimica et Cosmochimica Acta, 51 (3): 631-644.

Wu Z, Yin H, Wang X, et al., 2014. Characteristics and deformation mechanism of salt-related structures in the western Kuqa depression, Tarim basin: insights from scaled sandbox modeling. Tectonophysics, 612-613 (3): 81-96.

Xia G Q, Yi H S, Zhao X X, et al., 2012. A late Mesozoic high plateau in eastern China: evidence from basalt vesicular paleoaltimetry. Chinese Science Bulletin, 57 (21): 2767-2777.

Xiao W, Han C, Chao Y, et al., 2008. Middle Cambrian to Permian subduction-related accretionary orogenesis of Northern Xinjiang, NW China: implications for the tectonic evolution of central Asia. Journal of Asian Earth Sciences, 32 (2/4): 102-117.

Xiao W, Windley B F, Allen M B, et al., 2013. Paleozoic multiple accretionary and collisional tectonics of the Chinese Tianshan orogenic collage. Gondwana Research, 23 (4): 1316-1341.

Xu Q, Ding L, Zhang L Y, et al., 2010. Stable isotopes of modern herbivore tooth enamel in the Tibetan Plateau: implications for paleoelevation reconstructions. Chinese Science Bulletin, 55 (1): 45-54.

Xu Q, Ding L, Zhang L, et al., 2013. Paleogene high elevations in the Qiangtang Terrane, central Tibetan Plateau. Earth & Planetary Sciences Letters, 362 (1): 31-42.

Xue C, Chi G, Li Z, et al., 2014. Geology, geochemistry and genesis of the cretaceous and paleocene sandstone- and conglomerate- hosted Uragen Zn- Pb deposit, Xinjiang, China: a review. Ore Geology Reviews, 63（2）: 328-342.

Yang F, Mao J, Wang Y, et al., 2006. Geology and geochemistry of the Bulong quartz- barite vein- type gold deposit in the Xinjiang Uygur Autonomous Region, China. Ore Geology Reviews, 29（1）: 52-76.

Yang S F, Li Z, Chen H, et al., 2007. Permian bimodal dyke of Tarim Basin, NW China: geochemical characteristics and tectonic implications. Gondwana Research, 12（1）: 113-120.

Yang S H, Zhou M F, 2009. Geochemistry of the ~ 430 Ma Jingbulake mafic- ultramafic intrusion in Western Xinjiang, NW China: implications for subduction related magmatism in the South Tianshan orogenic belt. Lithos, 113（1）: 259-273.

Yang X, Xinqi Y U, Wang Z, et al., 2015. Comparative study on ore-forming conditions and sources of the hydrothermal gold deposits in the Chinese Western Tianshan. Geotectonica et Metallogenia, 39（4）: 633-646.

Ye L, Cook N J, Ciobanu C L, et al., 2011. Trace and minor elements in sphalerite from base metal deposits in South China: a LA-ICPMS study. Ore Geology Reviews, 39（3）: 188-217.

Ye X T, Zhang C L, Santosh M, et al., 2016. Growth and evolution of Precambrian continental crust in the southwestern Tarim terrane: new evidence from the ca. 1.4Ga A- type granites and Paleoproterozoic intrusive complex. Precambrian Research, 275（3）: 18-34.

Yin A, Nie S, Craig P, et al., 1998. Late Cenozoic tectonic evolution of the southern Chinese Tian Shan. Tectonics, 17（1）: 1-27.

Zachos J, Pagani M, Sloan L, et al., 2001. Trends, rhythms, and aberrations in global climate 65Ma to present. Science, 292（5517）: 686.

Zachos J C, Stott L D, Lohmann K C, 1994. Evolution of early Cenozoic marine temperatures. Paleoceanography, 9（2）: 353-387.

Zairi N M, Kurbanov N K, 2010. Isotopic-geochemical model of ore genesis in the Muruntau ore field. International Geology Review, 34（1）: 88-94.

Zartman R E, Doe B R, 1981. Plumbotectonics—the model. Tectonophysics, 75（1/2）: 135-162.

Zhang C, Li X, Li Z, et al., 2008. A permian layered intrusive complex in the Western Tarim block, Northwestern China: product of a Ca. 275- Ma Mantle Plume? Journal of Geology, 116（3）: 269-287.

Zhang C L, Zou H B, 2013a. Comparison between the Permian mafic dykes in Tarim and the western part of Central Asian Orogenic Belt （CAOB）, NW China: implications for two mantle domains of the Permian Tarim Large Igneous Province. Lithos, 174: 15-27.

Zhang C L, Zou H B, 2013b. Permian A-type granites in Tarim and western part of Central Asian Orogenic Belt （CAOB）: genetically related to a common Permian mantle plume? Lithos, 172-173: 47-60.

Zhang C L, Li Z X, Li X H, et al., 2006. Neoproterozoic bimodal intrusive complex in the southwestern tarim block, northwest China: age, geochemistry, and implications for the rifting of rodinia. International Geology Review, 48（2）: 112-128.

Zhang C L, Li Z X, Li X H, et al., 2009. Neoproterozoic mafic dyke swarms at the northern margin of the Tarim Block, NW China: age, geochemistry, petrogenesis and tectonic implications. Journal of Asian Earth Sciences, 35（2）: 167-179.

Zhang C L, Xu Y G, Li Z X, et al., 2010. Diverse Permian magmatism in the Tarim Block, NW China: genetically linked to the Permian Tarim mantle plume? Lithos, 119（3/4）: 537-552.

Zhang C L, Yang D S, Wang H Y, et al., 2011. Neoproterozoic mafic-ultramafic layered intrusion in Quruqtagh of northeastern Tarim Block, NW China: two phases of mafic igneous activity with different mantle sources. Gondwana Research, 19 (1): 177-190.

Zhang D, Zhang Z, Huang H, et al., 2014. Platinum-group elemental and Re-Os isotopic geochemistry of the Wajilitag and Puchang Fe-Ti-V oxide deposits, northwestern Tarim Large Igneous Province. Ore Geology Reviews, 57 (1): 589-601.

Zhang D, Zhang Z, Mao J, et al., 2016. Zircon U-Pb ages and Hf-O isotopic signatures of the Wajilitag and Puchang Fe-Ti oxide-bearing intrusive complexes: constraints on their source characteristics and temporal-spatial evolution of the Tarim large igneous province. Gondwana Research, 37: 71-85.

Zhang G, Xue C, Chi G, et al., 2017. Multiple-stage mineralization in the Sawayaerdun orogenic gold deposit, western Tianshan, Xinjiang: constraints from paragenesis, EMPA analyses, Re-Os dating of pyrite (arsenopyrite) and U-Pb dating of zircon from the host rocks. Ore Geology Reviews, 81: 326-341.

Zhang L, Jiang W, Wei C, et al., 1999. Discovery of deerite from the Aksu Precambrian blueschist terrane and its geological significance. Science in China (Series D), 42 (3): 233-239.

Zhang L, Ai Y, Li X, et al., 2007. Triassic collision of western Tianshan orogenic belt, China: evidence from SHRIMP U-Pb dating of zircon from HP/UHP eclogitic rocks. Lithos, 96 (1): 266-280.

Zhang Q, 1987. Trace elements in galena and sphalerite and their geochemical significance in distinguishing the genetic types of Pb-Zn ore deposits. Chinese Journal of Geochemistry, 6 (2): 177-190.

Zhang Q, Zhan X Z, Pan J Y, 1998. Geochemical enrichment and mineralization of indium. Chinese Journal of Geochemistry, 17 (3): 221-225.

Zhou M F, Zhao J H, Jiang C Y, et al., 2009. OIB-like, heterogeneous mantle sources of Permian basaltic magmatism in the western Tarim Basin, NW China: implications for a possible Permian large igneous province. Lithos, 113 (3/4): 583-594.

Zhu W, Zheng B, Shu L, et al., 2011. Neoproterozoic tectonic evolution of the Precambrian Aksu blueschist terrane, northwestern Tarim, China: insights from LA-ICP-MS zircon U-Pb ages and geochemical data. Precambrian Research, 185 (3/4): 215-230.

Zonenshain L P, Kuzmin M I, Natapov L M, et al., 1990. Geology of the USSR: a Plate-Tectonic Synthesis. Washington D C: American Geophysical Union.

Zorpi M J, Coulon C, Orsini J B, 1991. Hybridization between felsic and mafic magmas in calc-alkaline granitoids—a case study in northern Sardinia, Italy. Chemical Geology, 92 (91): 45-86.